高等职业教育土建类“十三五”系列教材

建筑工程图集

（第2版）

主　编　程晓慧
副主编　卢永芬　王哲

中国水利水电出版社
www.waterpub.com.cn
·北京·

内容提要

本书依据土木水利类建筑工程施工、工程造价等相关专业的专业教学标准及主干课程标准，结合项目教学法基本要求编写，以建筑工程为对象，以建筑施工图、结构施工图的识图为核心内容，重视培养学生对建筑工程图纸的认知和识读能力。

全书分为三个部分，项目一为×××学校学生宿舍施工图的识读，重点介绍建筑施工图的识读方法及常用的图例符号；项目二为×××学校教师单身公寓施工图的识读，重点讲解结构施工图的读图方法与技巧；项目三为×××学校实训楼施工图的识读，重点以实例介绍设备施工图的识读方法与技巧；以上各项目均附有实际工程施工图纸，供学生使用学习。全书以某工程作为专业识图案例，注重理论与实践相结合，强调识图能力的训练与培养。

本书可作为高等职业院校建筑工程专业及相关专业的配套教学用书，也可供相关技术人员参考。

图书在版编目（CIP）数据

建筑工程图集 / 程晓慧主编. -- 2版. -- 北京 : 中国水利水电出版社, 2018.8(2019.10重印)
高等职业教育土建类“十三五”系列教材
ISBN 978-7-5170-6739-9

Ⅰ. ①建… Ⅱ. ①程… Ⅲ. ①建筑制图－识图－高等职业教育－教材 Ⅳ. ①TU204.21

中国版本图书馆CIP数据核字(2018)第185593号

书　名	高等职业教育土建类“十三五”系列教材 **建筑工程图集（第2版）** JIANZHU GONGCHENG TUJI
作　者	主　编　程晓慧 副主编　卢永芬　王哲
出版发行	中国水利水电出版社 （北京市海淀区玉渊潭南路1号D座　100038） 网址：www.waterpub.com.cn E-mail：sales@waterpub.com.cn 电话：（010）68367658（营销中心）
经　售	北京科水图书销售中心（零售） 电话：（010）88383994、63202643、68545874 全国各地新华书店和相关出版物销售网点
排　版	中国水利水电出版社微机排版中心
印　刷	清淞永业（天津）印刷有限公司
规　格	420mm×297mm　横8开　24.25印张　396千字
版　次	2016年8月第1版　2016年8月第1次印刷 2018年8月第2版　2019年10月第2次印刷
印　数	2001—4000册
定　价	**59.50元**

前　言

本书是高等职业技术学院工业与民用建筑专业的教材，是按照贵州水利水电职业技术学院2016年人才培养方案和课程标准编写的。编者注重实际应用，力图结合目前最新国家相关规范和贵州省最新地方规范，以及现行生产技术和流程反映本专业常用的科技理论和基本技能，以使学生在毕业后能够更快地适应和融入到实际生产中去。

本书主要使学生在学习相关专业课程的基础上，通过引导学生阅读本书选用的图纸，用实际的工程实例训练学生的识图能力，为工业与民用建筑专业的相关课程及教学训练项目提供工程载体，同时也可以作为其他相近专业实践教学的辅助教材。本书在编写过程中注意与相应课程在教学内容、教学深度与教育手段、教学重心方面的配合与衔接，把通过阅读实际工程的施工图掌握识图方法作为本书的核心目的。根据本书的专业定位及实际使用对象的使用要求，保留了全部的土建专业图纸，对有关工程中的设备专业施工图进行了取舍。为了便于学生的使用，本书在附录中列出了土建及设备专业设计中常用的图例与符号。

由于编者水平所限，书中的缺点、错误在所难免，敬请读者批评指正，以便修改提高。

编者

2018年6月

目 录

子项目一
建筑施工图识读

施工图的阅读是投影理论和图示方法及有关专业知识的综合应用。阅读施工图，必须把握以下原则和技巧：

1. 掌握投影原理和形体的各种图样方法，熟识施工图中常用的图例、符号、线型、尺寸和比例的意义。观察和了解房屋的组成及其基本构造。

2. 熟悉有关的国家标准。《房屋建筑制图统一标准》（GB/T 50001—2010）、《总图制图标准》（GB/T 50103—2010）、《建筑制图标准》（GB/T 50104—2010）、《建筑结构制图标准》（GB/T 50105—2010）、《给水排水制图标准》（GB/T 50106—2010）、《暖通空调制图标准》（GB/T 50114—2010）六项国家标准自 2011 年 3 月 1 日起施行。

3. 阅读时，应先整体后局部，先文字说明后图样，先图形后尺寸。按目录顺序通读一遍，对工程对象的建设地点、周围环境、建筑物的大小及形状、结构形式和建筑关键部位等情况先有概括的了解。然后，不同工种的技术人员，根据不同要求，重点深入地看不同类别的图纸。阅读时应注意各类图纸之间的联系，互相对照，避免发生矛盾而造成质量事故或经济损失。

本任务的主要内容是介绍建筑总平面图、建筑平面图、建筑立面图、建筑剖面图、建筑详图的识读及建筑施工图中常见的符号。

本任务的主要目的是使读者在把握投影理论的基础上能正确识读建筑施工图。

任务一　建筑总平面图

总平面图主要反映建筑基地的形状、大小、地形、地貌，是新建房屋在基地范围内的总体布置图。它表明新建房屋的平面轮廓形状和层数、与原有建筑物的相对位置、周围环境、地貌地形、道路和绿化的布置等情况，是新建房屋及其他设施的施工定位、土方施工以及设计水、暖、电、燃气等管线总平面图的依据。

总平面图一般采用 1 ∶ 500、1 ∶ 1000、1 ∶ 2000 的比例。总平面图中所注尺寸宜以米为单位，并应至少取至小数点后两位，不足时以“0”补齐；总平面图中的图线，应根据图纸功能，按国家标准选用。

由于绘图比例较小，在总平面图中所表达的对象，要用《总图制图标准》（GB/T 50103—2010）中所规定的图例来表示。常用的总平面图图例参见相关图集。

在总平面图中，风向频率玫瑰图（简称“风玫瑰”）用来表示该地区常年的风向频率和房屋的朝向。风玫瑰图是根据当地多年平均统计的各个方向吹风次数的百分数，按一定的比例绘制的，与风力无关。风的吹向是指从外吹向中心，一般画出十六个方向的长短线来表示该地区常年的风向频率，有箭头的方向为北向。实线表示全年风向频率，有虚线时，则还可以表示按 6、7、8 三个月统计的夏季风向频率。

应以含有 ±0.00 标高的平面作为总图平面，总图中标注的标高应为绝对标高，如标注相对标高，应注明相对标高与绝对标高的换算关系。

当地形起伏较大时，常用等高线来表示地面的自然状态和起伏情况。

总图上的建筑物、构筑物应注写名称，名称宜直接标注在图上。当图样比例小或图面不够位置时，也可编号列表编注在图内。当图形过小时，可标注在图形外侧附近处。

例 1　建筑总平面图的识读

图 1–1 是某学校的总平面图，图样是按 1 ∶ 500 的比例绘制的。它表明该学校在靠近公园池塘的围墙内，要新建两幢 7 层学生公寓。

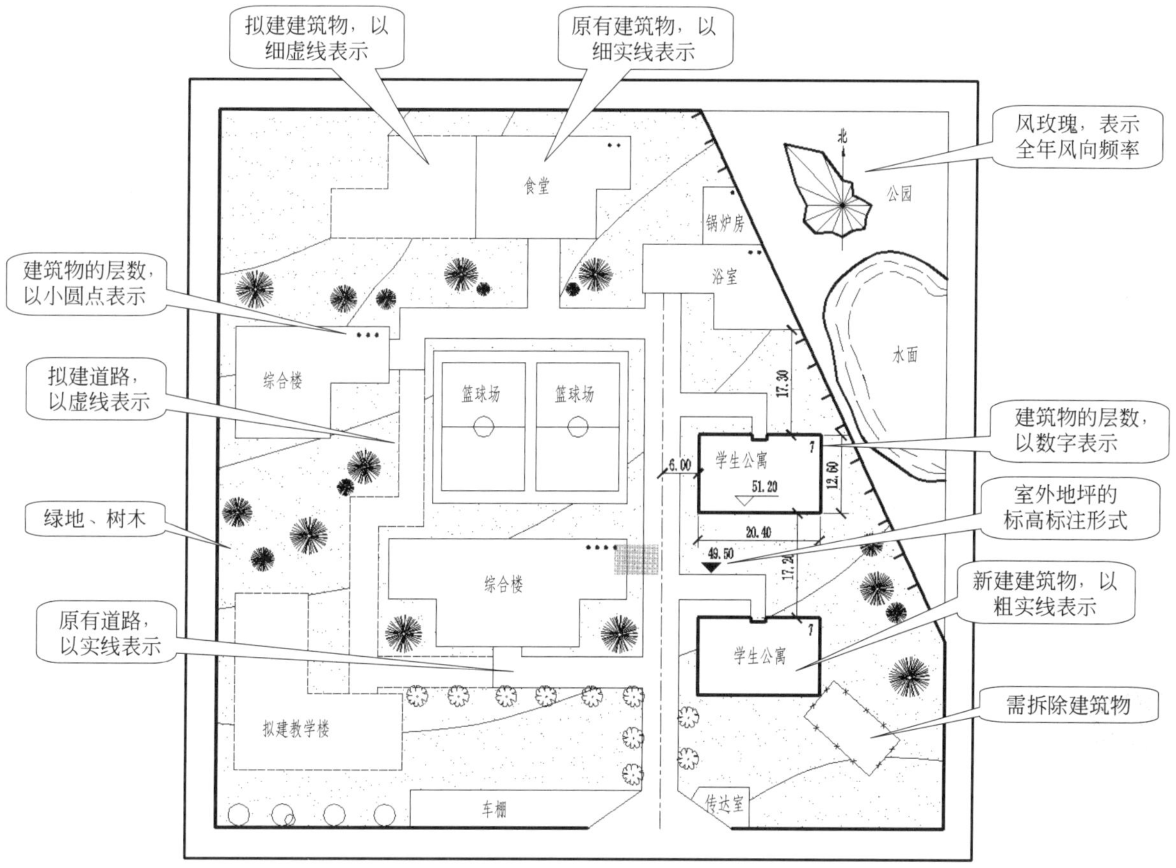

图1–1　建筑总平面图

新建学生公寓的位置是用定位尺寸表示的。北幢与浴室相距 17.30m，与西侧道路中心线相距 6.00m，两幢学生公寓相距 17.20m。新建公寓均呈矩形，左右对称，东西向总长 20.4m，南北向总宽 12.6m，南北朝向。

从图中可看出，该学校的地势是自西北向东南倾斜。学校的最北向是食堂，虚线部分表示扩建用地；食堂南面有两个篮球场，篮球场的东面有锅炉房和浴室；篮球场的西面和南面各有一综合楼；在新建学生公寓东南角有一即将拆除的建筑物，该校的西南还有拟建的教学楼和道路；学校最南面有车棚和传达室，学校大门设在此处。

任务二　施工图中常用的符号

一张完整的施工图是由众多的图线、汉字、数字、字母等所组成的，这些组成大体又可以分为实体元素和符号元素两种（文字说明除外）。实体元素如墙体、门窗、楼梯、房间、走道、阳台等，基本都反映了建筑物组成部分的投影关系；符号元素如定位轴线、尺寸标注、标高符号、索引符号、详图符号、指北针等，则是为了说明建筑物承重构件的定位、各部分的关系、标高、建筑的朝向或是图样之间的联系等。在这一部分将首先对常用的符号元素进行分析，在后续的几个部分再了解实体元素的识读。

下面以图 1–2 为例，分析建筑施工图中一些常见的符号。

例 2　定位轴线的识读

在施工图中通常将房屋的基础、墙、柱、墩和屋架等承重构件的轴线画出，并进行编号，以便于施工时定位、放线和查阅图纸，称为定位轴线。《房屋建筑制图统一标准》（GB/T 50001—2010）规定：定位轴线应用细点画线绘制，圆应用细实线绘制，直径为 8 ～ 10mm。定位轴线圆的圆心，应在定位轴线的延长线上，如果相邻两圆发生交错，则可在延长线的折线上，如图 1–3 所示。

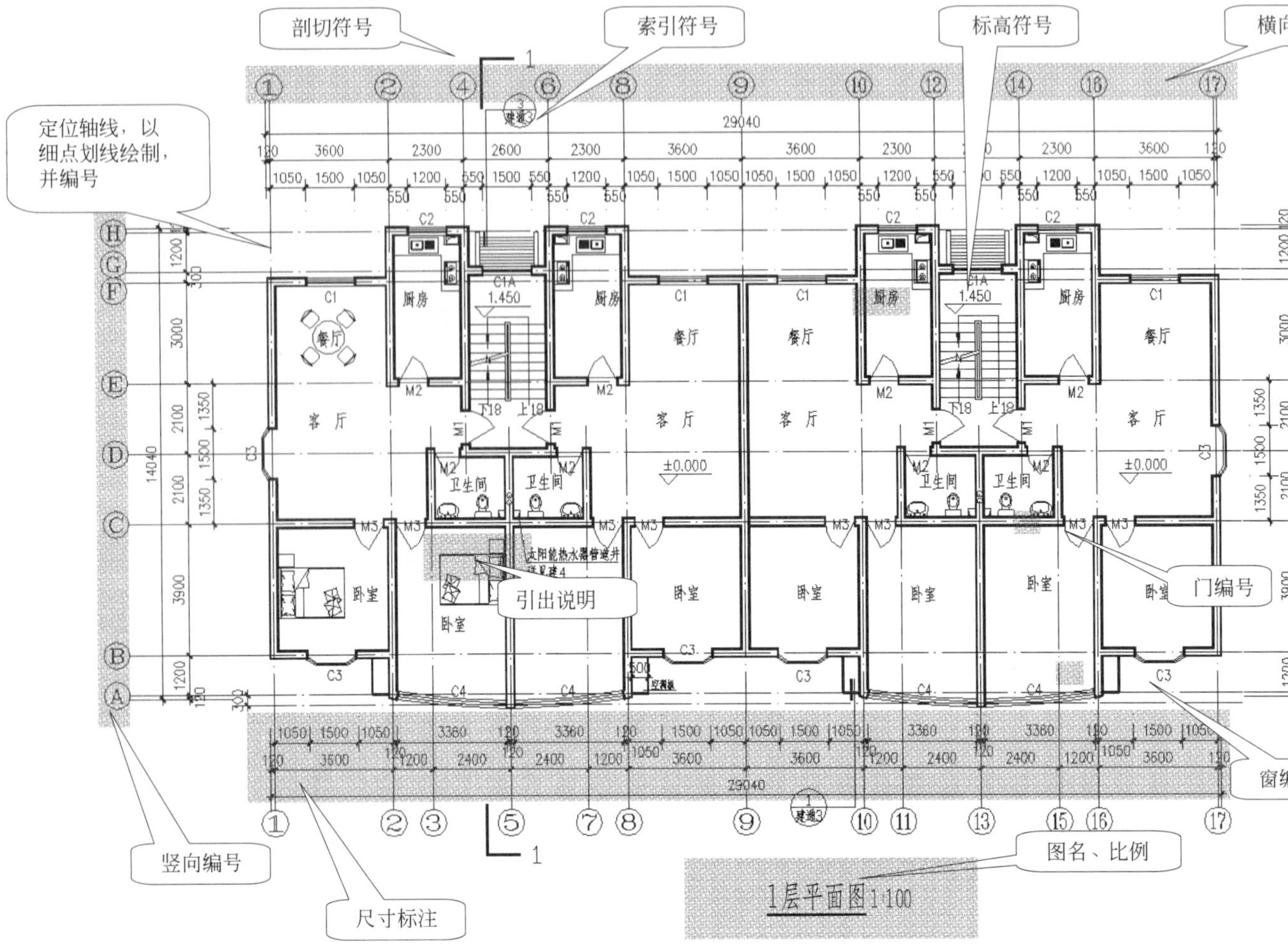

图1-2　某住宅一层平面图

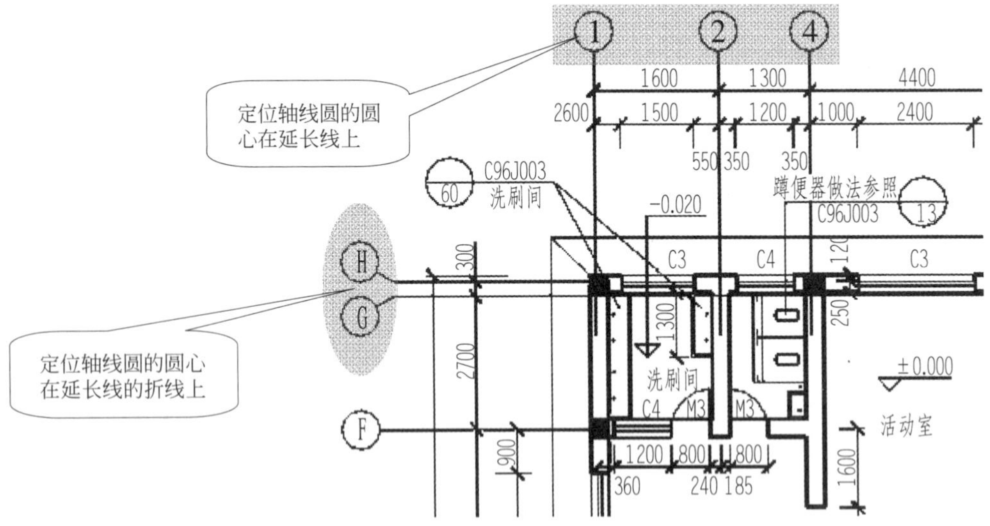

图1-3　定位轴线圆的圆心可在延长线的折线上

定位轴线一般应编号，编号注写在轴线端部的圆内。定位轴线的编号，宜标注在图样的下方与左侧。横向编号应用阿拉伯数字，从左至右顺序编写，竖向编号应用大写拉丁字母，从下至上顺序编写，如图 1–2 所示。拉丁字母的 I、Z、O 不得用作编号，以免与数字 1、2、0 混淆。

组合较复杂的平面图中定位轴线可采用分区编号，编号的注写形式应为“分区号 – 该分区编号”。分区号采用阿拉伯数字或大写拉丁字母表示，如图 1–4 所示，该建筑平面是由矩形和圆形平面组合而成的，在标注整个平面图的定位轴线编号时比较复杂，因此将矩形平面部分确定为 1 区，将圆形平面部分确定为 2 区。

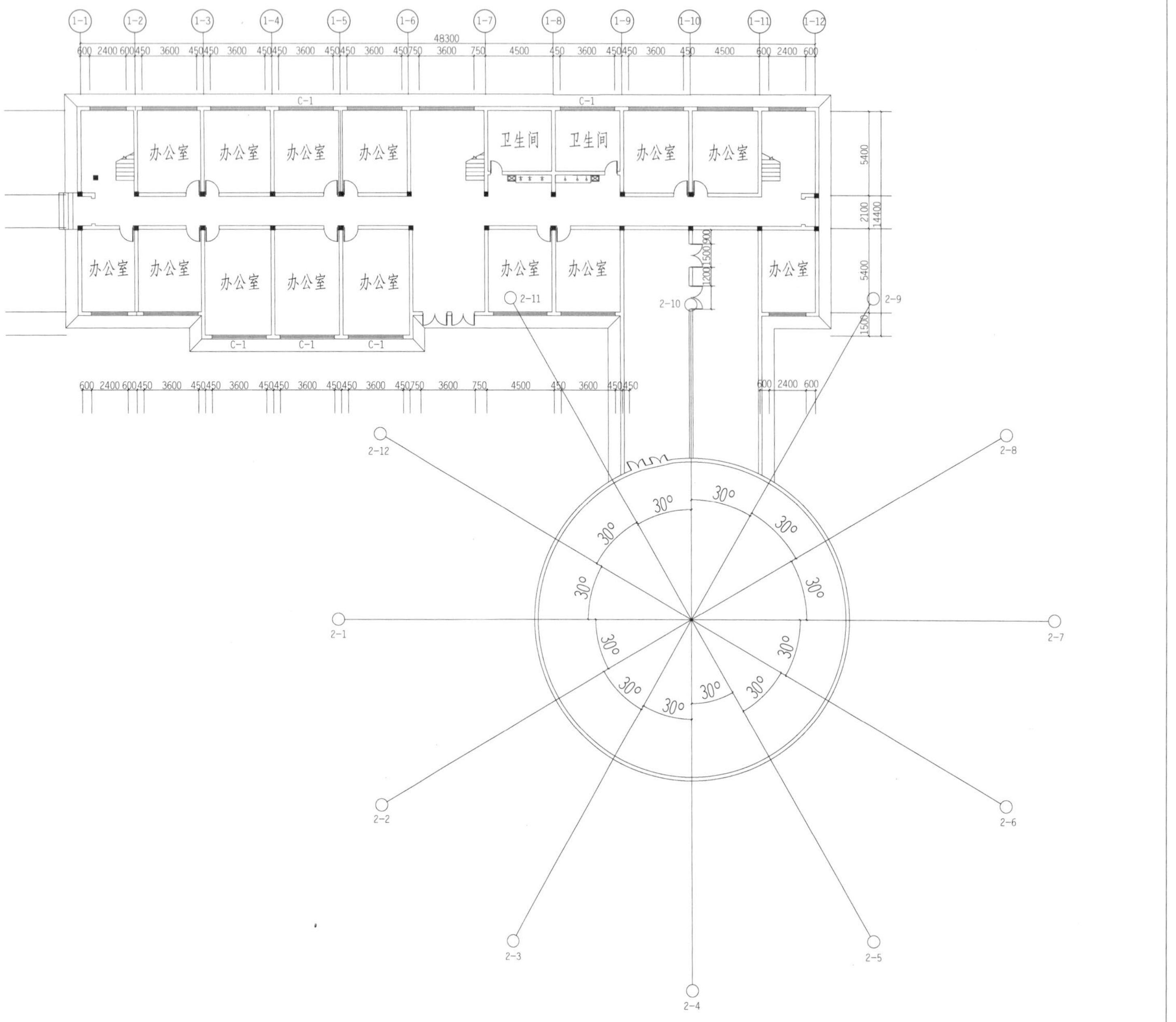

图1-4　定位轴线的分区编号

例 3　附加定位轴线的识读

对于一些与主要承重构件相联系的次要构件，它们的定位轴线一般作为附加定位轴线。附加定位轴线的编号，应以分数形式表示，《房屋建筑制图统一标准》（GB/T 50001—2010）规定：两根定位轴线间的附加定位轴线，应以分母表示前一轴线的编号，分子表示附加定位轴线的编号，编号宜用阿拉伯数字顺序编写，如图 1–5 所示。

《房屋建筑制图统一标准》（GB/T 50001—2010）还规定：特殊情况下，可以在 1 号轴线和 A 号轴线之前附加轴线，但附加定位轴线的分母应以 01 或 0A 表示，如图 1–6 所示。

例 4　外部尺寸标注的识读

为了便于读图和施工，一般在图形的下方和左侧注写三道尺寸，平面图较复杂时，也可注写在图形的上方和右侧。为方便理解，本书以图 1–5 中的下方尺寸标注为例，按尺寸由内到外的关系说明这三道尺寸。

第一道尺寸，是表示外墙门窗洞口的尺寸。如①～⑤轴线间的窗 C1，其宽度为 2100mm，窗洞边距离轴线为 1050mm；又如⑤～⑥轴线间的 M1、C2，M1 宽度为 1500mm，C2 宽度为 3000mm，M1 的定位尺寸是 525mm，两个 M1 之间的砖墙长度为 1050mm，C2 窗洞边距离两侧轴线均为 1050mm；⑥～⑧轴线间的窗 C1，窗洞边距离轴线变为 750mm。

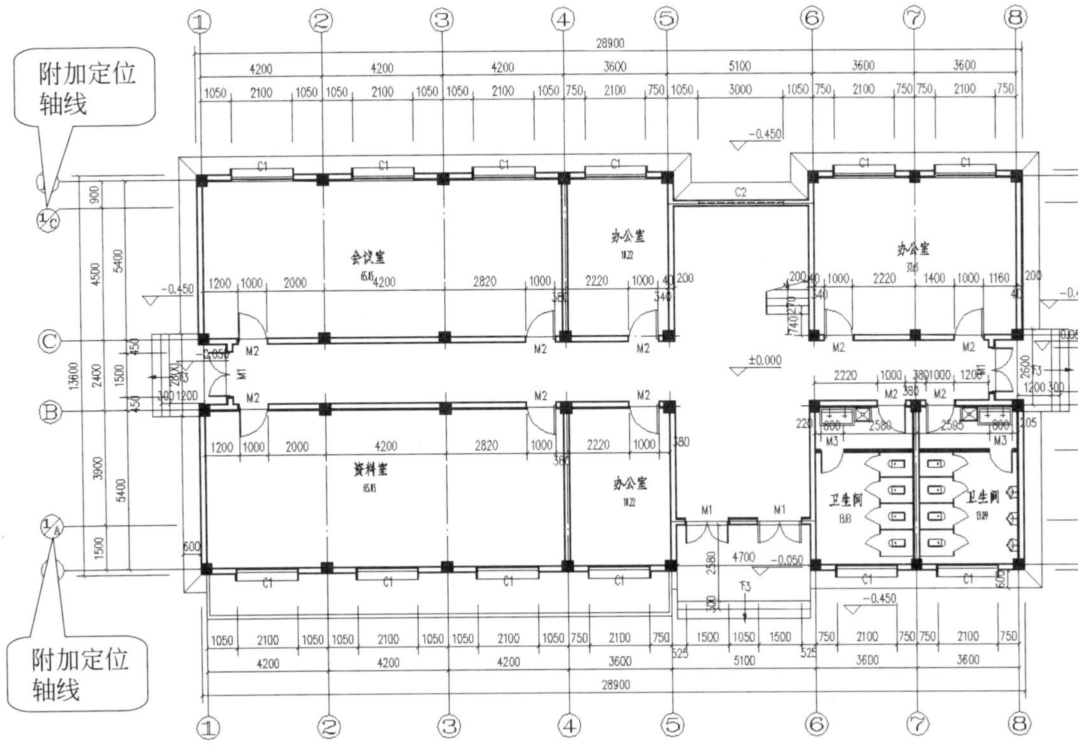

图1–5　附加定位轴线

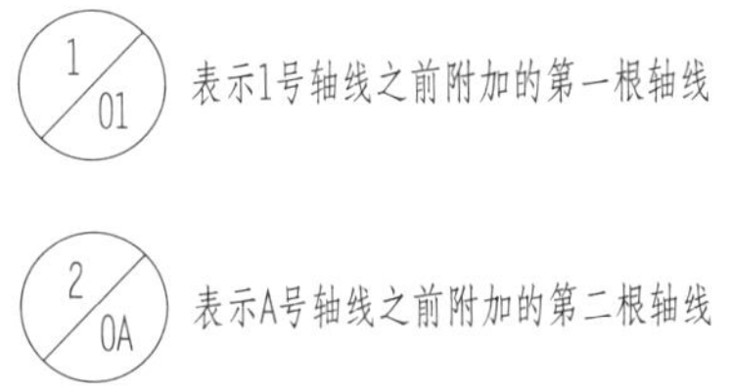

图1–6　在1号轴线和A号轴线之前附加定位轴线

第二道尺寸，是表示轴线间距离的尺寸，用以说明房间的开间及进深。如①～④轴线间的资料室和会议室开间均为 4.2m，④～⑤、⑥～⑧轴线间的办公室和卫生间开间均为 3.6m，⑤～⑥轴线间的门厅和楼梯间开间为 5.1m。

第三道尺寸，是建筑外包总尺寸，是指从一端外墙边到另一端外墙边的总长和总宽的尺寸。一般在底层平面图中标注外包总尺寸 28900mm，在其他各层平面中可省略外包总尺寸，或者仅标注出轴线间的总尺寸。

三道尺寸线之间应留有适当距离（一般为 7~10mm，但第一道尺寸线应距图形最外轮廓线 15~20mm），以便注写数字等。应该注意，门窗洞口尺寸与轴线间尺寸（即第一道与第二道尺寸）要分别在两行上各自标注，宁可留空也不可混注在一行上；门窗洞口尺寸也不要与其他实体的尺寸混行标注，墙厚、雨篷宽度、踏步宽度等应就近另行标注，如图 1–5 所示。

例 5　内部尺寸标注的识读

为了说明房间的净空大小和室内的门窗洞、孔洞、墙厚和固定设备（如厕所、工作台、搁板、厨房等）的大小与位置，房间的面积，以及室内楼地面的高度等，在平面图上应清楚地注写出有关的内部尺寸和楼地面标高。如图 1–7 所示某住宅的首层平面图中，墙体的厚度为 240mm，③～⑤轴线间两个卧室内的门联窗尺寸 2700mm，窗洞边距④轴线 960mm，车库与洗衣房之间的墙上有宽度为 1500mm 的窗 C2，通向车库台阶的踏面宽 280mm 等；图中还注写出了各个房间的面积，如客厅 27.24m^2、厨房 9.68m^2 等；楼地面标高是表明各房间的楼地面对标高零点（±0.000）的相对高度。本例底层地面定为标高零点，客厅地面标高是－ 0.300，车库地面标高是－ 0.600，室外台阶顶面标高是－ 0.050（本例厨房、餐厅、卫生间、洗衣房地面标高均为－ 0.020，图中没有标注的内容可在设计说明中查阅）；连接车库与室外地面的坡道的坡度为 16%，宽度为 3600mm，长度为 8040mm。

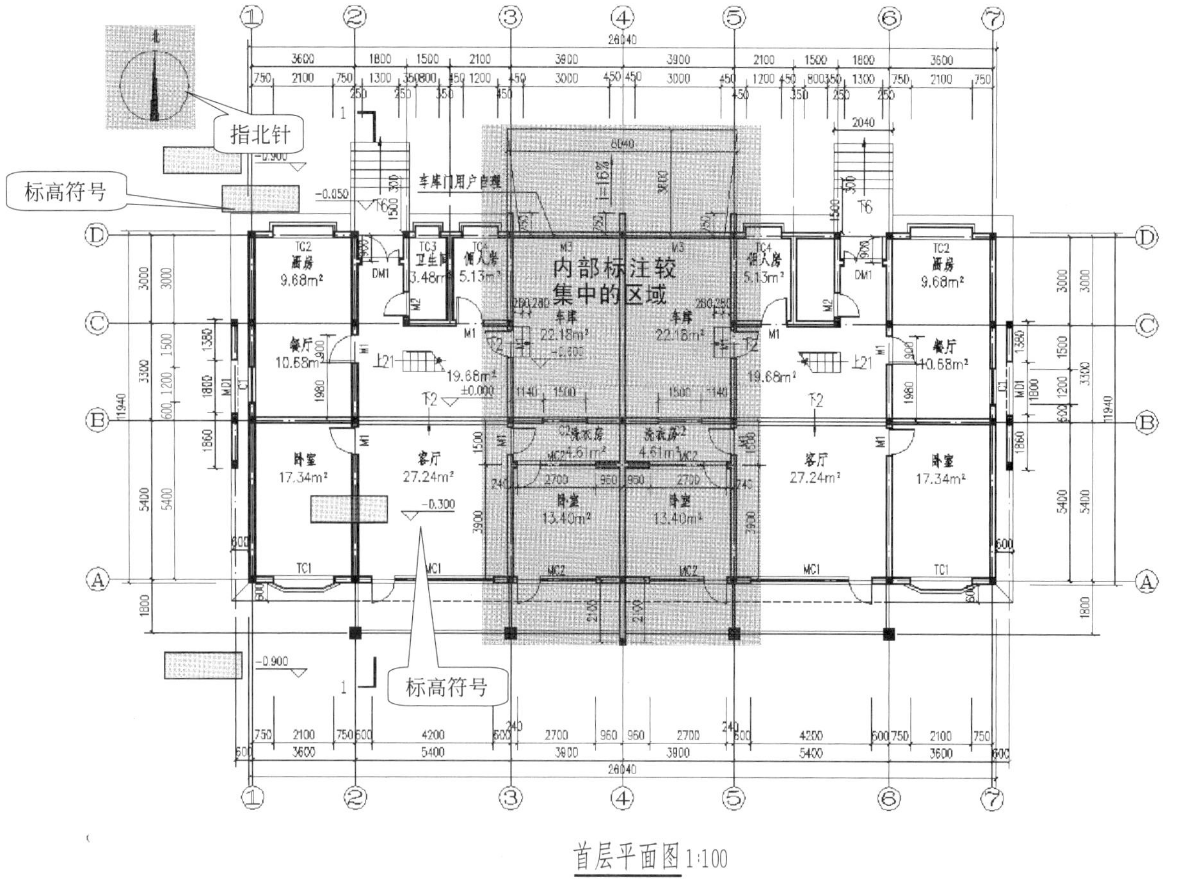

图1–7　内部尺寸标注

其他各层平面图中，除标注出轴线间的尺寸和总尺寸外，与底层平面相同的细部尺寸均可省略。

例 6　标高符号的识读

标高是标注建筑物高度的一种尺寸形式。在施工图中，建筑某一部分的高度通常用标高符号来表示。标高符号是用等腰直角三角形（图 1–8）的形式以细实线画出的（其在平面图中的应用可参照图 1–7 中的－ 0.300、－ 0.900、－ 0.050 等）；如标注位置不够，也可采用如图 1–9 所示的形式（其在平面图中的应用可参照图 1–3 中的－ 0.020）。标高数字应以米为单位，注写到小数点以后第三位。在总平面图中，可注写到小数点后第二位。零点标高应注写成 ±0.000，正数标高不注“+”，负数标高应注“－”，例如：3.200、－ 0.900。

在总平面图中，室外地坪标高符号，宜用涂黑的等腰直角三角形表示，其大小应按图 1–8 中的方法画出，具体可参照图 1–1 中的室外地坪标高。

在立面图和剖面图中，标高符号的尖端应指至被注高度的位置。尖端一般应向下，也可向上。应当注意：当标高符号在图形的外部时，在标高符号的尖端位置必须增加一条引出线指向所注写标高的位置；当标高符号在图形的内部时，在标高符号的尖端位置就不必再增加一条引出线了，如图 1–10 所示。

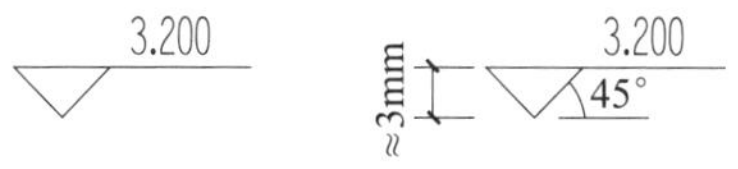

图1–8　标高符号

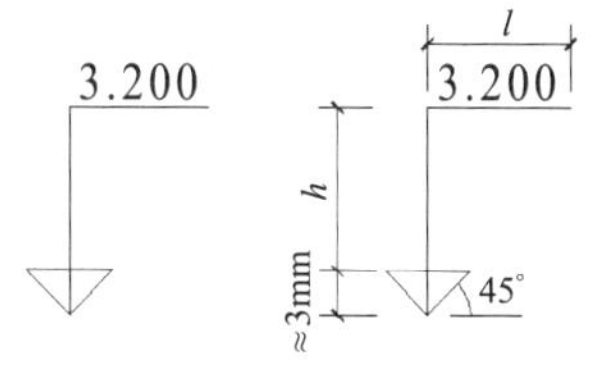

图1–9　标注位置不够时的标高符号

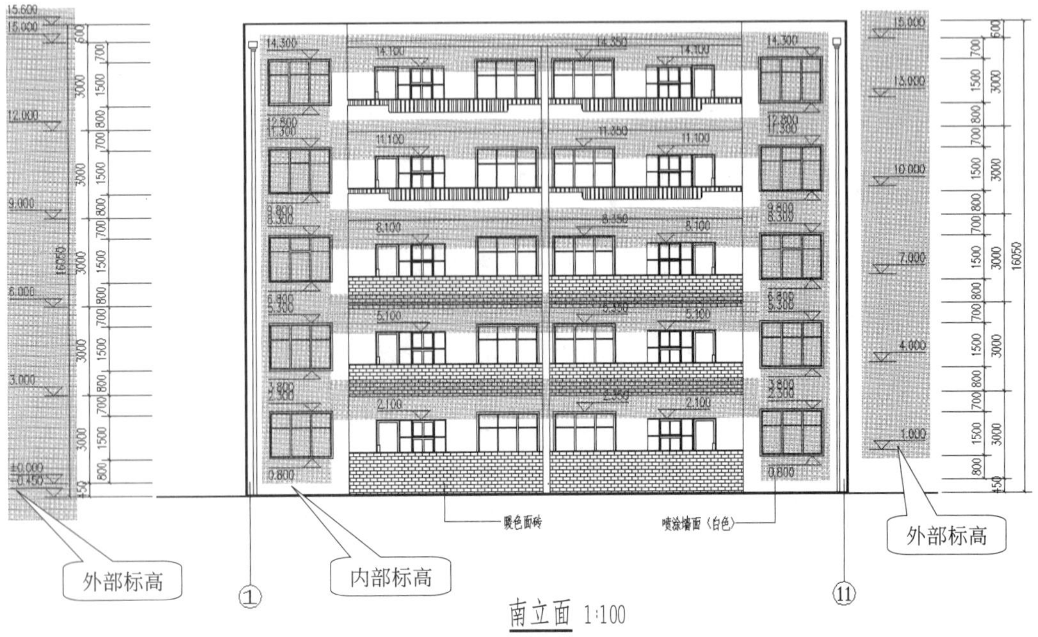

图1-10 立面图中的标高标注

在图样的同一位置需表示几个不同标高时，标高数字应按图 1-11 的形式注写，注意括号外的数字是现有值，括号内的数值是替换值。

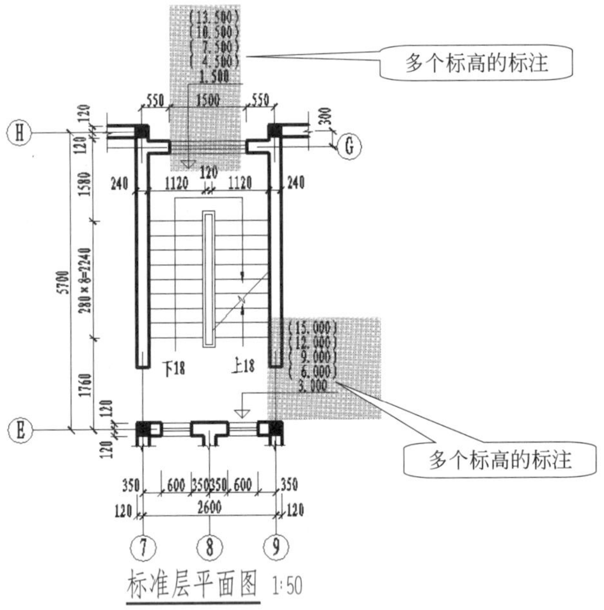

图1-11 图样同一位置多个标高的标注

标高有绝对标高和相对标高之分。绝对标高是以青岛附近的黄海平均海平面为零点，以此为基准的标高。在实际设计和施工中，用绝对标高不方便，因此习惯上常以建筑物室内底层主要地坪为零点，以此为基准点的标高，称为相对标高。比零点高的为“+”，比零点低的为“－”。在本项目中除建筑总平面图外，其余各节所标注的标高均为相对标高。

建筑物的标高，还可以分为建筑标高和结构标高。建筑标高是构件包括粉饰层在内的、装修完成后的标高，在建筑施工图中出现的标高均为建筑标高；结构标高则不包括构件表面的粉饰层厚度，是构件的毛面标高，一般在结构施工图中标注。

例 7 索引符号的识读

索引符号是需要将图样中的某一局部或构件画出详图而标注的一种符号，用以表明详图的编号、详图的位置以及详图所在图纸编号。

如图 1-12 所示，索引符号是由直径为 10mm 的圆和水平直径组成，圆及水平直径均应以细实线绘制，在上半圆中用阿拉伯数字注明该详图的编号，数字较多时，可加文字标注。索引符号需用一引出线指向要画详图的地方，引出线应对准圆心。索引出的详图，如果与被索引的详图不在同一张图纸内，应在索引符号的下半圆中用阿拉伯数字注明该详图所在图纸的编号。索引出的详图，如果与被索引的详图同在一张图纸内，应在索引符号的下半圆中间画一段水平细实线。

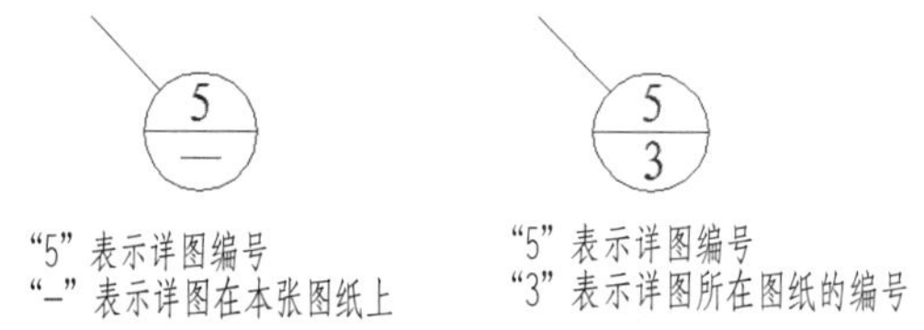

图1-12 索引符号的一般表示方法

索引出的详图，如果采用标准图，应在索引符号水平直径的延长线上加注该标准图册的编号。索引符号如果用于索引剖面详图，应在被剖切的部位绘制剖切位置线，并以引出线引出索引符号，引出线所在的一侧应为投射方向。索引符号的编写同上，如图 1-13 所示（图中将所有的索引符号都做了标明）。

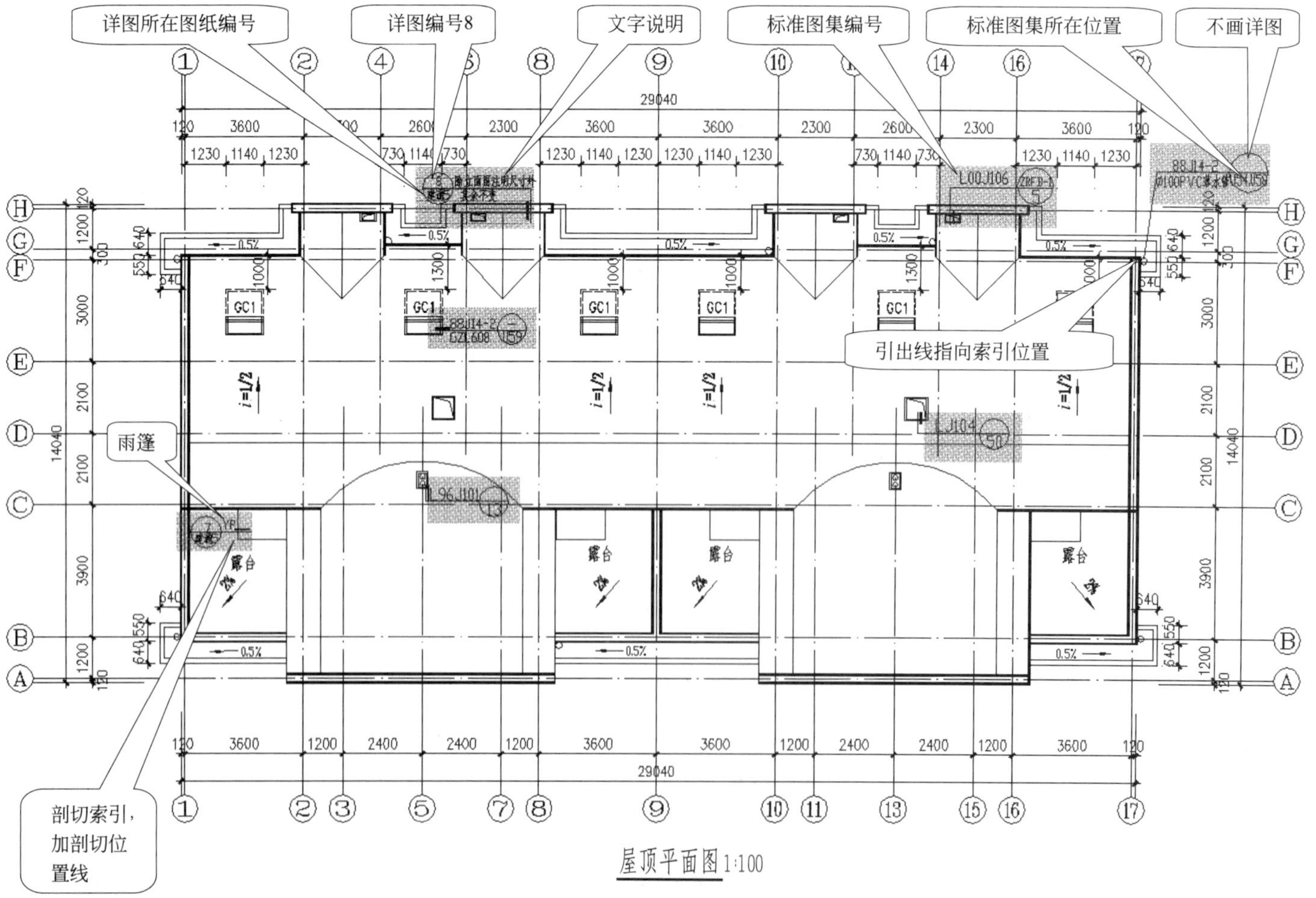

图1-13 屋顶平面图中的索引符号

例 8　详图符号的识读

详图符号是表示索引出的详图的位置和编号的一种符号，如果索引出的详图没有用数字进行编号，则可以用文字作为详图的图名，如“外墙身详图”“楼梯平面图”“楼梯剖面图”等。详图符号圆的直径为 14mm，用粗实线绘制。详图与被索引的图样同在一张图纸内时，应在详图符号内用阿拉伯数字注明详图的编号；详图与被索引的图样不在同一张图纸内，应用细实线在详图符号内画一水平直径，在上半圆中注明详图编号，在下半圆注明被索引的图纸的编号，如图 1–14 所示。

图1–14　详图符号

例 9　其他符号的识读

在施工图中还有其他几种符号，如引出线、指北针、对称符号、连接符号等。

引出线是对建筑工程的构造或处理进行文字说明的一种方式，引出线是用细实线绘制的，通常采用水平方向的直线、与水平方向成 30°、45°、60°、90° 的直线，或经上述角度再折为水平线。文字注写在水平线的上方，或注写在水平线的端部，如图 1–15 和图 1–16 所示。

连接符号实际上就是两条相距较近并且平行的折断线，以表示需连接的部位，图 1–16 中墙体沿竖向将中间的一部分省略绘制后，再将上、下两部分墙体用连接符号连接。如果两部位相距过远，折断线两端靠图样一侧应标注大写拉丁字母表示连接编号，两个被连接的图样必须用相同的字母编号，如图 1–17 所示。

当建筑形体或建筑内部各房间（含家具、设备等）的布置对称时，可以用对称符号表明其对称关系，这时图样可只画出对称线某侧的那一半，另一半就可简化或不画。对称符号由对称线和两端的两对平行线组成。对称线用细点画线绘制，平行线用细实线绘制，其长度宜为 6 ～ 10mm，每对的间距宜为 2 ～ 3mm。对称线垂直平分于两对平行线，两端超出平行线宜为 2 ～ 3mm，图 1–18 所示为该住宅内各房间的分布情况。

指北针主要表明建筑物的朝向或是表明该建筑用地的正北方向。其形状为一圆，圆的直径宜为 24mm，用细实线绘制；指针尾部的宽度宜为 3mm，指针头部应注“北”或“N”，如图 1–7 中所示。如果需用较大直径绘制指北针时，指针尾部宽度宜为圆直径的 1/8。

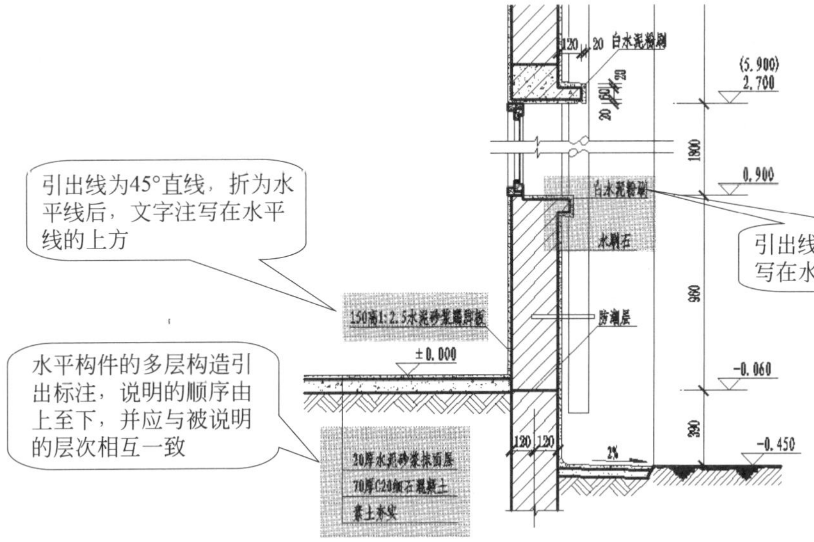

图1–15　引出线的应用

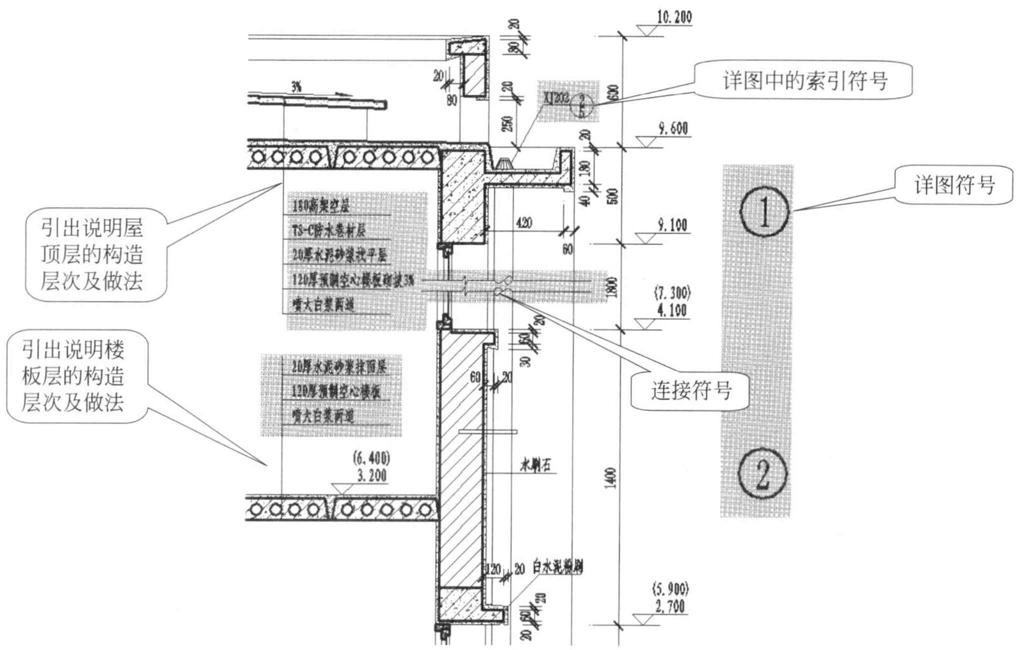

图1–16　连接符号的应用

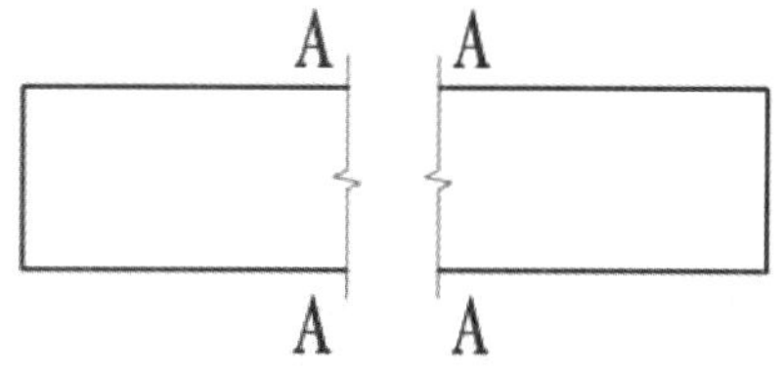

图1–17　两部位相距过远时的连接符号

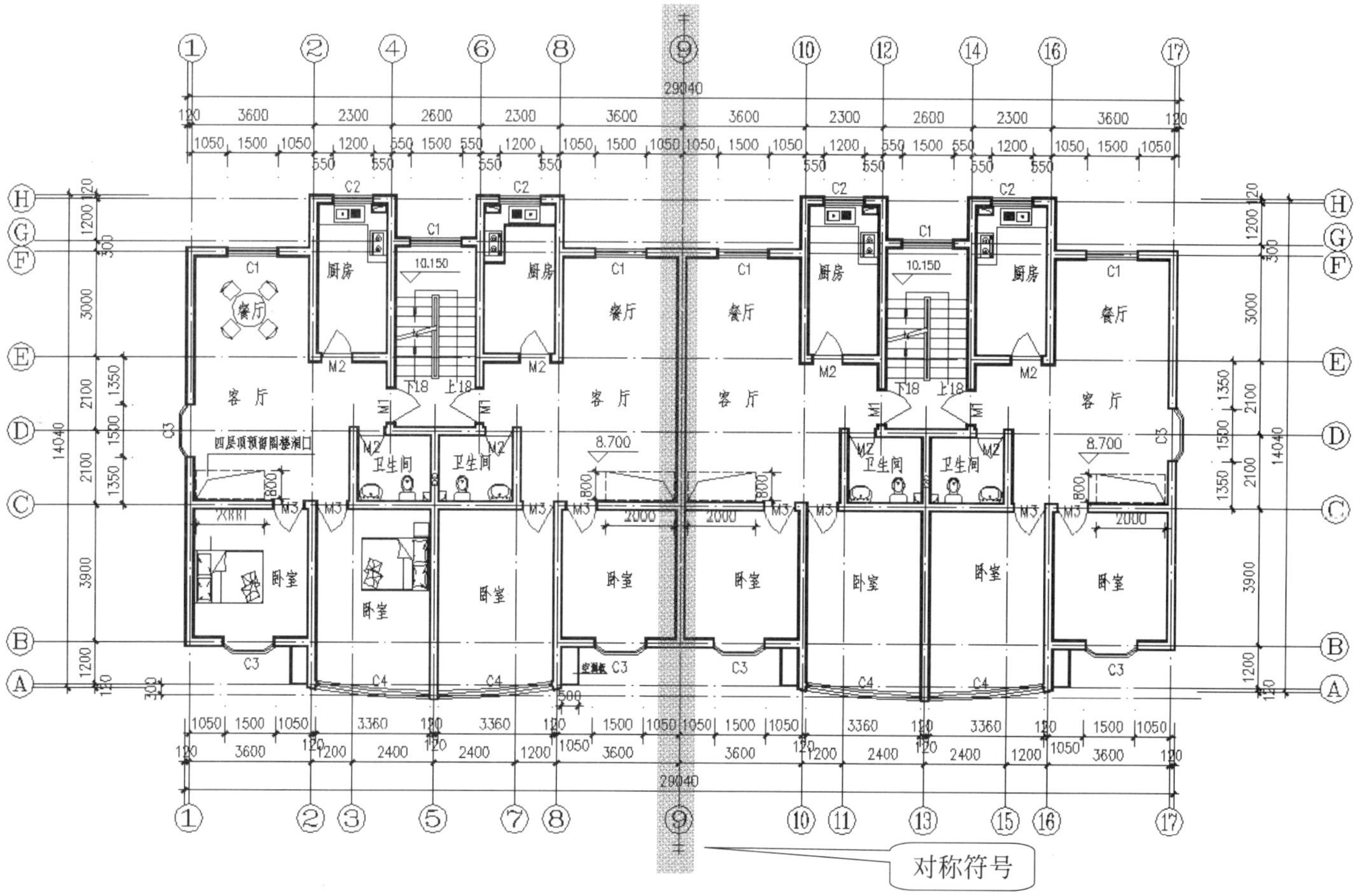

图1–18　对称符号的应用

零件、钢筋、构件、设备等的编号，是以直径为 4 ～ 6mm（同一图样应保持一致）的细实线圆表示的，其编号应用阿拉伯数字按顺序编写，主要应用于结构施工图与设备施工图中。图 1-19 是对某梁中的几种钢筋进行的编号。

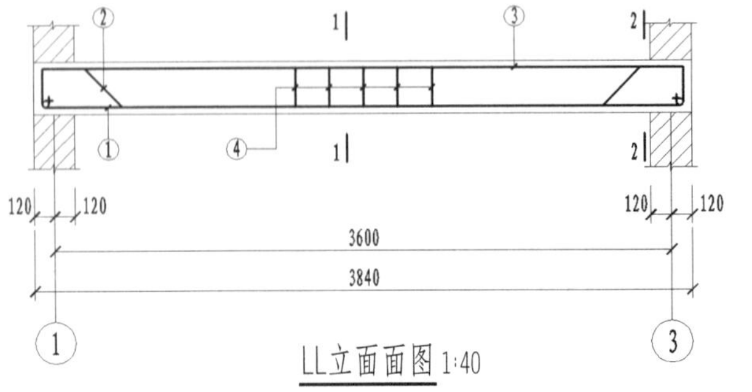

图1-19　钢筋的编号

任务三　建筑平面图

建筑平面图是假想用一水平的剖切面沿门窗洞口的位置将房屋剖切后，对剖切面以下部分房屋所作出的水平剖面图（剖面图的一种），简称平面图。它反映出房屋的平面形状、大小和房间的布置，墙（或柱）的位置、厚度和材料，门窗的类型和位置等情况。

平面图是建筑专业施工图中最主要、最基本的图纸，其他图纸（如立面图、剖面图及某些详图）多是以它为依据派生和深化而成的。建筑平面图也是其他工种（如结构、设备、装修）进行相关设计与制图的主要依据，其他工种（特别是结构与设备）对建筑的技术要求也主要在平面图中表示，如墙厚、柱子断面尺寸、管道竖井、留洞、地沟、地坑、明沟等。因此，平面图与建筑施工图其他图样相比，较为复杂，绘图也要求全面、准确、简明。

建筑平面图通常是以层次来命名的，如底层平面图、二层平面图、顶层平面图、屋顶平面图等，若一幢多层房屋的各层平面布置都不相同，应画出各层的建筑平面图，并在每个图的下方注明相应的图名和比例。若上下各层的房间数量、大小和布置都相同时，则这些相同的楼层可用一个平面图表示，称为标准层平面图。

建筑平面图的图示内容如下：

墙体、柱、墩、内外门窗位置及编号；房间的名称或编号。如果注写编号，需在同张图纸上列出房间名称表；室内外的有关尺寸及室内楼、地面和室外地面的标高（底层地面为 ±0.000）；表示电梯、楼梯位置及楼梯上下方向及主要尺寸；阳台、雨篷、踏步、斜坡、通气竖道、管线竖井、烟囱、窗台、消防梯、雨水管、散水、排水沟、花池等位置及尺寸；固定的卫生器具、水池、工作台、橱、柜、隔断等设施及重要设备位置；表示地下室、地坑、地沟、检查孔、墙上留洞、高窗等位置尺寸与标高，不可见的应用虚线画出；底层平面图中应有剖面图的剖切符号及编号；有关部位上节点详图的索引符号；在底层平面图附近画出指北针，指北针、散水、明沟、花池等在其他楼层平面图中不再重复画出；图名和比例。

例 10　建筑平面图的识读

下面以某住宅的各层平面图为例，进行平面图的识读训练。

图 1-20 是该住宅的储藏室平面图。从图中可以看出，储藏室地面标高为−2.200，室外地面标高为−2.500，说明储藏室地面相比室外地面高出 300mm。

该层共有 12 间储藏室作为车库使用，在出口处都有坡道与室外地面相连，北面 4 间储藏室出口处都有室外台阶（2 个踏步）与室外地面相连，其余 4 间储藏室由单元入口进入。

楼梯间的开间为 2600mm，所画出的那部分梯段是沿单元入口通向第一层楼面的第一个梯段，该梯段共有 12 个踏面宽度，尺寸标注为 12×280=3360，说明了该梯段的长度。

该住宅沿横向共有 17 条定位轴线，沿纵向共有 8 条定位轴线，读者可自行理解平面图中的尺寸标注，这里不再再赘述。

住宅的最左与最右墙体的外侧，各有宽度为 900mm 的散水，被前后的坡道打断。

该层平面中共有三种类型的门：M4、M5、DM1，宽度分别为 2700mm、900mm、1500mm。

图 1-21 是该住宅的一层平面图。从图中可以看出，该层室内主要房间地面标高为 ±0.000，厨房、卫生间地面

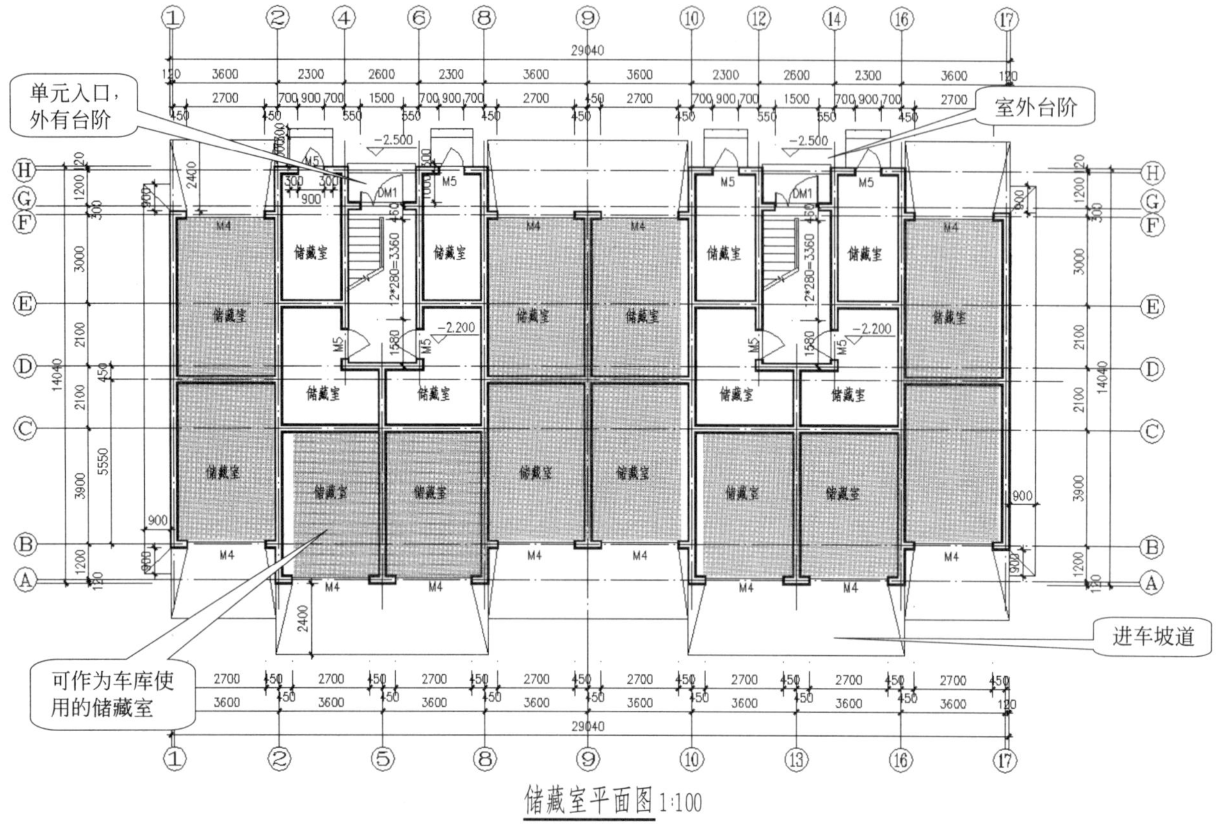

图1-20　储藏室平面图

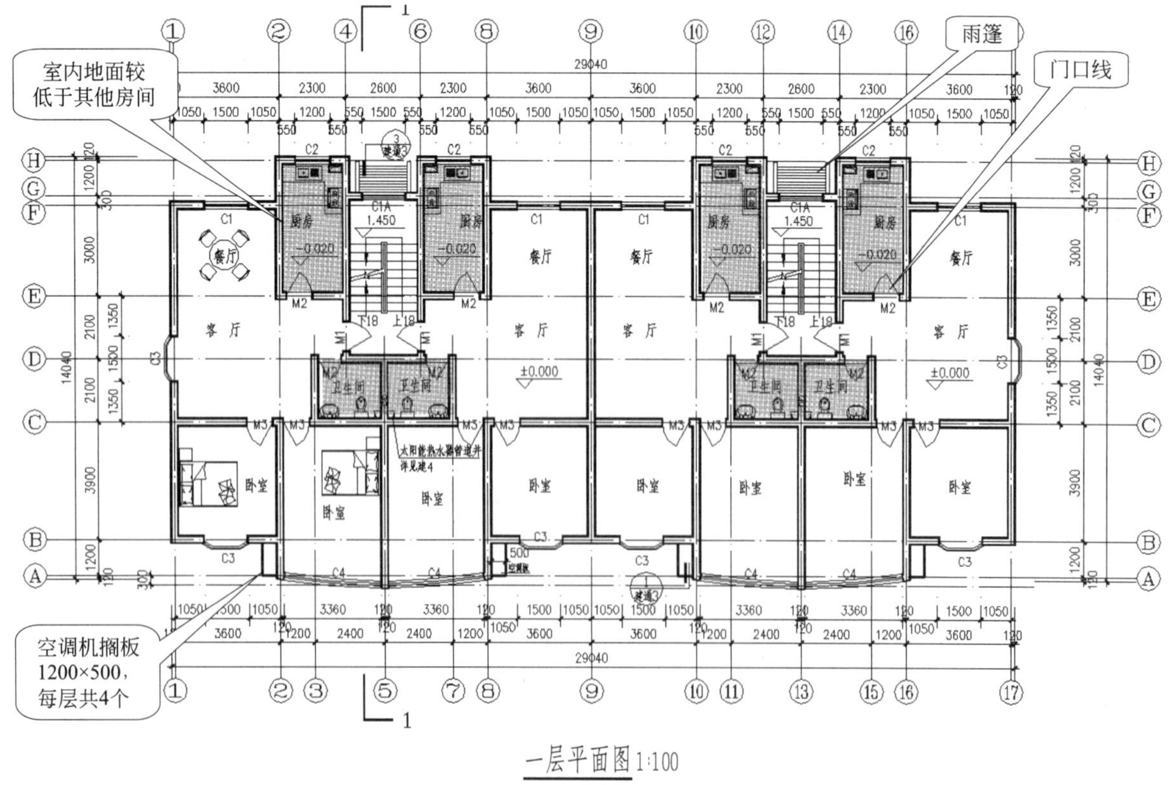

图1-21　一层平面图

标高为－0.020，这是由于厨房与卫生间的地面上经常有水存在，为防止水从厨房与卫生间内流入到客厅或其他房间，故地面处理上应有一定的高差 20mm，因此这样的房间门在图样中都会增加一条细线表示门口线。

该层共有 4 户，每梯两户，每户的房间组成及大小都是一样的，2 间卧室为南向，具有良好的朝向，餐厅与卫生间置于北向，客厅与餐厅没有用墙体隔开。部分房间内还画出了主要的家具和设备等。卫生间内都有太阳能热水器和管道井，其构造做法可以在建筑施工图第 4 张图纸上查阅。

该层平面中有 C1、C2、C3（凸窗）、C4（弧窗）以及 C1A 五种类型的窗，有 M1、M2、M3 三种类型的门，关于这些门窗的具体情况，可通过“设计总说明”中的门窗表进行查阅，如图 1–22 所示。注意，在该门窗表中列出的是本建筑所有使用的各种类型的门窗。

图 1–23 是该住宅的二、三层平面图，它与一层平面图相比，省略了第一道尺寸的标注，其余均没有较大区别，只是一层平面图中已画出的雨篷此时不再画出。

门窗表

序号	名称编号	洞口尺寸 / mm		数量	备注
		宽	高		
1	DM1	1500	2100	2	对讲电控防盗门
2	M1	1000	2100	20	多功能防火防盗分户门
3	M2	800	2100	44	木制夹板门
4	M3	900	2100	36	木制夹板门
5	M4	2700	2000	12	特制卷帘门甲方定
6	M5	900	2000	8	木制夹板门
7	C1	1500	1600	22	塑钢推拉窗
8	C1A	1500	1200	2	塑钢推拉窗
9	C2	1200	1600	16	塑钢推拉窗
10	C3	1500	1600	24	塑钢推拉窗
11	C3A	1500	1200	2	塑钢推拉窗
12	C4	3360	2200	16	塑钢推拉窗
13	GC1	1140	1400	6	威卢克斯窗
14	GC2	2150	H	4	南立面阁楼窗
15	GC3	1800	H	4	北立面阁楼窗

注：门窗做法详见厂家图集，窗户为绿色玻璃。

图1–22　门窗表

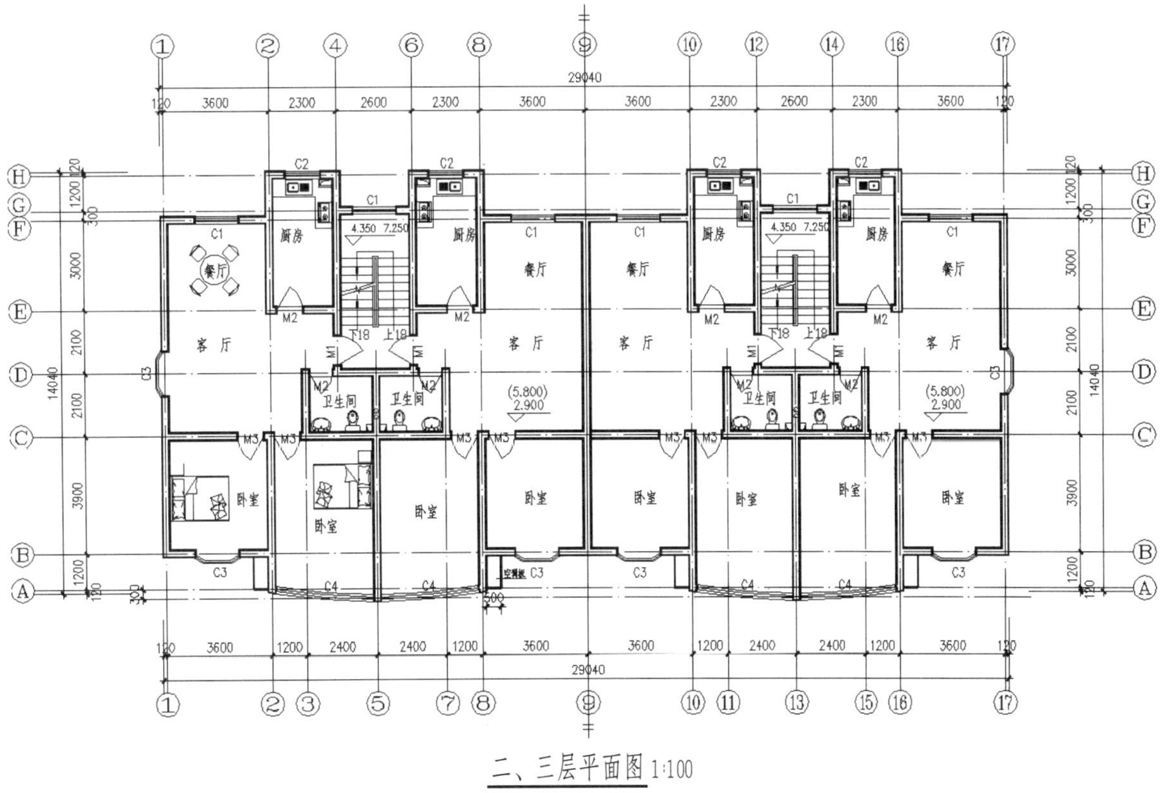

图1–23　二、三层平面图

四层平面图，同二、三层一样，省略了第一道尺寸的标注。应当注意，在四层住户的客厅内，靠近 C 号纵墙预留了 2000×800 的阁楼洞口，以满足住户安装通向阁楼的楼梯空间，如图 1–24 所示。

图 1–25 是阁楼层平面图，可以看出：每户都有一个露台，露台地面与阁楼地面通过一台阶相连，共 2 个踏步；

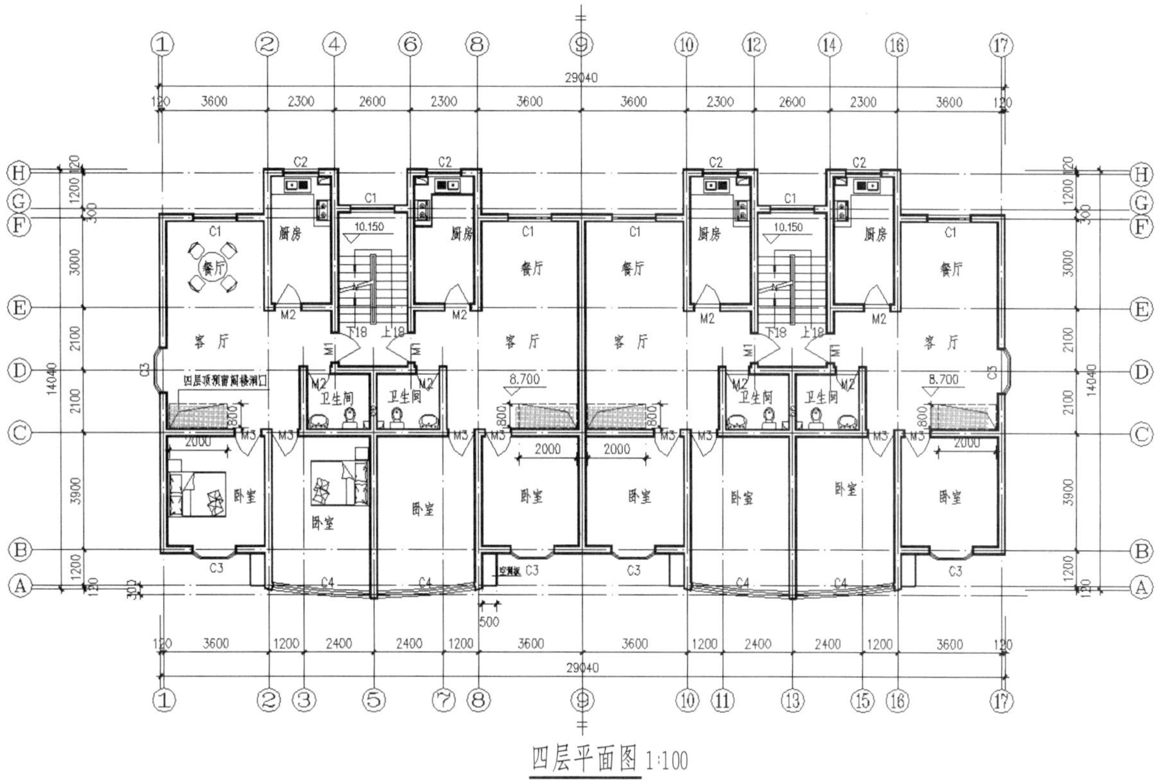

图1–24　四层平面图

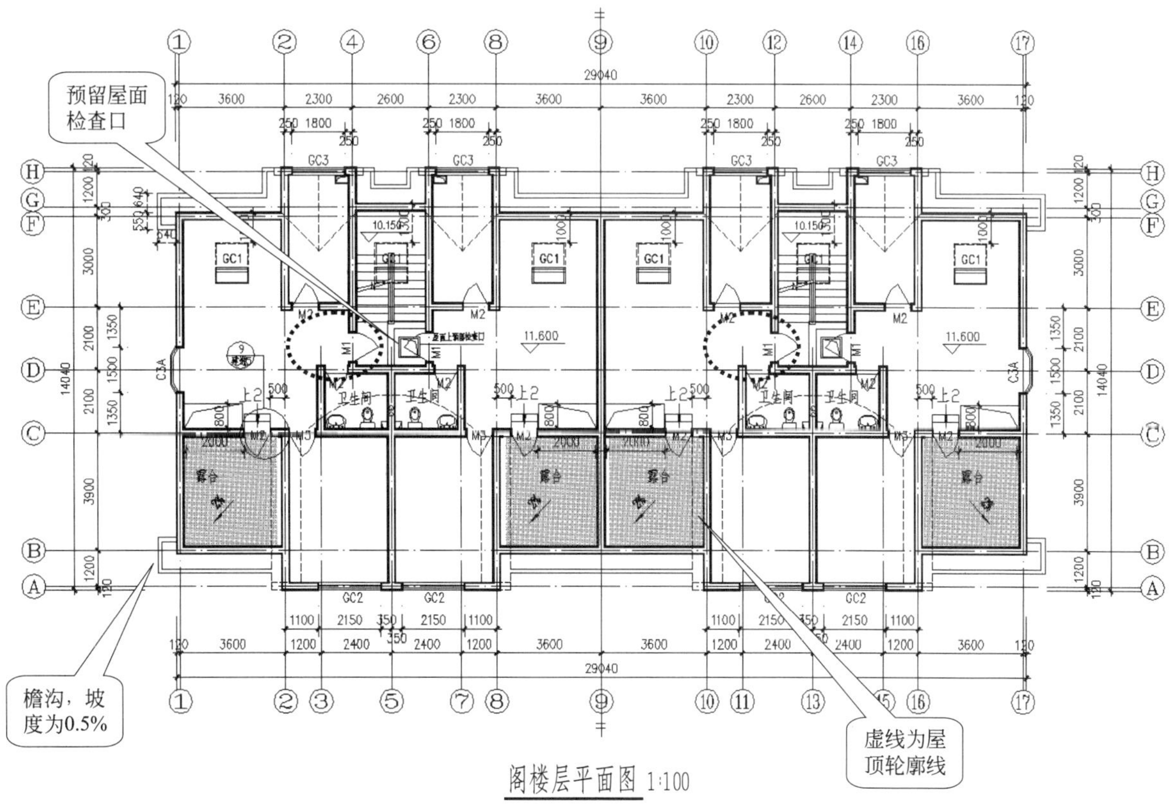

图1–25　阁楼层平面图

在阁楼平面上有 3 个房间、1 个卫生间，这与下面各层住户的正常使用房间是有区别的；在每个楼梯间的最顶层，都有一个通向屋面的预留检查口；该层平面上门窗有了一些变化，特别是原来四间主卧室的窗由弧窗 C4 变为了平窗 GC2，此外，读者可细心了解其他门或窗的变化，这里不再赘述。

屋顶平面图是房屋顶部按俯视方向在水平投影面上所得到的正投影图，由于屋顶平面图比较简单，常常采用较小的比例绘制。在屋顶平面图中应详细表示有关定位轴线、屋顶的形状、女儿墙（或檐口）、天沟、变形缝、天窗、详图索引符号、分水线、上人孔、屋面、水箱、屋面的排水方向与坡度、雨水口的位置、检修梯、其他构筑物、标高等。此外，还应画出顶层平面图中未表明的顶层阳台雨篷、遮阳板等构件。图 1–26 是画出的屋顶平面图，图中对部分构造进行了说明。

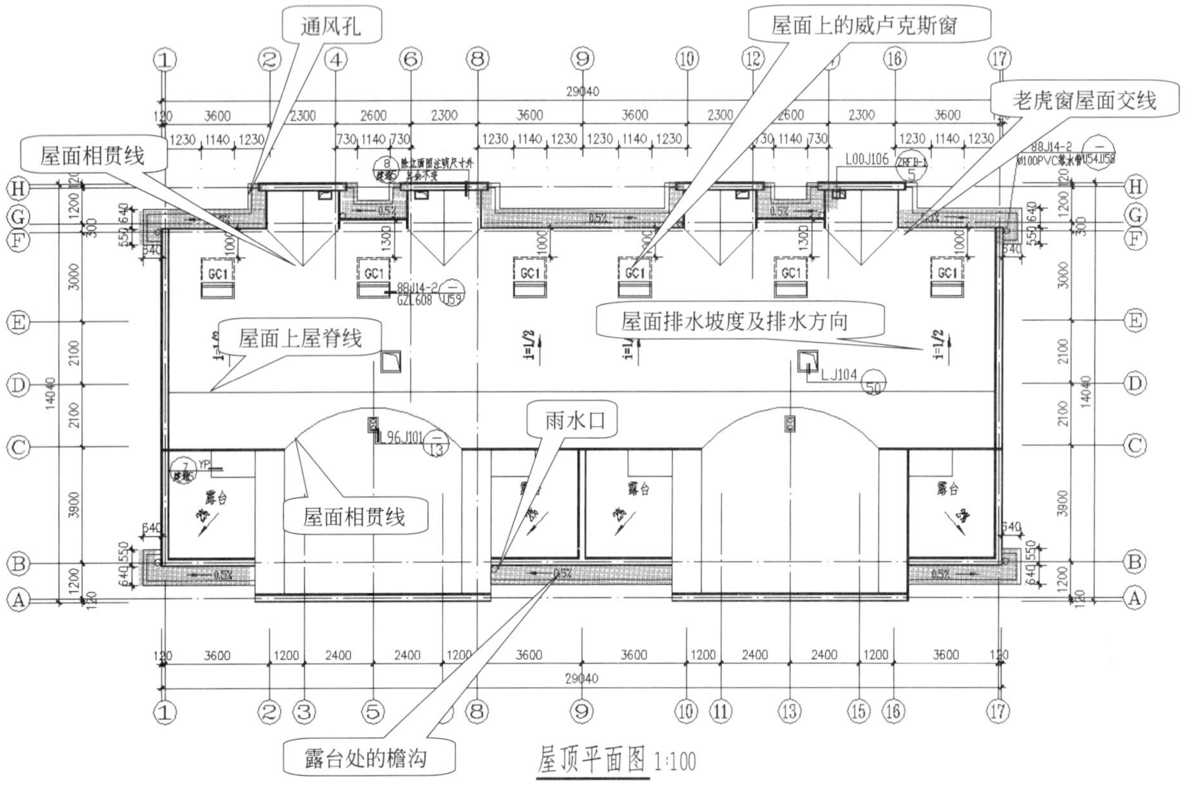

图1–26　屋顶平面图

局部平面图可以用于表示两层或两层以上合用平面图中的局部不同处，也可以用来将平面图中某个局部以较大的比例另外画出，如图 1–27 所示。局部平面图能较为清晰地表示出室内的一些固定设施的形状和标注它们的细部尺寸和定位尺寸。这些房屋的局部，主要是指卫生间、厨房、楼梯间、高层建筑的核心筒、人防口部、汽车库坡道等。

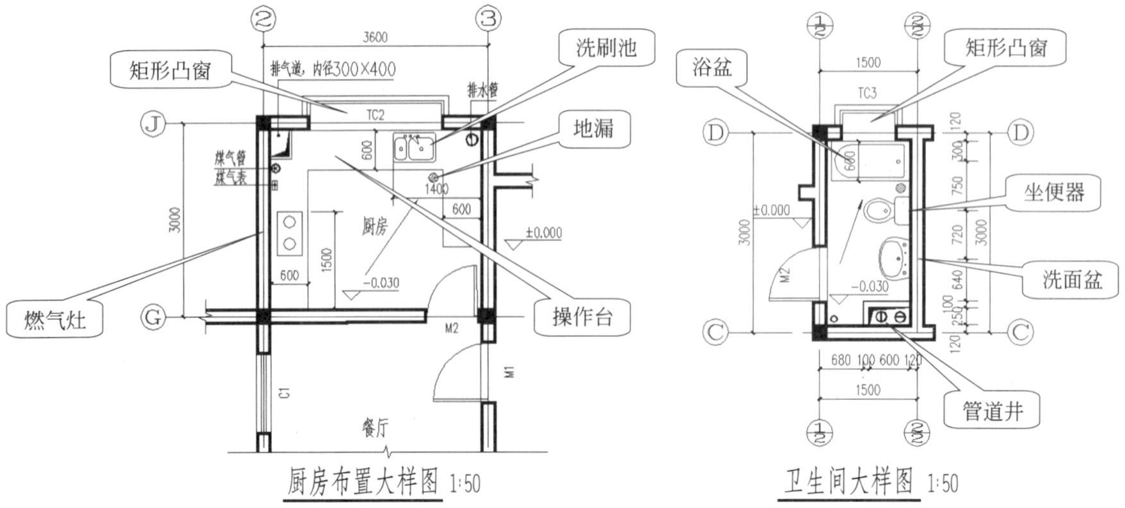

图1–27　局部平面图——厨房布置图

在阅读建筑平面图时，应注意被剖切到的主要建筑构造（包括构配件）轮廓线，用线宽为 b（b 的取值按国家标准，如 b=0.7mm 或 b=1.0mm）的粗实线；被剖切的次要建筑构造（包括构配件）轮廓线，以及建筑构配件的可见轮廓线，用线宽为 0.5b 的中实线；小于 0.5b 的图形线用线宽为 0.25b 的细实线；建筑构造及构配件的不可见轮廓线宽为 0.5b 或 0.25b 的虚线；其他内容，如定位轴线、尺寸线、尺寸界线、标高符号、引出线等仍符合前面所述的各项规定。

任务四　建筑立面图

将建筑形体按正投影法在与房屋立面平行的投影面上所作出的投影图，就是建筑立面图，简称立面图。立面图主要是用来表达建筑物的外形艺术效果，在施工图中，它主要反映房屋的外貌和立面装修的做法。投影方向可见的建筑外轮廓线和墙面线脚、构配件、外墙面做法及必要的尺寸与标高等，在立面图中都是应该表达的。

有定位轴线的建筑物，立面图名称一般根据两端定位轴线的编号进行编注，这也是目前最为常用的编注方法：立面图中最左边的定位轴线编号写在前面，最右边的定位轴线编号写在后面，中间加一“~”，作为立面图的图名，如图 1–28 所示。

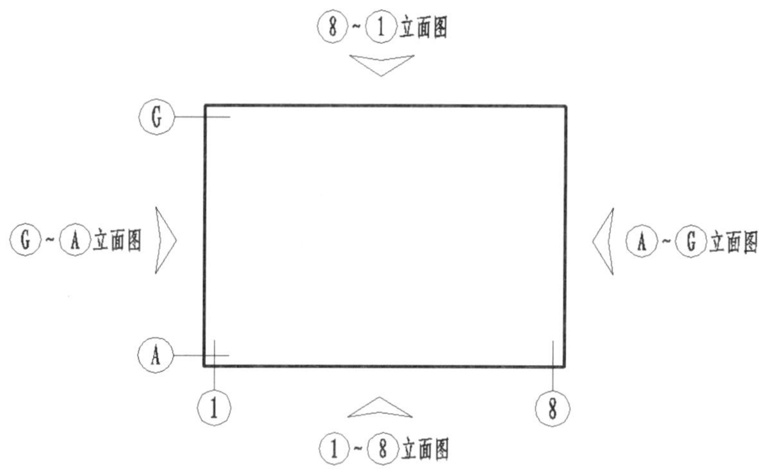

图1–28　建筑立面图的投影方向与名称

按投影原理，立面图上应将立面上所有看得见的细部都表示出来。但由于立面图的比例较小，如门窗扇、檐口构造、阳台栏杆和墙面复杂的装修等细部，往往只用图例表示。它们的构造和做法，都另有详图或文字说明。因此，立面图上相同的门窗、阳台、外檐装修、构造做法等可在局部重点表示，绘出其完整图形，其余部分都可简化，只画出轮廓线。

例 11　门窗图例的识读

下面以门窗为例，来了解在建筑平、立、剖中门窗图例的阅读。

门的代号一般用 M 表示，如果按材质、功能或特征编排，则可有以下代号：木门 – MM；钢门 – GM；塑钢门 – SGM；铝合金门 – LM；卷帘门 – JM；防盗门 – FDM；防火门 – FM；防火卷帘门 – FJM；人防门 – RFM（防护密闭门），RMM（密闭门），RHM（防爆活门）。

窗的代号一般用 C 表示，同门一样，也可以有以下代号：木窗 – MC；钢窗 – GC；铝合金窗 – LC；木百页窗 – MBC；钢百页窗 – GBC；铝合金百页窗 – LBC；塑钢窗 – SGC；防火窗 – FC；全玻无框窗 – QBC；幕墙 – MQ。在门窗的代号后面写上编号，如 M1、M2、…和 C1、C2、…等，同一编号表示同一类型的门窗，它们的构造与尺寸都一样。门窗的代号及编号一般在建筑平面图中表示，如果在平面图上没有表示出，则应在立面图上表示清楚。

在图 1–29 和图 1–30 中，门窗立面图例中的斜线表示门窗扇的开启方向，实线为外开，虚线为内开，开启方向线交角的一侧为安装合页的一侧，一般在设计图中可以不需表示。门窗的剖面图所示左为外，右为内，平面图所示下为外，

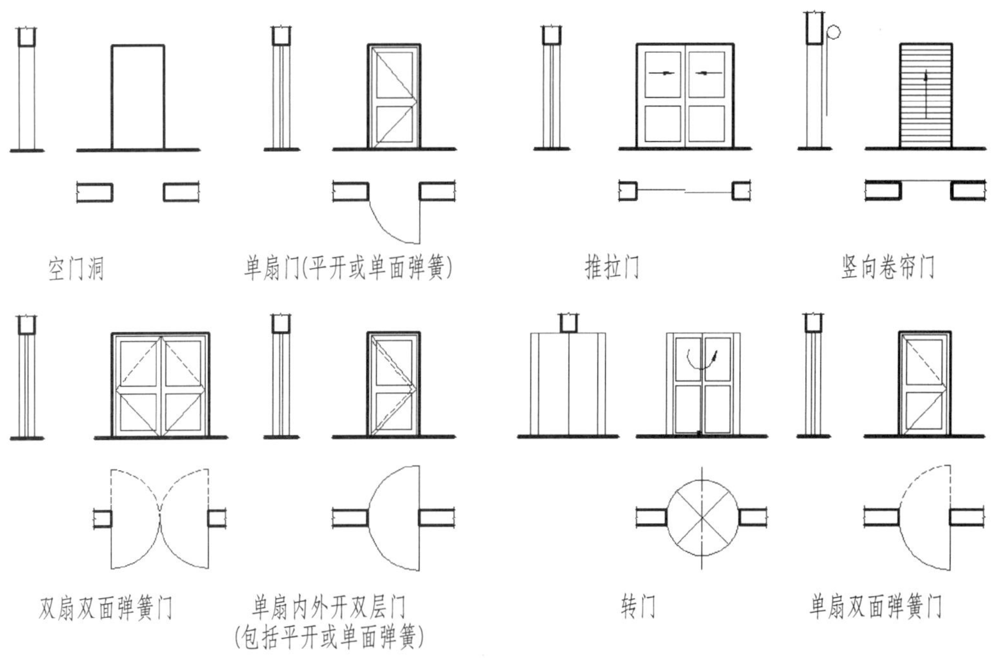

图1-29　门的图例

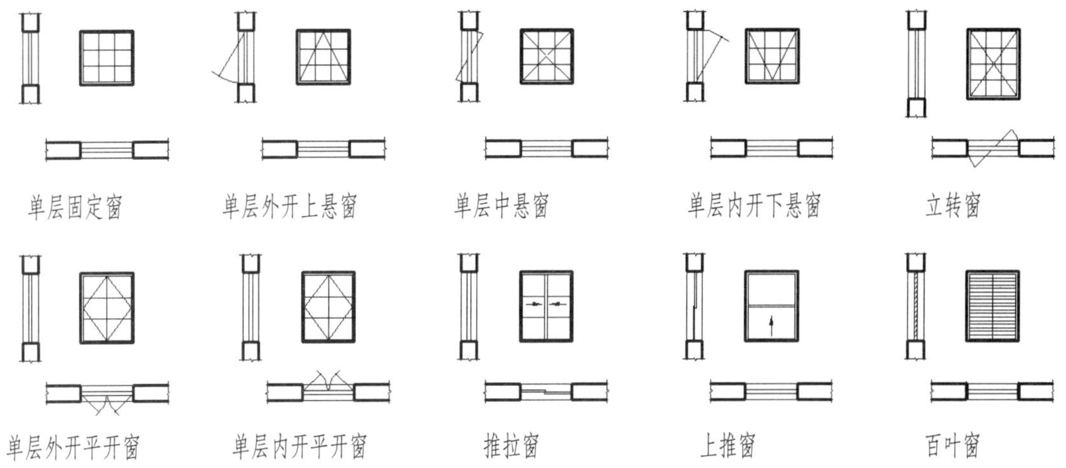

图1-30　窗的图例

上为内。若单层固定窗、悬窗、推拉窗等以小比例绘图时，平、剖面的窗线可用单粗实线表示。门的平面图上门线应绘成 90° 或 45° ，开启弧线应该绘出。

建筑立面图的图示内容如下：

建筑物两端轴线编号；女儿墙顶、檐口、柱、变形缝、室外楼梯和消防梯、阳台、栏杆、台阶、坡道、花台、雨篷、线条、烟囱、勒脚、门窗、洞口、门斗、雨水管，其他装饰构件和粉刷分格线示意等；外墙的留洞应注尺寸与标高（宽 × 高 × 深及关系尺寸）；平、剖面图未能表示出来的屋顶、檐口、女儿墙、窗台等标高或高度，应在立面图上分别注明；各部分构造、装饰节点详图索引、用料名称或符号等。

例 12　建筑立面图的识读

图 1–31 为前面认识的某住宅的南立面图，它的左边轴线是 1 号轴线，右边是 17 号轴线，立面图就是以这两条轴线命名的，该立面图的比例与平面图一致，也是 1 ： 100。

外轮廓线所包围的范围显示出这幢房屋的总长和总高，屋顶采用坡屋顶，共 5 层，其中一层为储藏室（车库），各层左右对称，按实际情况画出了窗洞的可见轮廓和窗形式。

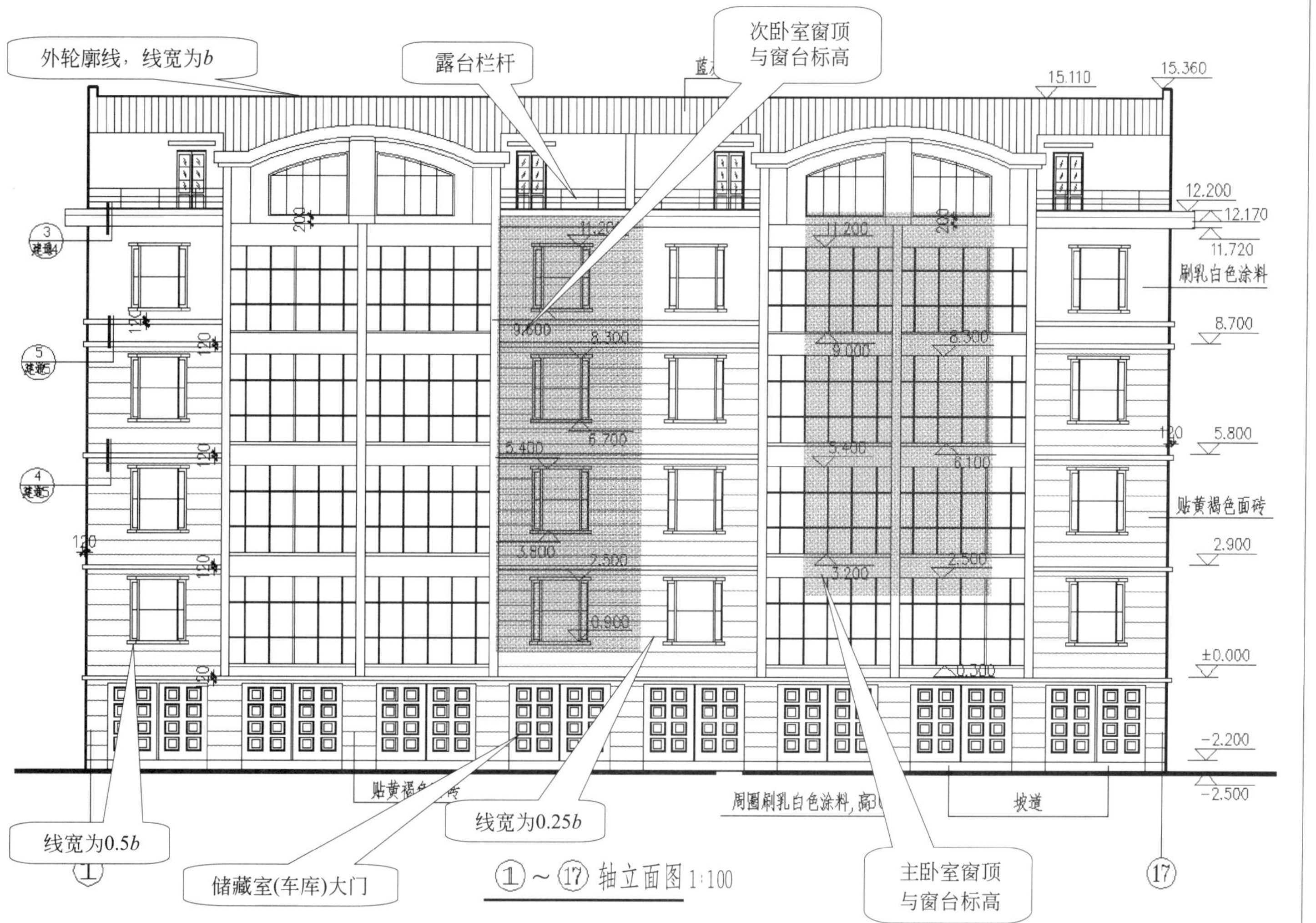

图1-31　北立面图

建筑立面图宜标注室内外地坪、楼地面、阳台、平台、檐口、门窗等处的标高，也可标注相应的高度尺寸。如有需要，还可标注一些局部尺寸，如补充建筑构造、设施或构配件的定位尺寸和细部尺寸，如本例墙面上与室内楼面标高相同水平构件的尺寸 120。标高一般注在图形外，并做到符号排列整齐，大小一致。若房屋立面左右对称时，可单侧标注，不对称时，左右两侧均应标注。必要时，可标注在图内。

从图上的文字说明，可了解到房屋外墙面装修的做法。外墙面以及一些构配件与设施等的装修做法，在立面图中常用引出线作文字说明，如本例房屋 1~4 层墙面采用贴黄褐色外墙面砖，5 层及阁楼层墙面采用乳白色涂料。外墙勒脚处墙面除坡道外均采用乳白色外墙涂料，屋面采用蓝灰色波纤瓦，等等。

另外，在该立面图上，对于一些构件还在图形左侧标注出了索引符号。

在阅读建筑平面图时，要知道：为了加强图面效果，使外形清晰、重点突出和层次分明，习惯上房屋立面的最外轮廓线用线宽为 b（b 的取值按国家标准，如 b=0.7mm 或 b=1.0mm）的粗实线画，在外轮廓线之内的凹进或凸出墙面的轮廓线，以及窗台、门窗洞、檐口、阳台、雨篷、柱、台阶等建筑设施或构配件的轮廓线，用线宽为 0.5b 的中实线画；一些较小的构配件和细部的轮廓线，表示立面上的凹进或凸出的一些次要构造或装修线，如门窗扇、栏杆、雨水管和墙面分格线等均用线宽为 0.25b 的细实线画；地坪线用线宽为 1.4b 的特粗实线画。

图 1–32 为该住宅的北立面图，它的左边轴线是 17 号轴线，右边是 1 号轴线，该立面图就是以这两条轴线命名的，比例也是 1 ： 100。显然，这个方向的立面所选择的材料同①～⑰立面，立面图上表达出了楼梯间外墙面的处理以及原来各层厨房向上延伸与屋面相交而形成的四个老虎窗。

对于该住宅的左右两侧立面图，如图 1–33 所示，不再赘述。

图1-32　北立面图

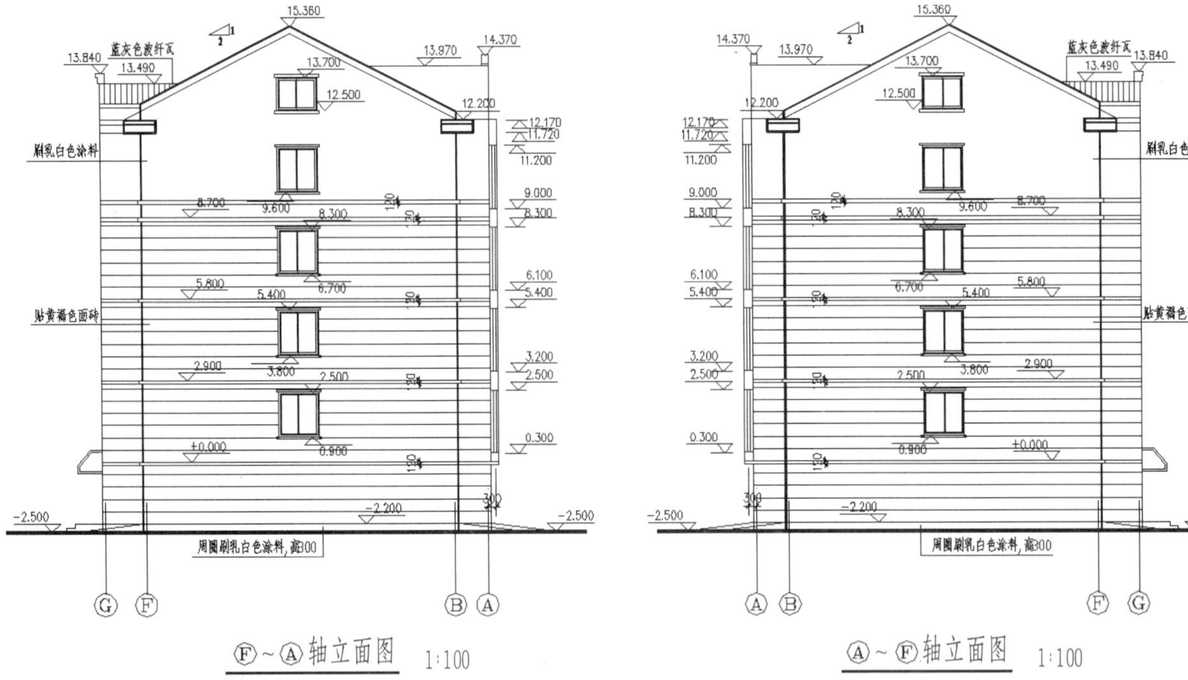

图1-33　侧立面图

任务五　建筑剖面图

建筑剖面图是房屋的竖直剖视图，前面已经讲过，用一个假想的平行于正立投影面或侧立投影面的竖直剖切面剖开房屋，移去剖切平面某一侧的形体部分，将留下的形体部分按剖视方向向投影面作正投影所得的图样。

建筑剖面图应包括剖切面和投影方向可见的建筑构造、构配件以及必要的尺寸、标高等。剖切部位通常根据图纸的用途或设计深度，在平面图上选择能反映全貌、构造特征以及有代表性的部位剖切，如选在层高不同、层数不同、内外空间比较复杂或典型的部位，并经常通过门窗洞和楼梯剖切。

剖面图的数量是根据房屋的具体情况和施工实际需要而决定的。剖面图的图名与平面图上所标注剖切符号的编号一致，如1–1剖面图、2–2剖面图等。剖面图中的断面，其材料图例、抹灰层的面层线和楼地面、屋面的面层线的表示原则和方法，按照国家标准处理。

习惯上，剖面图不画出基础的大放脚，墙的断面只需画到地坪线以下适当的地方，画断开线断开就可以了，断开以下的部分将由房屋结构施工图的基础图表明。

剖面图的图线要求与平面图相同，注意地坪线也要画成线宽为1.4b的特粗实线。

例13　建筑剖面图的识读

如图1–34所示，建筑剖面图的图示内容有以下几个方面：

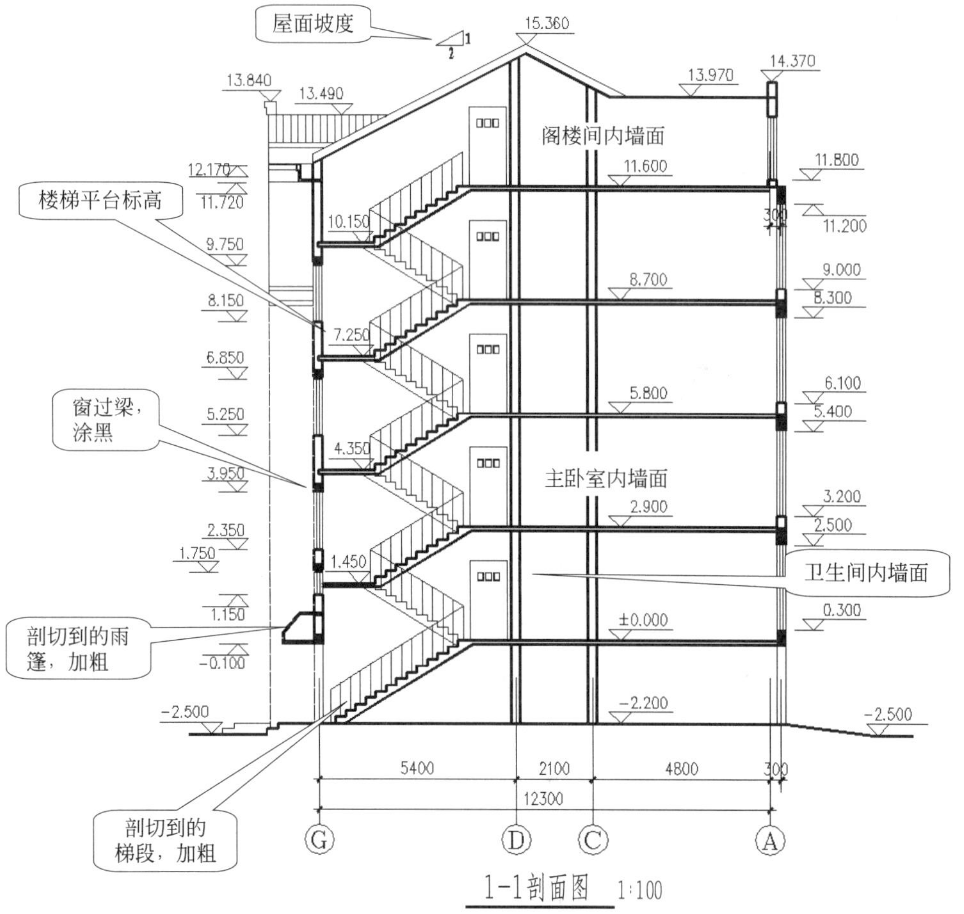

图1-34　建筑剖面图

墙轴线及轴线编号;室外地面、底层地（楼）面、各层楼板、屋顶（包括檐口、女儿墙等）、门、窗、楼梯、台阶、坡道、散水、平台、阳台、雨篷、洞口、雨水管及其他装修可见的内容；剖面图和平面图、立面图一样，宜标注室内外地坪、楼地面、地下层地面、阳台、平台、檐口、屋脊、女儿墙、雨篷、门、窗、台阶等处完成面的标高，图中标高都表示与±0.000的相对尺寸。可以看出，各层（除阁楼层2.37m）的层高为2.9m；表示楼、地面各层的构造，可用引出线说明，也可以另画详图，在剖面图中要用索引符号引出说明，本例在设计说明中已有“建筑做法说明”，故在剖面图上不再作任何标注。

从图名和轴线编号与平面图上的剖切位置和轴线编号相对照，可知1–1剖面图是通过④～⑤轴线间的楼梯梯段，剖切后向右进行投影面得到的横向剖面图，绘图比例为1 ∶ 100。图中画出了屋顶的结构形式以及房屋室内外地坪以上各部位被剖切到的建筑构配件。如室内外地面、楼地面、内外墙及门窗、梁、楼梯与楼梯平台、雨篷等。

任务六 建筑详图

通过前面的学习已经知道，建筑平面图、立面图、剖面图一般采用较小的比例，在这些图样上难以表示清楚建筑物某些局部构造或建筑装饰。因此，在施工图中必须将这些建筑的细部或构配件用较大比例（1 ∶ 20、1 ∶ 15、1 ∶ 10、1 ∶ 5、1 ∶ 2、1 ∶ 1 等）将其形状、大小、材料和做法等详细地表示出来，这种图样称为建筑详图，简称详图，也可称为大样图。建筑详图是整套施工图中不可或缺的部分，是施工时准确完成设计意图的依据之一。

建筑详图可分为构造详图、配件及设施详图、装饰详图三大类。构造详图是指屋面、墙身、墙身内外饰面、吊顶、地面、地沟、地下工程防水、楼梯等建筑部位的用料和构造做法。配件和设施详图是指门、窗、幕墙、浴厕设施、固定的台、柜、架、桌、椅、池、箱等的用料、形式、尺寸和构造，大多可以直接或参见选用标准图或厂家样本（如门、窗）。装饰详图是指为美化室内外环境和视觉效果，在建筑物上所作的艺术处理，如花格窗、柱头、壁饰、地面图案的纹样、用材、尺寸和构造等。

在本书中，我们主要分析构造详图的识读。

详图的图示方法，一般是根据建筑细部构造和构配件的复杂程度，按清晰表达的要求来确定的。例如墙身节点图只需一个剖面详图来表达；楼梯间宜用几个平面详图和一个剖面详图、几个节点详图，主要表达楼梯的类型、结构形式、各部位的尺寸及装修做法，是楼梯施工放样的主要依据；门窗则常用立面详图和若干个剖面或断面详图表达。详图的数量，与房屋的复杂程度及平、立、剖面图的内容及比例有关。

详图的特点有以下几个方面：用较大的比例绘制；尺寸标注齐全；构造、做法、用料等详尽清楚。

例 14 墙身详图的识读

墙身详图实际是在典型剖面上典型部位从上至下连续地放大节点详图。一般多取建筑物内外的交界面——外墙部位，以便完整、系统、清楚地表达房屋的屋面、楼层、地面和檐口构造、楼板与墙面的连接、门窗顶、窗台和勒脚、散水等处构造的情况。

墙身详图实际上是建筑剖面图的局部放大图，但不能用来代替表达建筑整体关系的剖面图。画墙身详图时，宜由剖面图直接索引出，常将各个节点剖面连在一起，中间用折断线断开，各个节点详图都分别注明详图符号和比例。

下面以图 1–35 所示的某房屋墙身详图为例，作简要的分析。

无论墙身详图被索引为几个节点详图（本例为 3 个节点详图），都应该包含檐口节点剖面详图、窗台节点剖面详图、窗顶节点剖面详图、勒脚和散水节点剖面详图。如图 1–35 所示。

窗台节点剖面详图主要表达窗台的构造，以及内外墙面的做法。该房屋窗台的材料为砖，外表面出挑 60mm，厚 60 mm，外墙面是 20 mm 厚的水刷石面层。

窗顶节点剖面详图主要表达窗顶过梁处的构造，内、外墙面的做法，以及楼板层的构造情况。该房屋窗顶过梁为 L 型，出挑 120 mm，厚度为 60 mm，外表面也是 20 mm 厚的水刷石面层，楼板采用 120mm 厚预制空心板，板顶面做 20mm 厚水泥砂浆抹面层，板底面喷大白浆两道。

勒脚和散水节点剖面详图，主要表达外墙面在墙脚处的勒脚和散水的做法，以及室内底层地面的构造情况。该房屋室内外地面高差为 450mm，外墙厚 240mm 且轴线居中，水平防潮层标高为 – 0.060，说明其位于室内地面下 60 mm；散水的坡度为 2%，由于散水的做法在设计说明中已有，所以该图中并未如楼（地）层和屋顶层一样对其构造做法引出说明。

图 1–36 列举了某坡屋顶建筑的檐口构造详图，左图对檐口部位的构造组成作了分析，右图表明了各部分的构造做法。

图 1–37 是某一女儿墙外排水的一个雨水口节点剖面详图，主要表达屋顶层、女儿墙雨水口的构造和做法。

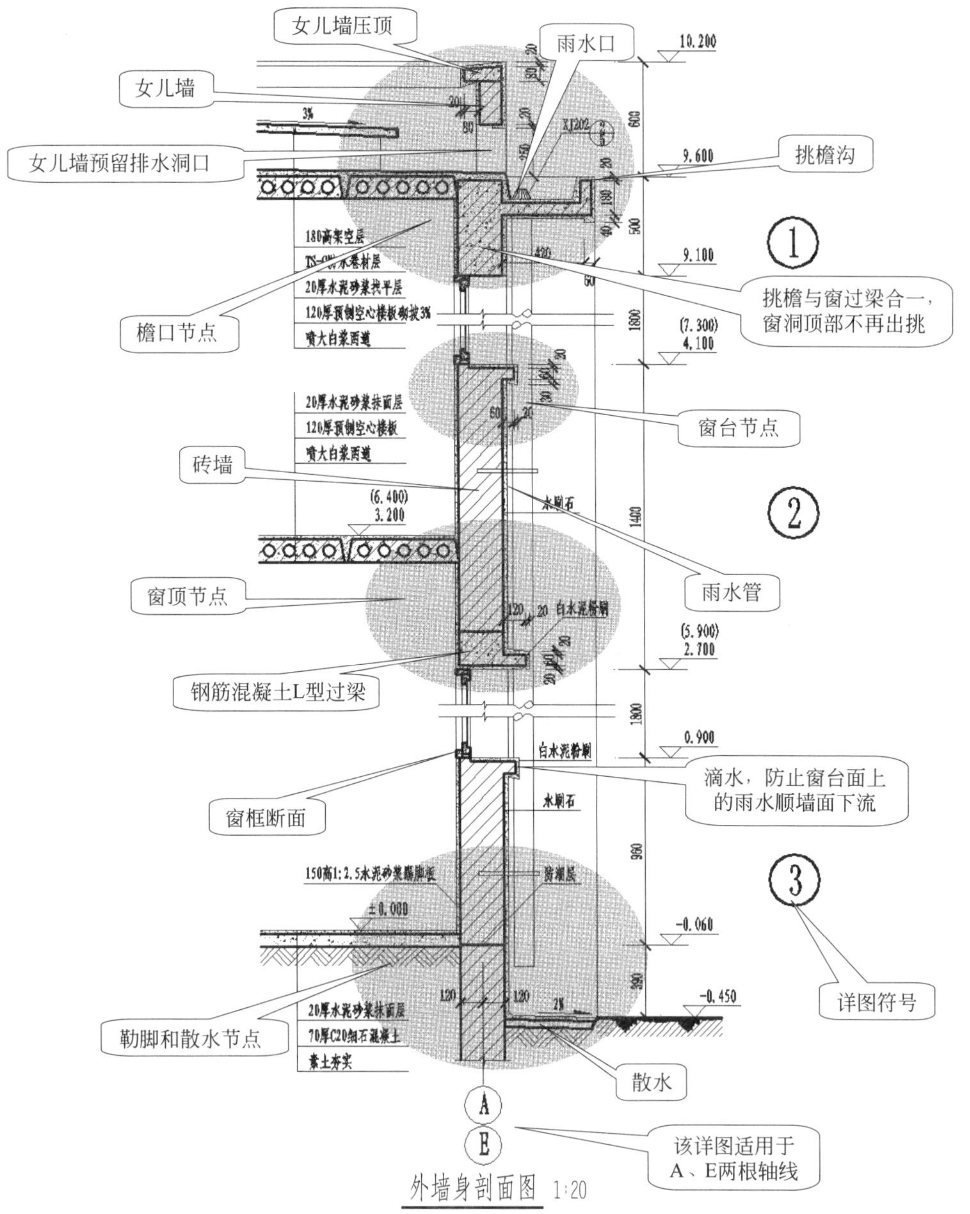

图1–35 墙身详图

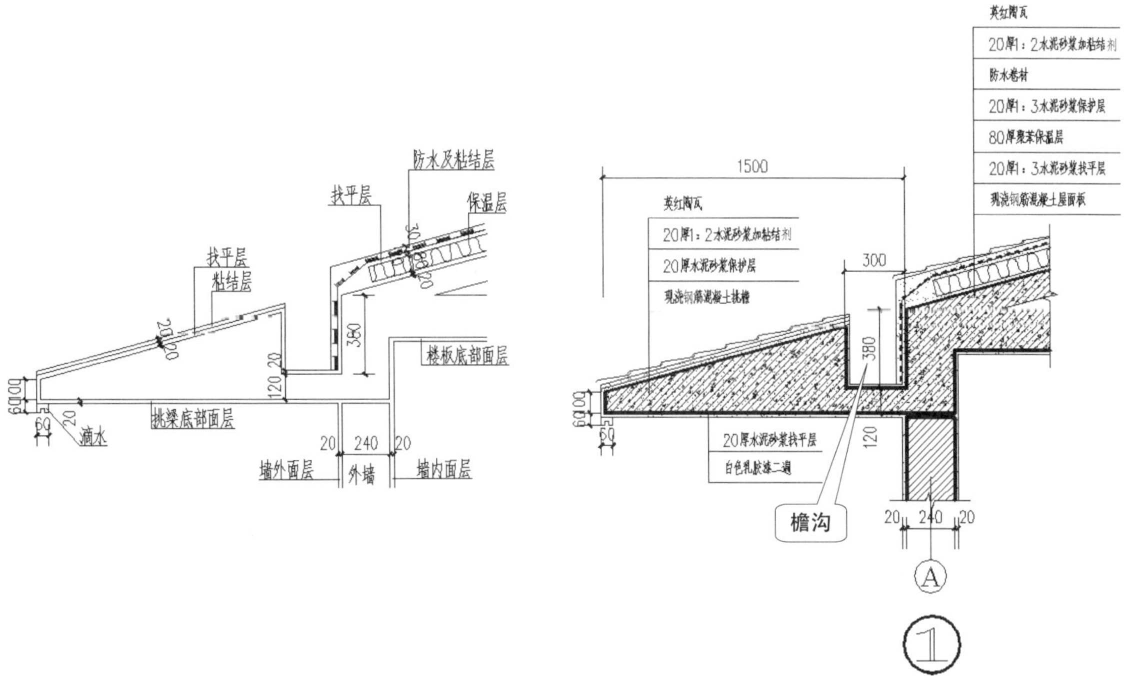

图1–36 某坡屋顶檐口节点构造详图

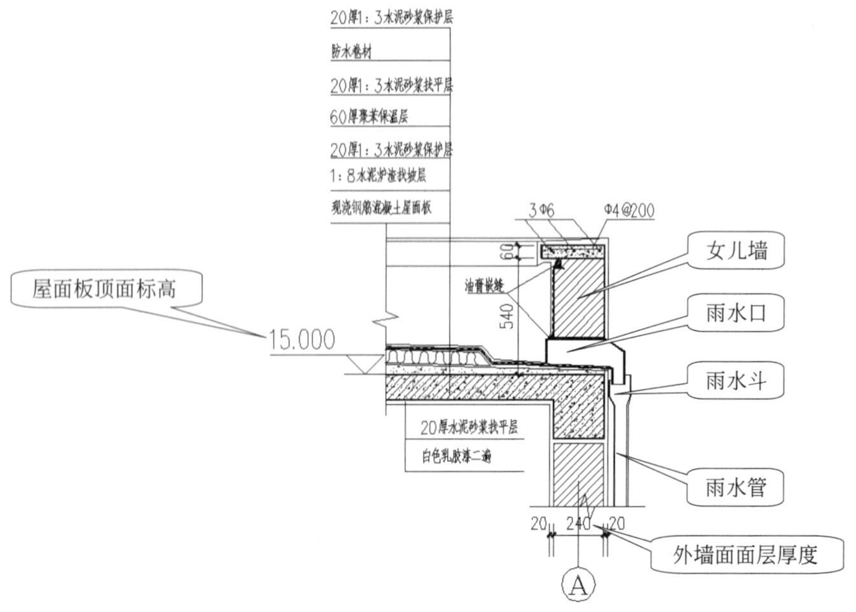

图1–37　某女儿墙外排水雨水口节点剖面详图

例 15　楼梯平面图的识读

楼梯是多层房屋中供人们上下的主要交通设施，它除了要满足行走方便和人流疏散畅通外，还应有足够的坚固耐久性。在房屋建筑中最广泛应用的是预制或现浇的钢筋混凝土楼梯。楼梯通常由楼梯段（简称梯段，分为板式梯段和梁板式梯段）、楼梯平台（分楼层平台和中间平台）、栏杆（或栏板）扶手组成。

与建筑平面图相同，一般每一层楼梯都要有一个楼梯平面图。三层以上的房屋，当底层与顶层之间的中间各层布置相同时，通常只有底层、中间层和顶层三个平面图。

图 1–38 为某住宅的楼梯平面图，分别是楼梯首层平面图、楼梯标准层平面图和楼梯顶层平面图。各层楼梯平面图的剖切位置，是在该层往上走的第一梯段（中间平台下）的任一位置处，且通过楼梯间的窗洞口，各层被剖切到的梯段，按《房屋建筑制图统一标准》（GB/T 50001 – 2010）规定，均在平面图中以一根 45° 的折断线表示。各层楼梯平面图都标出了该楼梯间的轴线，一般将楼梯平面图并排画在同一张图纸内，轴线对齐，以便于阅读，绘图时也可以省略一些重复的尺寸标注和轴线标注。

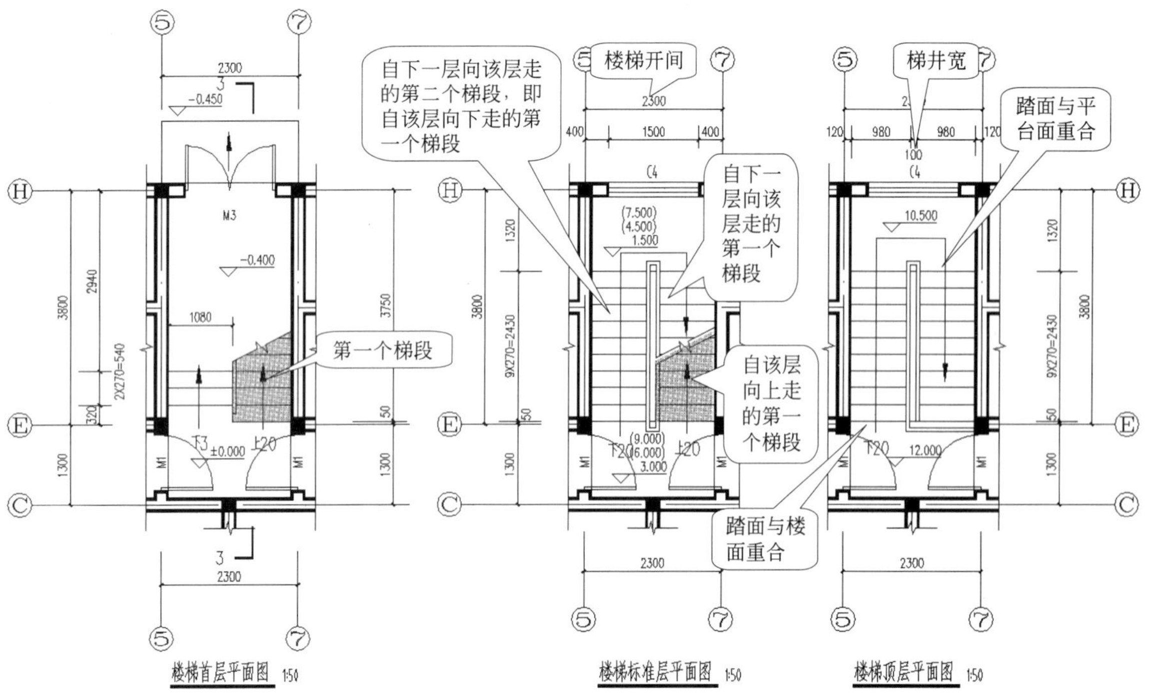

图1–38　楼梯平面图

通过标准层平面图中平台的标高可以看出，该平面图是表示二至四层的楼梯平面。在首层平面图中，注明了楼梯剖面图的剖切符号。

从楼梯平面图中所标注的尺寸，可以了解楼梯间的开间和进深尺寸，楼地面和平台面的标高以及楼梯各组成部分的详细尺寸。通常把梯段长度与踏面数、踏面宽的尺寸合并写在一起，如标准层平面图中的 9 × 270=2430，表示该梯段有 9 个踏面，每一踏面宽 270mm，梯段长为 2430mm。

在每一梯段处都画有一长箭头（自楼层地面开始画）并注写了“上”或“下”和步级数，这是表明从该层楼（地）面往上或往下走多少步级可到达上（或下）一层的楼（地）面。例如在图 1–38 的首层平面图中，注有“下 3”的箭头表示从该层楼面向下走 3 步级可达单元入口 3，注有“上 20”的箭头表示从该层楼面向上走 20 步级可达第二层楼面。

首层楼梯平面图的剖切位置在第一个休息平台以下某一位置，图中可以看到梯段被剖切，移走上面部分后，该梯段的投影只剩下一部分；标准层平面图中画出了一个完整的梯段，标有“下 20”，另一梯段是画有一折断线的完整梯段，标有“上 20”，说明自某一楼层通向上一层的第一个梯段与下一层通向该楼层的第一个梯段在剖切后投影重合，投影组成一个完整的梯段，并以折断线分界；顶层楼梯平面图由于剖切平面位于顶层栏杆之上，所以在图中画有两个完整的梯段与中间平台，只注有“下 20”。

从图中还可以看出，每一梯段的长度是 9 个踏步的宽度之和（9 × 270=2430），而每一梯段的步级数是 10（20/2），原因是什么？这是因为每一梯段最高一级的踏面与平台面或楼面重合，因此，平面图中每一梯段画出的踏面（格）数，总比步级数少一，即：踏面数 = 步级数 – 1。

板式楼梯一般适用于跨度较小，受荷载较轻的建筑中，底面是平的，纵向配置钢筋搁置于楼面梁及平台梁上；梁板式楼梯是常见的形式，包括板与楼梯斜梁，将踏步配筋，搁在楼梯斜梁上，另外还需加分布钢筋。板式和梁板式两种结构形式的楼梯的组成如图 1–39 所示。

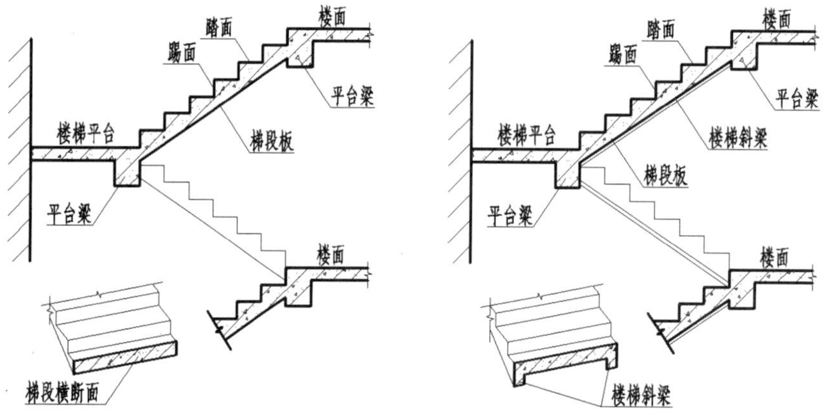

(a) 板式楼梯　　(b) 梁板式楼梯

图1–39　板式楼梯与梁板式楼梯

例 16　楼梯剖面图的识读

楼梯剖面图应能完整地、清晰地表明楼梯梯段的结构形式、踏步的踏面宽、踢面高、级数及楼地面、平台、栏杆（或栏板）的构造及它们的相互关系。楼梯剖面图的产生，是假想用一个竖直的剖切平面沿梯段的长度方向并通过各层的门窗洞和一个梯段，将楼梯间剖开，然后向另一梯段方向投影所得到的剖面图。

如图 1–40 所示，在楼梯剖面图中注出了楼梯间的进深尺寸和轴线编号，地面、平台面、楼面等的标高，有时也注出梯段、栏杆（或栏板）以及楼梯间外墙上门、窗洞口的高度尺寸等。

由于楼梯间的屋面与其他位置的屋面相同，所以，在楼梯剖面图中可以不画出楼梯间的屋面，一般用折断线将最上一梯段的以上部分略去不画。在多层建筑中，若中间层楼梯完全相同时，楼梯剖面图可只画出底层、中间层、顶层的楼梯剖面，中间用折断线分开，并在中间层的楼面和楼梯平台面上注写适用于其他中间层楼面和平台面的标高，如图 1–41 所示。

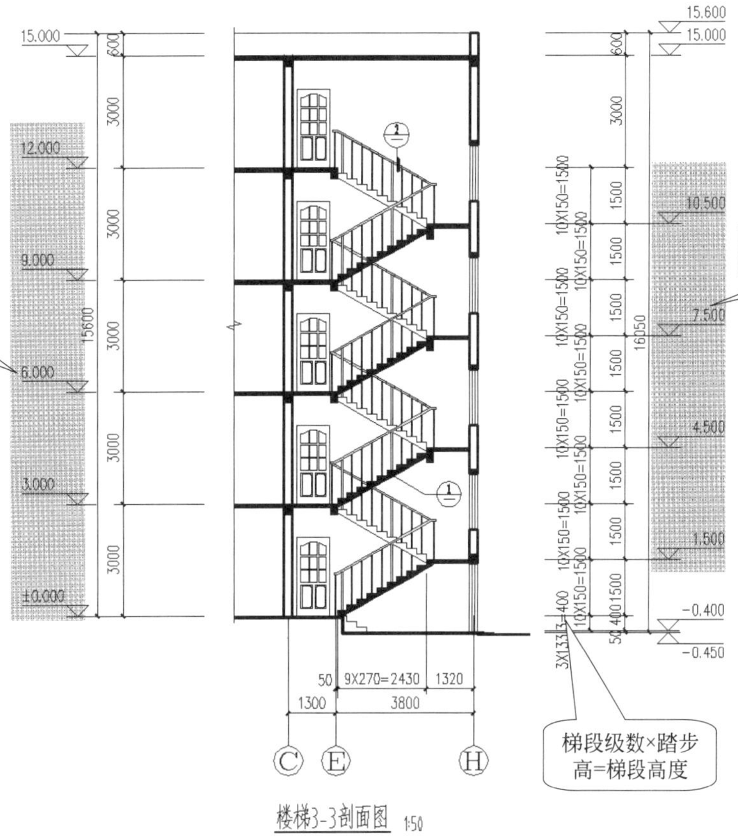

图1-40 楼梯剖面图图

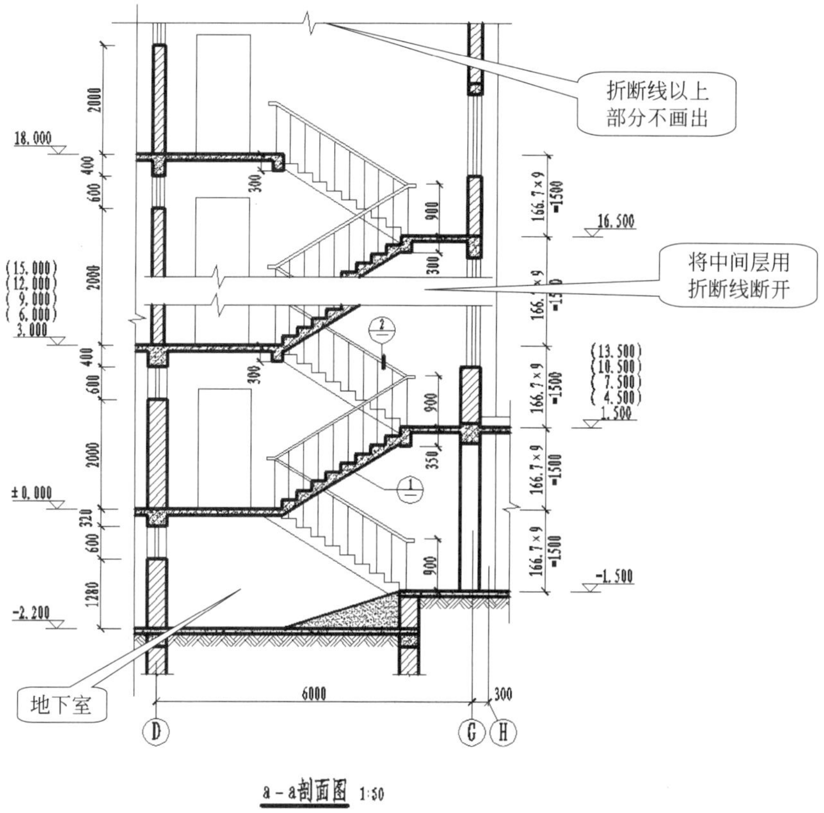

1-41 断开后的楼梯剖面图

子项目二
建筑施工图

XXX学校

XXX学校宿舍

〈施工图〉

总建筑师：XXX

总工程师：XXX

XXX建筑设计有限责任公司

XXX建筑设计有限责任公司	图纸目录	设计证号	
		设计号	
	工程名称：XXX学校宿舍	阶段	施工图
		共1页	第1页

序号	图别	图号	图名	图幅	图纸页数 设计图	图纸页数 标准图	备注
1			封面	4#	1		
2			图纸目录	4#	1		
3	建筑	01	总平面图	3#	1		
4	建筑	02	人防地下室平面图 人防地下室设计说明	2#	1		
5	建筑	03	一层平面图 建筑设计总说明	2#	1		
6	建筑	04	标准层平面图 楼梯间平面图	2#	1		
7	建筑	05	屋顶平面图 门窗表 大样图	2#	1		
8	建筑	06	①～⑫立面图 Ⓐ～Ⓕ 立面图	2#	1		
9	建筑	07	⑫～①立面图 Ⓕ～Ⓐ 立面图	2#	1		
10	建筑	08	1-1剖面图 盥洗间、卫生间大样	2#	1		
11	结施	01	结构设计总说明	2#	1		
12	结施	02	基础平面布置图	2#	1		
13	结施	03	基础梁平面整体配筋图	2#	1		
14	结施	04	人工挖孔灌注桩基础及说明通用图	2#	1		
15	结施	05	-0.550层楼面梁平面整体配筋图	2#+	1		
			-0.550层楼面现浇板配筋图(及-0.550层楼面梁附加吊筋示意图)				
16	结施	06	二层结构布置及现浇板配筋图	2#	1		
17	结施	07	标准层结构布置及现浇板配筋图	2#	1		
18	结施	08	屋面结构布置及现浇板配筋图	2#	1		

识图要点：

1. 本层结构为剪力墙结构，学习本层图纸注意墙体分布与一层平面图的变化。
2. 注意观察图中标高数字，了解地面或楼面的高度变化。
3. 观察各个已有或未建房间的作用，门窗尺寸以及墙体厚度。
4. 仔细阅读人防地下室设计说明，其中包含施工设计的相关要求，对于深入了解本图纸有很大的帮助。

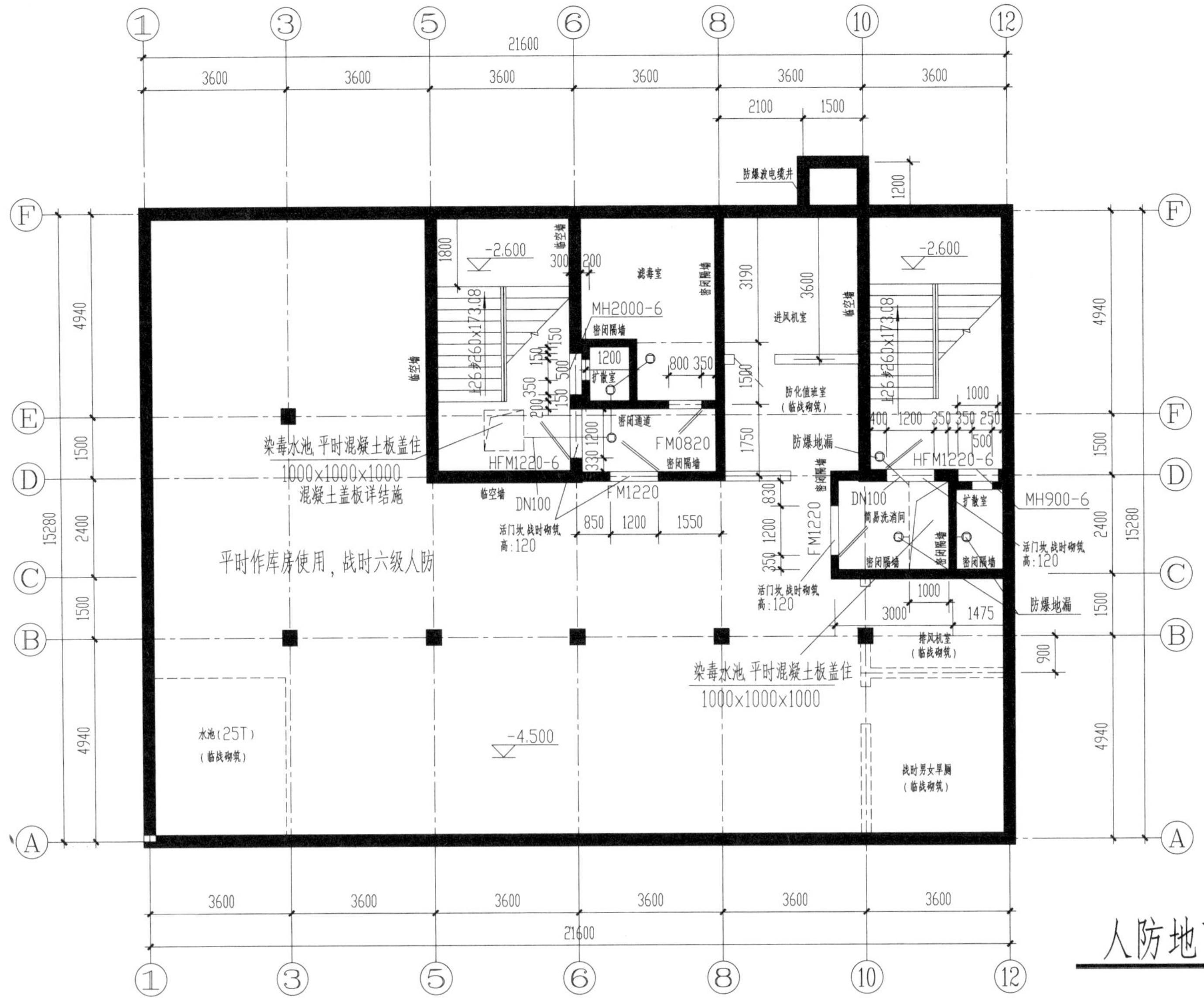

人防地下室平面图 1:100

人防地下室设计说明

1.设计依据：

贵阳市人民防空工程建设管理办法。《人民防空地下室设计规范》（GB 50038-94）《人民防空工程设计防火规范》（GB 50098-98）现行的相关建筑设计规范及标准。

本工程人防地下室位于地下一层，为全埋式，防护防护等级为六级二等人员掩蔽体。

工程防化等级为丙级，掩蔽面积为343.20m²，掩蔽人数为220 人。

人防地下室共分一个防护单元，防护单元设主次入口各一个，本工程为钢筋混凝土结构。

2.施工设计要求：

本工程人防地下室按照平战结合的设计原则，平时地下商用，战时二等人员掩蔽体，在符合有关规范要求的基础上尽量满足平时使用的要求，以达到战时防护与平时使用的有机统一。为方便平时使用，除平时人防必须施工好的房间（密闭通道、滤毒室、简易消洗车间等），其他战时人防用房（如干厕，抗暴隔墙等）平时可不施工，临战时刻按图施工。

人防地下室使用的人防设备，应到定点厂家定购，由厂家负责安装，结构施工时配合预埋构件人防预件制构需平时制作完毕，临战安装。

图中用砖标号不低于 MU10，砌筑水泥砂浆标号不低于MU7.5，填逢水泥砂浆标号不低于MU10.

有水房间地面比相连地面低 20，排水坡度不小于 0.5%.

积水坑及其侧壁均用 1:25 水泥砂浆掺 5% 防水剂 20 厚批荡抹光。

空调专业的进，排风机房的墙待风管安装后砌筑，房内平时设置电源插座、照明、电话。

3.注意事项：

与人防地下室无关的管道必须满足《人民防空地下室设计规范》（GB50038-94）第3.1.6条。

所有埋入墙内和混凝土内的木质构件均涂刷防腐膏，埋入砌体内的金属构件需涂刷防锈漆。

外露金属构件刷红丹防锈漆二度、银粉漆二度。

凡设有地漏的地面，均不小于 0.5% 坡度向地漏。

人防构件的预埋均需按厂家要求安装，不得遗漏。

给排水、电气、通风等设备孔洞按结构及设备图施工，不得临时打洞，外墙穿管应套管预埋。

人防地下室门窗详地下室平面图示，人防工程防护设备选用图集GCBT-457，JSJT-241.

人防地下室顶板标高为-0.500，顶板上回填土0.5m，以确保排水管不穿人防地下室顶板。

人防地下室建筑面积343.20平方米，防护级别六级，战时为人员掩蔽所，可掩蔽220人。

人防地下室密闭通道，简易洗消间，扩散室，滤毒室底面，墙面，顶面用1:2.5水泥砂浆清光。

防爆波电缆井建筑详04FJ02-50乙型，结构详04FG02-131。

人防地下室主体顶板不得粉刷，墙面可粉刷后刷白，不能用106涂料。

图中未尽之处，请与设计院和建设单位协商，严格按照国家现行施工操作规范办理。

XXX建筑设计有限责任公司	
施工图审查批准单位：	
施工图审查批准书编号：	
设计单位出图章：	
审定人或专业负责人注册师执业章：	
XXX学校	
学生宿舍	
审　定	XXX
工程负责人	XXX
专业负责人	XXX
审　核	XXX
校　对	XXX
设　计	XXX
制　图	XXX
人防地下室平面图 人防地下室设计说明	
工程编号	
图　别	建 施
图　号	02

识图要点：

1. 一层平面图在整套图纸中比较重要，设计时一般优先设计。平面图是水平剖面，学习时应清楚剖切面的位置。
2. 一层平面图中应着重了解台阶、散水、明沟等其余层数没有的构件尺寸及做法。
3. 观察各个功能房间的作用，门窗尺寸、室内布局以及墙体厚度。
4. 仔细阅读建筑设计总说明，总说明是整套图纸的文字注释，在施工图中具有重要地位。其中包含工程概况、装修做法等非常重要的工程信息。
5. 详细学习一层楼梯的形式，掌握不同层数楼梯的区别。看本层标高，确定相对标高零点的位置，深入理解标高概念。

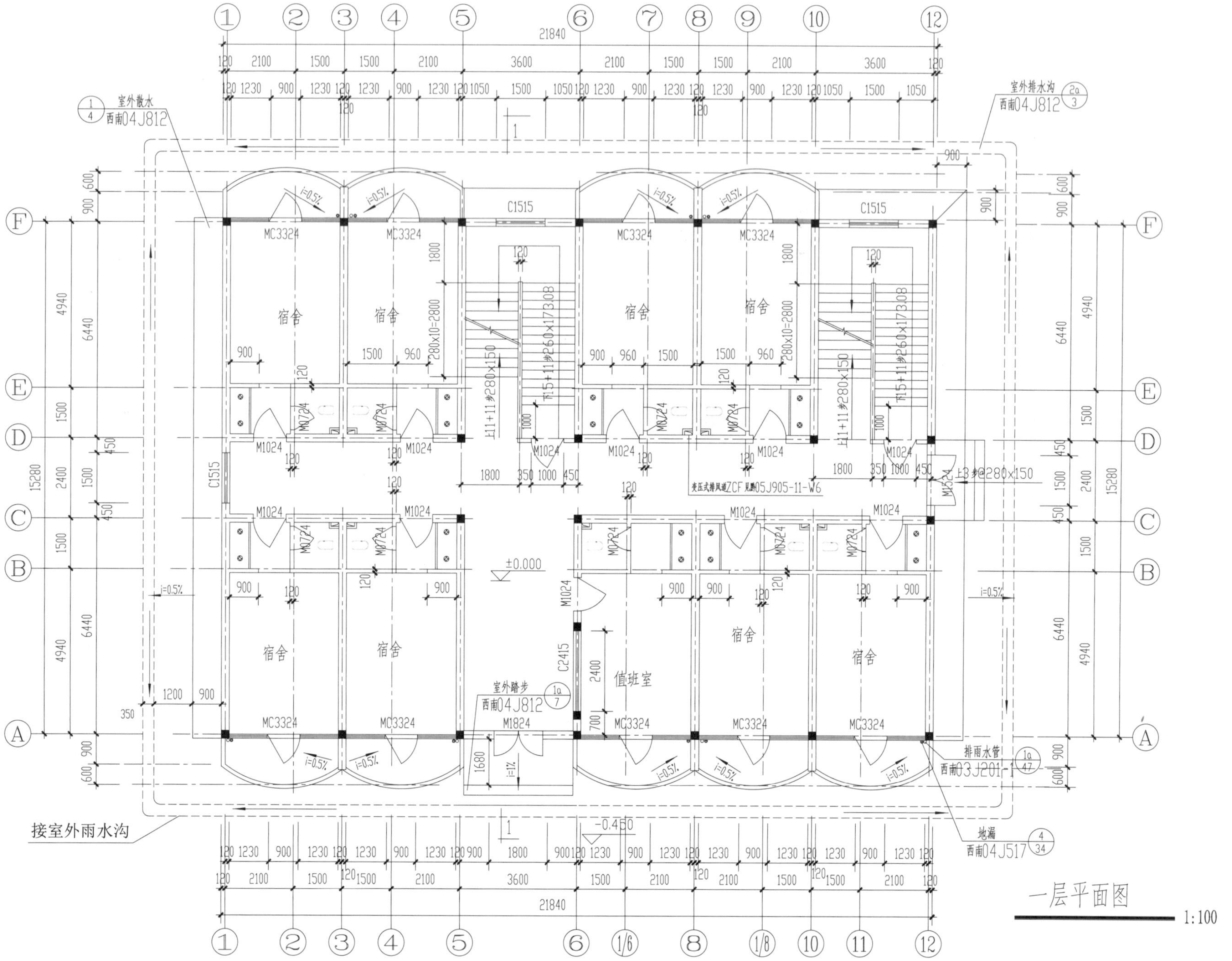

一层平面图 1:100

建筑设计总说明

设计依据:

1. 建设单位提供的规化红线许可图及相关规划文件。
2. 建设单位提出的对建筑物的使用功能及形象要求。
3. 建设单位提供的原始地貌地勘资料及相关文件。
4. 《住宅设计规范》(GB 50096-1999).
5. 《建筑设计防火规范》(GB 50016-2014).
6. 国家，建设部及地方有关建筑法规及规范。

工程概况:

本建筑为XX学校一学生宿舍。
为六层框混结构,其合理使用年限为50年。
其中地下层为六级人防工程,面积为343.20m²。
总高为19.80 m.总建筑面积为2584.62m²。
本工程±0.00 相当于地形图上高程标高1079.5.

建筑防火设计:

本建筑物为三类建筑，建筑防火等级为二级。
建筑抗震设计: 本建筑物为6度抗震设防。

墙体:

本建筑物内墙和外墙除特别标注外均为240mm.
凡未标注门垛尺寸都为突出墙面120mm.

屋面:

本建筑防水等级为三级，防水年限为十年。
基层与防水层之间,刷沥青玛蹄脂一道，
作法详西南03J201-1.P8.
屋面为刚性防水层,作法详西南
03J201-1-P9-2103.
上作保温隔热层,作法详西南
03J201-1-P35-2402b.

楼地面:

1. 防滑地砖地面,作法详西南04J312-P18-3180a.
2. 防滑地砖楼面,作法详西南04J312-P19-3183.
3. 盥洗间,卫生间楼地面均作防滑地砖，地砖作法详西南04J312-P19-3184.

内墙面装饰:

1. 建筑物内墙抹灰均作混合砂浆面层,作法详西南04J515-P4-N□4. 上作白色瓷粉面层,作法详西南04J312-P45-3310.
2. 建筑物的盥洗间，卫生间墙面均作水泥砂浆基层，上作白瓷砖 1.5m 高面层，作法详西南04J515-P5-N11.

天棚面装饰:

建筑物的天棚面抹灰均作混合砂浆面层,作法详西南04J515-P4-N□4.上作白色瓷粉面层,作法详西南04J312-P45-3310.

外墙面装饰:

整个建筑物外墙面装修主要为外墙面砖。作法详西南04J516-P68-5407.颜色主要为蓝灰色，并应已建设完工的1、2号楼一致

楼梯:

楼梯栏杆及扶手为不锈钢制品,作法详西南04J412-P43-6
施工过程中应注意其立杆间距净空不能大于110mm.

油漆装饰工程:

木门作黄色调合漆面层,详西南04J312-P41-3278.

室外附属工程:

1. 建筑物的四周均作宽900散水,作法详西南04J812-P4-1
2. 建筑物外邻近的相关坡道,踏步 作法详西南 04J812-P7-1a.
3. 建筑物外邻近的相关绿化带按城市规划标准执行。
4. 构造柱位置以结施图为准。

其他:

1. 所有卫生间，盥洗间室内地坪均低于同层室内地面3cm.
2. 所有阳台室内地坪均低于同层室内地面3cm.
3. 建材必须按《民用建筑工程室内环境污染控制规范》(GB 50325-2001)要求方能施工。
4. 未尽事宜请与建设单位,设计单位协商解决。

XXX建筑设计有限责任公司	
施工图审查批准单位:	
施工图审查批准书编号:	
设计单位出图章:	
审定人或专业负责人注册师执业章:	
XXX学校	
学生宿舍	
审　定	XXX
工程负责人	XXX
专业负责人	XXX
审　核	XXX
校　对	XXX
设　计	XXX
制　图	XXX
一层平面图 建筑设计总说明	
工程编号	
图　别	建 施
图　号	03

识图要点：

1. 观察标准层的变化，找出与一层平面图的区别。
2. 标准层中应着重了解雨篷等一层没有的构件的尺寸信息和构造做法。
3. 仔细观察楼梯间平面图对比标准层楼梯与一层平面图楼梯，找出不同之处，查看不同位置处的标高，掌握多个不同标高的表示形式，了解踏步的阶数和宽度。

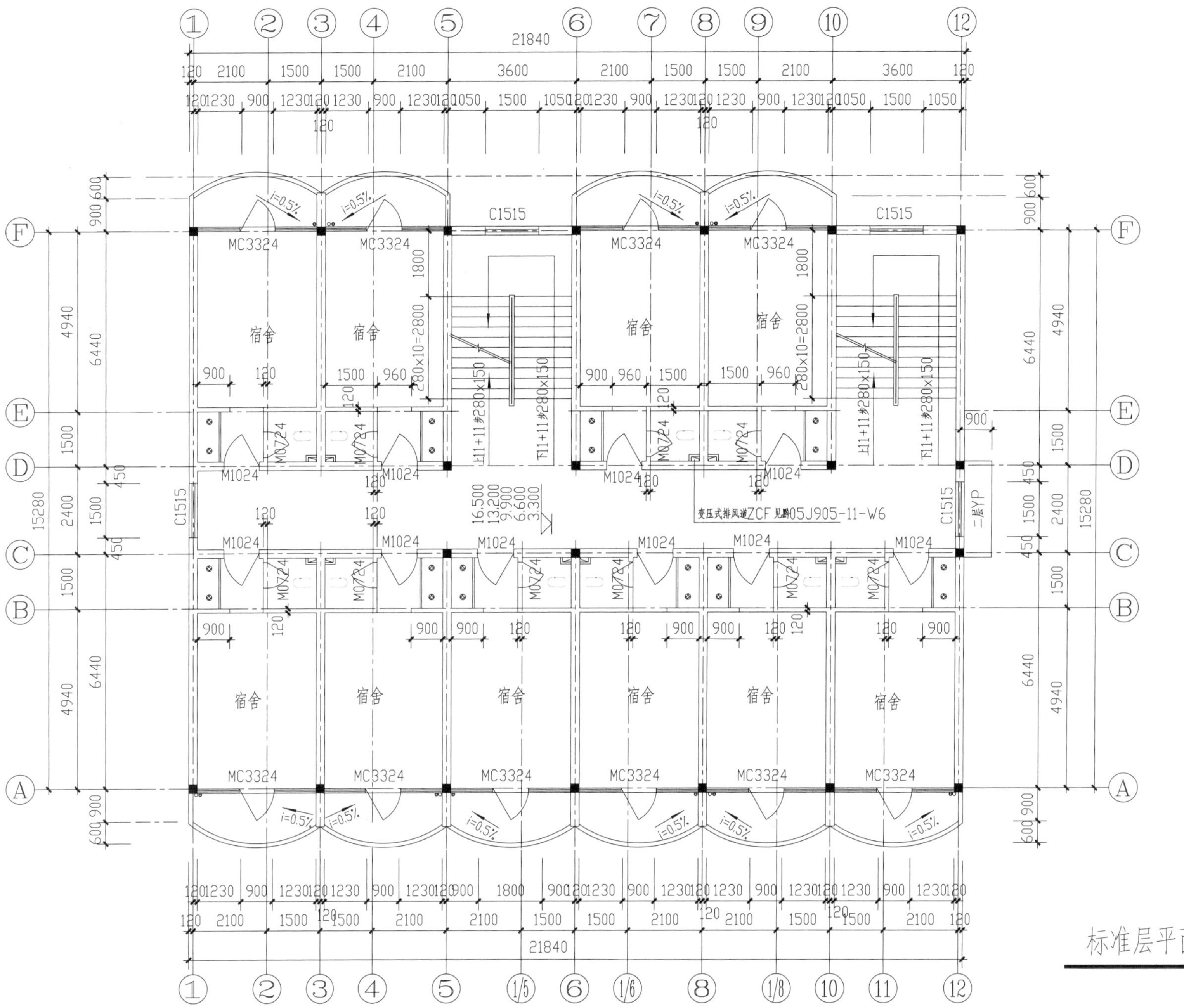

标准层平面图　1:100

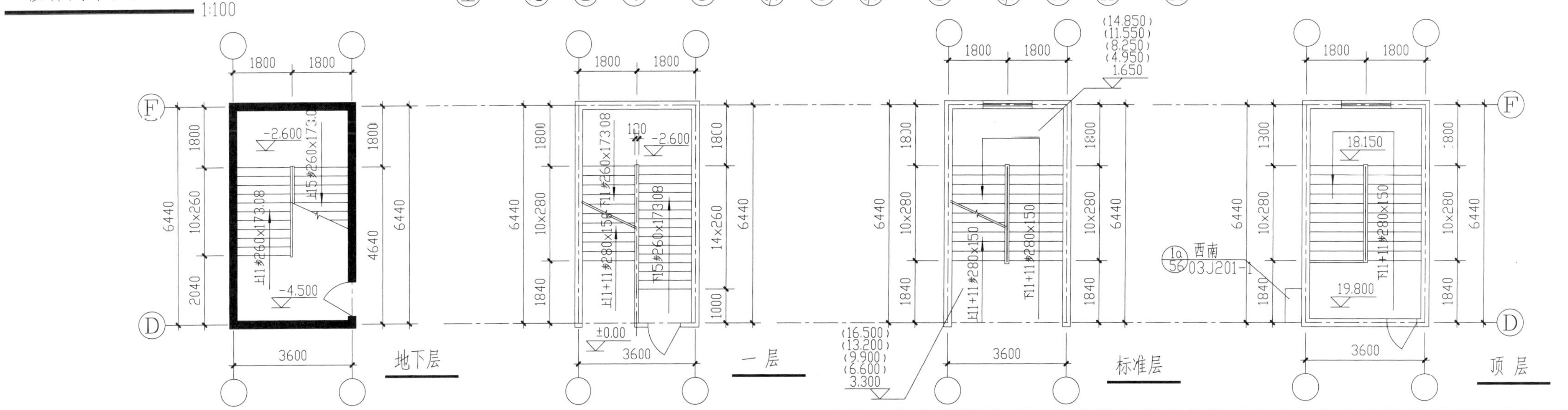

楼梯间平面图　1:100

X X X建筑设计有限责任公司		
施工图审查批准单位:		
施工图审查批准书编号:		
设计单位出图章:		
审定人或专业负责人注册师执业章:		
X X X学校		
学生宿舍		
审　定	X X X	
工程负责人	X X X	
专业负责人	X X X	
审　核	X X X	
校　对	X X X	
设　计	X X X	
制　图	X X X	
标准层平面图 楼梯间平面图		
工程编号		
图　别	建施	
图　号	04	

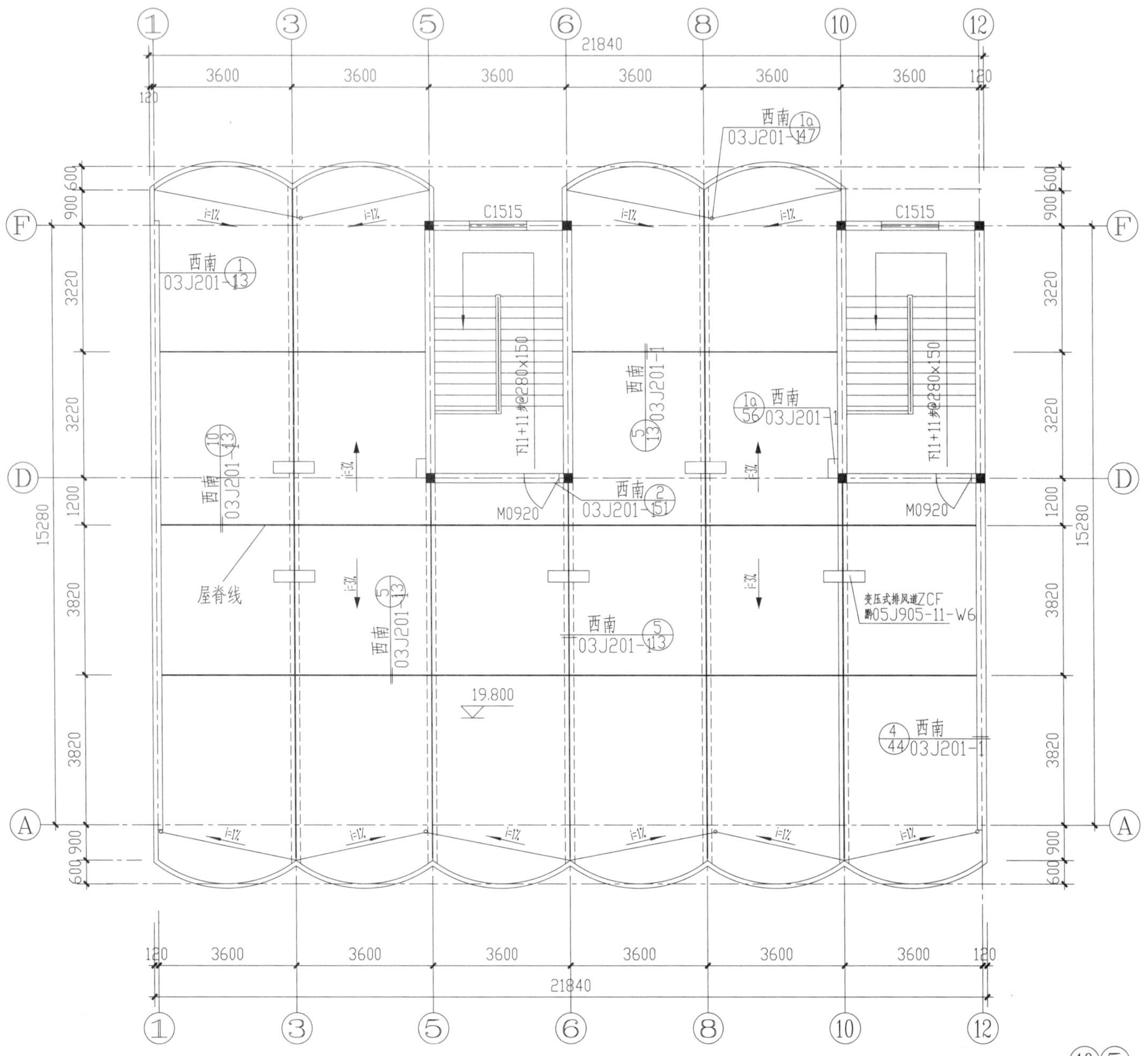

屋顶平面图 1:100

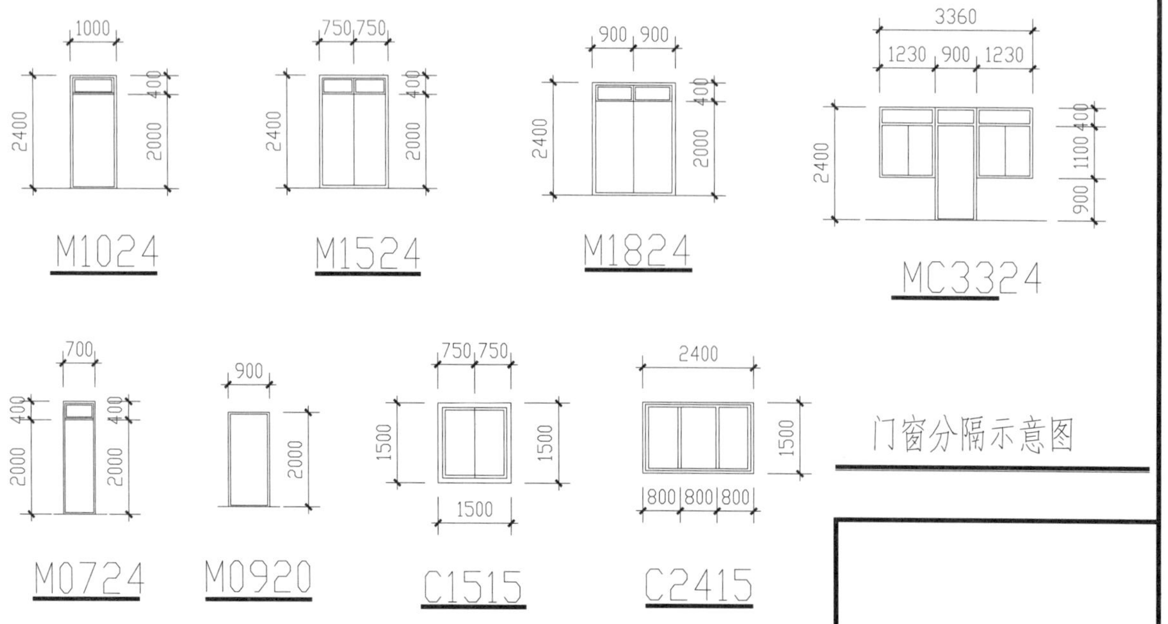

门窗分隔示意图

门　窗　表

设计编号	名　称	洞口尺寸 宽×高	数　量	备　注
M1024	全板镶板门	1000×2400	52	1.全板镶板门为有亮子型。详西南04J611。 2.塑钢门窗，详黔99J611.711。塑钢门带窗，其中门为900×2000，其余部分为窗。窗台高为900，详平立面图
M0724	全板镶板门	700×2400	60	
M0920	全板镶板门	900×2000	2	
M1824	全板镶板门	1800×2400	1	
M1524	全板镶板门	1500×2400	1	
C1515	塑钢窗	1500×1500	25	
MC3324	塑钢门带窗	3360×2400	59	
C2415	塑钢窗	1500×1500	1	

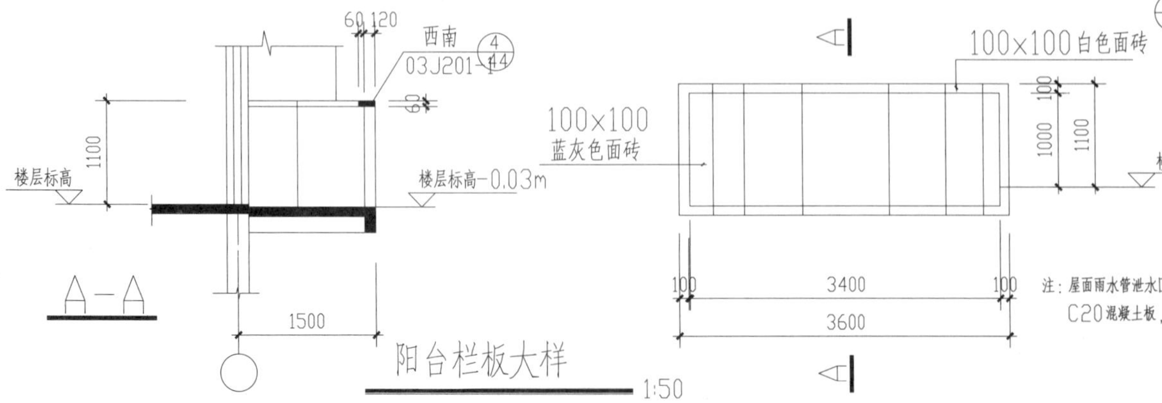

注：屋面雨水管泄水口下部应设置500×500 C20混凝土板，防备雨水对下一层屋面的冲刷。

阳台栏板大样 1:50

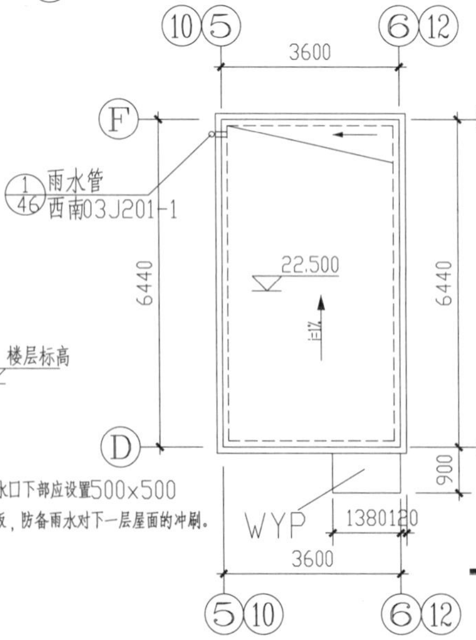

楼梯间屋顶平面

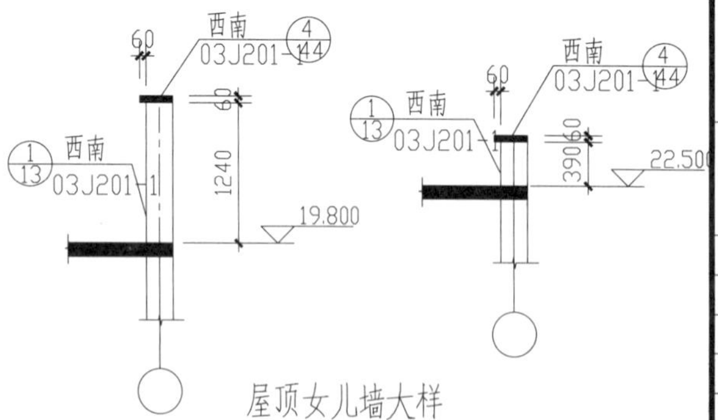

屋顶女儿墙大样

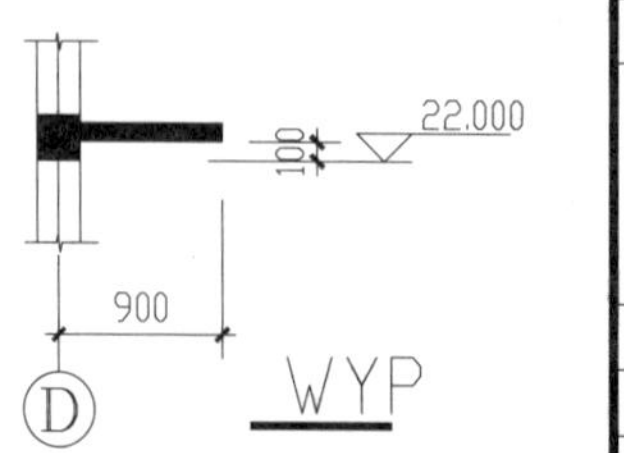

WYP

XXX建筑设计有限责任公司	
施工图审查批准单位：	
施工图审查批准书编号：	
设计单位出图章：	
审定人或专业负责人注册师执业章：	
XXX学校	
学生宿舍	
审　定	XXX
工程负责人	XXX
专业负责人	XXX
审　核	XXX
校　对	XXX
设　计	XXX
制　图	XXX
屋顶平面图 门窗表　大样图	
工程编号	
图　别	方案
图　号	05

识图要点：

1. 立面图的识读通过图名可以看出本图的朝向，相应方向房屋的整个外貌形状、造型，及其相互间的联系情况。
   图中清楚地表示出来该方向的屋面、门窗、雨篷、阳台、勒脚等细部的形式和位置。
2. 阅读立面标高、立面尺寸。注意室外地坪标高，出入口位置的地面标高，门窗顶部、底部标高，檐口标高及雨篷、勒脚处的标高。
3. 立面尺寸主要标有建筑物外形高度方向的三道尺寸，即建筑物总高度、分层高度和细部高度。
4. 看立面装饰的颜色、装修材料做法，建筑装饰饰物的形状、大小、位置及其做法。
5. 立面图的识读要与剖面图相结合，在不同图纸中找到同一构件的对应位置，培养立体思维。

①～⑫立面图　1:100

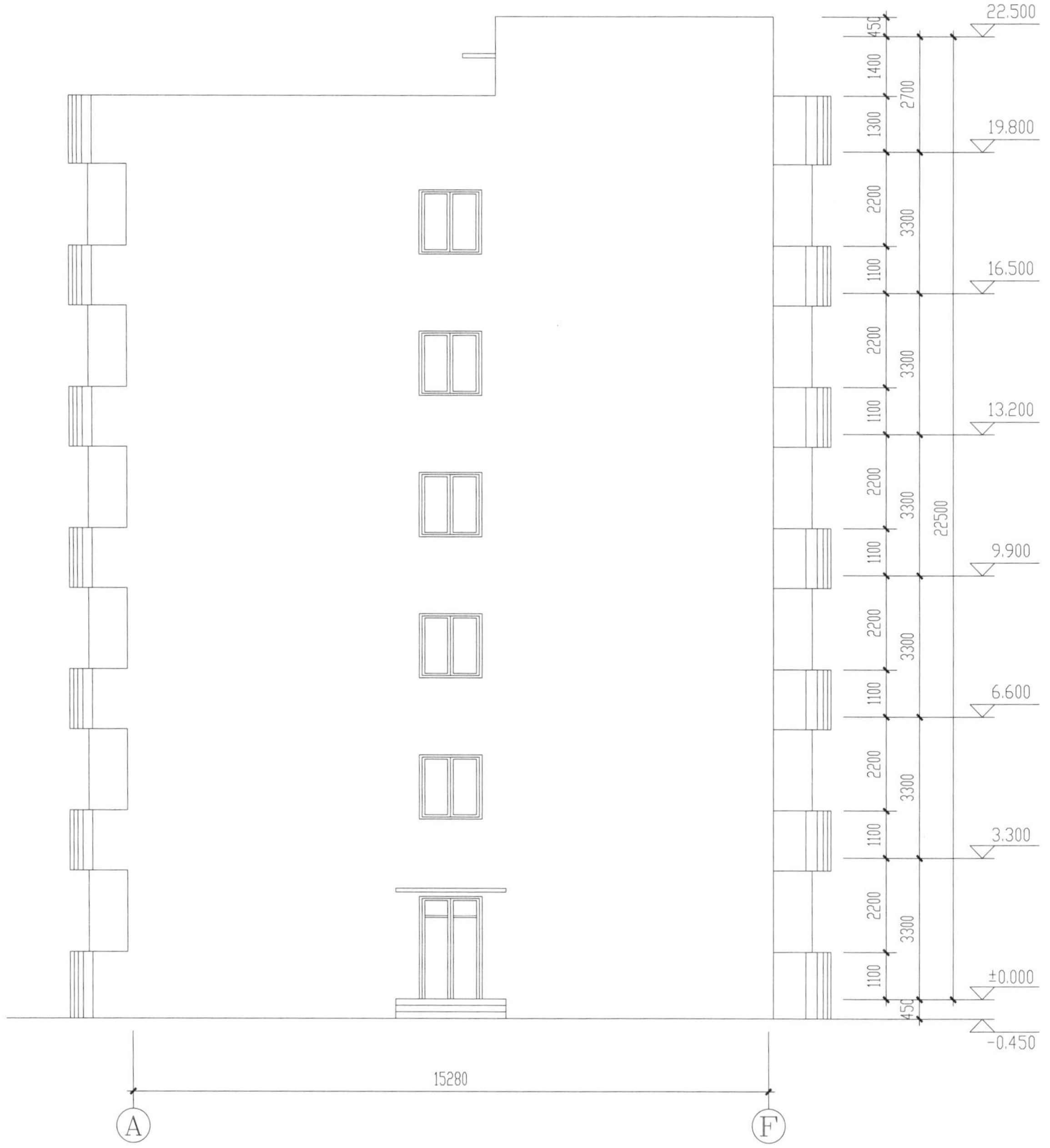

Ⓐ～Ⓕ立面图　1:100

XXX建筑设计有限责任公司	XXX学校		
	学生宿舍		
施工图审查批准单位：	审　定	XXX	
	工程负责人	XXX	
施工图审查批准书编号：	专业负责人	XXX	
	审　核	XXX	
设计单位出图章：	校　对	XXX	
	设　计	XXX	
	制　图	XXX	
	①～⑫立面图 Ⓐ～Ⓕ立面图		
审定人或专业负责人注册师执业章：	工程编号		
	图　别	建 施	
	图　号	06	

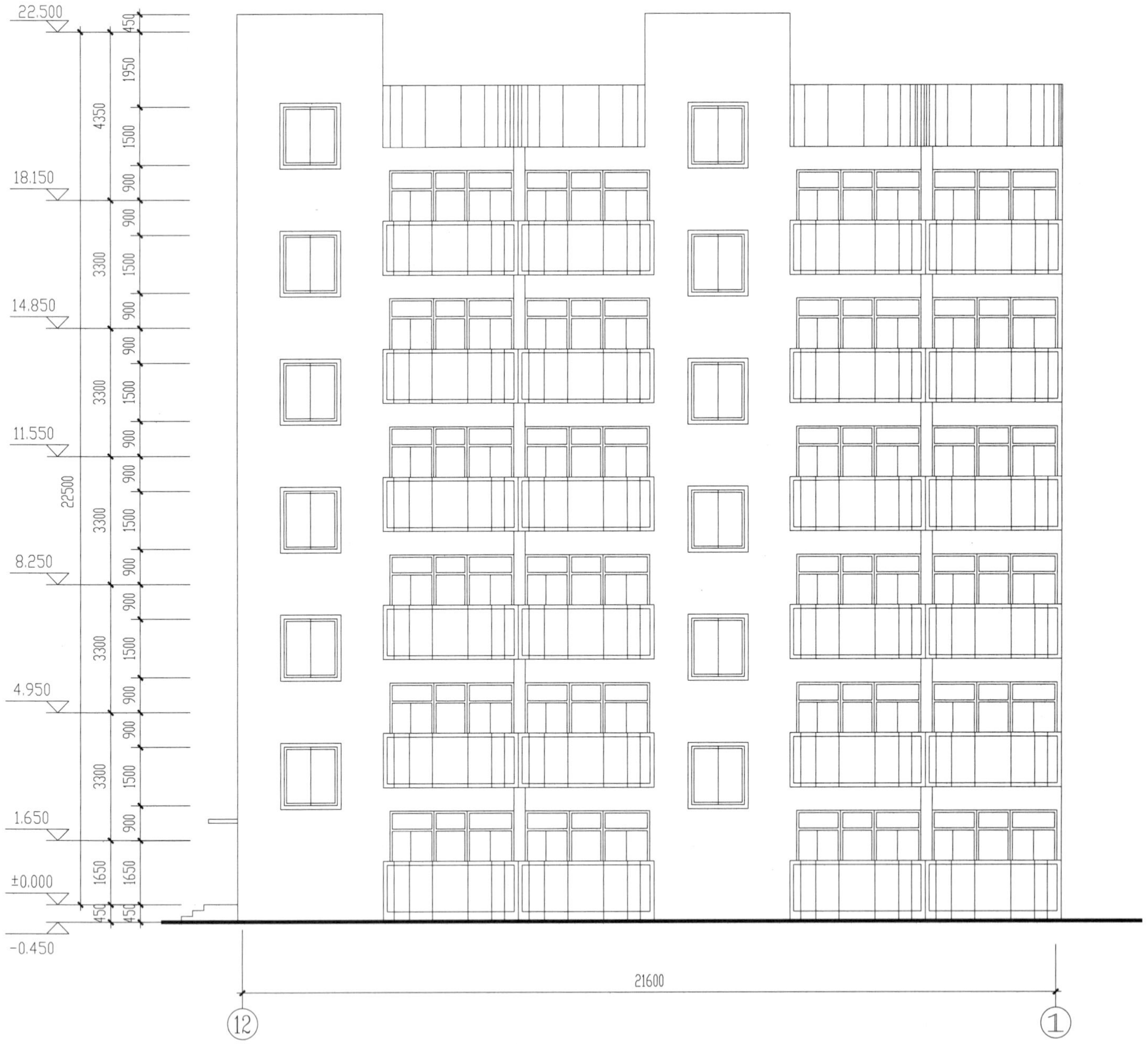

⑫～①立面图 1:100

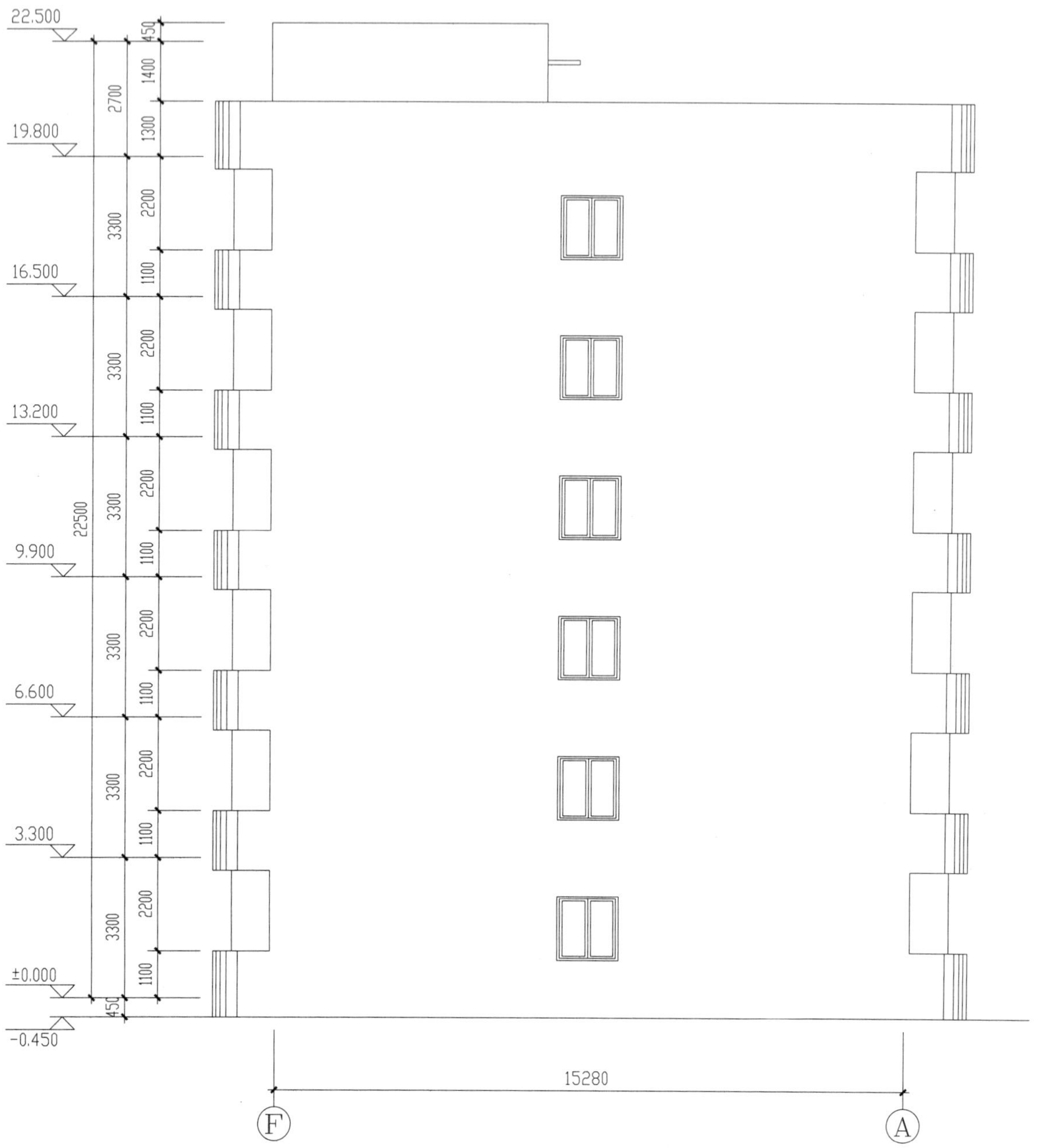

Ⓕ～Ⓐ立面图 1:100

XXX建筑设计有限责任公司	XXX学校		
	学生宿舍		
施工图审查批准单位：	审　定	XXX	
	工程负责人	XXX	
施工图审查批准书编号：	专业负责人	XXX	
	审　核	XXX	
设计单位出图章：	校　对	XXX	
	设　计	XXX	
	制　图	XXX	
	Ⓕ～Ⓐ立面图 ⑫～①立面图		
审定人或专业负责人注册师执业章：	工程编号		
	图　别	建施	
	图　号	07	

识图要点：

1、识读剖面图时应该先看图名，在一层平面图中找到相应的剖切符号，了解剖面图的剖切位置及剖视方向。
2、观察剖面图的屋顶部分，结合屋顶平面图，理解屋顶的形状以及坡度。
3、看楼层标高以及楼梯休息平台位置标高，掌握楼面及屋面的空间位置关系。

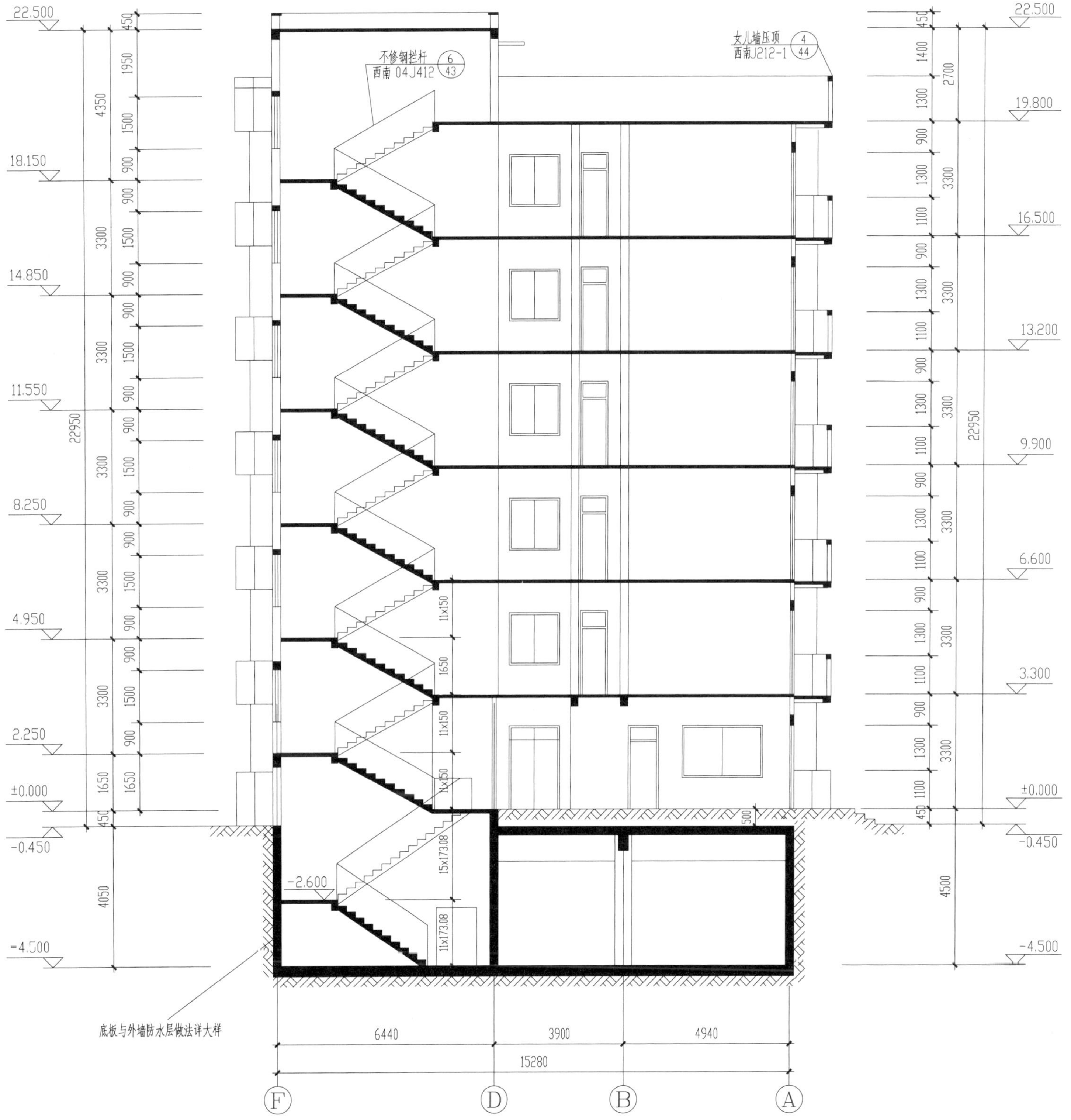

1-1剖面图 1:100

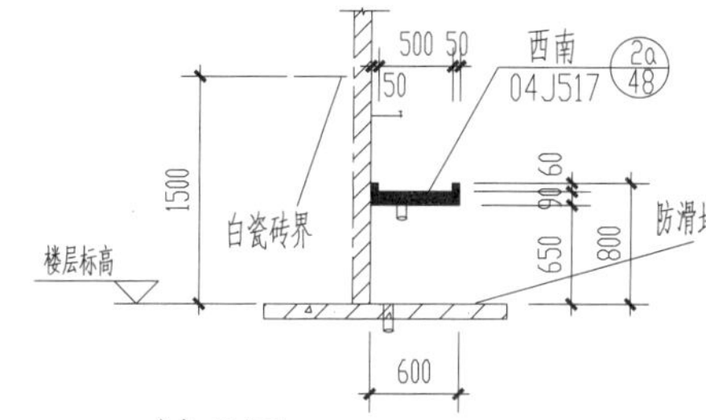

剖面图

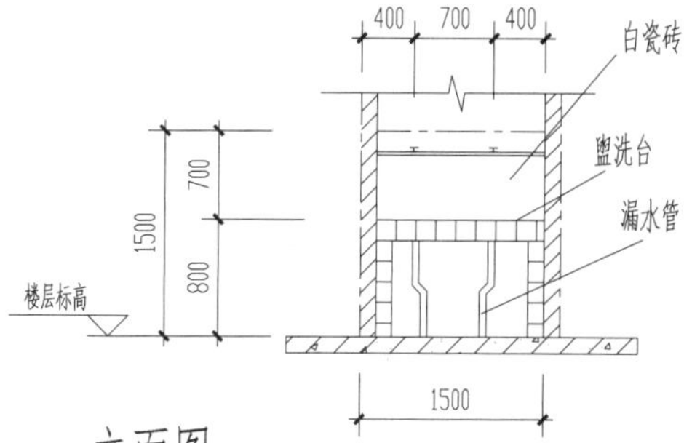

立面图

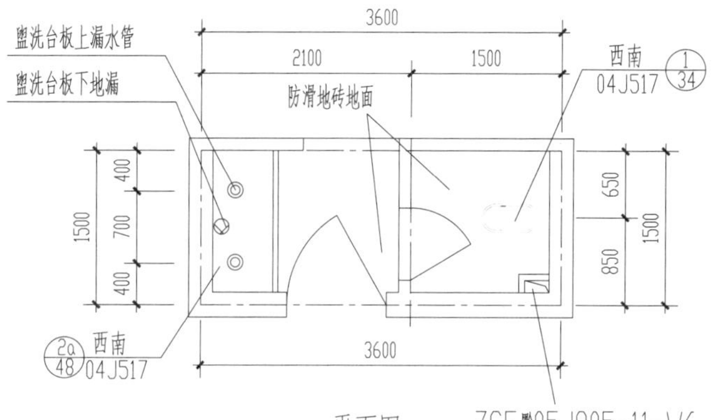

平面图

盥洗间、卫生间大样 1:50

标高比相邻房间低3cm
卫生洁具参照西南04J517

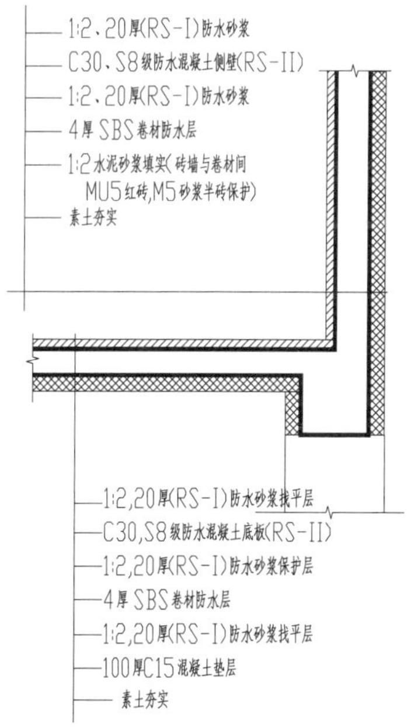

地下室底板与外墙防水层做法

XXX建筑设计有限责任公司

施工图审查批准单位：

施工图审查批准书编号：

设计单位出图章：

审定人或专业负责人注册师执业章：

XXX学校

学生宿舍

审定	XXX
工程负责人	XXX
专业负责人	XXX
审核	XXX
校对	XXX
设计	XXX
制图	XXX

1-1剖面图
盥洗间、卫生间大样

工程编号	
图别	建施
图号	02

子项目三
结构施工图

结构设计总说明

（注：本结构设计说明适用于抗震设防烈度为6度的多层砖混房及底部框架，上部为多层砖混房的房屋。设计人员应根据工程具体情况，对有的条文填空，不适用于本工程时，应在条文前面打X记号。）

1. 工程概况：

1.1 本工程位于 XX 市，地下一层为人防地下室，上部六层砖混结构，结构形式为底部框架结构。
建筑总高度H=19.80米，建筑总面积为2584.62平方米。

1.2 建筑物设计标高±0.000相当于绝对高程 1079.5 m。

2. 建筑结构安全等级及设计使用年限：

2.1 建筑结构安全等级：二级

2.2 设计使用年限：50年

2.3 建筑抗震设防等级：丙级

2.4 地基基础设计等级：丙 级

2.5 本工程耐火等级：二 级

3. 自然条件：

3.1 基本风压：W_0=0.30kN/m²，地面粗糙度类别：B类

3.2 抗震设防烈度6度，设计基本地震加速度0.05g，设计地震分组一组。

3.3 建筑场地类别Ⅱ类。

4. 结构计算软件：程序名称：PKPM，版本SATWE-1，程序编制单位：中科院，程序用户编号：×××。

5. 设计依据

5.1本工程结构设计遵循现行的国家、部（行业）和省颁发的标准和规范有：
- a、建筑结构可靠度设计统一标准（GB 50068-2001）
- b、建筑结构荷载规范（GB 50009-2001）
- c、建筑抗震设计规范（GB 50011-2001）
- d、混凝土结构设计规范（GB 50010-2002）
- e、建筑地基基础设计规范（GB 50007-2002）
- f、砌体结构设计规范（GB 50003-2001）
- g、建筑基桩检测技术规范（JGJ106-2003）
- h、建筑基桩技术规范（JGJ94-94）
- i、贵州省地基基础设计规范（DB 22/45-2004）
- j、主要施工验收规范有：地基与基础工程施工质量验收规范（GB 50202-2002）
  混凝土工程施工质量验收规范（GB 50204-2002）
  砌体工程施工质量验收规范（GB 50203-2002）
  钢筋焊接验收规范（JGJ18-2003）
  贵州省标《人工挖孔灌注桩施工技术规程》（DB 11/22-2000）

5.2建设部颁发的《全国民用建筑工程设计技术措施》（结构）、《建筑工程设计文件编制深度规定》等有关行政技术法规。

5.3经业主报有关部门审批同意的规划图和建筑图。

5.4由贵州地质工程勘察院在2005年 10 月×日提供的地勘报告。

6. 荷载

6.1活荷载（标准值）

名 称	活荷载 kN/m²	备 注
住宅、宿舍、办公室、教室	2.0	
住宅卫生间、厨房	2.0	
住宅宿舍楼梯	2.0	
办公室、教室楼梯	2.5	疏散楼梯取 3.5kN/m²
一般阳台	2.5	
不上人屋面	0.5	
上人屋面	2.0	
屋顶花园	3.0	不包括花圃土石等材料自重
有分隔的蹲厕公共卫生间	8.0	包括填料、隔墙、详见全国民用建筑工程设计技术措施（结构）表2.1.2-5

6.2楼、屋面恒载（不包括结构自重）
住宅楼面取2.0kN/m²（考虑在已做好的找平面层上再做二次装修）。
宿舍、一般办公楼、教室取1.5kN/m²（按西南J312、3183，地砖楼面）。
装饰标准较高的办公室、会议室、商店取2.0kN/m²（考虑楼面有敷管层50mm混凝土，按西南J312、3185图）
无保温层刚性防水屋面（西南J212、2103）取2.0kN/m²。
二道防水有保温层的刚性防水屋面（按西南J212、2104）取3.40kN/m²。
卷材有保温层的上人屋面，二道防水（按西南J212、2205）取3.40kN/m²
卷材有保温层的不上人屋面，二道防水（按西南J2203）取2.60kN/m²。

6.3墙体：
240mm厚内墙双面粉刷，烧结机制砖：5.24kN/m²。
水泥标砖：5.72kN/m²。
240mm厚外墙双面粉刷，烧结机制砖：5.40kN/m²。
水泥标砖：5.88kN/m²。

填充墙：
黔99J101页岩空心砌块，190厚双面粉刷为2.60kN/m²。
页岩空心砌块，240厚双面粉刷为3.40kN/m²。
其他材料轻质墙，容重应不大于9kN/m³。

7. 材料：

7.1 除各施工图中另加注明外，本工程1）地下室梁C40、板（底、顶）C30、柱C40、剪力墙C30；
2）各层梁、板用C20，楼梯用C25。

7.2 混凝土结构的环境类别：一般室内构件为一类；露天构件、基础、基础梁和地下室墙为二类a。

7.3 混凝土结构耐久性的基本要求
a、环境类别为一类时，最大水灰比0.65；最小水泥用量225kg/m³。
最低混凝土强度等级C20；最大氯离子含量1.0%。
b、环境类别为二类a时，最大水灰比0.60；最小水泥用量250kg/m³。
最低混凝土强度等级C25；最大氯离子含量0.3%；最大碱含量3.0kg/m³。

7.4 钢筋 1）HPB235（Φ） fy=210N/mm²
HRB335（Φ） fy=300N/mm²
HRB400（Φ） fy=360N/mm²
2）本工程-0.550标高以下梁、柱钢筋：
Φ10及以下采用热轧钢筋HPB235；
Φ12~Φ14采用热轧钢筋 HRB335；
Φ16及以上采用热轧钢筋HRB400。
钢板：用Q235-B。
焊条：HPB235钢筋用E43型焊条，HRB355、HRB400钢筋用E50型焊条。

8 地基基础：

8.1 本工程根据地质勘察报告，地基持力层为卵石层，其承载力特征值f_{ak}=500 kPa。

× 8.2 本工程采用刚性条形基础，基础采用C15毛石混凝土。

× 8.3 本工程采用人工挖孔灌注桩基础，有关说明另详基础施工图。

× 8.4 当条形基础深度有变化时，应做放阶处理，每步阶高不大于500mm，阶长不小于1000mm，详图一。

8.5 基础施工时，如发现实际情况与设计要求不符，应通知勘察、设计、监理、质监等有关人员到场共同研究处理。对地基持力层岩土的承载力特征值，应由地勘人员现场检查认定。

8.6 基础回填土、地下室外墙边填土及室内回填土均应分层夯实，压实系数应不小于0.94。

8.7 非承重墙（墙高H≤4米）的基础可按图二施工。

9 圈梁和构造柱：

9.1 构造柱、圈梁设置位置详各层结构平面布置图（当建筑图与结构图有矛盾时，应以结构图为准）。

9.2 构造柱图中未注明时，截面为240X240，一般配4Φ12。构造柱钢筋可锚入室外地坪以下的基础圈梁、基础梁、过渡层托墙梁或柱内，锚入长度不小于35d。

9.3 构造柱的有关大样详西南03G601《多层砖房抗震构造图集》。其中构造柱示意图详第22页；构造柱与墙连接详第26、27页；构造柱与现浇梁连接详第28、29页；构造柱与楼盖圈梁连接详第33、34页；构造柱构造柱伸至女儿墙顶详第39页；与屋盖圈梁连接详第41页。

9.4 内横墙、内纵墙大于2.0米的洞口两侧应设置构造柱，详西南03G601第42页7大样。外纵墙大于2.1米的洞口两侧可设置180X240配4Φ10箍筋为Φ6@200的构造柱；当该房间外墙与内墙相交处已有构造柱，且洞口边至构造柱的距离小于500mm时建议按图三将该处做成组合墙。

9.5 楼梯间构造柱应伸至伸出屋面的楼梯间顶，并与楼梯间顶圈梁锚固。

9.6 基础和各层设圈梁，楼面圈梁设置在空心板板底，除施工图另有注明外，楼面圈梁采用240X120上下各配2Φ10箍筋为Φ6@250；在门窗顶，当圈梁与洞口过梁碰在一起时，应一起现浇，按图四施工。

× 9.7 基础圈梁顶标高为室外地面以下50mm，除施工图中有注明外基础圈梁为240mmX240mm，上下各配置2Φ12纵筋，箍筋为Φ6@200。基础圈梁转角处"T字型""十字型"连接大样详西南03G601第17页，基础圈梁混凝土采用C25级。

9.8 楼面圈梁可采用C20混凝土，圈梁转角处、"T字型""十字型"连接大样详西南03G601第74页①、②、③大样，当门窗洞口标高不同，圈梁被被截断时应按西南03G601第74页的相应大样。

9.9 现浇楼板可以不另加圈梁详西南03G601第77页大样；现浇屋面板处也可另加圈梁，按西南03G601第77页1b、2b大样，但上、下改为各配2Φ12。

9.10 内纵墙应设置圈梁时，并应尽可能从平面拉通（也可转折拉通），当圈梁通过房间内为空心板时，在空心板之间做240X120（bXh）的现浇板带代替圈梁，上、下各2Φ10，箍筋为Φ6@200；并在板带与板底圈梁连接处将钢筋互相锚入35d。

10 砌体结构

10.1 砌体施工质量控制等级：B级。

10.2 各层墙体砖和沙浆强度等级见下表。

层 次	砖强度等级	砂浆强度等级
一至二层	MU10 烧结页岩砖	M7.5混合砂浆
三至六层	M10 烧结页岩砖	M5.0 混合砂浆

10.3 不应在截面长边小于500mm的承重砖墙、独立柱内埋设管线，不宜在墙体中穿行暗线或预留、开凿沟槽。根据《砌体结构设计手册》（第3版）第75页表4.1-3，对240mm厚砖墙允许在楼板以上的层高1/3范围内预留深度小于等于80mm，宽度小于120mm的凹槽，2米长墙体内的凹槽和管线总宽度不应大于300mm，凹槽或管槽间距离不应小于300mm；施工后在砖墙内凿竖槽最大深度为30mm，最大宽度为200mm；一般不允许预留和后凿水平槽和斜槽，当必要时，允许用切割机切割深度不大于20mm，长不大于1250mm的水平或斜槽。

10.4 防止和减轻墙体开裂的构造措施：

10.4-1 顶层挑梁如不能与横墙内圈梁一起现浇拉通时，则应在挑梁末端下墙体的三道灰缝内各设2Φ6钢筋，钢筋从挑梁末端伸入两边墙体内长不小于1000mm，见图十。

10.4-2 顶层屋面板下设置现浇圈梁，沿内外墙拉通，并在房屋两端第一个开间的墙体灰缝内每隔500mm设置2Φ6的钢筋拉通一个开间。

10.4-3 应做保温、隔热层，同时在保温、隔热层或屋面刚性面层及砂浆找平层设置分隔缝，分隔缝间距不宜大于6米，并与女儿墙隔开，分隔缝宽不小于30mm（缝内嵌入弹性防水材料）。

10.4-4 现浇钢筋混凝土挑檐板长度大于15米时，应设置分隔缝；现浇屋面板应沿坡脊设置分隔缝，分隔缝内嵌入弹性防水材料。

10.4-5 当顶层门窗顶过梁上部有墙体时，应在水平灰缝内设置二道各2Φ6的钢筋，钢筋伸入过梁两端墙内不小于600mm。

10.4-6 女儿墙应设置构造柱，构造柱间距不大于4米，构造柱伸至女儿墙顶，并与女儿墙钢筋混凝土压顶一起整浇。

10.4-7 房屋顶层两端墙体内适当增加构造柱，除在房屋四大角和山墙与内纵墙相交处设构造柱外，还应在第二道横墙与外纵墙、内纵墙相交处增设构造柱，同时在屋面以下一层的第一个开间内的纵横墙均设圈梁，通过圈梁和构造柱，形成封闭约束墙体变形的弱框架。

10.4-8 在墙体转角处和纵横墙交接处沿墙高每500mm设置2Φ6拉接钢筋，详西南03G601第18页1、5大样。

10.4-9 当地基持力层土层厚薄不均匀或为岩土组合地基时，应在窗台下每隔300mm高的墙体灰缝内设置2Φ6，并伸入两边窗间墙内不小于600mm；底层采用钢筋混凝土窗台板，窗台板嵌入窗间墙内不小于600mm。（持力层为岩石地基或土层较厚的硬可塑黏土时可取消此条）

10.4-10 灰砂砖、粉煤灰砖、水泥标砖或其他非烧结砖要在各层的门窗过梁上的砖墙水平灰缝内及窗台下的第一和第二道灰缝内各设置2Φ6钢筋，钢筋伸入洞口两边窗间墙内不小于600mm。当墙长大于5米时在每层墙高度中部灰缝内每隔500mm设置2~3道2Φ6通长钢筋。

11 钢筋混凝土结构：

11.1 梁、柱和框架的表示方法和有关构造，均按国标03G101-1图，其中钢筋的锚固长度、搭接长度详该图集第33页；受力钢筋的混凝土保护层最小厚度见该图第33页；柱内钢筋的连接构造详第36、40页；连续梁构造详第65页；框架构造详03G101-1第55、56、61页。

11.2 钢筋的接头可用绑扎搭接、机械连接或焊接。接头质量应满足国家现行有关标准，受力钢筋的接头当受拉钢筋直径d≥28mm及受压钢筋直径d≥32mm时，应采用机械连接或焊接；当钢筋直径d>22mm时，优先采用机械连接设置在受力较小处（一般梁板上部钢筋可在跨中1/3范围内搭接，下部钢筋在支座处搭接）。

11.3 钢筋接头应错开，在同一截面内对梁、板及墙体构件接头面积不应大于钢筋总面积的25%，对柱的钢筋接头面积不应大于钢筋总面积50%。钢筋采用机械连接或焊接接头时，连接区段长度为35d（d为纵向受力筋的较大直径）；钢筋绑扎搭接接头连接区段为1.3倍搭接长度。

11.4 当梁腹板高度大于450mm时，应在梁两侧每隔200mm设置2Φ12纵向构造钢筋，且配筋面积不小于梁腹截面面积的0.1%。

11.5 当梁边跨端支座宽度为240，且梁剪力V大于$0.7f_tbh_0$时，如梁的下部主筋大于等于2Φ20时，则主筋锚固不能满足12d的规定，应在支座的主筋端加焊锚固钢板。

11.6 梁腹开洞：

11.6.1 当需要在梁上开洞时，洞的宽度l_0不宜大于梁高h，洞高h_0不应大于h/3，且洞口上下剩余的小梁高度均不得小于200mm。梁开洞构造如图五、图六、图七、图八所示。

11.6-2 洞口上下小梁的内力及配筋根据计算确定（按偏压或偏拉构件进行配筋计算）。

11.6-3 洞口小梁的箍筋间距不应大于100mm；A_{s2}、A_{s3}不小于2Φ10~2Φ12，倾斜筋可取2Φ12，其倾斜角可取45°。

11.6-4 洞口上小梁的下钢筋及小梁的上钢筋，伸过洞口边的长度l_a不小于40d。

11.6-5 当上小梁的上钢筋及小梁的下钢筋按计算所需截面积小于整梁的钢筋截面积时，按整梁要求通长配筋；当大于整梁钢筋截面积时，可在洞口范围内局部加筋来补足所需钢筋截面积，加筋伸过洞口边长度l_a应不小于40d。

11.7 钢筋混凝土现浇楼板有关构造，应按照国标04G101-4和我公司编制的《现浇板构造通用图》。

12 底部框架-抗震墙

12.1 框架-抗震墙的抗震等级为三级，除施工图另有注明外，混凝土不低于C30。

12.2 托墙梁的箍筋加密为：梁端在1.5倍梁高且不小于1/5梁净跨范围内加密，箍筋间距不应大于100mm，以及上部墙体的洞口处和洞口两侧各500mm且不小于梁高范围内，箍筋间距不应大于100mm。

12.3 托墙梁腰筋不小于2Φ14，间距不大于200mm。

12.4 托墙梁主筋及腰筋均应按受拉钢筋锚固要求锚固在柱内，且支座上部的纵筋在柱内锚固长度均按框支梁要求，详03G101-1第67页。钢混凝土抗震墙构造详国标03G101-1第47、48、50、51、53页。

12.5 托墙梁受力主筋应采用机械连接或等强对焊。

12.6 抗震横墙间距不大于21.0m。

12.7 当底部为框架-抗震墙，上部为砌体结构，建筑总层数不超过5层时，可采用砖抗震墙，砖抗震墙厚度不小于240mm，砖抗震墙砌筑砂浆强度等级不低于M10，先砌墙后浇框架，砖抗震墙留马牙搓。沿框架柱每隔500mm设置2Φ6通长拉拉接钢筋，在墙体半高处应设置与框架柱相连的钢筋混凝土连系梁，用240X180，上下各配2Φ12，箍筋Φ6@200；砖抗震墙度大于5米时，在砖抗震墙中部设置的构造柱，配置4Φ12，箍筋配置Φ6@200，构造柱纵筋锚于基础梁和上部框架梁内。

12.8 框架间的填充墙应用轻质墙，其容重应不大于10kN/m³，沿柱高每500mm设置2Φ6拉接钢筋，拉结钢筋伸入墙内不小于700mm；当墙长度大于5米时，墙顶应设置与框架梁的拉结钢筋；墙长度大于2倍层高时，墙中部应加构造柱，在加构造柱处的上下梁内应先预留4Φ10，长度700mm的钢筋；墙高大于4米时，应在墙高的中部设置连系梁，墙宽X180（bXh），配4Φ10，锚入柱内。填充墙与框架柱的拉结详西南G701（二）第32页、33页 填充墙与顶部框架梁的拉结详图九。

13 砖砌体构造柱组合墙

13.1 当底层为小商店或车库横墙通长（无内纵墙或仅有少量内纵墙），该横墙可设计为砖砌体构造柱组合墙。组合墙和在纵向大梁作用处的构造柱，通过计算决定，组合墙按以下说明施工：

13.2 构造柱边柱纵筋不小于4Φ14，墙中无集中力作用处的构造柱为4Φ12。

13.3 砌体组合墙施工时应先砌墙，留马牙搓，后浇构造柱，墙内沿墙高每500mm高设置2Φ6拉接钢筋，拉接钢筋伸入墙内不小于1000mm。

13.4 在基础顶适当加大圈梁断面用240mmX300mm，上下各配置2Φ14，二层楼板用现浇板，在各横墙处现浇板代圈梁，按西南G601第77页加强型圈梁选用。

13.5 在二层纵向大梁底部加卧梁，卧梁与大梁底平，断面240X300，上下配2Φ16，箍筋Φ6@200。

13.6 组合砌体横墙上开洞口时，洞口两侧均加构造柱，240X240，配4Φ12。

13.7 组合墙高度大于3.6m时，在墙高中部加圈梁180X240，上下各配2Φ10。

14. 本工程选用的标准图

1. 国标03G101-1《混凝土结构施工图平面整体表示方法制图规则和构造详图》（框架、剪力墙、框-剪、框支剪力墙）（该图有小部分勘误，详见国家建筑标准设计网刊出的国标图06G101-1勘误表）
2. 国标04G103《民用建筑工程结构施工图设计深度图样》
3. 西南03G601《多层砖混房抗震构造图集》
4. 西南G701（二）《框架轻质填充墙构造图集》
5. 西南G231《冷轧带肋钢筋预应力混凝土空心板图集》
6. 西南03G301（一）（二）《钢筋混凝土过梁》
7. 国标04G101-4《混凝土结构施工图平面整体表示方法制图规则和构造详图》（现浇楼、屋面板）
8. 国标03G101-2《混凝土结构施工图平面整体表示方法制图规则和构造详图》（现浇板式楼梯）

9. 过梁：使用西南标03G301（一）图集，承重墙上采用3级荷载，非承重墙上采用1级荷载，每端搁置长度≥250，当有圈梁通过时可代替过梁，但注意断面及配筋均应按大者取用。

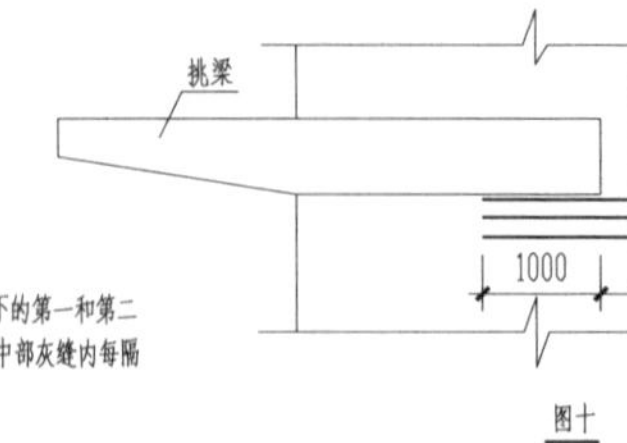
图十

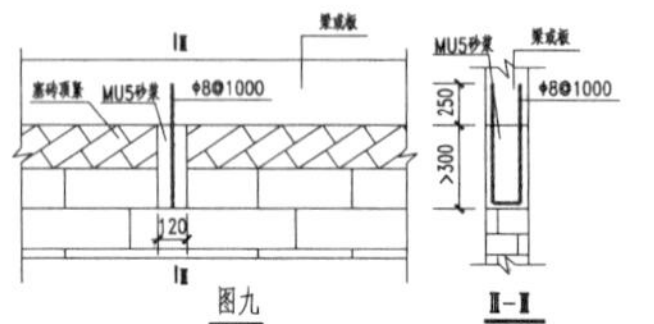
图九　Ⅱ-Ⅱ

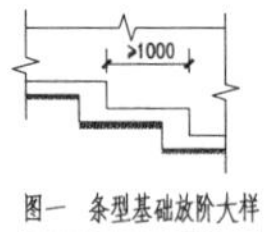
图一 条型基础放阶大样

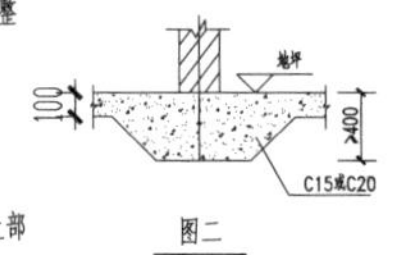
图二

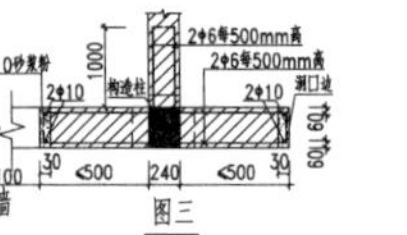
图三

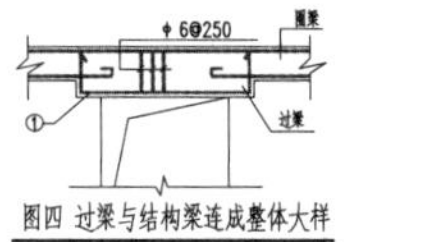
图四 过梁与结构圈梁连成整体大样

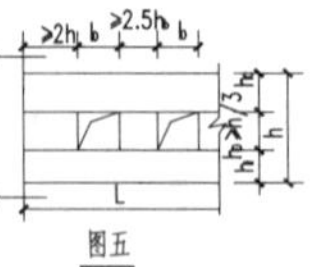
图五

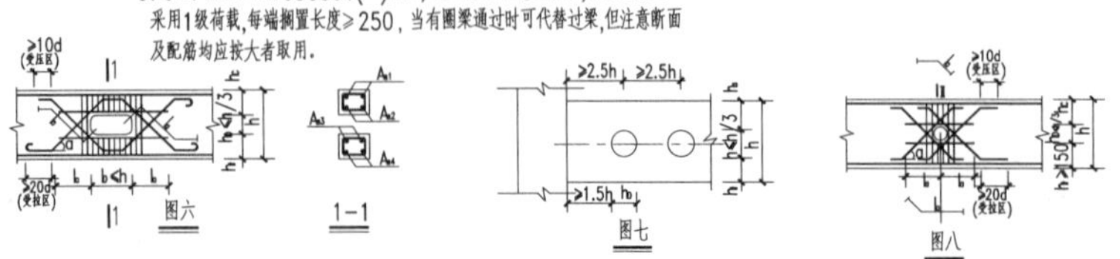
图六　1-1　图七　图八

XXX建筑设计有限责任公司	
施工图审查批准单位：	
施工图审查批准书编号：	
设计单位出图章：	
审定人或专业负责人注册师执业章：	
XXX学校	
XXX学校宿舍	
审 定	XXX
工程负责人	XXX
专业负责人	XXX
审 核	XXX
校 对	XXX
设 计	XXX
制 图	XXX
图名：	结构设计总说明
工程编号	
图 别	结 施
图 号	01

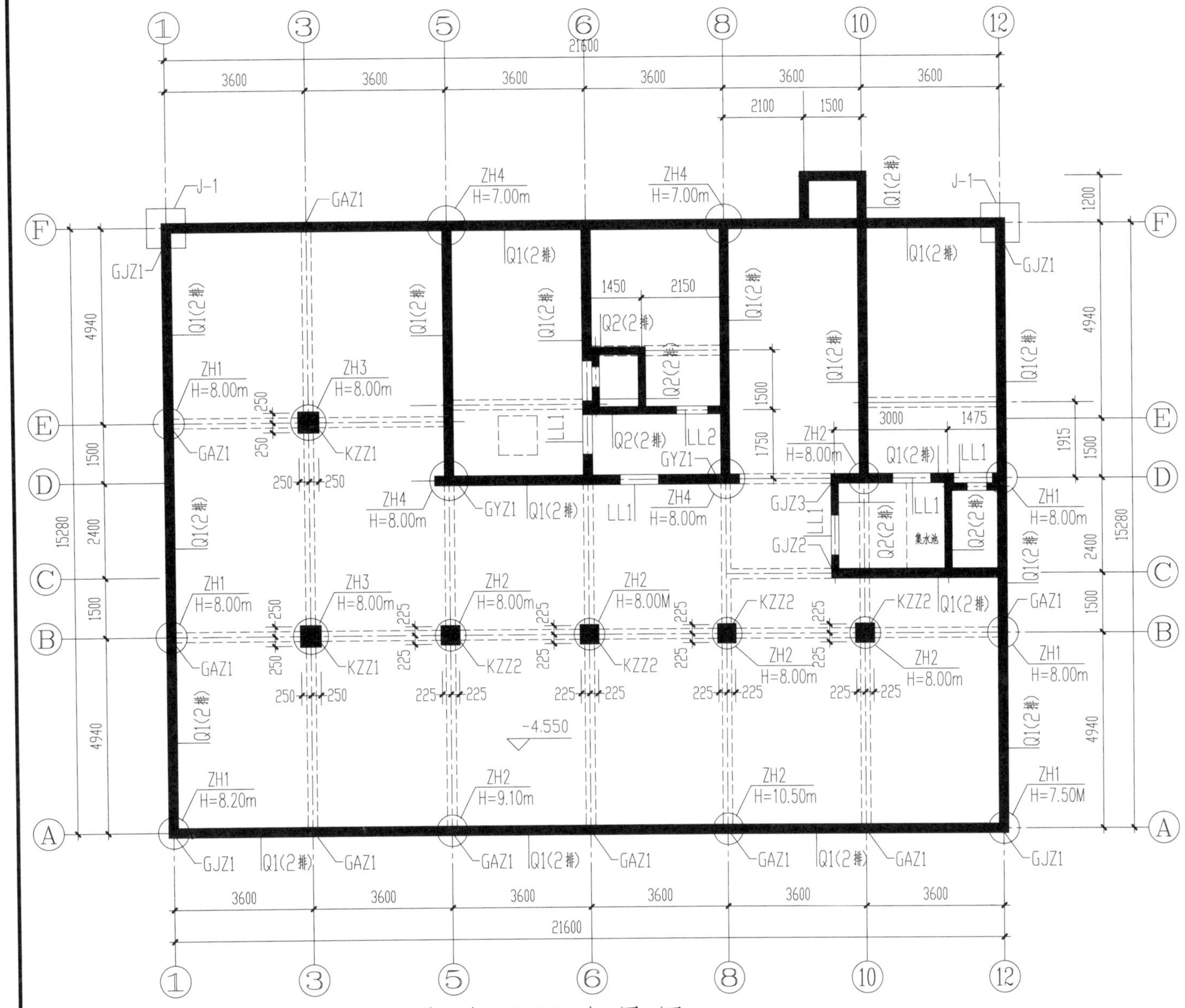

基础平面布置图 1:100

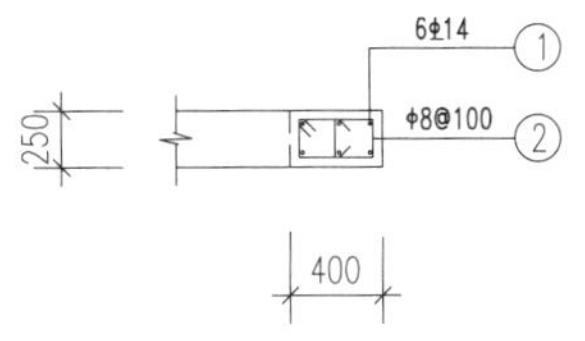

剪力墙暗柱配筋图

(凡剪力墙端无KZZ时均设置此暗柱)

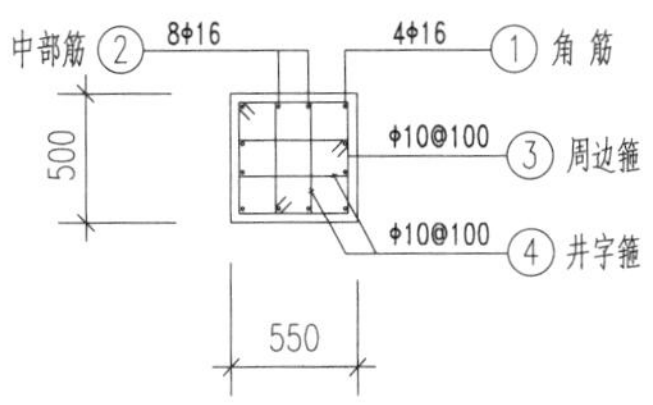

KZZ1

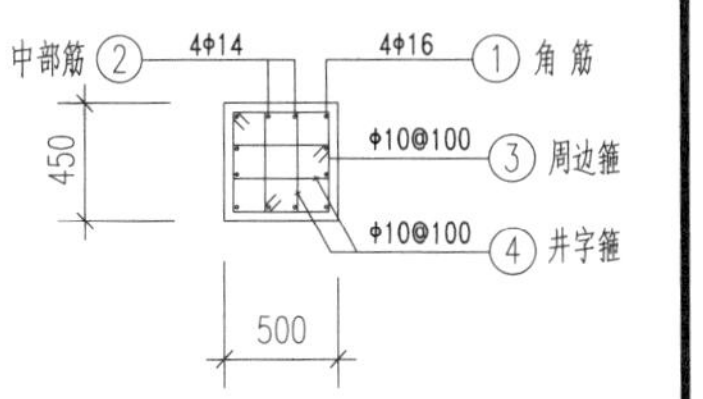

KZZ2

剪力墙柱表:

截面	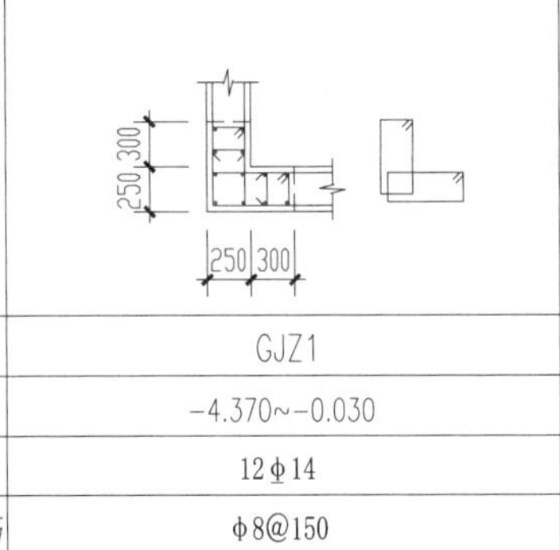	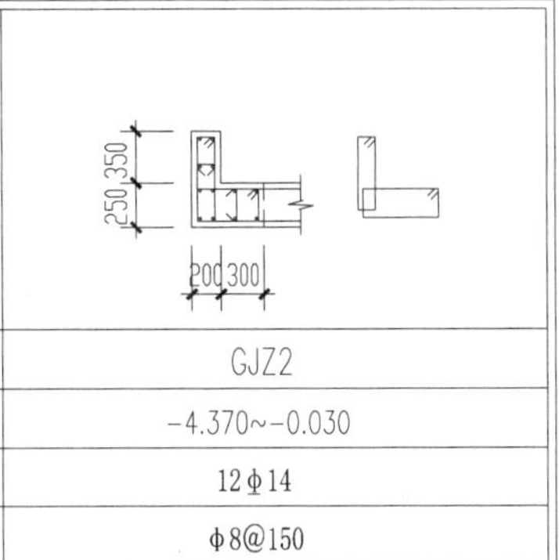
编号	GJZ1	GJZ2
标高	-4.370~-0.030	-4.370~-0.030
纵筋	12⌀14	12⌀14
箍筋及拉筋	⌀8@150	⌀8@150
截面	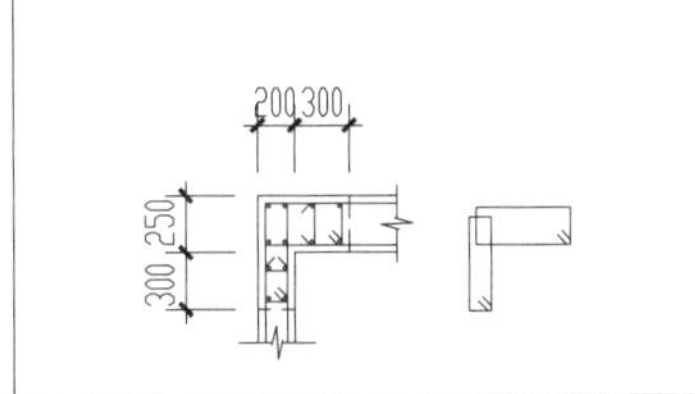	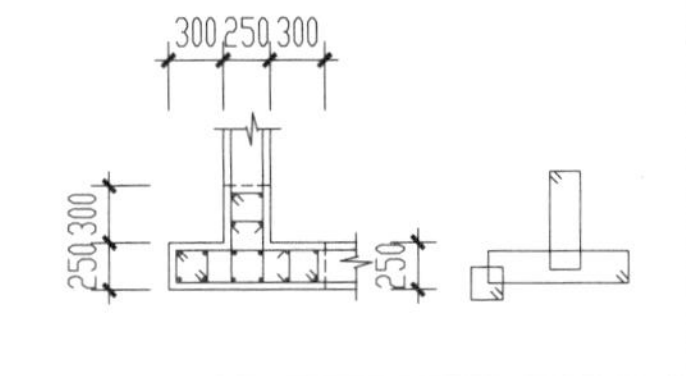
编号	GJZ3	GYZ1
标高	-4.370~-0.030	-4.370~-0.030
纵筋	12⌀14	16⌀14
箍筋及拉筋	⌀8@150	⌀8@100
截面	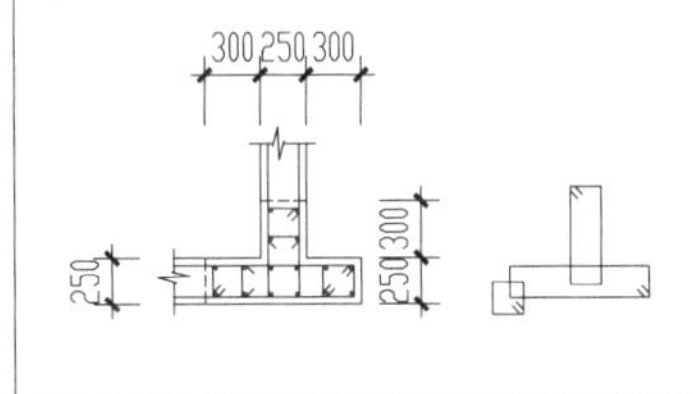	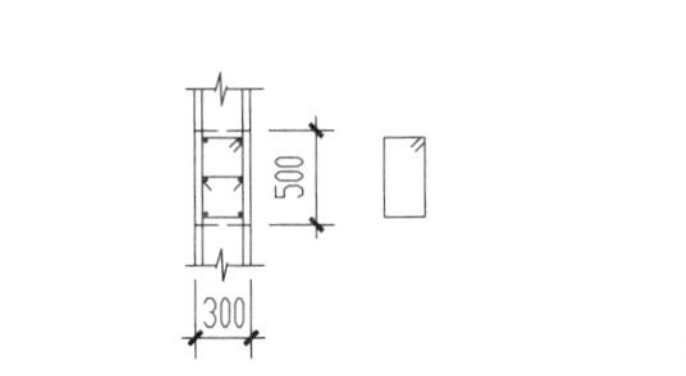
编号	GYZ2	GAZ1
标高	-4.370~-0.030	-4.550~-0.030
纵筋	16⌀14	6⌀14
箍筋及拉筋	⌀8@100	⌀8@150

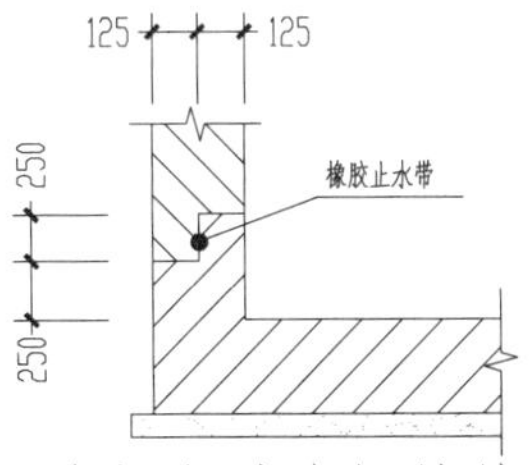

底板与墙身间的施工缝大样

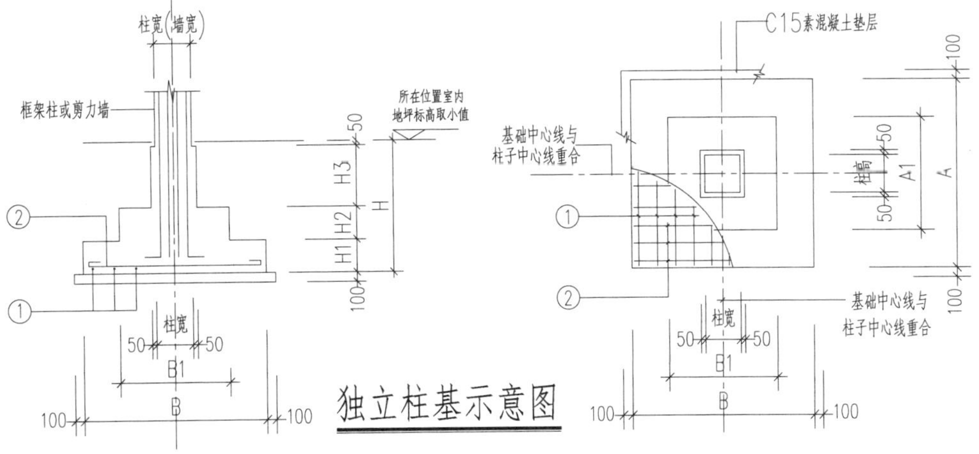

独立柱基示意图

独立柱基表:

编号	基础尺寸								配筋		备注
	A	B	A1	B1	H	H1	H2	H3	①	②	
J-1	1000	1000	700	700	~2000	750	400	~850	⌀10@150	⌀10@150	1. 位于基础内的柱子纵向钢筋及箍筋同最下一层的柱子配筋。 2. 当基础埋置深度有变化时,仅调整H3值。 3. 基础嵌岩深度≥100mm。

XXX建筑设计有限责任公司

施工图审查批准单位:

施工图审查批准书编号:

设计单位出图章:

审定人或专业负责人注册师执业章:

工程名称: XXX学校

建设单位: XXX学校宿舍

审定	XXX
工程负责人	XXX
专业负责人	XXX
审核	XXX
校对	XXX
设计	XXX
制图	XXX

图名: 基础平面布置图

工程编号	
图别	结施
图号	G-02

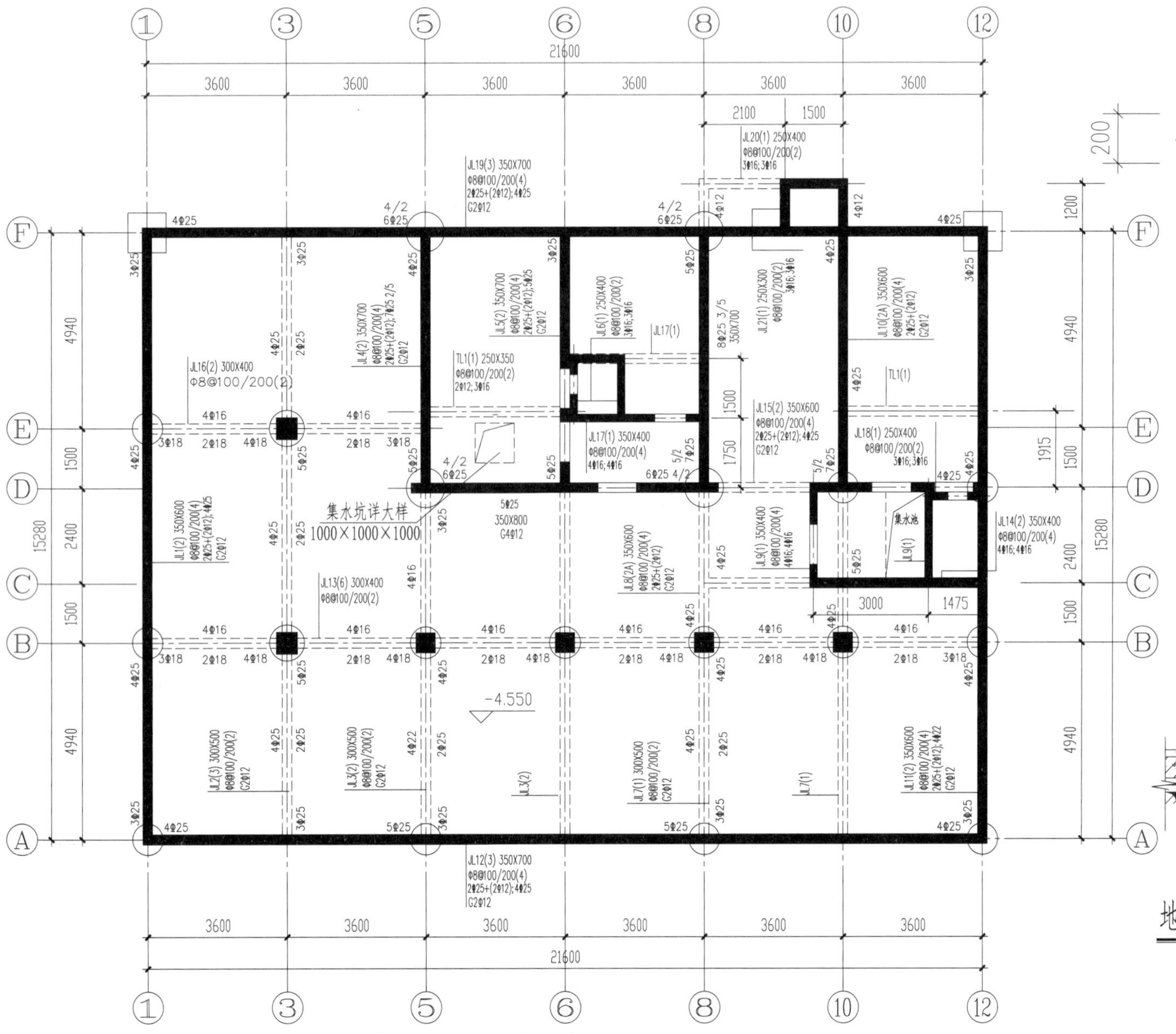

基础梁平面整体配筋图 1:100

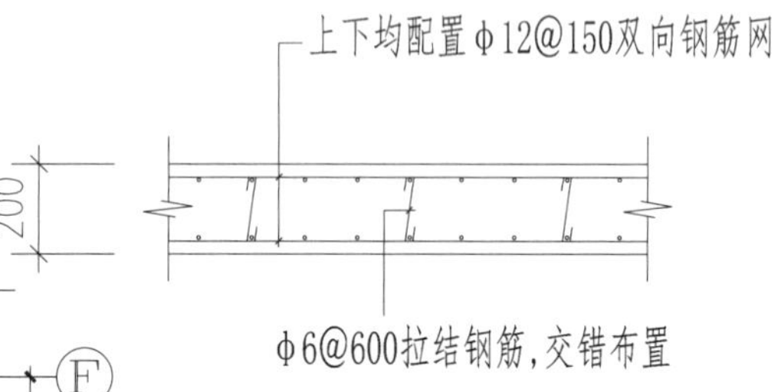

地下室底板配筋示意图

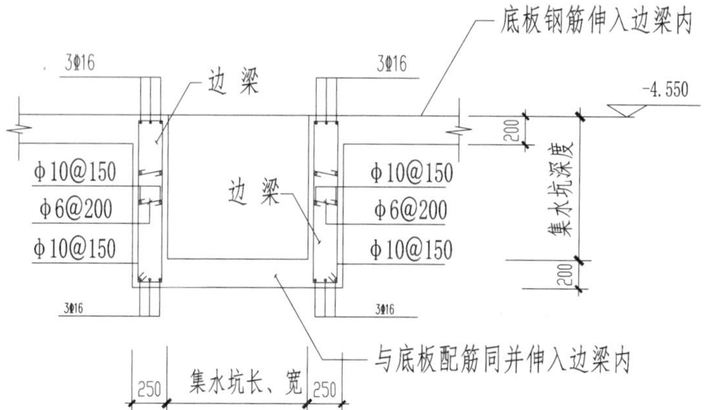

集水坑断面大样

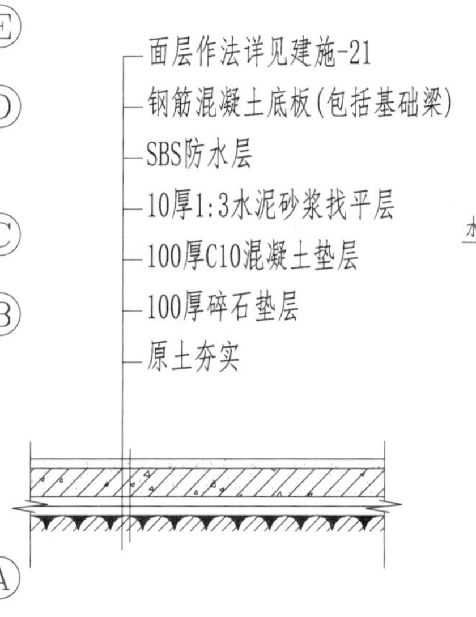

地下室底板垫层大样图

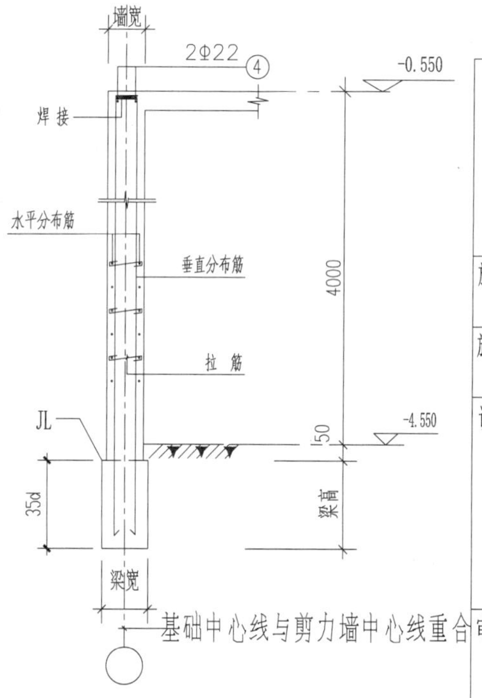

剪力墙配筋示意图

剪力墙身表:

编号	标高	墙厚	水平分布筋	垂直分布筋	拉筋	备注
Q1(2排)	-4.550~0.550	250	ф12@150	ф12@150	ф6@450	
Q2(2排)	-4.550~0.550	200	ф10@150	ф10@150	ф6@450	

剪力墙梁表:

编号	洞口宽度	梁截面 bxh	梁顶相对标高高差	上部纵筋	下部纵筋	箍筋	备注
LL1	1200	250x(层高-2000)		4Φ22	4Φ22	Φ10@100(2)	
LL2	800	250x(层高-2000)		4Φ20	4Φ20	Φ10@100(2)	

基础设计说明:

1. 本工程是根据贵州地质工程勘察院提供的地质详堪报告进行基础设计的,基础大部分采用人工挖孔端承灌注桩基础,部分较浅处(H≤3m)采用钢筋混凝土独立柱基,以中风化白云岩作持力层,基岩的承载力特征值取用:fa=3600kPa。
2. 孔桩的嵌岩段开挖不得采用爆破施工,且桩端必须嵌入基岩中≥200。
3. 根据规范要求,桩基地勘钻孔至少应一桩一孔,当桩基因条件限制未钻孔时,施工中应采用钎探,钎探深度≥3倍D2及3M。
4. 材料:
   桩基填心:采用C25混凝土浇筑,钢材详见图示。
   钢筋混凝土框架柱(KZZ):采用C40混凝土浇筑,钢材详见图示。
   地下室钢筋混凝土墙、底板:采用C30混凝土浇筑,抗渗等级:S6,钢材详见图示.
   钢筋混凝土独立柱基:采用C25混凝土,其垫层为C15素混凝土。
   钢筋混凝土基础梁:采用C30混凝土。
5. 基础梁配筋图是按照国家标准图集:混凝土结构施工图——平面整体表示方法制图规则和构造详图(03G101-1)进行绘制的,所有构造大样及细则均应按标准图中执行,抗震设防烈度为6°,抗震等级采用三级。图中支座负筋长度应从桩边起算,在主次梁相交处,无论图中是否注明有附加吊筋,均应在主梁上每边加设3根附加箍筋,直径、肢数同主梁箍筋,间距为50。

XXX建筑设计有限责任公司

施工图审查批准单位:

施工图审查批准书编号:

设计单位出图章:

审定人或专业负责人注册师执业章:

工程名称: XXX学校

建设单位: XXX学校宿舍

审定	XXX
工程负责人	XXX
专业负责人	XXX
审核	XXX
校对	XXX
设计	XXX
制图	XXX

图名: 基础梁平面整体配筋图

工程编号	
图别	结施
图号	G-03

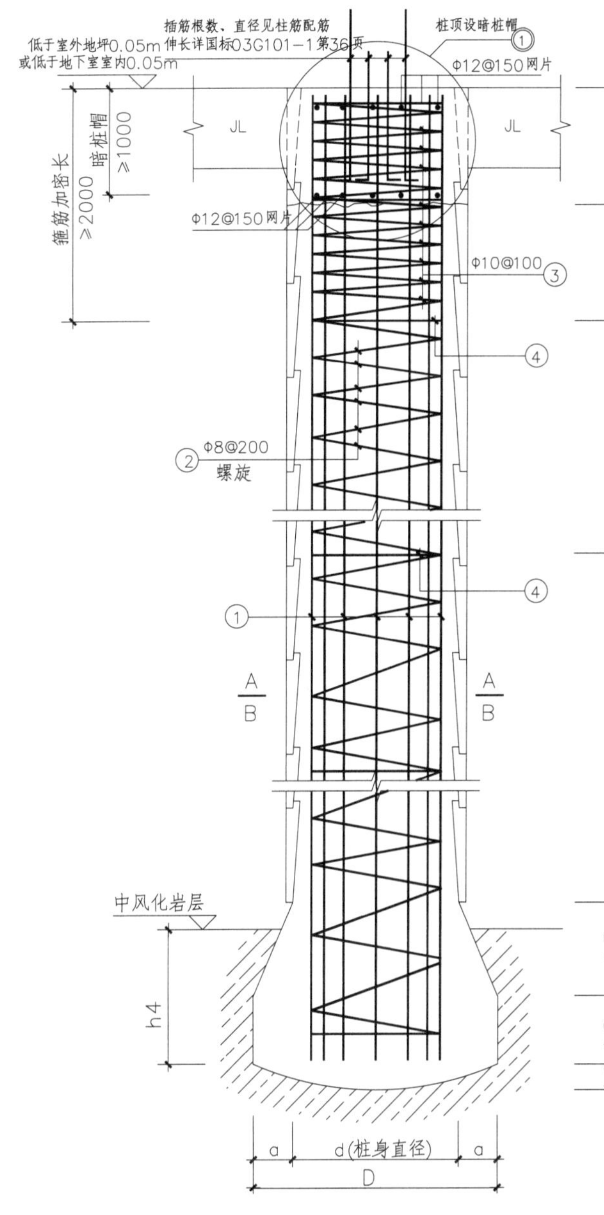

图一 桩身配筋及桩纵剖尺寸

① 桩顶设暗桩帽

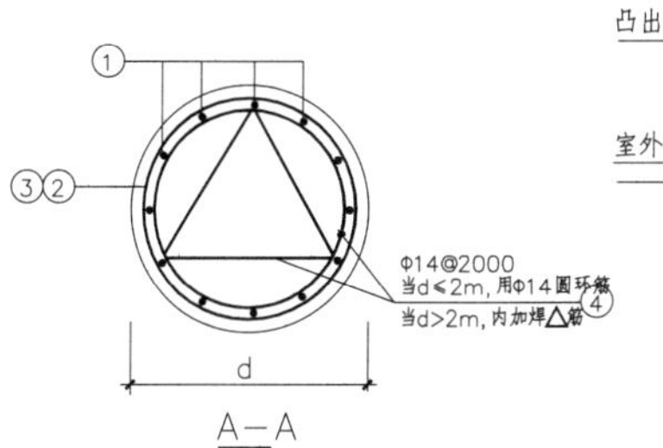

A—A

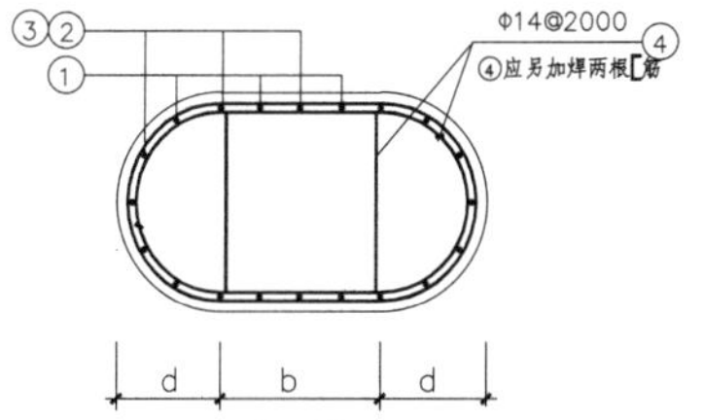

B—B

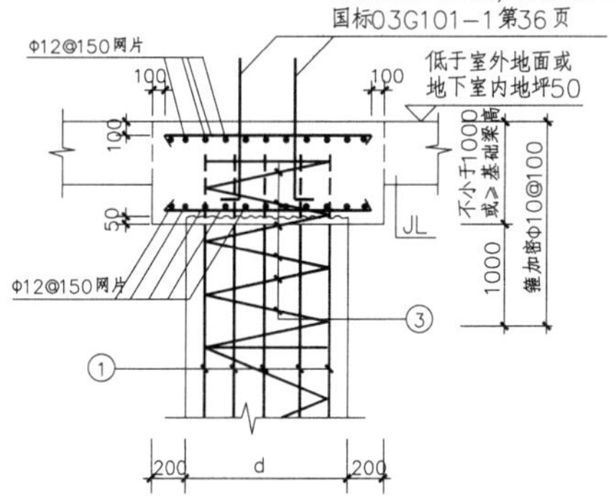

② 桩顶设桩帽

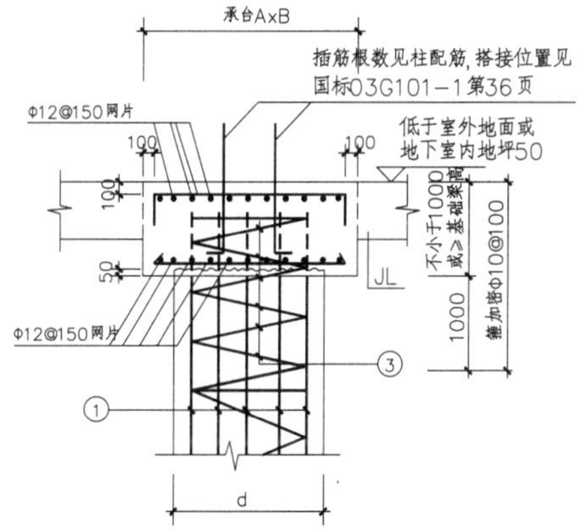

③ 桩顶设承台

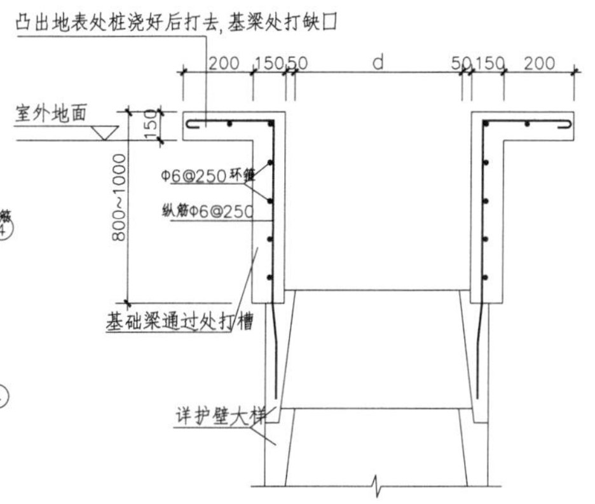

桩顶井圈大样

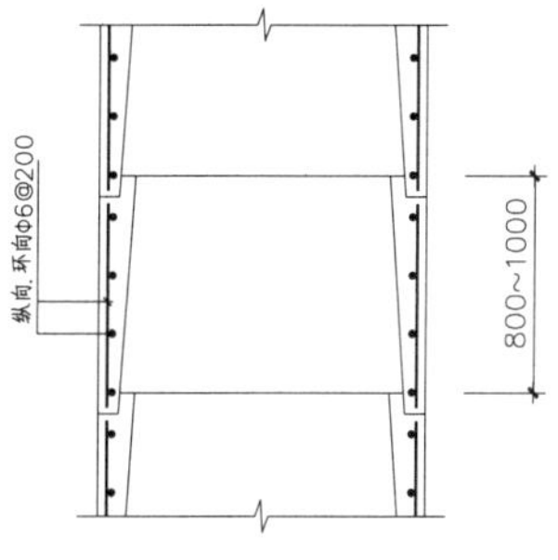

图二 一般配筋护壁

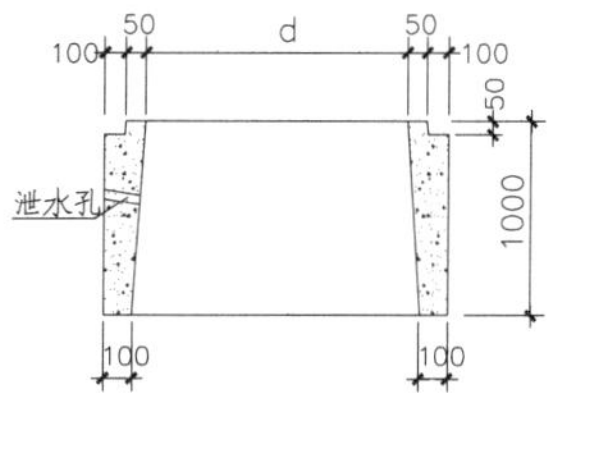

图三 不配筋护壁

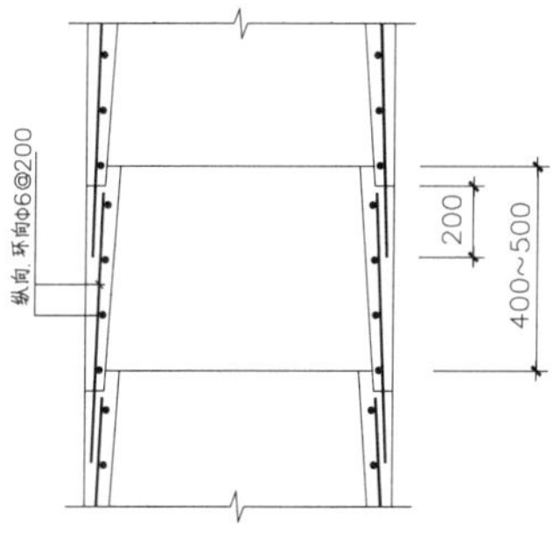

图四 配筋倒挂护壁

人工挖孔灌注桩说明

（不适用于本工程者在条文前打×，同时还应根据工程具体情况对有的条文填空）

1、设计依据

1.1《建筑地基基础设计规范》(GB 50007—2007)

1.2《贵州省建筑地基基础设计规范》(DB 22/45—2004)

1.3《建筑桩基技术规范》(JGJ94—94)

1.4《建筑基桩检测技术规范》(JGJ106—2003)

1.5《建筑地基基础施工质量验收规范》(GB 50202—2002)

1.6《贵州省人工挖孔灌注桩施工技术规范》(DB 22/11—2000)

1.7《全国民用建筑工程设计技术措施》（结构）第3.11节"挖孔桩基础设计"

2、本工程采用端承桩，根据贵州地质工程勘察院提供的地勘报告，持力层为中风化白云岩，岩层承载力特征值为3600 KPa。

3、本工程采用摩擦端承桩，根据地质勘察单位提供的地勘报告，持力层为软质岩，岩层承载力特征值为3600 KPa.本工程只考虑嵌入岩石部分的侧阻力，为偏于安全。不考虑桩于土之间的侧阻力，同时桩端扩孔斜坡部分也不考虑侧阻力。

4、桩身砼强度的核算按公式 $Q \leqslant \psi_c \cdot A_p \cdot f_t$ 取 $\psi_c=0.65$，整理后得桩身直径 $d=\sqrt{Q/0.51f_t}$ ……(1)
Q为桩顶最大竖向力设计值。

5、单桩竖向承载力特征值的计算按公式(2)，当端承桩嵌入较完整的中风化硬质岩层不小于500时，$R_a=f_a \cdot A_p = f_a \cdot 0.785 \cdot D^2 > Q_k$ 其中 R_a 为单桩承载力特征值；f_a 为桩端岩石地基承载力特征值；D为桩端直径（或扩底后的桩径）Q_k 作用在桩顶的竖向力标准值，可近似取桩顶竖向设计值除以1.25，整理后得 $D=\sqrt{Q/0981f_a}$ ……(2)
持力层为土质或软质岩石且地基基础设计等级为甲、乙级时，f_a 值应通过竖向静载荷实验确定，见 GB 50007—2007 附录D。

6、图一桩身配筋及桩有关尺寸，详见表一。①大样为桩顶设暗桩帽，适用于多层砖混房、底部框架—抗震墙的多层砖混，及多层钢筋混凝土框架柱桩基；②大样为桩顶设桩帽适用于高层建筑框架柱桩基，桩顶护壁第一节应按桩帽直径施工；③大样为桩顶设承台，适用于高层建筑框架柱或柱距较大桩顶无法设地基梁的桩基。桩身按图一施工至承台内 50 mm处，再将以施工的井圈打掉，按承台平面尺寸和高度施工承台。

7、护壁。见图二、图三、图四。

7.1 护壁混凝土强度等级与桩身混凝土等级相同。

7.2 桩顶第一节护壁即井圈，应配Φ6@200网片一层，井圈应高于室内地坪（或自然地坪)150 mm。

7.3 图三为不配筋护壁，适用于一般黏土、砂质黏土的地质条件，护壁上口厚为150mm，下口厚为 100 mm，上、下节搭接 50mm，当桩径≥ 1.6m且<2m时，护壁上口厚为200mm，下口厚为150 mm，上、下节搭接 50mm，每节护壁高为1m。

7.4 当地质为淤泥、流沙、新填土时，护壁内应配筋Φ6@200网片一层，护壁每节高度为400~500，必要时还应采取护壁倒挂的措施，即护壁上节内的纵向筋，预留200mm，伸出插入未开挖的土内，待下节护壁浇注时埋入混凝土中，挂住下节护壁不向下滑，见图四。

7.5 腰形桩和 >2m 桩径的护壁应配筋，护壁上口厚 200 mm，下口厚150 mm，见图二。

7.6 护壁内模拆除应根据气温情况，一般可24小时以后，为保证桩的垂直度，要求每浇三节护壁校核中心位置及垂直度一次。

7.7 桩顶井圈凸出地表部分在桩施工好后应打去，有地基梁伸入时应打缺口，当桩顶有桩帽时，井圈直径按桩帽直径。当桩顶设承台时，井圈全部打去还按承台尺寸挖孔，宜原槽浇注承台。

8、地基梁

8.1 承受多层砖墙和楼、屋面荷载的地基梁按全荷载按连梁或单跨梁分析内力和计算配筋和断面。构造按托墙梁的有关构造规定，详见建筑抗震设计规范第7.5.4条，地基梁应有50%的支座负筋贯通。

8.2 仅承担本层填充墙和楼面荷载的地基梁，按多跨连梁或单跨进行配筋，配筋构造详见国标03G101-1第65页。

8.3 无竖向荷载作用的基础连系梁，按桩顶最大竖向力的 5%计算受拉钢筋，梁高不小于1/15桩中心净距，梁宽不小于250 mm，梁上下纵筋在桩顶（或承台内）连接锚固。

9、桩身纵筋保护层，当无地下水、有混凝土护壁时保护层厚30 mm，当有地下水有混凝土护壁时，保护层厚 50mm，无混凝土护壁的钻孔灌注桩，保护层厚 70mm。

10、端承桩嵌岩深度详图一中h4，对地基基础设计等级为甲、乙级建筑的桩基，嵌入中风化硬质岩层深度不少于500mm，地基基础设计等级为丙级时，嵌入完整或较完整的硬质岩石不宜小于200mm，嵌入软质岩层深度不少于500mm。

11、端承桩中心距不宜小于两倍桩径，扩底灌柱桩，桩中心距不宜小于 1.5倍扩孔桩径，且净距不宜小于1米，如不符合上述要求，应采取桩跳间施工。

12、人工挖孔桩的施工

12.1 要认真按照省标DB22/11-2000《人工挖孔灌注桩施工技术规程》的有关规定，其中钢筋笼的制作和安装，见3.3节，桩身混凝土浇注见 3.5 节，有关施工安全见 3.6节，水下混凝土浇筑见附录。

12.2 桩孔开挖时，应采取可靠措施，进行降水和排水，同时应注意因抽水而引起相邻房屋开裂。在施工前检查记录相邻房屋墙体是否开裂，在施工抽水时注意观察。

13、人工挖灌注桩的检测。

13.1 孔终时应由地勘人员逐个到桩孔底检查，确认其岩层承载力特征值是否符合地勘报告，同时应用钎探及其他可靠手段，查明桩底下3倍桩径（桩端直径）或5米深度范围内有无空洞，破碎带，软弱夹层等不良地质条件。

13.2 根据《建筑地基基础工程施工质量验收规范》(GB50202-2002)第5.1.4条，桩径允许偏差为 50mm。桩垂直允许偏差 0.5%，桩中心允许偏差 50mm，孔深允许偏差+300mm。根据GB50202-2002第 5.6.4条查5.6.4-1，挖孔桩钢筋笼，主筋间距允许偏差±10mm，长度±100mm，钢筋间距允许偏差± 20mm。钢筋笼直径允许偏差±10mm。

14、桩身质量检验

14.1 直径大于 800mm 的地基基础设计等级为甲、乙级的建筑物端承桩，应采用钻孔抽芯或声波透射法检测，检测总数应不少于总桩数的 10%，同时每个承台下的抽检桩数不少于一根。

14.2 对一柱一桩的地基基础设计等级为丙级的建筑物的端承桩，应用钻孔抽芯或声波透射法检测 30%的桩（选竖向荷载较大者），其余 70%的桩可用可靠动测进行检测。

14.3 直径小于和等于800mm的桩，小直径大于800mm的非端承桩，可根据桩径和桩长大小，结合桩的类型和实际需要，采用钻孔抽芯、声波透射法或可靠动测进行检测，检测桩的数量不应小于桩总数的 10%钻孔抽芯、声波透射及动测，均应按《建筑基桩检测技术规范》(JGJ106—2003)的有关规定进行。其中声波透射法应在桩浇注混凝土时埋入声测管，详见JGJ106-2003 的附录H。凡动测发现桩身有缺陷的Ⅲ类桩，或有严重缺陷的Ⅳ类桩，应在钻孔抽芯，进一步查明缺陷准确位置，以便同有关方共同研究处理措施。

15、施工完后应进行桩竖向承载力的检验。

15.1 地基基础设计等级为甲、乙级的建筑物桩基当持力层为土层或软质岩层时，对桩竖向承载力的检验宜通过静载荷试验。在同一条件下的试桩数量不宜少于总桩数的1%，且不应少于三根，桩的静载荷试验可按现行《建筑地基基础规范》GB5007-2002执行。

15.2 大孔径嵌岩桩，当持力层为较完整的硬质岩层时，可根据终孔时桩端持力层岩性报告结合桩身质量检测报告核验。

桩配筋及有关尺寸（表一）

桩编号	桩顶标高	桩细部尺寸(mm)								截面形式	桩配筋				护壁大样	桩顶大样
		d	D	a	h1	h2	h3	h4	H		①	②	③	④		
ZH1		800	1000	100	200	100	300	200	按图	A—A	Φ12@200				（三）	①
ZH2		800	1100	150	200	100	450	200	按图	A—A	Φ12@200				（三）	①
ZH3		900	1200	150	200	100	450	200	按图	A—A	Φ12@200				（三）	①
ZH4		1000	1400	200	200	100	600	200	按图	A—A	Φ12@200				（三）	①

XXX建筑设计有限责任公司

施工图审查批准单位：

施工图审查批准书编号：

设计单位出图章：

审定人或专业负责人注册师执业章：

XXX学校

XXX学校宿舍

审定	XXX		
工程负责人	XXX		
专业负责人	XXX		
审核	XXX		
校对	XXX		
设计	XXX		
制图	XXX		

图名：人工挖孔灌注桩基础及说明通用图

工程编号		
图别	结施	
图号	G-04	

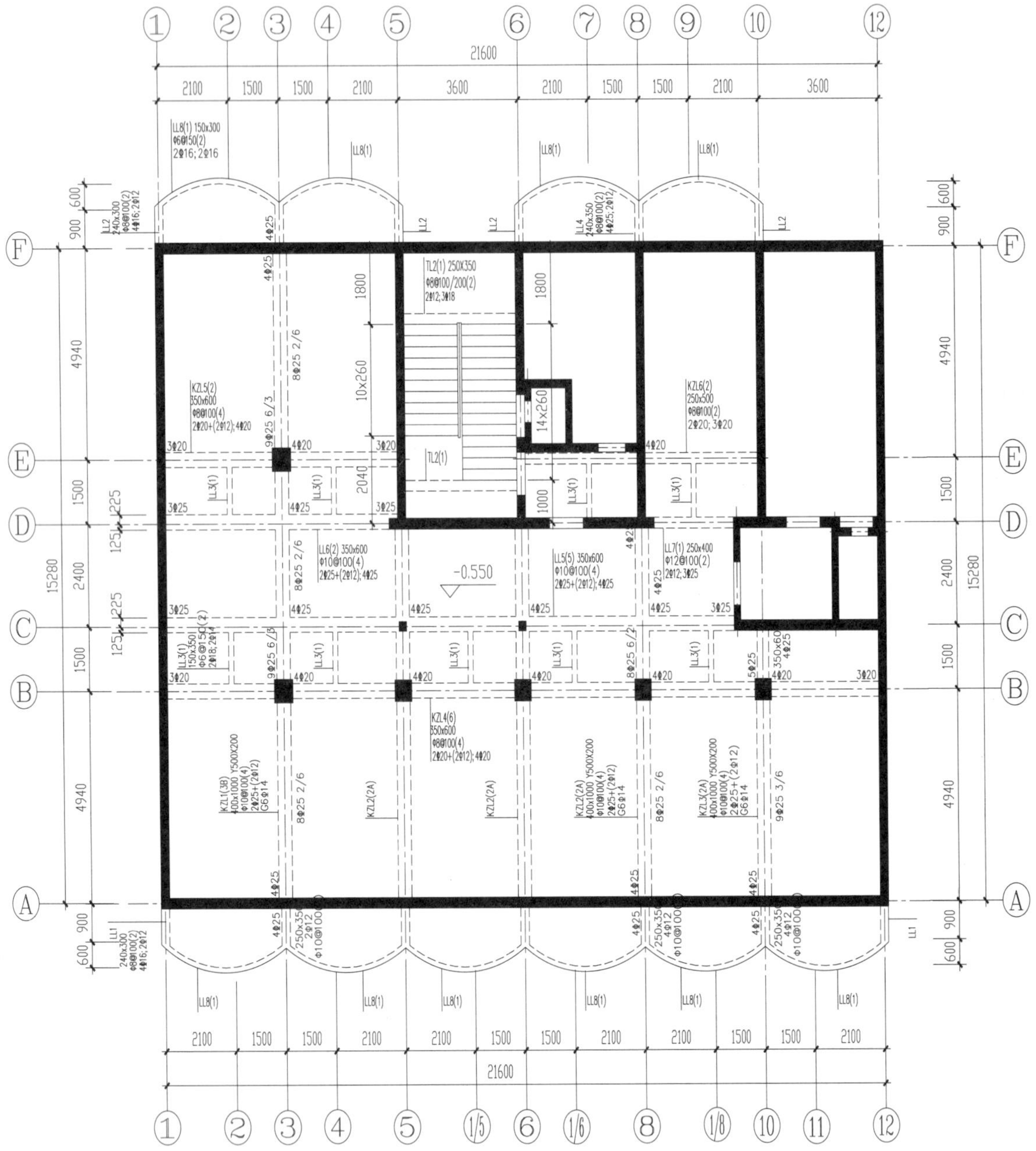

-0.550层楼面梁平面整体配筋图 1:100

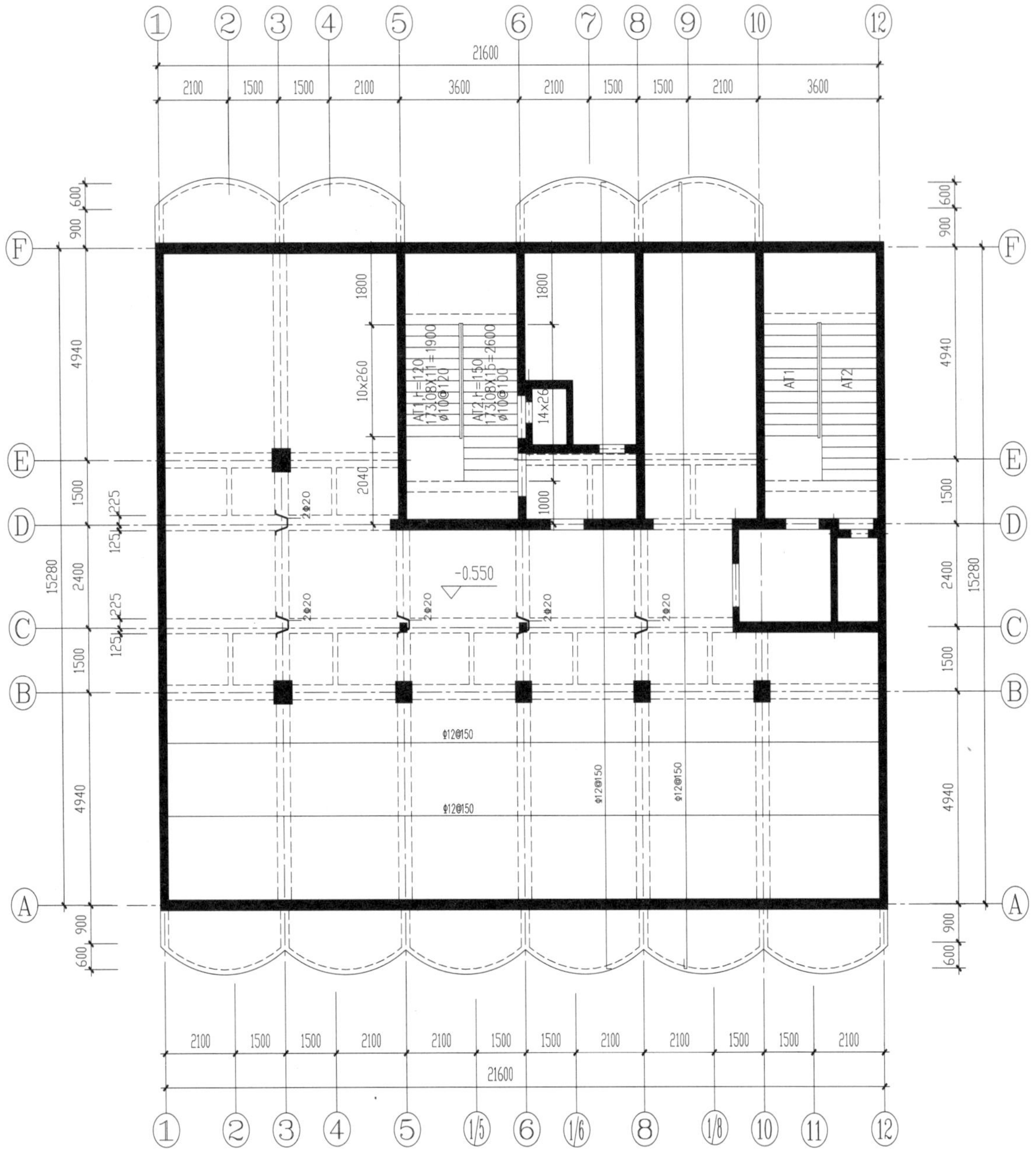

-0.550层楼面现浇板配筋图 1:100

(及-0.550层楼面梁附加吊筋示意图)

注:

-0.550楼面梁KZL1(3B)、KZL2(2A)、LZL3(2A)挑出端因梁宽不等，其挑出端梁边2Φ25为另加2Φ25伸入梁内40d，其中间2Φ25可利用为挑出端梁内钢筋，梁内直通筋2Φ25弯入地下室剪力墙内。

说 明:

1. 梁配筋图是按照《混凝土结构施工图——平面整体表示方法制图规则和构造详图》(03G101-1)进行绘制的,所有构造大样及细则均应按标准图执行。
2. 施工中请特别注意本层梁.柱的混凝土强度等级均为C40。
3. 图中梁顶标高为建筑标高-0.050。
4. 在主次梁相交处,无论图中是否注明有附加吊筋,均应在主梁上每边加设4根附加箍筋,其直径、肢数同主梁箍筋,间距为50。当梁高大于800时附加吊筋的弯起角度应采用60°。
5. 本层楼面有高差部份原则上采用在板底梁顶浇筑素混凝土解决,混凝土的强度等级与梁相同。
6. 本层楼面为人防地下室顶板，必须采用钢筋混凝土现浇板，所有板厚均为250mm。
7. 本层楼面现浇板上下均配置Φ12@150双向钢筋网片，并须设置Φ6@600拉结筋,交错布置。
8. 所有现浇板的面筋均应弯入边缘构件内30d,并加半圆钩，底筋伸入边缘构件不小于100,并加半圆钩。
9. 其他说明详见结构设计总说明。

XXX建筑设计有限责任公司	
施工图审查批准单位:	
施工图审查批准书编号:	
设计单位出图章:	
审定人或专业负责人注册师执业章:	
XXX学校	
XXX学校宿舍	
审 定	XXX
工程负责人	XXX
专业负责人	XXX
审 核	XXX
校 对	XXX
设 计	XXX
制 图	XXX
图名:-0.550层楼面梁平面整体配筋图 -0.550层楼面现浇板配筋图 (及-0.550层楼面梁附加吊筋示意图)	
工程编号	
图 别	结 施
图 号	G-05

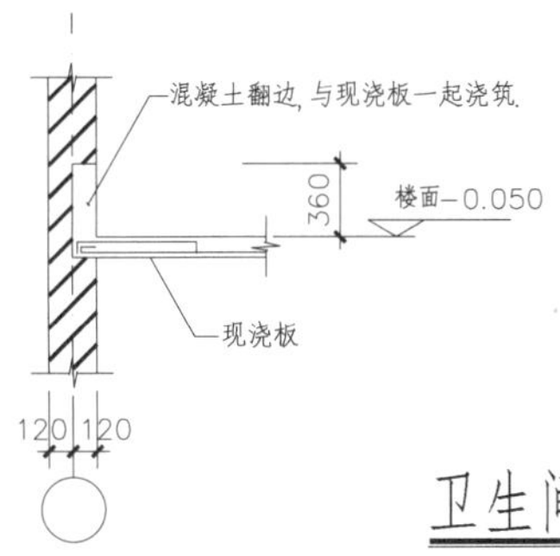

卫生间现浇板
防水措施示意图

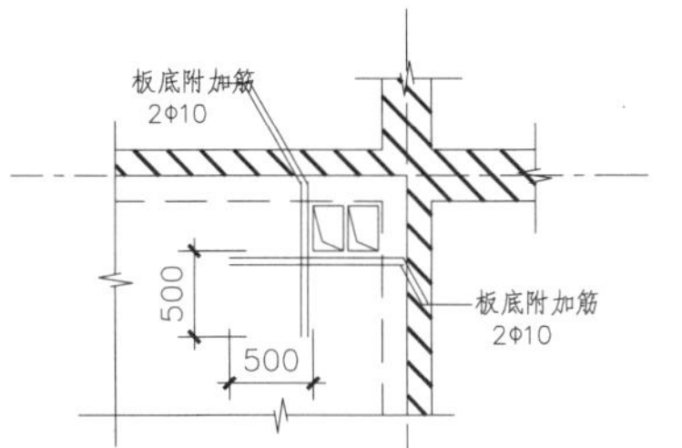

卫生间现浇板预留洞附加钢筋示意图

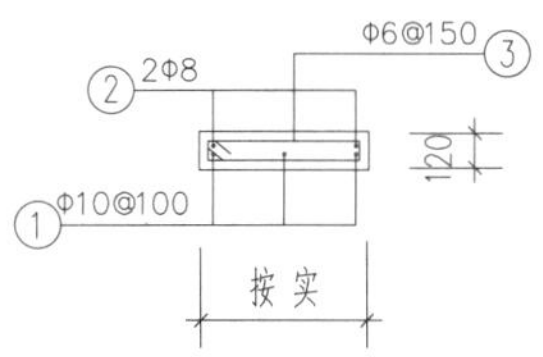

现浇板带大样

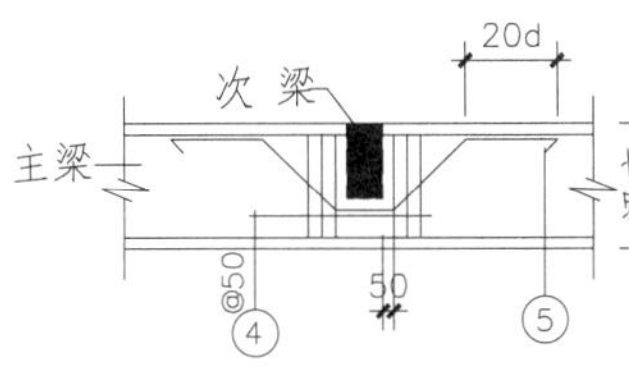

集中荷载处附加筋示意
位置详构件布置图

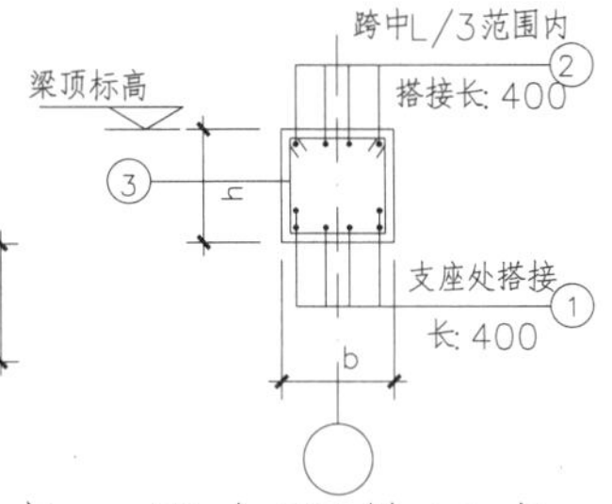

梁表配筋示意

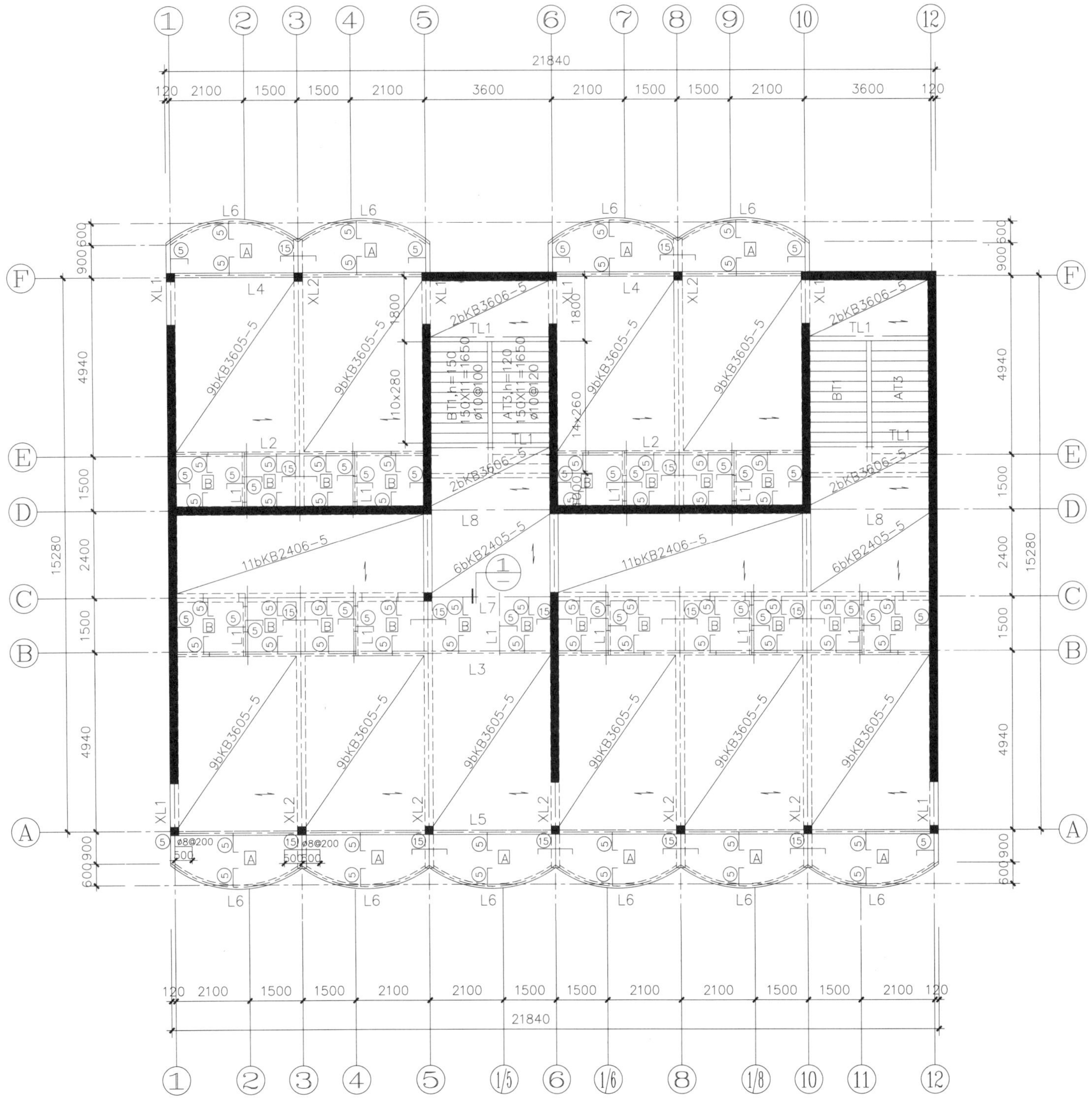

二层结构布置及现浇板配筋图 1:100

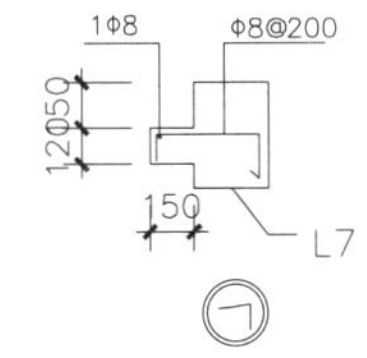

梁表:

编号	断面		梁顶标高	梁长	配筋				备注
	b	h			①	②	③	④	
L1	120	350	板面	1740	2Φ12	2Φ10	Φ6@150		②号筋两端应锚入边支座内40d。
L2	150	350	板面	7440	2Φ12	3Φ14	Φ6@150		
L3	150	350	板面	21840	2Φ12	3Φ14	Φ6@150	24Φ6	
L4	120	300	板面-0.600	7440	2Φ12	3Φ14	Φ6@150		
L5	150	300	板面-0.600	21840	3Φ12	3Φ12	Φ6@150		
L6	150	300	板面	按实	2Φ16	2Φ12	Φ6@100		
L7	240	350	板面	3840	4Φ18	2Φ12	Φ8@100/200		
L8	240	300	板面-0.130	3840	2Φ14	2Φ12	Φ6@100/200		
L9	240	300	板面	3840	3Φ18	2Φ12	Φ6@100/200		
L10	240	350	板面	3840	4Φ20	2Φ12	Φ8@100/200		
TL1	200	350	板面	3840	3Φ18	2Φ14	Φ8@100/200		

说明：

1. A 区格板板底筋短向为Φ6@150，长向为Φ6@200，板厚为80mm，搁置长度不小于100mm。
2. B 区格板板底筋为双向Φ6@200，板厚为80mm，搁置长度不小于100mm。

XXX建筑设计有限责任公司

施工图审查批准单位：

施工图审查批准书编号：

设计单位出图章：

审定人或专业负责人注册师执业章：

XXX学校

XXX学校宿舍

审定	XXX
工程负责人	XXX
专业负责人	XXX
审核	XXX
校对	XXX
设计	XXX
制图	XXX

图名：二层结构布置及现浇板配筋图

工程编号	
图别	结施
图号	G-06

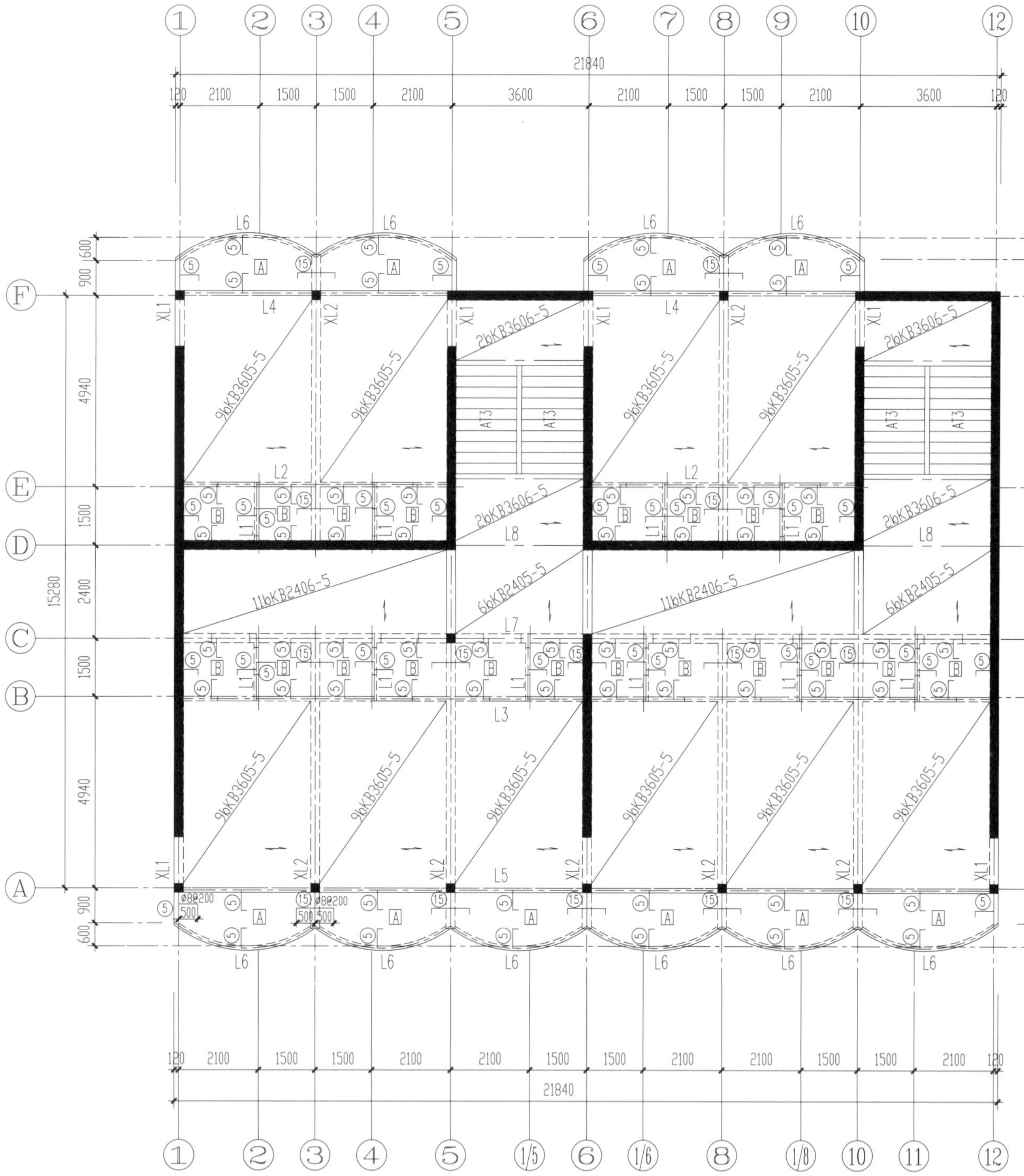

标准层结构布置及现浇板配筋图 1:100

悬臂梁表:

编号	梁长		断面			梁顶标高	钢筋长度		配筋					备注
	L1	L2	b	h1	h2		S1	S2	①	②	③	④	⑤	
XL1	1050	1575	240	300	300	板面	700	1050	2φ16	2φ16	2φ12	φ6@100	φ6@200	
XL2	1050	1575	240	350	300	板面	700	1050	2φ22	2φ22	2φ12	φ8@100	φ8@200	
WXL1	1050	2100	240	300	300	板面	700	1400	2φ16	2φ16	2φ12	φ6@100	φ6@200	
WXL2	1050	2100	240	350	300	板面	700	1400	2φ22	2φ22	2φ12	φ8@100	φ8@200	

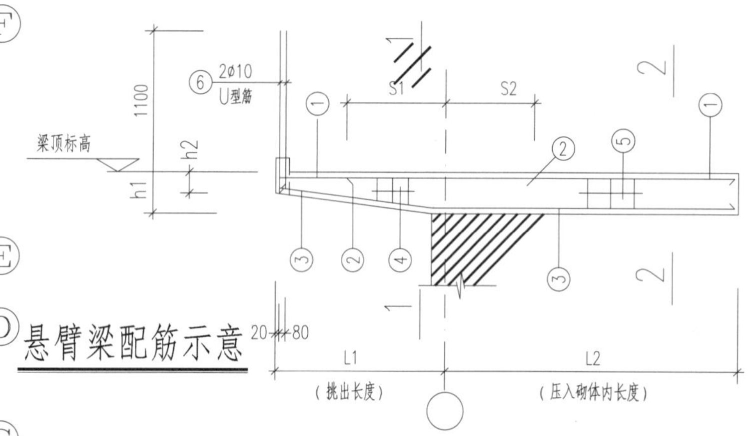

悬臂梁配筋示意

1--1

2--2

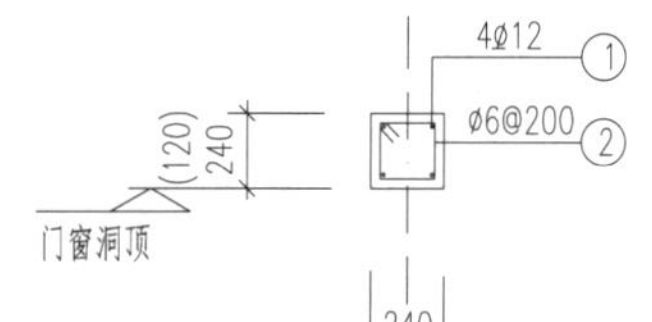

QL

注:

1. 圈梁高120用于室内无砖墙时。
2. 当用于现浇板内作暗圈梁时,圈梁高度同板厚,圈梁底标高同板底标高。

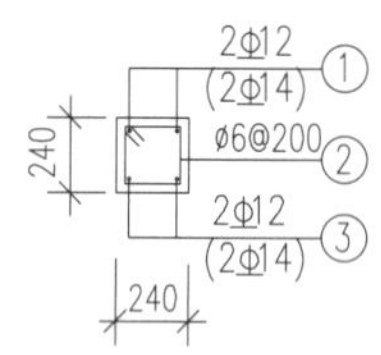

GZ1

括号配筋仅用于-0.550--3.250层及各层阳角

说明:1. A区格板板底筋短向为φ6@150,长向为φ6@200,板厚为80mm,搁置长度不小于100mm。
2. B区格板板底筋为双向φ6@200,板厚为80mm,搁置长度不小于100mm。

XXX建筑设计有限责任公司

施工图审查批准单位:

施工图审查批准书编号:

设计单位出图章:

审定人或专业负责人注册师执业章:

XXX学校

XXX学校宿舍

审定	XXX
工程负责人	XXX
专业负责人	XXX
审核	XXX
校对	XXX
设计	XXX
制图	XXX

图名:

标准层结构布置及现浇板配筋图

工程编号	
图别	结施
图号	G-07

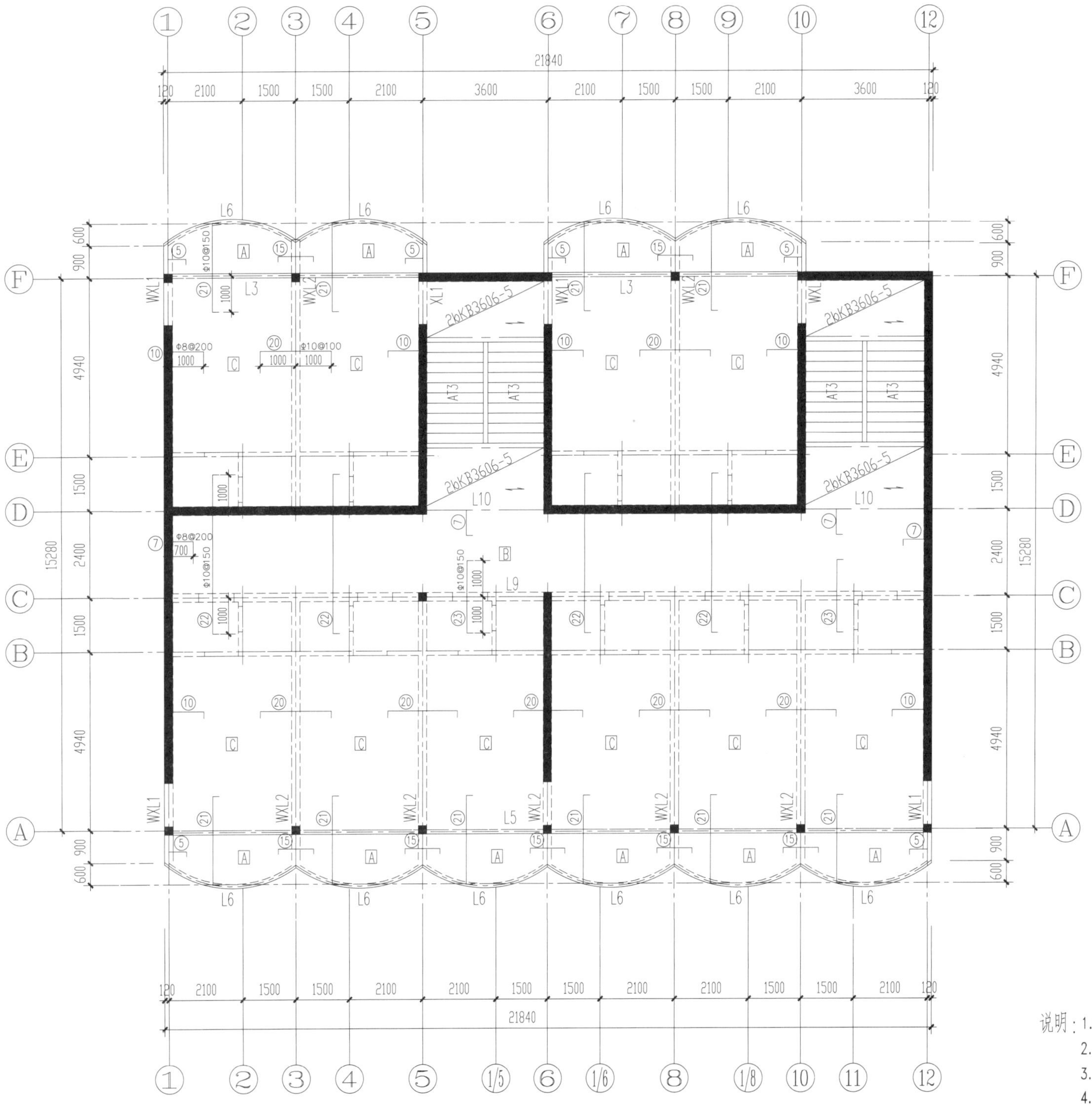

屋面结构布置及现浇板配筋图 1:100

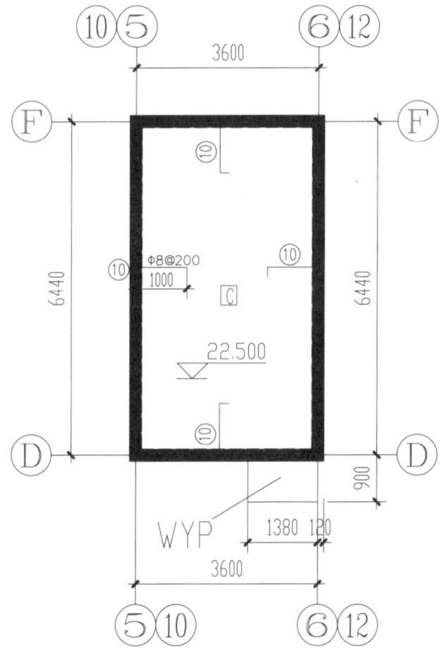

楼梯间屋顶结构布置图

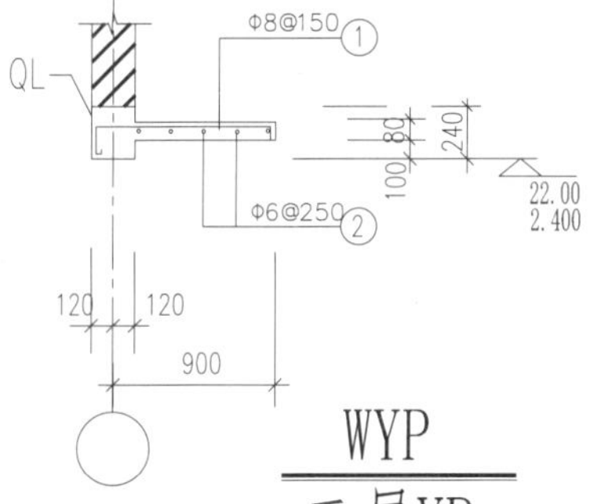

WYP
二层YP

说明：1.未特殊说明的板厚为120mm，未标注架立筋为Φ6@250。
2. A区格板板底筋短向为Φ6@150，长向为Φ6@200，板厚为80mm，搁置长度不小于100mm。
3. B区格板板底筋短向为Φ6@100，长向为Φ6@200，搁置长度不小于100mm。
4. C区格板板底筋短向为Φ8@150，长向为Φ8@200，搁置长度不小于100mm。
5.现浇板中板面未配筋表面作Φ4@200钢筋网片并与负筋搭接长200。

XXX建筑设计有限责任公司			
施工图审查批准单位：			
施工图审查批准书编号：			
设计单位出图章：			
审定人或专业负责人注册师执业章：			
XXX学校			
XXX学校宿舍			
审　定	XXX		
工程负责人	XXX		
专业负责人	XXX		
审　核	XXX		
校　对	XXX		
设　计	XXX		
制　图	XXX		
图名：屋面结构布置及现浇板配筋图			
工程编号			
图　别	结　施		
图　号	G-08		

项目二

XXX 学校教师单身公寓施工图的识读

子项目一
结构施工图识读

建筑施工图主要表达房屋的外形、内部布局、建筑构造和内外装修等内容，而房屋各承重构件的布置、形式和结构构造等内容都没有表达出来。因此，在房屋设计中，除了进行建筑设计，画出建筑施工图外，还要进行结构设计。

结构设计是根据建筑各方面的要求，进行结构选型和构件布置，再通过力学计算，决定房屋各承重构件的材料、形状、大小，以及内部构造等，并将设计结果绘成图样以指导施工，这种图样称为结构施工图，简称“结施”。

常见的房屋结构按承重构件的材料可分为混合结构、钢筋混凝土结构、钢结构、木结构。

结构施工图应包括以下内容：

1. 结构设计说明，包括：选用结构材料的类型、规格、强度等级；地基情况；施工注意事项；选用标准图集等（小型工程一般将说明分别写在各图纸上）。

2. 结构平面图，包括：

（1）楼层结构平面图，工业建筑还包括柱网、吊车梁、柱间支撑、连系梁布置等。

（2）基础平面图，工业建筑还有设备基础布置图。

（3）屋面结构平面图。

3. 结构构件详图，包括：

（1）梁、板、柱及基础结构详图。

（2）楼梯结构详图。

（3）屋架结构详图。

（4）其他详图，如支撑详图等。

本项目的主要内容是介绍基础平面图及基础详图、楼层结构平面图、钢筋混凝土梁结构详图、钢筋混凝土柱结构详图、钢筋混凝土楼梯结构详图等的识读。

本项目的主要目的是使读者在把握国家标准——《建筑结构制图标准》（GB/T 50105 – 2010）的基础上能正确识读结构施工图。

任务一　识读结构施工图的基础知识

钢筋混凝土结构的房屋是最常见的房屋结构类型之一，钢筋混凝土结构构件由钢筋和混凝土两种材料组成，而混凝土是由水泥、砂子（细骨料）、石子（粗骨料）和水按一定的比例拌合硬化而成的。

混凝土的强度等级，可划分为 C10、C15、C20、C25、C30、C35、C40、C45、C50、C55、C60、C65、C70、C75、C80 等，C 后面的数字表示混凝土的抗压强度。

混凝土的抗压能力远远高于抗拉能力，混凝土构件容易在受拉或受弯时断裂。要解决这个问题，通常在混凝土构件相应部位加入一定数量的钢筋。钢筋不但具有良好的抗拉能力，而且与混凝土有良好的黏结力，它的热膨胀系数与混凝土也相近，因此钢筋能与混凝土结合成一个整体，共同承受外力。我们把配有钢筋的混凝土，称为钢筋混凝土，把配有钢筋的混凝土构件，称为钢筋混凝土构件。

钢筋混凝土构件有现浇和预制两种。现浇是指在建筑工地现场浇制，预制是指在预制品工厂先浇制好，然后运到工地进行吊装。有的预制构件（如厂房的柱或梁）也可在工地上预制，然后吊装。此外，在制作构件时，通过张拉钢筋对混凝土预加一定的压力，可以提高构件的抗拉和抗裂性能，这种构件称为预应力钢筋混凝土构件。

例 1　结构施工图中钢筋的识读

图 2–1 是一钢筋混凝土楼梯梁的立面图与断面图，构件中共有受力筋、架立筋和箍筋 3 种类型的钢筋。受力筋承受拉、压应力，用于梁、板、柱、墙等各种钢筋混凝土构件中；架立筋用以固定梁内箍筋（钢箍）位置，与受力筋、箍筋一起形成钢筋骨架，一般只在梁内使用；箍筋用以固定受力筋的位置，并受一部分斜拉应力，常用于梁和柱内。图 2–2 是对这 3 种钢筋作出的立体图分析。

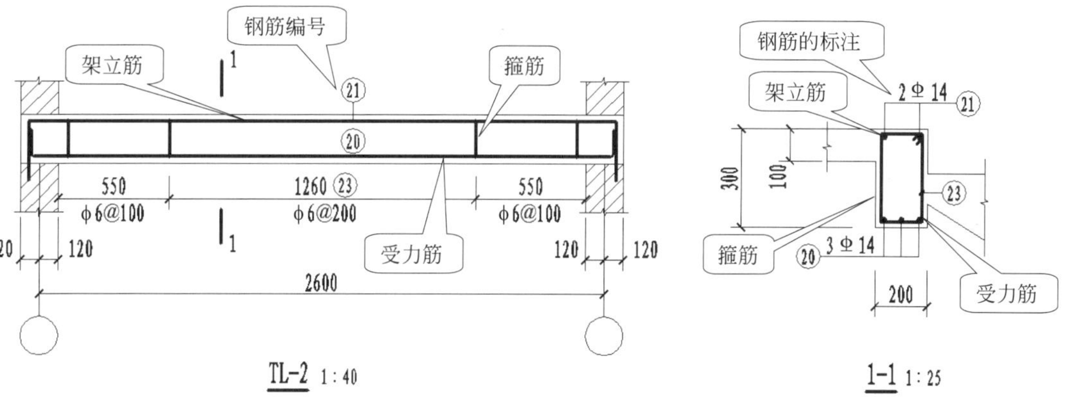

图2–1　楼梯梁配筋图

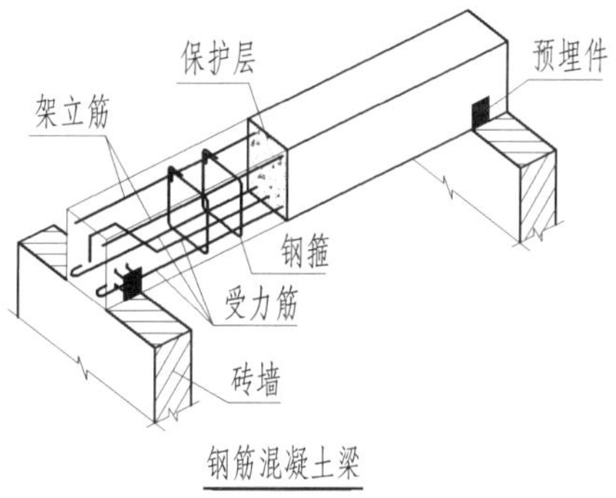

图2–2　梁内配筋分析

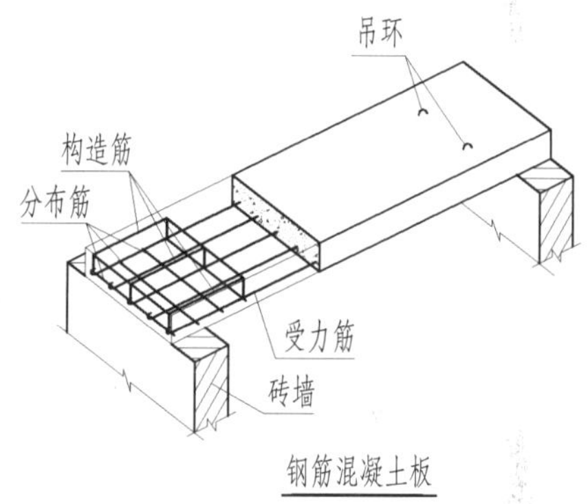

图2–3　板内配筋分析

除上述 3 种钢筋之外，在钢筋混凝土构件中还有分布筋和因构件在构造上的要求或施工安装需要而配置的钢筋（如构造筋、腰筋、预埋锚固筋、吊环等）。分布筋用于板或墙内，与板内的受力筋垂直布置，用来固定受力筋的位置，并将承受的重量均匀地传给受力筋，以及抵抗热胀冷缩所引起的温度变形。图 2–3 是对板内的钢筋作出的立体图分析。

图 2–1 中对不同的钢筋给出了钢筋的代号、直径、数量、间距、编号及所在位置，并沿钢筋的长度进行标注或标注在相关钢筋的引出线上，具体的标注说明如图 2–4 所示。

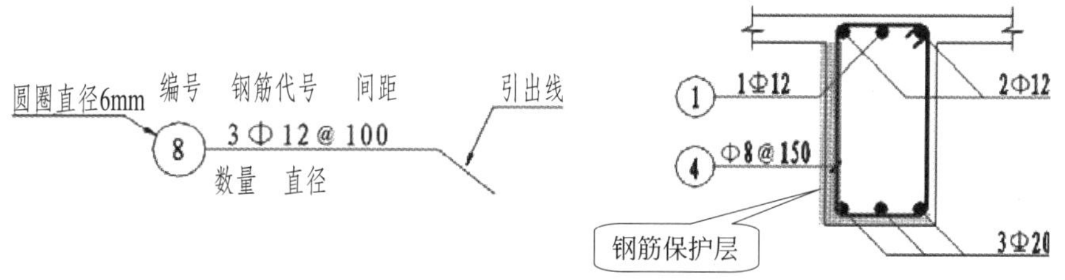

图2–4　钢筋的标注说明

钢筋有光圆钢筋和带纹钢筋（表面上有人字纹或螺旋纹等）。按强度可分为五级，Ⅰ级钢筋强度最低，Ⅱ、Ⅲ、Ⅳ、Ⅴ级钢筋强度逐级提高。钢筋经冷拉或冷拔后，也能提高强度。《钢筋混凝土结构设计规范》（GB 50010—2010）对国产建筑用钢筋，按其产品种类等级不同，分别给予了不同代号，如图 2-5 所示。

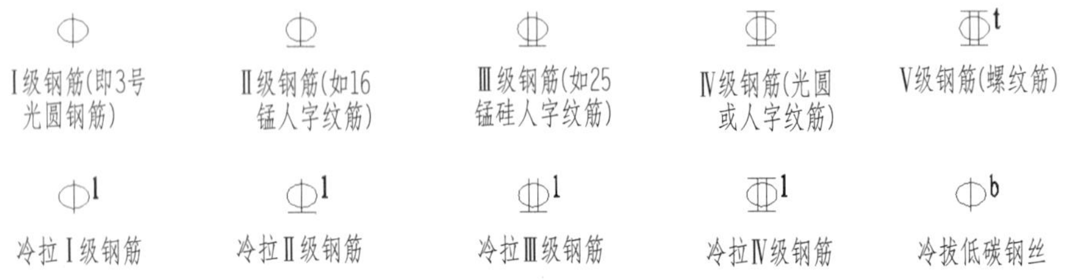

图2-5　钢筋的代号

为了保护钢筋、防腐蚀、防火以及加强钢筋与混凝土的黏结力，在构件中钢筋外边缘至构件表面之间应留有一定厚度的保护层，如图 2-2 和图 2-4 所示。保护层的厚度是根据《混凝土结构设计规范》（GB 50010 － 2010）的规定确定的。

为了突出表示钢筋的配置情况，在构件结构图中，把钢筋画成粗实线，构件的外形轮廓线画成细实线；在构件断面图中，不画材料图例，钢筋用黑圆点表示。钢筋的一般表示方法如图 2-6 所示。

对于钢筋的尺寸标注，构件配筋图中箍筋的尺寸，是指箍筋的里皮（内表面）尺寸；受力钢筋的尺寸是指钢筋的外皮（外表面）尺寸，如图 2-7 所示。

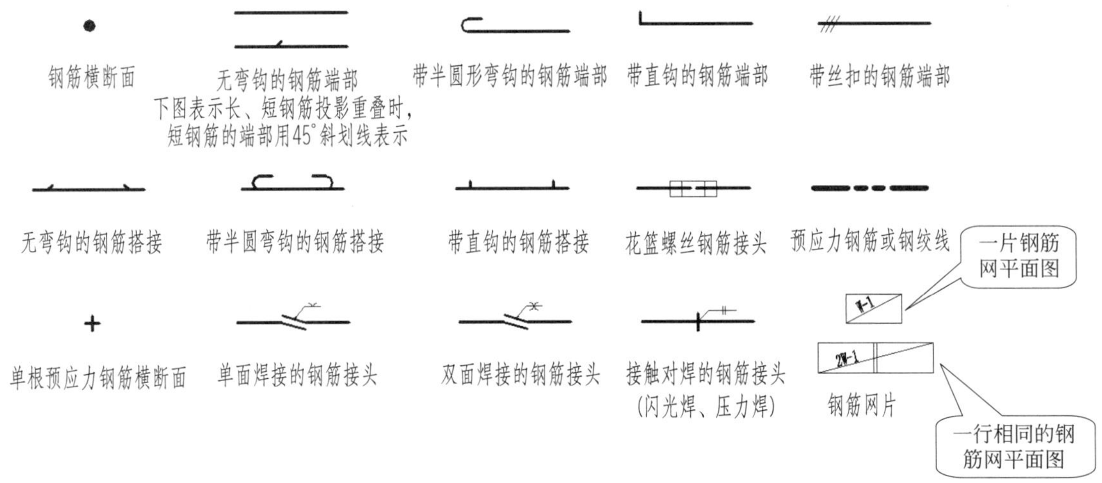

图2-6　钢筋的一般表示方法

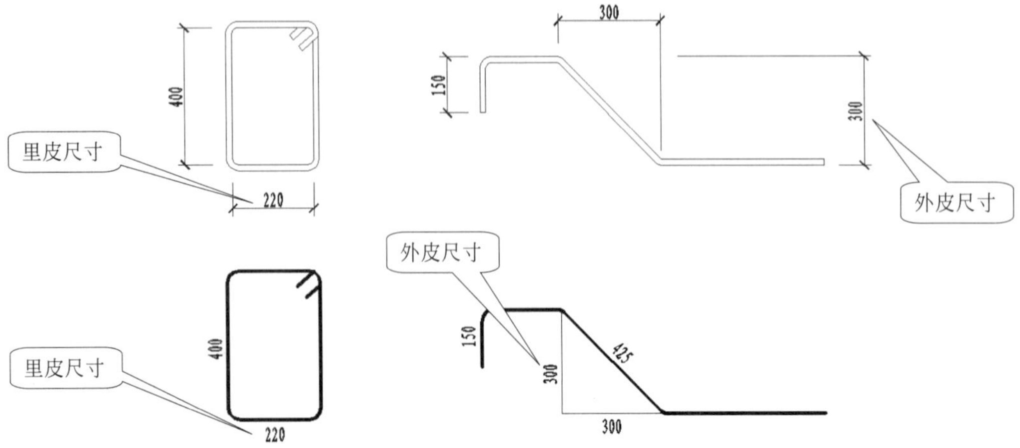

图2-7　钢筋的尺寸标注

在阅读结构施工图时，一般还要了解以下几种结构施工图常用的画法：

（1）当构件的纵、横向断面尺寸相差悬殊时，有时会在同一图样中的纵、横向选用不同的比例绘制。轴线尺寸与构件尺寸也可选用不同的比例绘制。

（2）当采用标准、通用图集中的构件时，用该图集中的规定代号或型号注写。

（3）结构图是采用正投影法绘制的，特殊情况下也可采用仰视投影法绘制。

（4）结构图中的构件标高，一般标注构件底面的结构标高。

（5）构件详图的纵向较长、重复较多时，可用折断线断开，适当省略重复部分。这样做可以简化图纸，提高工作效率。

（6）对称的钢筋混凝土构件，可在同一图样中一半表示模板，另一半表示配筋，如图 2-8 所示。

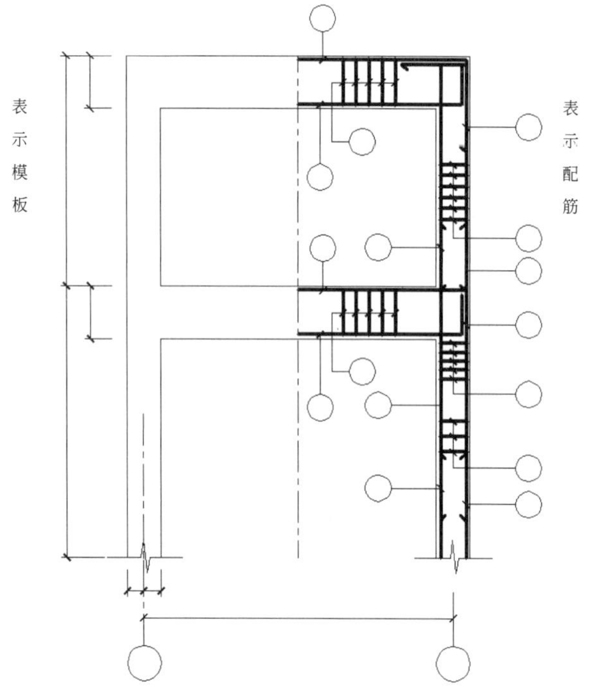

图2-8　配筋简化图

例 2　结构施工图中构件代号的识读

为了绘图和施工方便，结构构件的名称都用代号来表示，代号后的阿拉伯数字表示该构件的型号或编号，也可为构件的顺序号。在阅读施工图时，要把握一些常用的构件代号，如表 2-1 所示。

预制钢筋混凝土构件、现浇钢筋混凝土构件、钢构件和木构件，一般可直接采用表 2-1 中的构件代号。有些施工图中，当需要区别上述构件的材料种类时，一般在构件代号前加注材料代号，并在图纸中加以说明。

表 2-1　**常用的构件代号**

名称	代号	名称	代号	名称	代号
板	B	圈梁	QL	承台	CT
屋面板	WB	过梁	GL	设备基础	SJ
空心板	KB	连系梁	LL	桩	ZH
槽形板	CB	基础梁	JL	挡土墙	DQ
折板	ZB	楼梯梁	TL	地沟	DG
密肋板	MB	框架梁	KL	柱间支撑	ZC
楼梯板	TB	框支梁	KZL	垂直支撑	CC

续表

名 称	代 号	名 称	代 号	名 称	代 号
盖板或沟盖板	GB	屋面框架梁	WKL	水平支撑	SC
档雨板或檐口板	YB	檩条	LT	梯	T
吊车安全走道板	DB	屋架	WJ	雨篷	YP
墙板	QB	托架	TJ	阳台	YT
天沟板	TGB	天窗架	CJ	梁垫	LD
梁	L	框架	KJ	预埋件	M －
屋面梁	WL	刚架	GJ	天窗端壁	TD
吊车梁	DL	支架	ZJ	钢筋网	W
单轨吊车梁	DDL	柱	Z	钢筋骨架	G
轨道连接	DGL	框架柱	KZ	基础	J
车挡	CD	构造柱	GZ	暗柱	AZ

预应力钢筋混凝土构件的代号，是在构件代号前加注“Y －”，如 Y － KB 表示“预应力钢筋混凝土空心板”。

任务二　基础平面图和基础详图

基础是房屋底部与地基接触的承重构件，它承受房屋的全部荷载，并传给基础下面的地基。根据上部结构的形式和地基承载能力的不同，基础可分为条形基础、独立基础、片筏基础和箱形基础等。

我们以条形基础为例，学习与基础有关的一些知识。如图 2-9 所示，基础下部的土壤称为地基；为基础施工而开挖的土坑称为基坑；基坑边线就是施工时在地面上放线的灰线；从室内地面到基础顶面的墙称为基础墙；从室外设计地面到基础底面的垂直距离称为埋置深度；基础墙下部通常做成阶梯形的砌体称为大放脚；防潮层是防止地下水对墙体侵蚀的一层防潮材料。

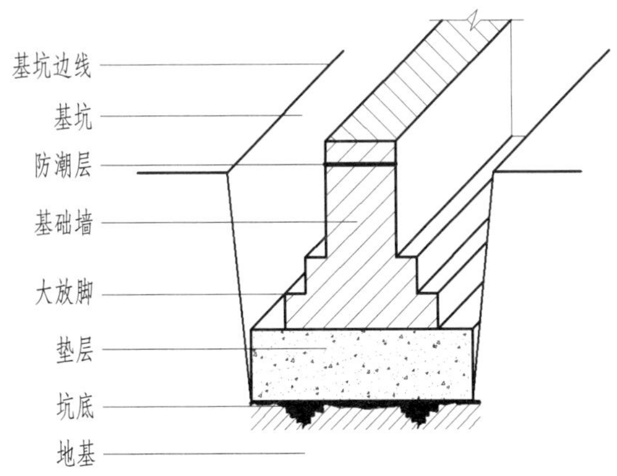

图2-9　基础的有关知识

例 3　基础平面图的识读

基础平面图是表示基坑在未回填土时基础平面布置的图样，一般是假想用一个水平面沿房屋的室内地面以下剖切后的水平剖面图。识图时应注意，基础平面图通常只画出基础墙、柱的截面及基础底面的轮廓线，基础的大放脚等细部的可见轮廓线都省略不画，这些细部的形状和尺寸用基础详图表示。

基础平面图的比例、轴线及轴线尺寸与建筑平面图一致。基础平面图的图线含义是：粗实线表示剖切到的基础墙轮廓线，中粗实线表示基础底面的轮廓线，粗实线（单线）表示可见的梁，粗点画线（单线）表示不可见的梁，涂黑的构件为剖切到的钢筋混凝土柱断面，如图 2-10 所示。

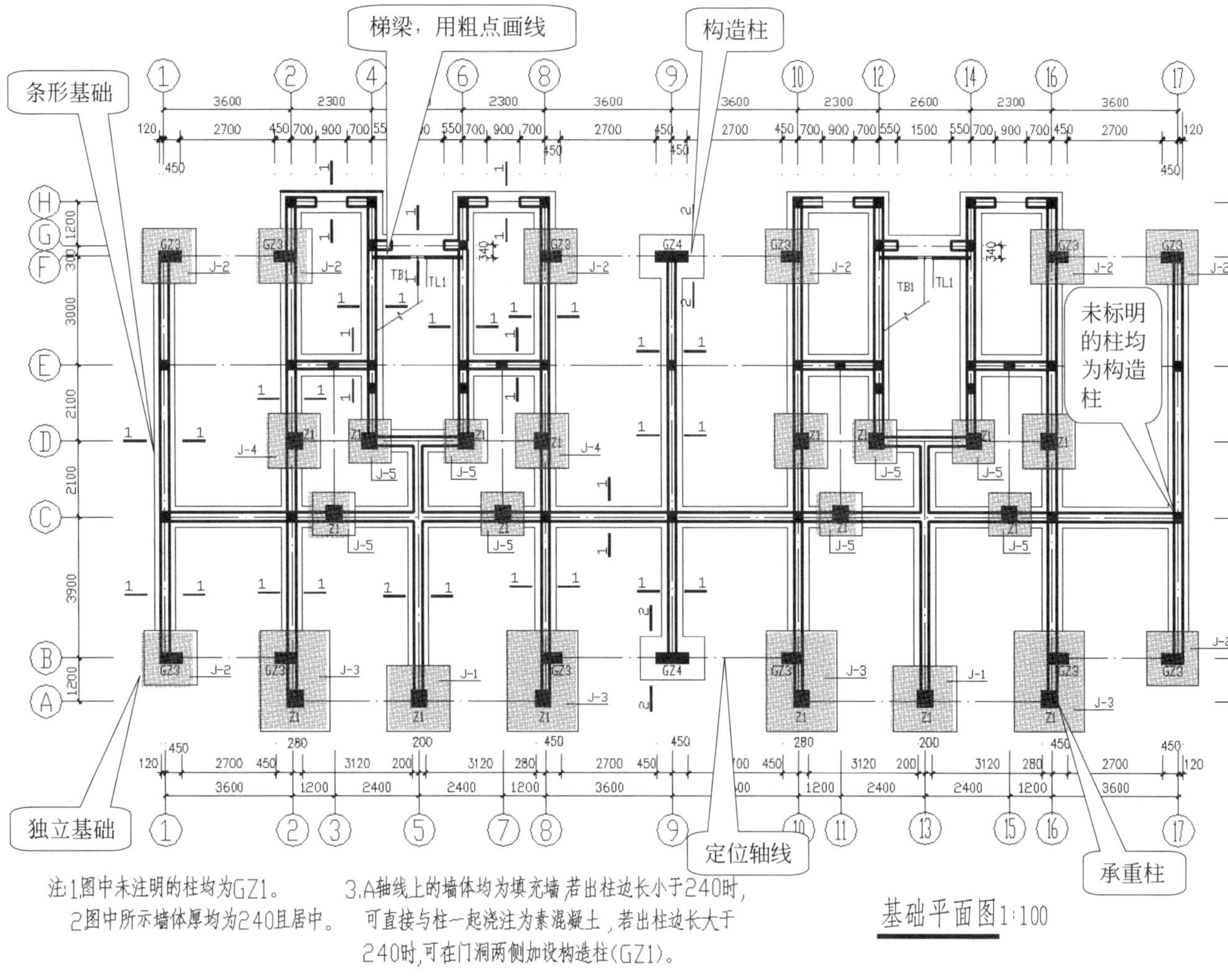

图2-10　基础平面图

阅读基础平面图时，还应注意分析基础的大小尺寸和定位尺寸。大小尺寸是指基础墙断面尺寸、柱断面尺寸以及基础底面宽度尺寸；定位尺寸是指基础墙、柱以及基础底面与轴线的联系尺寸。

图 2-10 中还注明了剖切符号。基础的断面形状与埋置深度要根据上部的荷载以及地基承载力而定，同一幢房屋由于各处有不同的荷载和不同的地基承载力，下面就有不同的基础。对每一种不同的基础，都要画出它的断面图，并在基础平面图上用 1-1、2-2、……剖切符号表明该断面的位置。可以看出，该住宅共有两种条形基础，五种柱下独立基础（图中阴影部分）J-1、J-2、J-3、J-4、J-5，一种承重柱 Z1，四种构造柱 GZ1、GZ2、GZ3、GZ4，它们的尺寸及结构都要求有详图表达。图中有些柱子没有标注其代号，根据说明可知，这些没有标明的柱均为构造柱 GZ1。

例 4　基础详图的识读

在基础平面图中只表明了基础的平面布置，而基础的形状、大小、构造、材料及埋置深度均未表明，所以在结构施工图中还需要画出基础详图。

基础详图是垂直剖切的断面图。

从图 2-11 可以看出，1-1 断面图中基础的底面宽度为 600mm，基础的下面有 100mm 厚的 C10 素混凝土垫层；基础的主体为 350mm 高的钢筋混凝土，其内配置双向钢筋，分别是 φ6@200 和 φ10@150；基础的大放脚材料为砖，高度不小于 120 mm，宽度为 65 mm；基础墙厚为 240 mm，内有一防潮层，其做法参见图中所示。

2-2 断面图中除了基础的底面宽度变为 1200mm，其他均与 1-1 断面图相同。

两图中均有两条虚线，根据引出说明可知，这是地梁（即地圈梁）2 的投影（不可见），地梁 2 的断面尺寸及其内部配筋可以参见地梁 2 详图所示，断面尺寸为 370 mm × 350 mm，内部配筋沿梁纵向上下各 4 根直径为 8 mm 的 Ⅰ 级钢筋，箍筋为 φ8@200。

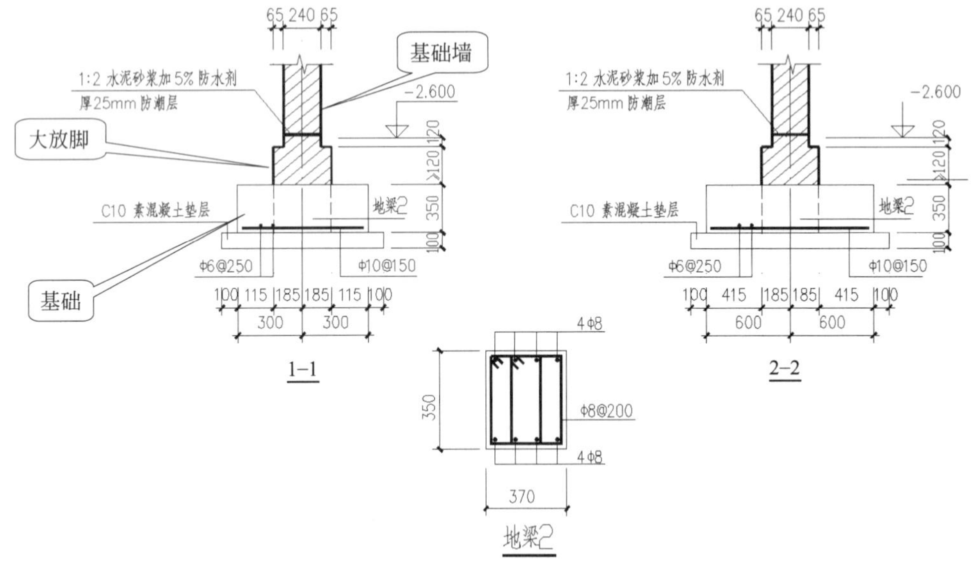

图2-11　1-1、2-2基础断面图

图 2-12 是该住宅的五种柱下独立基础中 J–1、J–2 的基础详图（平、立面图）。它们都是现浇柱下独立基础，基础顶面标高 – 2.600m，而在项目一中我们知道该住宅的室外地面标高为 – 2.500m，因此基础的顶面距室外地面 100mm；图 2–12 完整地画出和标注了柱基础的形状、大小和配筋，下面的垫层中没有配筋，是 C10 素混凝土垫层 100mm 厚；由于基础有垫层，所以基础保护层的厚度，一般是 40（不必标出）；柱基础中，预留的插筋是为了与柱的钢筋进行搭接，在基础范围配置了三道 φ8 箍筋；基础内纵横配有直径和间距都相等的直筋，平面图采用了局部剖面方式以表示基础的网状配筋。

图 2–13 是该住宅柱下独立基础中 J–4、J–5 的基础详图，图 2–14 是该住宅柱下独立基础 J–3（2、8、10、16 轴线上）的基础详图，读者可自行分析，不再赘述。

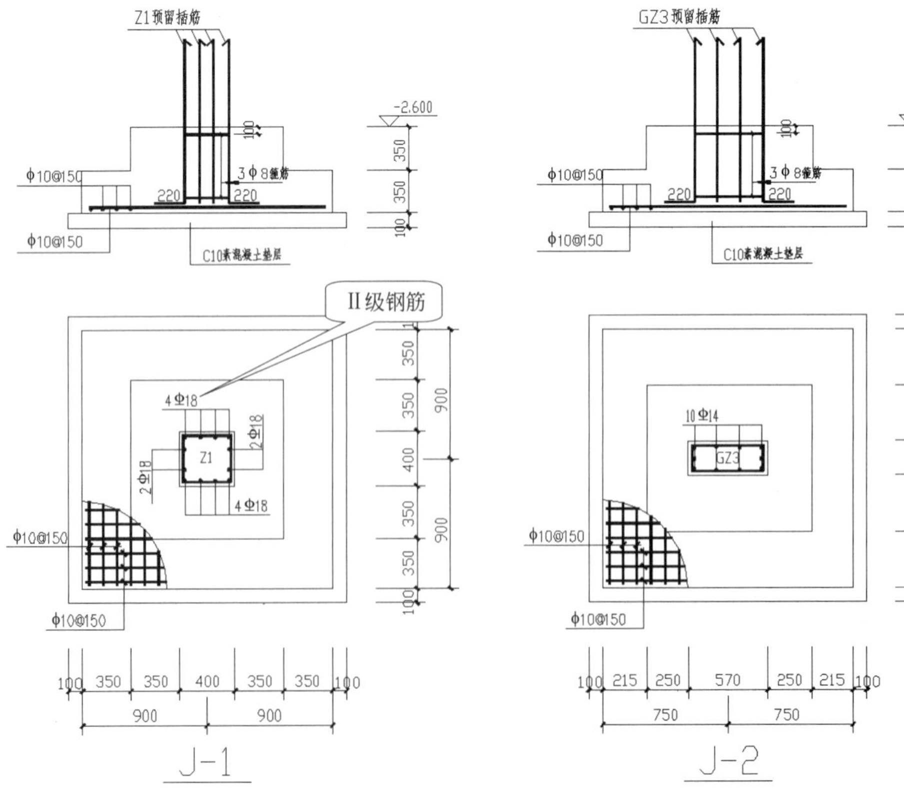

图2-12　J-1、J-2基础详图

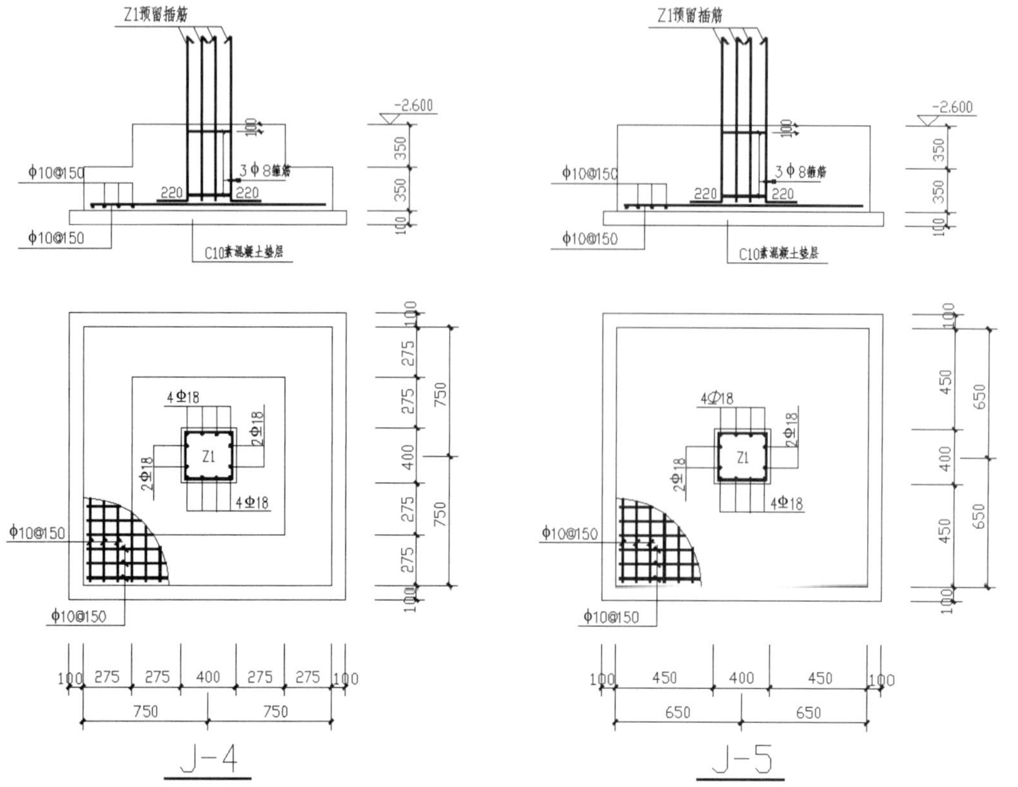

图2-13　J-4、J-5基础详图

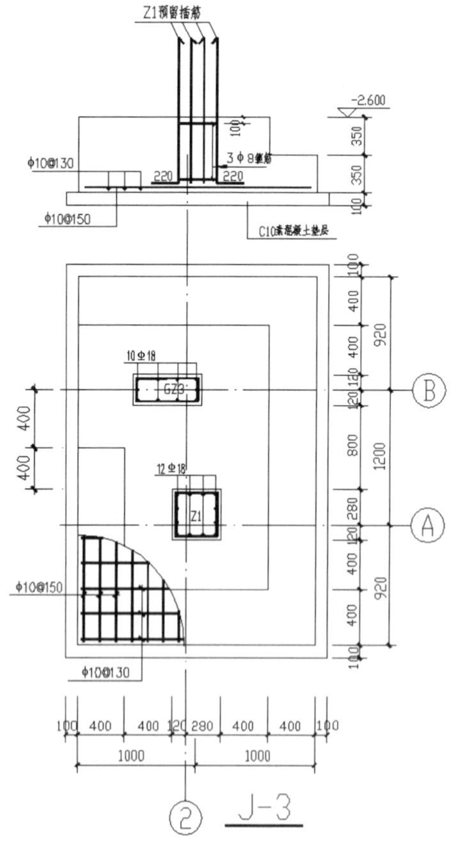

图2-14　J-3基础详图

任务三　楼层结构平面图

楼层结构平面图是假想沿楼板顶面将房屋水平剖开后所作的楼层结构的水平投影，用来表示楼面板及其下面的墙、梁、柱等承重构件的平面布置，或现浇板的构造与配筋，以及它们之间的结构关系。

例 5 标准层楼层结构平面图的识读

在结构平面图中，构件一般采用轮廓线表示，梁、屋架、支撑等也可用粗点画线表示其中心位置。采用轮廓线表示时，可见的钢筋混凝土楼板的轮廓线用细实线表示，剖切到的构件轮廓线用中实线表示，不可见构件的轮廓线用虚线表示，门窗洞可以不再画出。

在楼层结构平面图中，如果有相同的结构布置时，可只绘制一部分，并用大写的拉丁字母或甲、乙、丙、丁等外加细实线圆圈表示相同部分的分类符号，其他相同部分仅标注分类符号如图 2–15 所示；如果有相同的现浇楼板配筋时，可只绘制一块现浇楼板的配筋并标明板号，其余相同的现浇楼板只注板号即可，如图 2–17 所示。

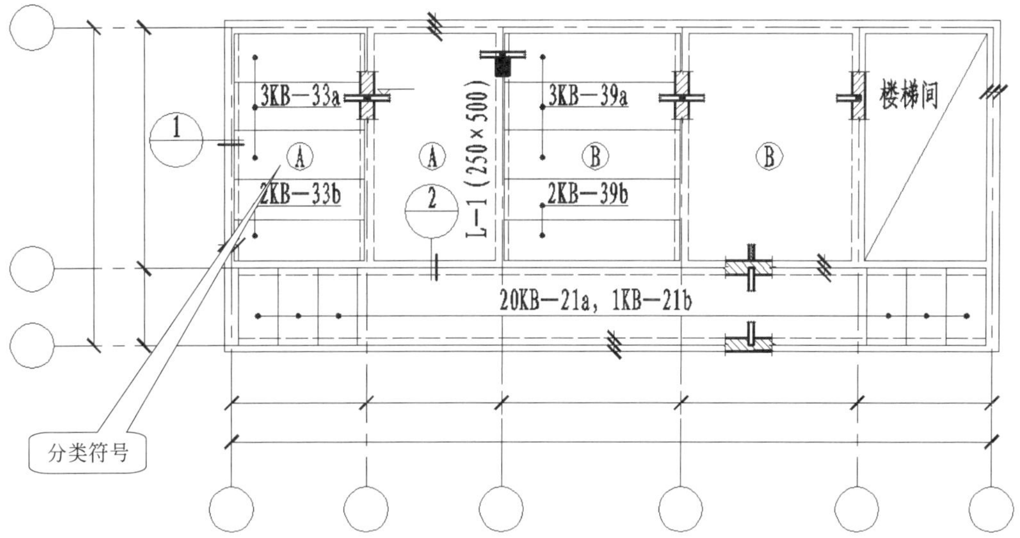

图2–15 分类符号的使用

楼层结构平面图中的定位轴线与建筑平面图或总平面图是保持一致的，标注的标高是构件结构标高。

在阅读结构平面图时，对于现浇楼板内配置的双层钢筋，需要进行分析哪些钢筋是底层钢筋，哪些钢筋是顶层钢筋。根据国家标准，底层钢筋的弯钩应向上或向左画出，顶层钢筋的弯钩则向下或向右画出，如图 2–16 所示。

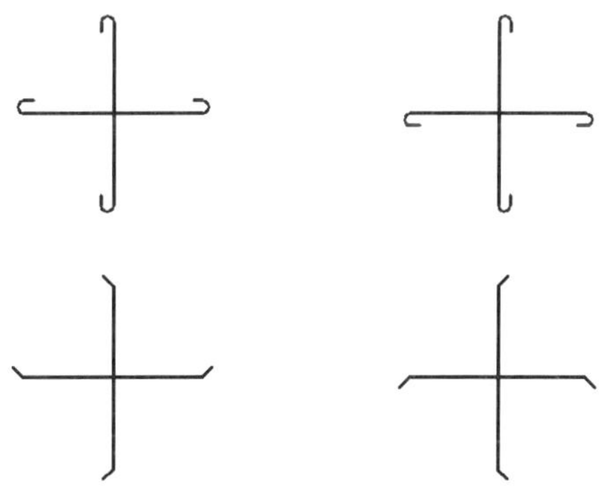

(a) 底层钢筋 (b) 顶层钢筋

图2–16 底层钢筋与顶层钢筋的区分

对于现浇楼板来说，每种规格的钢筋只画一根，并注明其编号、规格、直径、间距或数量等，如图 2–17 所示，与受力筋垂直的分布筋不必画出，但要在附注中或钢筋表中说明其级别、直径、间距（或数量）及长度等。

图 2–17 中出现了四种类型的梁，分别是 L8、L9、L10 和 TL1，其中 L8、L9、L10 在该平面图中均使用“平法”进行标注。“平法”是把结构构件的截面型式、尺寸及所配钢筋规格在构件的平面位置用数字和符号直接表示，再与相应的“结构设计总说明”和梁、柱、墙等构件的“构造通用图及说明”配合使用。“平法”的优点是图面简洁、清楚、

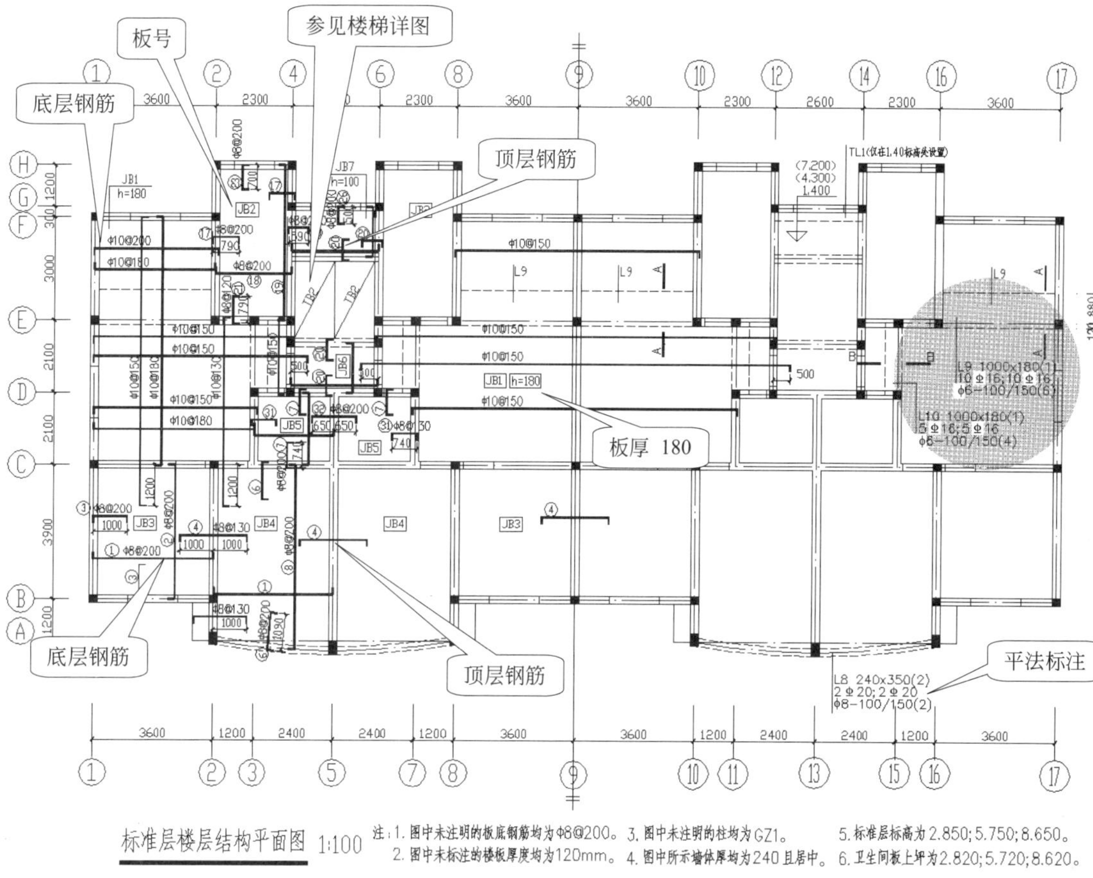

图2–17 标准层楼层结构平面图

直观性强，图纸数量少，设计和施工人员都很欢迎，我们可以通过放大上图中阴影部分对梁的标注进行理解，如图 2–18 所示。

根据上图的分析，可以进一步参照图中的剖切符号，得出 L9 和 L10 的断面图，如图 2–19 所示。

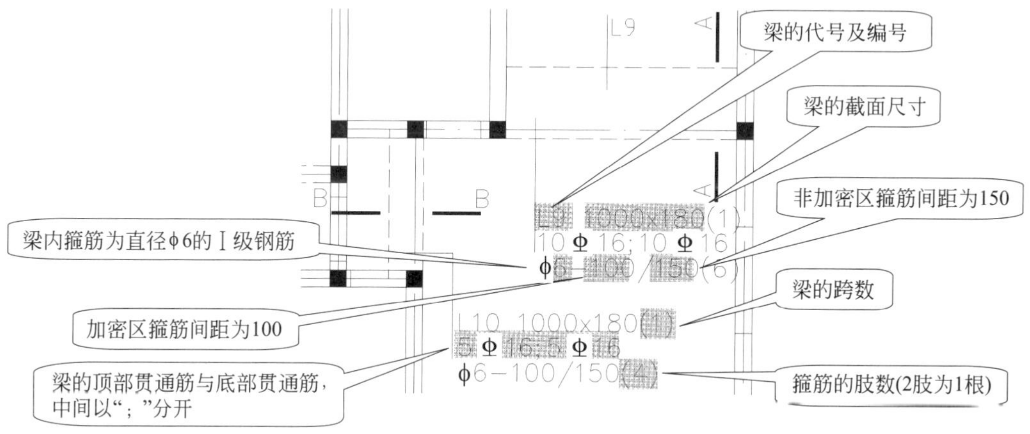

图2–18 “平法”标注分析

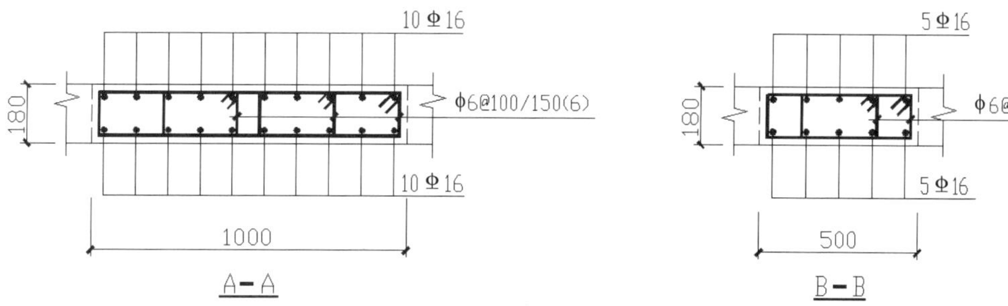

图 2–19 L9、L10 的断面图

例 6　梁平法施工图的识读

图 2–20 是该住宅 – 0.050 标高层（储藏室层）梁平法施工图。

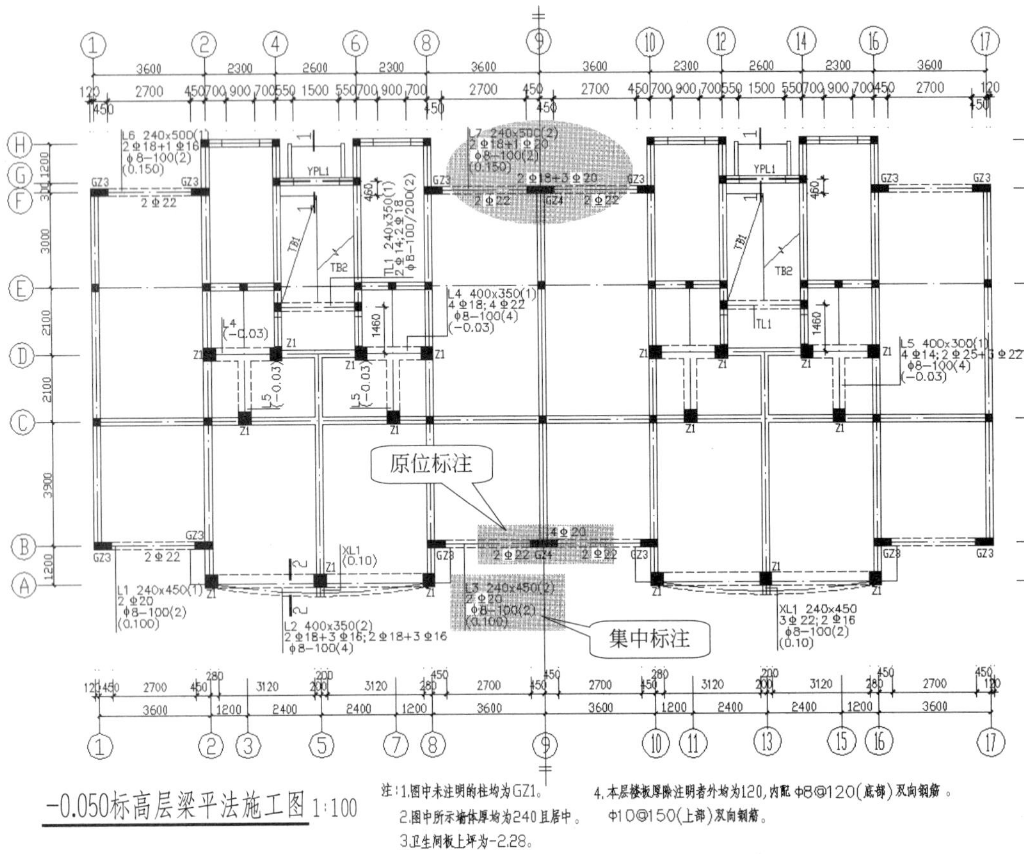

图2–20　–0.050标高层（储藏室层）梁平法施工图

梁的平面注写包括集中标注和原位标注两部分。集中标注表达梁的通用数值，注意第四排的数字为选注内容，表示梁顶面标高相对于楼层结构标高的高差值，需写在括号内，梁顶面标高高于楼层结构标高时，高差为正（+）值，反之为负（–）值，如图中“– 0.03”“0.10”等。

图 2–21 是将图 2–20 中的阴影部分放大后所得到的图形，通过 L7 的集中标注，可以知道，L7 的截面尺寸为 240mm × 500mm，共有 2 跨；梁的顶部贯通筋是 2 根直径为 18mm 的Ⅱ级钢筋，梁的底部是 1 根直径为 20mm 的Ⅱ级钢筋；梁内箍筋是直径为 8mm 的Ⅰ级钢筋（2 肢），间距 100mm，无箍筋加密区；0.150 表示梁顶面标高比楼层结构标高高出 0.150m。

当梁集中标注的某项数值不适用于该梁的某部位时，则将该项数值在该部位原位标注。施工时原位标注取值优先。图 2–21 中对原位标注的数值进行了分析。

构件各类钢筋的长度及伸入支座长度等尺寸，在图 2–21 中并没有进行标注，这些尺寸都是由施工单位的技术人员查阅标准图集《混凝土结构施工图平面整体表示方法制图规则和构造详图》（11G101）中的标准构造详图，对照确定的。

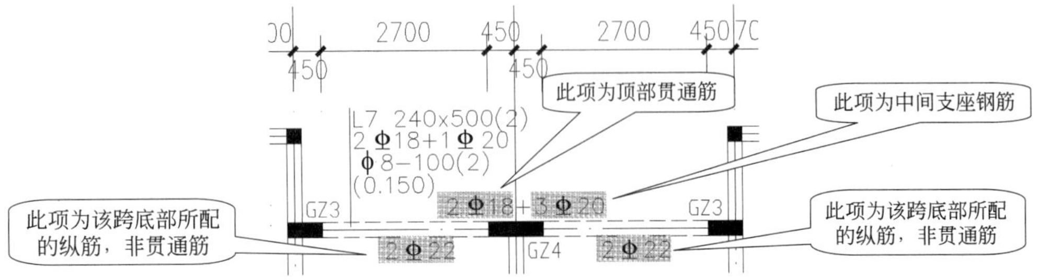

图2–21　梁的原位标注分析

图 2–22 是该住宅 11.550 标高层（四层顶）梁平法施工图，其板内配筋同标准层，图中不再表示。通向阁楼的预留洞口某侧板内要上下各配 2 根直径为 14 的Ⅱ级钢筋，图中还画出了 L11 的断面详图。

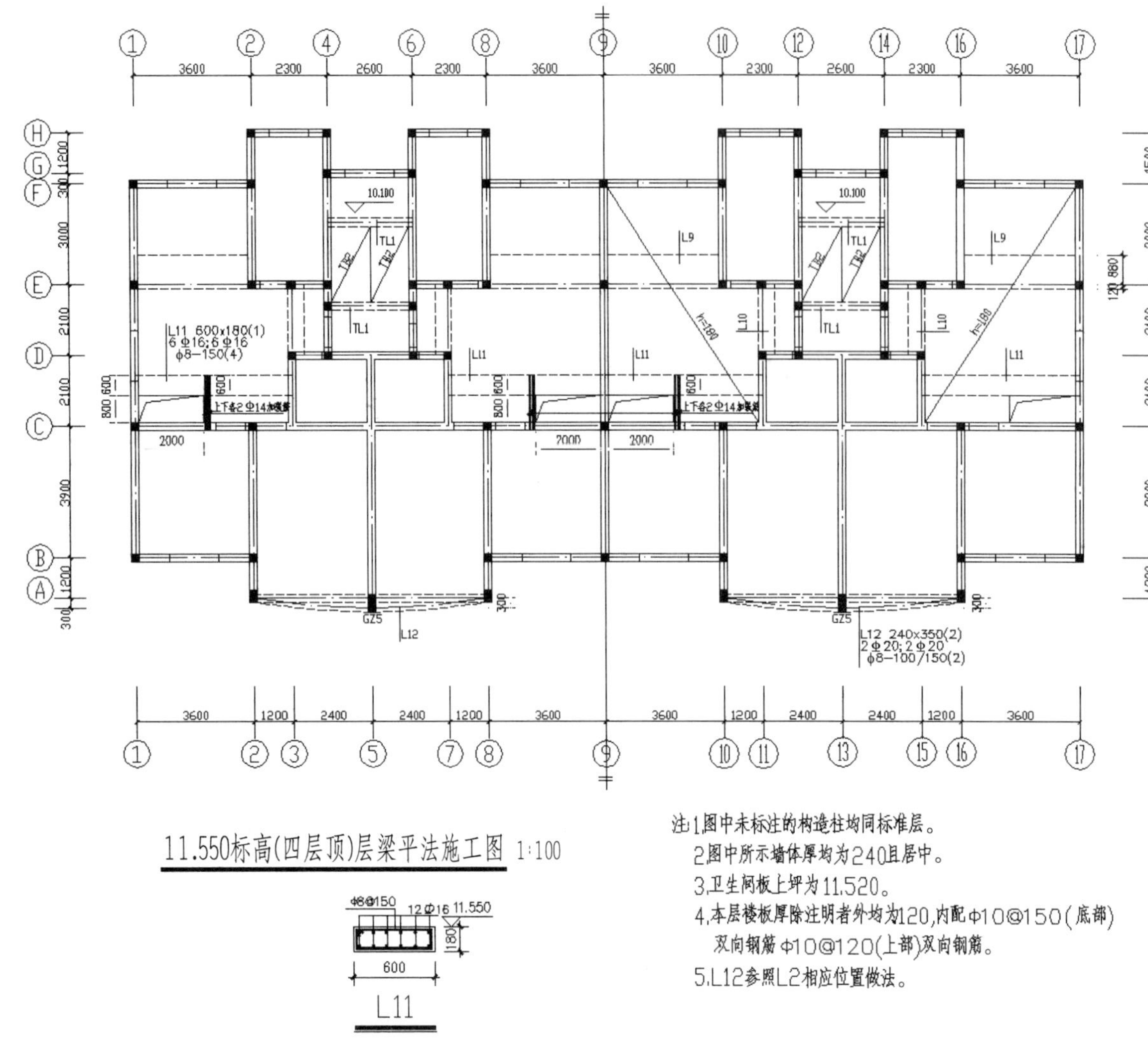

图2–22　11.550标高层（四层顶）梁平法施工图

任务四　钢筋混凝土梁、柱结构详图

钢筋混凝土构件有定型构件和非定型构件两种。定型的预制构件或现浇构件可直接引用标准图或本地区的通用图，在图纸上一般只写明选用构件所在的标准图集或通用图集的名称、代号，建筑技术人员可查到相应的构件详图。非定型构件必须绘制构件详图。

钢筋混凝土构件详图，一般包括模板图（复杂的构件）、配筋图、钢筋表和预埋件详图。配筋图又分为立面图、断面图和钢筋详图，主要表明构件的长度、断面形状与尺寸及钢筋的形式与配置情况。模板图主要表示构件的外形和模板尺寸（外形尺寸）、预埋件、预留孔的位置及大小，以及轴线和标高等，是制作构件模板和安放预埋件的依据。

配筋图一般由立面图和断面图组成。立面图和断面图中的构件轮廓线均用细实线画出，钢筋用粗实线或黑圆点（钢筋横断面）画出。断面图的数量依据构件的复杂程度而定，截取位置选在构件断面形状或钢筋数量和位置有变化处，不宜在构件的斜筋段内截取。立面图和断面图都应注出相一致的钢筋编号和留出规定的保护层厚度。

当配筋较复杂时，通常在立面图的上（或下方）画出钢筋详图。相同编号的只画一根，并详细标注出钢筋的编号、数量（或间距）、类别、直径及各段的长度与总尺寸。若在断面图中不能表达清楚钢筋的布置，也应在断面图外增加钢筋详图，如图 2–23 所示。

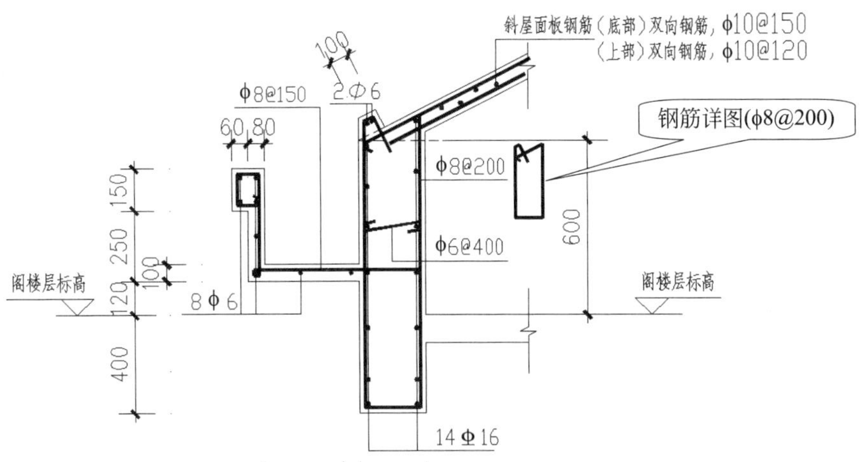

图2-23　檐口结构断面图

例 7　钢筋混凝土承重梁结构详图的识读

图 2-24 为钢筋混凝土梁的结构详图，梁的两端搁置在砖墙上。梁的下部配置三根 φ16 受力钢筋，以承受下边的拉应力，所以在跨中 1-1 断面的下部有三个黑圆点；支座处 2-2 断面上的上部有三个黑圆点，其中间的一根 φ16 钢筋，是跨中在梁下部中间的那根钢筋于接近梁的两端支座处弯起 45°（梁高小于 800mm 时，弯起角度为 45°，大于 800mm 时，弯起角度为 60°）后伸过来的，这种钢筋称为弯起钢筋。在梁的上部两侧各配置一根 φ10 的架立钢筋。

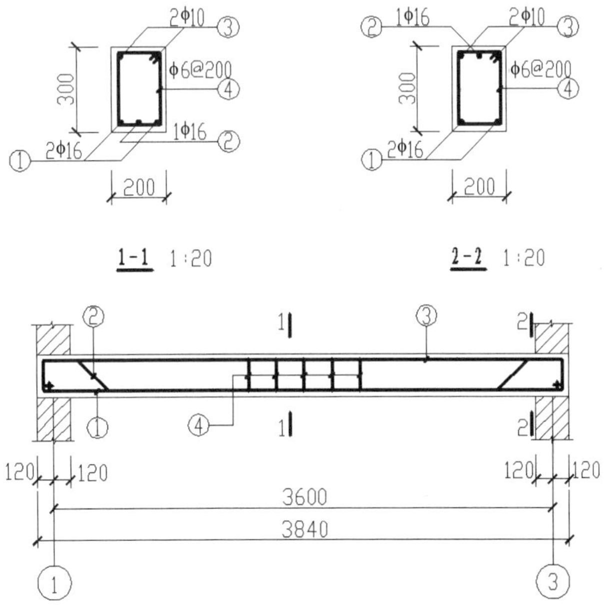

图2-24　某梁的结构详图

为了方便统计用料和编制施工预算，应编写构件的钢筋用量表，说明构件的名称、数量、钢筋的规格、钢筋简图、直径、长度、数量、总数量、长度和重量等，有时可视具体情况增减一些内容，如图 2-25 所示即为图 2-24 中梁的钢筋统计。

例 8　钢筋混凝土圈梁结构详图的识读

图 2-26 是本书中某住宅外墙门窗洞口处 QL 配筋图。圈梁是建筑物沿外墙和部分内墙所设置的连续而封闭的梁，圈梁内的配筋均按照国家标准取值（纵筋最小直径为 10mm，箍筋最小直径为 6mm），本例圈梁纵筋取 4 根 φ10 钢筋，上下各设置 2 根，箍筋取 φ8 钢筋，间距 200mm。圈梁的主要作用是增加房屋的整体刚度和稳定性，减轻地基不均匀沉降对房屋的破坏，抵抗地震力的影响。圈梁如果处于门窗洞口上方时，可以用圈梁代替门窗过梁，但此时圈梁必须

钢筋表

编号	简图	直径	长度	根数	备注
①	75　3790　75	ϕ16	3940	2	
②	282　2960　215　250	ϕ16	4454	1	
③	3790　63　63　63	ϕ10	3916	2	
④	200　250　300　150	ϕ6	900	20	

图2-25　钢筋表

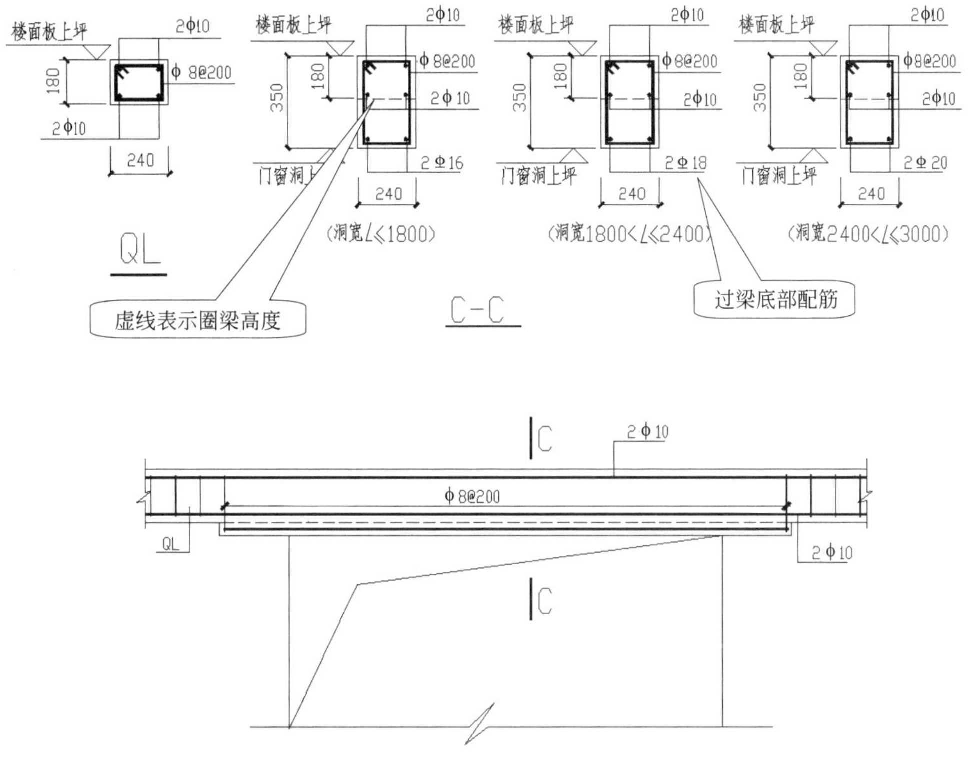

外墙门窗洞口处QL配筋图

图2-26　外墙门窗洞口处QL配筋图

按照门窗过梁计算配筋。根据门窗洞口的宽度，图 2-26 中有三种配筋方案（C-C 截面圈梁的高度增加了 170mm）。

例 9　钢筋混凝土承重柱结构详图的识读

如图 2-27 所示，对于复杂的工业厂房钢筋混凝土柱，除画出了其配筋图外，也画出了其模板图和预埋件详图。

从模板图中可以看出，该柱分为上柱和下柱两部分，上柱主要是用来支撑屋架的，断面较小，上下柱之间突出的是牛腿，用来支承吊车梁，下柱受力大，故断面较大。与断面图对照，可以看出上柱是方形实心柱，其断面尺寸为 400×400，下柱是工字形柱，其断面尺寸为 400×600。牛腿的 2-2 断面处的尺寸为 400×950，柱总高为 10550。柱顶标高为 9.300，牛腿顶面标高为 6.000。柱顶处的 M-1 表示 1 号预埋件与屋架焊接，牛腿顶面处的 M-2 和在上柱离牛腿面 830 处的 M-3 预埋件，与吊车梁焊接。预埋件的构造做法，另用详图表示。

根据牛腿柱的立面图、断面图可看出，上柱的 1 号钢筋是 4 根直径为 22 的Ⅱ级钢筋，分别放在柱的四角，从柱顶一直伸入牛腿内 800。下柱的 3 号钢筋是 4 根直径为 18 的Ⅱ级钢筋，也是放在柱的四角。下柱左、右两侧中间各安

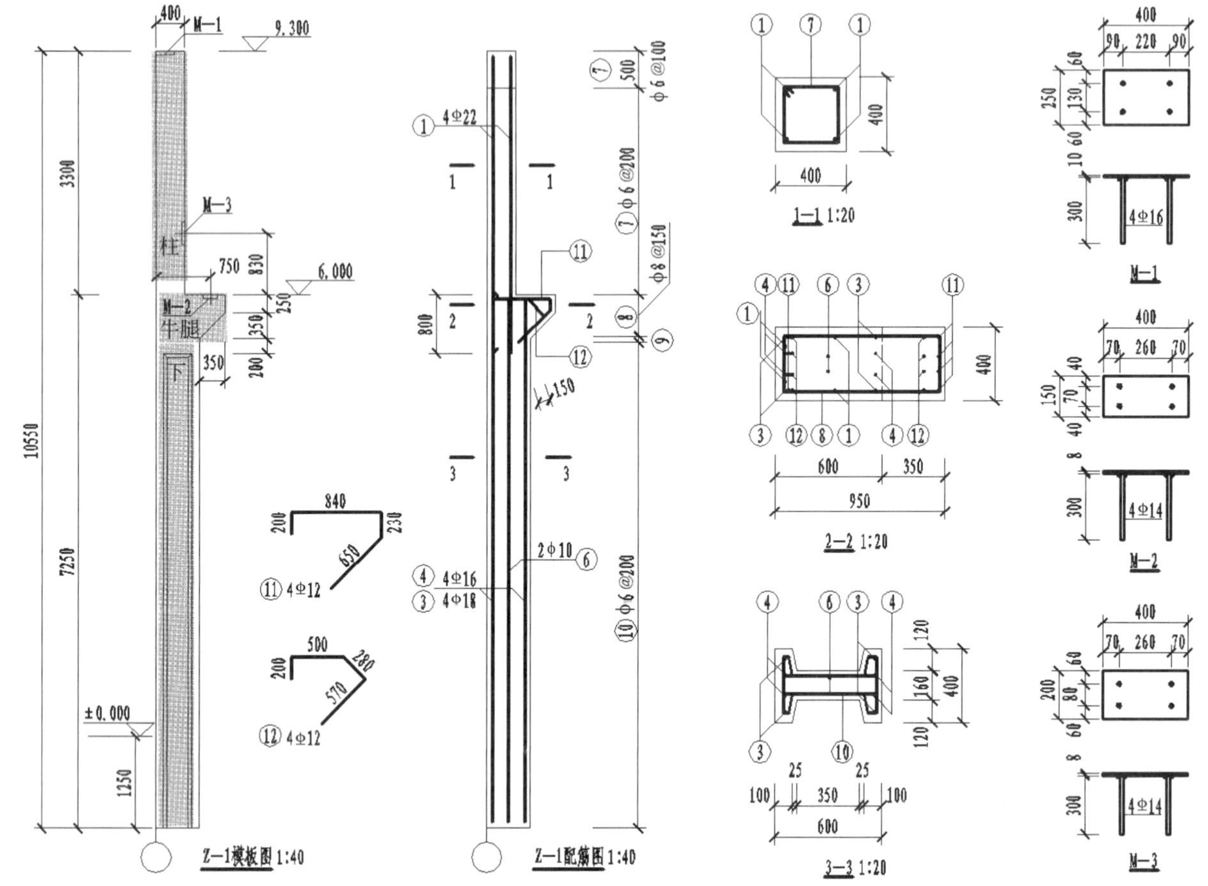

图2-27　工业厂房钢筋混凝土柱详图

放 2 根编号为 4、直径为 16 的Ⅱ级钢筋，下柱中间，配有 2 根编号为 6、直径为 10 的Ⅰ级钢筋。3、4、6 都从柱底一直伸到牛腿顶部。柱左边的 1 号和 3 号钢筋在牛腿处搭接成一整体。牛腿处配置编号为 11 和 12 的弯筋，都是 4 根直径为 12 的Ⅱ级钢筋，其弯曲形状与各段长度尺寸详见钢筋详图。牛腿柱箍筋的编号，上柱是 7，下柱是 9 和 10，牛腿处是 8，各段放法不同，都在立面图上说明。如上柱的顶端 500 范围内，是 7 号箍筋 φ6@100，牛腿部分是 8 号箍筋 φ8@150。注意，牛腿变断面部分的箍筋，其周长要随牛腿断面的变化逐个计算。

M-1、M-2 及 M-3 详图分别表示预埋钢板的形状和尺寸，图中还表示了各预埋件的锚固钢筋的位置、数量、规格以及锚固长度等。

例 10　钢筋混凝土构造柱结构详图的识读

构造柱是防止房屋倒塌的一种墙身加固措施。构造柱的最小截面尺寸为 240 × 180，竖向钢筋一般不小于 4φ12，箍筋间距不大于 250mm，随烈度加大和层数增加，房屋四角的构造柱可适当加大截面及配筋。施工时必须先砌墙，后浇钢筋混凝土柱，并应沿墙每隔 500mm 设 2φ6 拉接钢筋，每边伸入墙内不宜小于 1m。图 2-28 是本书中某住宅的五种构造柱配筋图，读者可根据提示进行分析。

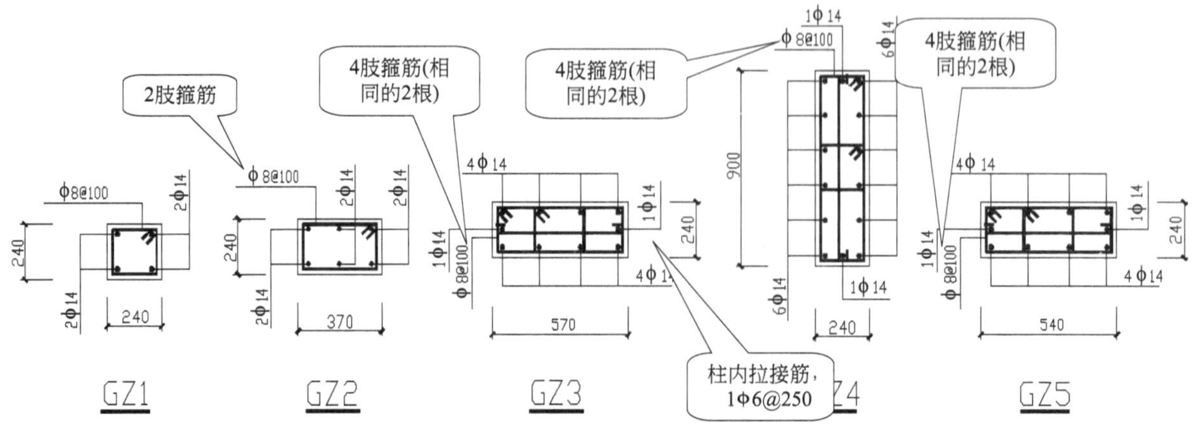

图2-28　构造柱详图

例 11　钢筋混凝土窗台梁、板结构详图的识读

图 2-29 是某住宅的南面外墙上凸窗 C3 结构详图，图中主要画出了两部分的结构详图。

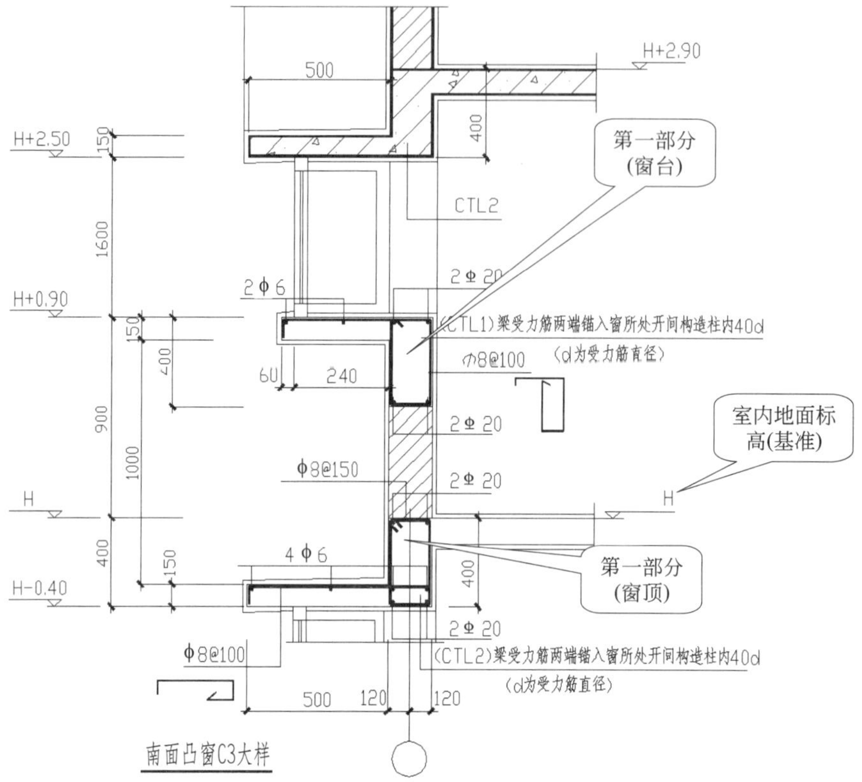

图2-29　钢筋混凝土窗台梁、板结构详图

第一部分是窗台板及窗台梁的配筋图和尺寸关系，从图中可以看出，窗台梁（CTL1）内上下各配置 2 根直径为 20mm 的Ⅱ级钢筋，窗台板上部沿窗宽方向配置 2 根直径为 6mm 的Ⅰ级钢筋，梁、板内的箍筋（挑筋）是 φ8@100，右侧画出了该钢筋的详图。

第二部分是窗洞顶板及窗洞过梁的配筋图和尺寸关系，从图中可以看出，窗过梁（CTL2）内上下也是各配置 2 根直径为 20mm 的Ⅱ级钢筋，箍筋是 φ8@150，窗顶板上部沿窗宽方向配置 4 根直径为 6mm 的Ⅰ级钢筋，其中有 2 根位于过梁内；梁、板内的箍筋（挑筋）是 φ8@100，左下侧画出了该钢筋的详图。

任务五　钢筋混凝土楼梯结构详图

楼梯结构详图包括楼梯结构平面图、楼梯剖面图和配筋图。本任务以某校教师公寓的楼梯结构详图为例，说明楼梯结构详图的图示特点。

例 12　楼梯结构平面图的识读

楼梯结构平面图表示楼梯板和楼梯梁的平面布置、代号、尺寸及结构标高。一般包括地下层平面图、底层平面图、标准层平面图和顶层平面图，常用 1 ： 50 的比例绘制。楼梯结构平面图和楼层结构平面图一样，都是水平剖面图，只是水平剖切位置不同。通常把剖切位置选择在每层楼层平台的楼梯梁顶面，以表示平台、梯段和楼梯梁的结构布置。

楼梯结构平面图中对各承重构件，如楼梯梁（TL）、楼梯板（TB）、平台板等的表达方式和尺寸注法与楼层结构平面图相同，梯段的长度标注仍采用“踏面宽 ×（步级数 - 1）= 梯段长度”的方式。楼梯结构平面图的轴线编号应与建筑施工图一致，剖切符号一般只在底层楼梯结构平面图中表示，如图 2-30 所示。

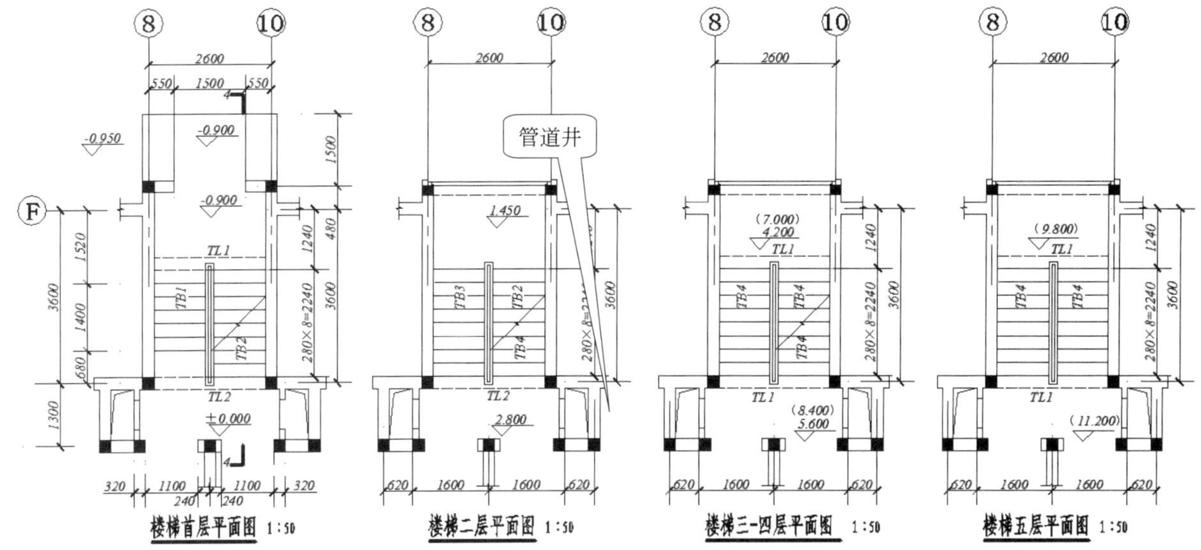

图2-30 某教师公寓楼梯结构平面图

图 2-30 所示的楼梯结构平面图共有 4 个，分别是首层平面、二层平面、三～四层平面和五层平面，比例为 1 ∶ 50。可以看出，楼梯平台板、楼梯梁和梯段板都用现浇，梯段板和楼梯梁另有详图画出，故只注明其代号和编号。从图可知：梯段板共有 4 种（TB1、TB2、TB3、TB4），楼梯梁共有 2 种（TL1、TL2）。

例 13 楼梯结构剖面图的识读

楼梯结构剖面图表示楼梯的承重构件的竖向布置、构造和连接情况，比例与楼梯结构平面图相同。

图 2-31 所示的 4-4 剖面图，剖切位置和剖视方向表示在首层楼梯结构平面图中。表示了剖切到的梯段板、楼梯平台、楼梯梁和未剖切到的可见的梯段板（细实线）的形状和连接情况。剖切到的梯段板、楼梯平台、楼梯梁的轮廓线用粗实线表示。

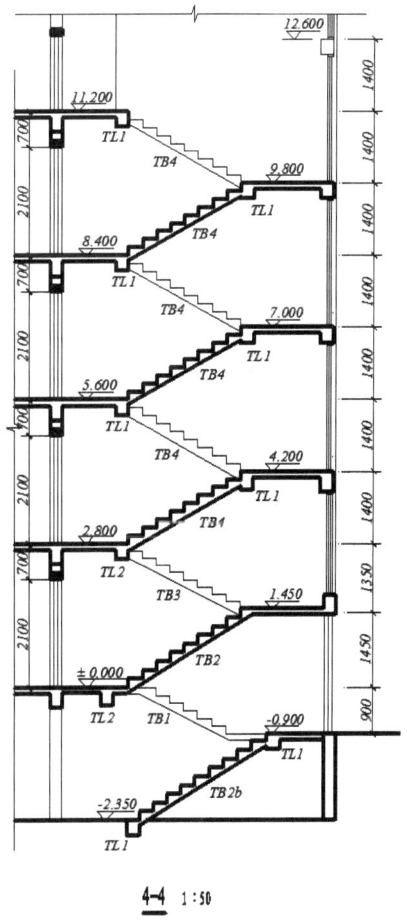

图2-31 某教师公寓楼梯结构剖面图

在楼梯结构剖面图中，标注出了梯段的外形尺寸（梯段高度 1400mm）、楼层高度（2100 mm +700 mm =2800 mm）和楼梯平台（楼层平台和中间平台或休息平台）的结构标高。

例 14 楼梯结构配筋图的识读

楼梯结构剖面图，由于是选用较小的比例（1 ∶ 50）绘制的，不能详细地表示楼梯板和楼梯梁的配筋，常常需要另外用较大的比例（如 1 ∶ 30、1 ∶ 25、1 ∶ 20）表示出楼梯的配筋，这就是楼梯配筋图。

楼梯配筋图主要由楼梯板（加平台）和楼梯梁的配筋断面图组成。

如图 2-32 所示，梯段板 TB1 厚 120mm，板底布置的受力筋是直径为 8 mm 的 I 级钢筋，间距 100mm；支座处板顶的受力筋均是直径为 8mm 的 I 级钢筋，间距 100mm；板中的分布筋直径为 8mm 的 I 级钢筋，间距 200 mm。如在配筋图中不能清楚表示钢筋布置，或是对看图易产生混淆的钢筋，须在附近画出其钢筋详图（比例可以缩小）作为参考。

梯段板 TB2 厚 140mm，板底布置的受力筋是 φ10@125，

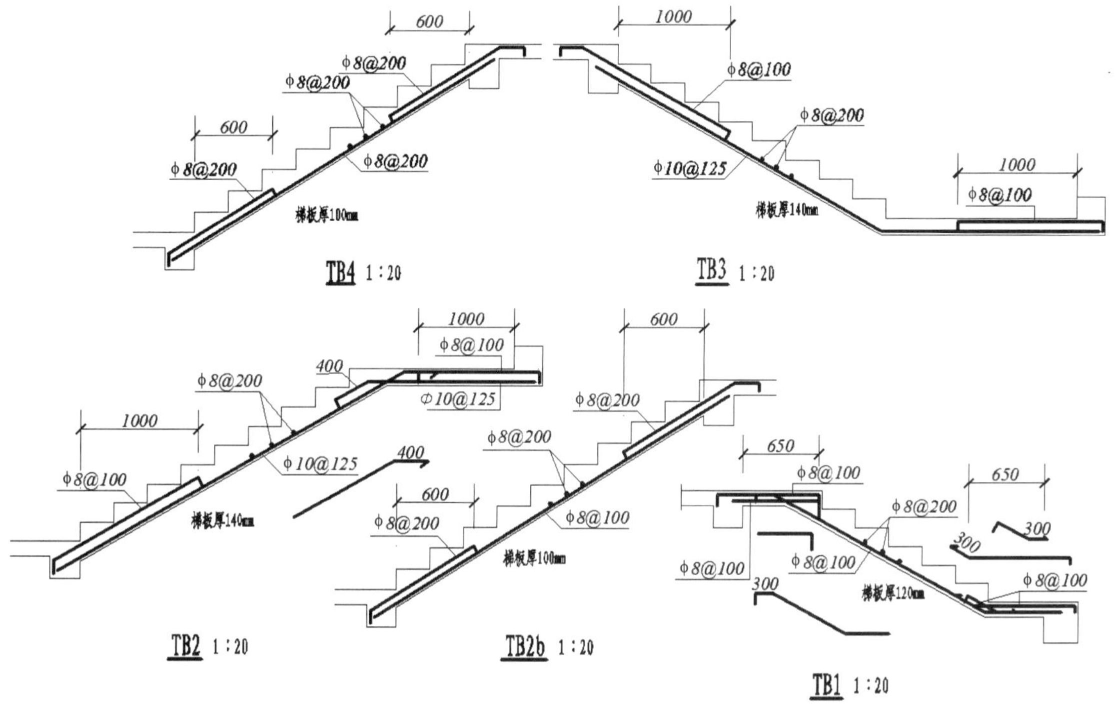

图2-32 楼梯板配筋图

分布筋仍然是 φ8@200，该梯段只有 1 个楼梯梁，梯段板在上部与平台直接连接，配筋如图 2-32 所示。梯段板 TB2b 是通向地下室地面的那一梯段，板厚 100mm，板底布置的受力筋是 φ8@100，分布筋是 φ8@200，支座处的钢筋均是 φ8@200。梯段板 TB3 表示出了楼梯中间平台内的配筋与楼梯板底的受力筋是一体的，为 φ10@125，其余配筋可见图所示。TB4 的配筋不再赘述。

图 2-33 是 TL1 和 TL2 的配筋图。

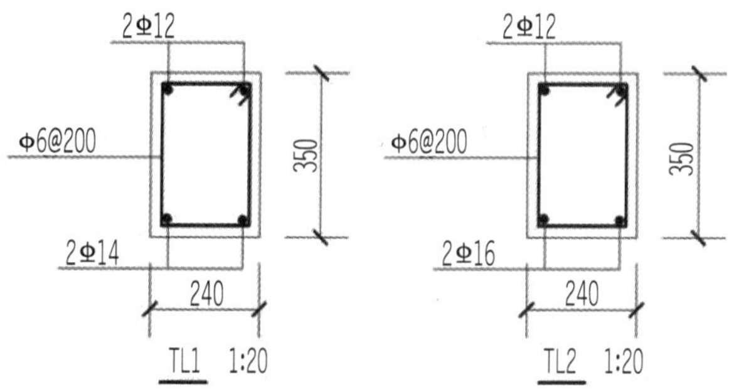

图2-33 楼梯梁配筋图

×××学校新校区建设项目
单身教师公寓

建筑专业施工图

日　期:
版本号:
业务号:

法人代表	Legal Representative	×××
（院长）	Institute President	×××
总建筑师	Chief Architect	×××
总工程师	Chief Engineer	×××
设计总负责	Project Director	×××
设计总负责	Project Director	×××

×××建筑设计研究院

设计证书编号 | Certificate No. ：甲级 | Class ×××××××××

×××建筑设计研究院
ARCHITECTURAL DESIGN & RESEARCH INST.
××× OF TECHNOLOGY

工程名称 ×××学校新校区建设项目～A12单身教师公寓

建设单位 ×××学校

图纸目录

业务号	2013-81-12		
专业	建筑		
专业负责人	×××		
日期		设计阶段	施工图
版本号	01	共1张	第1张

顺序	图幅	图纸编号	图纸名称	设计人	出图记录及出图日期	备注
1	A1	建施-01-1	建筑设计总说明(1)	×××	√	
2	A1	建施-01-2	建筑设计总说明(2)	×××	√	
3	A1	建施-02	建筑构造用料做法表	×××	√	
4	A1	建施-03	建筑节能设计说明	×××	√	
5	A1	建施-04	总平面图	×××	√	
6	A1	建施-05	负一层平面图	×××	√	
7	A1	建施-06	首层平面图	×××	√	
8	A1	建施-07	二~五层平面图	×××	√	
9	A1	建施-08	六层平面图	×××	√	
10	A1	建施-09	屋面层平面图	×××	√	
11	A1	建施-10	①～⑥立面图、⑥～①立面图	×××	√	
12	A1	建施-11	Ⓐ～Ⓓ立面图、Ⓓ～Ⓐ立面图	×××	√	
13	A1	建施-12	1-1、2-2 剖面图	×××	√	
14	A1	建施-13	楼梯大样图	×××	√	
15	A1	建施-14	1#、2#、3#墙身大样图	×××	√	
16	A1	建施-15	4#、5#、6#墙身大样图	×××	√	
17	A1	建施-16	公寓大样图	×××	√	
18	A1	建施-17	门窗表 门窗大样	×××	√	
19						
20						
21						
22						
23						
24						
25						
26						
27						
28						
29						
30						
31						
32						
33						
34						
35						
36						
37						
38						
39						
40						
41						
42						
43						
44						
45						
46						
47						
48						
49						
50						
51						
52						
53						
54						
55						
56						
57						
58						
59						
60						

1. 图纸版本号及图纸编号规则

(1)不同版本号的图纸不可混用。

(2) 图纸编号：

1) 建筑图纸编号采用中文：建方-n，建初-n，建施-n。

2) 如果修改图还要配合原图使用，则编号如下：建施-n修m，m代表第m次修改。

3) 如果修改图代替原图，原图作废，则编号如下：建施-n代m，m代表第m次修改。

2. 出图记录含义

(1) “√”表示在相应的日期前出图。一张图多次出图表示有代图，以最后一次出的图为准，以前出的图作废。

(2) “×”表示该图作废。

3 图纸目录的识读

(1)图纸左上角部分为本工程建设单位、项目名称以及设计单位的基本信息。

(2)图纸右上角部分为本图纸的相关内容，比如业务号、涉及到的专业内容、日期、图纸目录页数等。

(3)图纸目录正文部分包含了一下内容：顺序、图幅、图纸编号、图纸名称、设计人以及出图记录与日期等信息。

(4)通过目录我们可以看到，本工程建筑施工图共包含18张图纸，编号从建施-01开始至建施-17为止；所有图纸的幅面均为A1大小。

(5)实例识读：

建施-03为本工程建筑节能设计说明，此图纸位于本套图纸的第5页，由XX设计完成，出图时间为√所对应位置的时间。

建施-14为本工程1#、2#、3#墙身大样图，此图纸位于本套图纸的第15页，由XX设计完成，出图时间√所对应位置的时间。

其余部分图纸目录的识读不再一一举例，请同学们独自完成。

建筑设计总说明（HG/J01—2009）共 2 页 第 1 页

1、项目概况

1.1 项目名称：××学校新校区建设项目～A12单身教师公寓

1.2 项目地点：×××学校新校区内

1.3 建设单位：×××学校

1.4 总用地面积：校园总平衡

1.5 总建筑面积：3636（地上）m^2

1.6 建筑基底面积：654 m^2

1.7 建筑层数和建筑高度：6层、18.30m

1.8 绿地面积：校园总平衡

1.9 建筑密度：校园总平衡

1.10 容积率：校园总平衡

1.11 绿地率：校园总平衡

1.12 建筑类型：公共建筑（教师公寓） 建筑工程等级：二级

1.13 建筑防火分类：多层建筑 耐火等级：二级

1.14 人防工程防护等级：无

1.15 屋面防水等级：二级 地下室防水等级：二级

1.10 建筑物抗震设防烈度：六度 抗震设防分类：乙类

1.17 建筑设计使用年限：50年

1.18 结构类型：钢筋混凝土框架结构

2、设计依据

2.1 项目批准文件

2.1.1 项目可行性研究报告或设计任务书；

2.1.2 ____市城市规划局关于同意修建性详细规划的批复（文号：____________）；

2.1.3 ____市建设局关于同意初步设计的批复（文号：____________）；

2.1.4 ____市城市规划局关于送审建筑设计方案的复函 （文号：____________）；

2.1.5 ____市消防部门关于送审建筑设计方案的复函 （文号：____________）；

2.1.6 本工程设计合同；

2.2 城市规划文件

2.2.1 建设用地规划许可证（附规划设计条件和用地红线图）

2.2.2 建设工程规划许可证；

2.3 《建筑工程设计文件编制深度规定》（2008年版）

2.4 历次相关会议纪要及往来文件

2.5 国家关于节约能源的法规；

2.6 工程建设标准和设计技术规范：（[ ]前有“*”的为必选项）

[统一]

[√]《房屋建筑制图统一标准》	（GB/T 50001—2010）
[√]《总图制图标准》	（GB/T 50103—2010）
[√]《建筑制图标准》	（GB/T 50104—2010）
[√]《建筑气候区划标准》	（GB 50178—1993）
[√]《民用建筑设计通则》	（GB 50352—2005）
[√]《城市道路和建筑物无障碍设计规程》	（GB 50763—2012）
[√]《建筑工程建筑面积计算规范》	（GB / T 50353—2005）
[√]《建筑设计防火规范》	（GB 50016—2006）
[ ]《高层民用建筑设计防火规范》	（GB 50045—95）2005年版
[ ]《建筑内部装修设计防火规范》	（GB 50222—95）2001年修订版

[规划]

[√]《城市用地竖向规划规范》	（CJJ 83—99）
[ ]《城市用地分类与规划建设用地标准》	（GB 50137—2011）
[ ]《历史文化名城保护规划规范》	（GB 50357—2005）
[ ]《城市居住区规划设计规范》	（GB 50180—93）2002年版

[专用]

[ ]《汽车库建筑设计规范》	（JGJ 100—98）
[ ]《汽车库、修车库、停车场设计防火规范》	（GB 50067—97）
[ ]《人民防空地下室设计规范》	（GB 50038—2005）
[ ]《人民防空工程设计防火规范》	（GB 50098—2009）

[居住]

[ ]《住宅建筑规范》	（GB 50368—2005）
[ ]《住宅设计规范》	（GB 50096—2011）
[ ]《宿舍建筑设计规范》	（JGJ 36—2005）（J480-2005）
[ ]《老年人居住建筑设计标准》	（GB / T 50340—2003）

[公共]

[ ]《老年人建筑设计规范》	（JGJ 122—99）
[ ]《托儿所、幼儿园建筑设计规范》	（JGJ 39—87）
[√]《中小学校建筑设计规范》	（GB 50099—2011）
[ ]《特殊教育学校建筑设计规范》	（JGJ 76—2003）
[ ]《综合医院建筑设计规范》	（JGJ 49—88）
[ ]《疗养院建筑设计规范》	（JGJ 40—87）
[ ]《商店建筑设计规范》	（JGJ 48—88）
[√]《饮食建筑设计规范》	（JGJ 64—89）
[ ]《旅馆建筑设计规范》	（JGJ 62—90）
[ ]《文化馆建筑设计规范》	（JGJ 41—87）
[ ]《博物馆建筑设计规范》	（JGJ 66—91）
[ ]《图书馆建筑设计规范》	（GBJ 38—99）
[ ]《剧场建筑设计规范》	（JGJ 57—2000）
[ ]《电影院建筑设计规范》	（JGJ 58—2008）
[ ]《民用建筑隔声设计规范》	（GBJ 118—2010）
[ ]《体育建筑设计规范》	（JGJ 31—2003）
[ ]《办公建筑设计规范》	（JGJ 67—2006）（J556--2006）
[ ]《档案馆建筑设计规范》	（JGJ 25—2010）
[ ]《科学实验建筑》	（JGJ91—93）
[ ]《展览建筑设计规范》	（JGJ 218—2010）
[ ]《汽车客运站建筑设计规范》	（JGJ 60—99）
[ ]《铁路旅客车站建筑设计规范》	（GB 50226—2007）
[ ]《港口客运站建筑设计规范》	（JGJ 86—92）
[ ]《汽车加油加气站设计与施工规范》	（GB 50156—2002）（2006 年版）

[技术]

[√]《建筑抗震设计规范》	（GB 50011—2010）
[√]《建筑工程抗震设防分类标准》	（GB 50223—2004）
[√]《民用建筑热工设计规范》	（GB 50176—93）
[√]《公共建筑节能设计标准》	（GB 50189—2005）
[ ]《民用建筑绿色设计规范》	（JGJ/T229—2010/J1125—2010）
[ ]《公共建筑节能改造技术规范》	（JGJ176—2009/J885—2009）
[ ]《民用建筑节能设计标准（采暖居住建筑部分）》	（JGJ 26—95）
[√]《夏热冬冷地区居住建筑节能设计标准》	（JGJ 134—2001）
[ ]《夏热冬暖地区居住建筑节能设计标准》	（JGJ 75—2003）
[√]《建筑玻璃应用技术规程》	（JGJ113—2009 / J255—2009）
[ ]《外墙外保温工程技术规程》	（JGJ 144—2004）
[ ]《智能建筑设计标准》	（GB / T 50314—2006）
[ ]《居住区智能化系统配置与技术要求》	（CJ/T174—2003）
[√]《地下工程防水技术规范》	（GB 50108—2008）
[ ]《建筑瓷板装饰工程技术规程》	（CECS101:98）
[√]《屋面工程技术规范》	（GB 50345—2012）
[ ]《玻璃幕墙工程技术规范》	（JGJ102—2003 / J280—2003）
[ ]《金属与石材幕墙工程技术规范》	（JGJ133—2001）
[ ]《瓷质幕墙工程技术规范》	（DBJ/T15-21-97）

[强制]

《工程建设标准强制性条文（城乡规划部分）》	
《工程建设标准强制性条文（房屋建筑部分）》	（2009年版）
《全国民用建筑工程设计技术措施》规划•建筑•景观	（2009年版）
《建筑工程设计文件编制深度规定》（2008年版）	（住房和城乡建设部2008年11月26日）

[其他]

国家与地方其它相关规范、法规、规程。

3、总则

3.1 本项目坐标系统为[√]城市测量座标系统 [ ]建筑座标系统。
本项目高程系统为[ ]56黄海高程基准 [√]85高程基准 [ ]吴淞高程基准 [ ]珠江高程基准
设计标高±0.000m=高程系统 1261.50 m。并应根据现场实际情况最后确定。

3.2 本工程施工图所注尺寸，除总平面及标高以米为单位外，其余均以毫米为单位。

3.3 图中标高为建筑完成面标高；不易标明建筑标高的部位或需要标注结构标高的部位，以括号内数字表示结构标高。

3.4 施工安装及质量验收均以图中标注尺寸为准，不得度量图纸。

3.5 有关施工安装和质量验收均须严格遵守国家现行的各项施工技术标准和技术规范。

3.6 本工程所选用的建筑材料及装修材料必须符合《民用建筑工程室内环境污染控制规范》（GB 50325-2010）。

3.7 本施工图须与结构、给排水、电气、暖通等有关专业图纸密切配合施工。

3.8 本说明未详尽之处严格按国家和地方建筑行业标准执行。

3.9 施工中如需变更设计，必须征得设计方同意，并发设计变更通知，方可施工。

3.10 图纸编号规则：

1）建筑图纸编号采用中文：建方-n，建初-n，建施-n。

2）如果修改图还要配合原图使用，则编号如下：建施-n修m，m代表第m次修改。

3）如果修改图代替原图，原图作废，则编号如下：建施-n代m，m代表第m次修改。

3.11 图纸排序说明：

按照建筑设计总说明→建筑构造用料做法表→建筑节能设计说明→总平面→各层平面→立面剖面→墙身大样→楼电梯大样→节点详图→卫生间大样→门窗表及门窗大样排序。

4、建筑节能设计

4.1 本工程建筑节能设计详见“建筑节能设计专篇”。节能设计同时参见节能计算书。
以下所列出各材料的热工参数为施工和验收环节的节能抽样送检项目，在施工安装前必须由监理人员组织抽样送检合格，经设计人员签字确认后方可施工。

4.2 节能产品送审要求：

4.2.1 本工程外墙工程采用 加气混凝土砌块 ；传热系数限值K≤1.14W/（m^2•K）。

4.2.2 屋面隔热材料采用 硬质聚氨酯泡沫塑料；传热系数限值K≤0.69W/（m^2•K）。

4.2.3 门窗工程采用 断热铝合金门窗 ，整窗传热系数限值K≤2.70W/（m^2•K）；
遮阳系数Sc≤ 0.56 ；可见光透过率≥ 0.720 。

5、材料与构造说明

5.1 墙体：

5.1.1 墙体厚度除图中注明者外，外墙 200 厚；内墙 200 厚；门垛为 200 或门居中。
砌筑砂浆标号除特别注明者外选用：
[ ]M2.5 [ ]M5 [√]M7.5 [ ]M10 [ ]M15 [ ]M20

砌体标号见结构说明。
砌体施工应严格按照有关规范、规程及选用产品的施工要点、构造节点要求进行施工。
所有填充墙其砌筑用料及锚固方法应严格按有关规定施工。墙体基层处理待确定墙材后确定。砌块类砌体应采取相应的抗裂措施。

5.1.2. 外墙、楼梯间墙：
[ ]灰砂砖 [ ]陶粒混凝土砌块 [ ]普通空心混凝土砌块 [ ]页岩空心砖
[ ]纯陶粒砖 [√]加气混凝土砌块 [ ]粉煤灰烧结砖 [ ]轻质墙板

5.1.3. 内墙：
[ ]灰砂砖 [ ]陶粒混凝土砌块 [√]普通空心混凝土砌块 [ ]页岩空心砖
[ ]泡沫混凝土砌块 [ ]加气混凝土砌块 [ ]粉煤灰烧结砖 [ ]轻质墙板
管道包砌采用侧砖包砌，砌筑砂浆标号应采用M5。

5.1.4. 地下室的砌筑墙体应选用防潮砌体：
[ ]灰砂砖 [ ]陶粒混凝土砌块 [ ]非烧结空心黏土砖

5.1.5 墙身防潮层：设于首层室内地面以下60mm处；20厚1:2水泥砂浆加5%水泥重量的防水剂。

5.1.6 钢筋混凝土墙（柱）与墙体联接处构造详结构统一说明。

5.1.7 不到顶的非承重墙，砌筑用料及锚固方法详结构统一说明。

5.1.8 所有砌体、混凝土板等，如有孔洞，必须在施工前配合有关专业图纸预留，不得随意打凿；所有预留空洞，待设备管道安装完成后，孔洞周边应做好防渗漏处理，封闭密实。

5.1.9 卫生间隔墙于根部做现浇混凝土条带，高度 200 ；内墙面作柔性防水处理，高度 1800 。

5.1.10 实体女儿墙宜为现浇钢筋混凝土。如用砖墙，则屋面坂天沟处必须有翻起350以上高度的现浇混凝土。女儿墙顶部需做的混凝土压顶、金属压边和加劲小柱等，另详大样图。

5.1.11 厚度≥300砌体做法及墙体拉结筋做法详见结构专业说明相关章节。

5.1.12 消火栓暗装，离地 200 高位置预留 700 （宽）×1600（高）洞口，箱侧砌墙 240 厚，箱背砌墙 120 厚。

5.1.13 住宅墙体防渗漏：外墙采用空心砖或加气混凝土砌块等新型墙体材料时，应按DB15-9-97要求全面挂钢丝网h 0.6 [√] 0.8 [ ] 1 [ ]T 9 （h网厚，T孔眼宽）。外墙找平层水泥砂浆渗防水剂、抗裂剂、减水剂等外加剂，每层抹灰厚度不大于10mm，抹灰厚度≥35mm时应有挂φ4钢筋网（间距____×____）等防裂防空鼓。

5.1.14 防水层用聚合物水泥砂浆，当建筑长度超过规范设缝要求时，外墙面采用高弹性涂料。

5.1.15 大型设备墙体应待设备安装后封砌，管道及管井通过的楼地面、墙面在安装后用同等材料封砌，用防火材料填嵌密实，暖通管道应用防火保温材料填嵌密实。

5.1.16 凡墙洞或门窗做过梁，其断面及配筋详见结构设计总说明。

5.1.17 凡120砖墙高度大于 3 米，180砖墙高度大于4米，应在同时保证距地2.1米高净空墙高处做钢筋混凝土圈梁，相应钢筋混凝土构造小柱位置见平面图，断面及配筋见结构设计总说明。

5.1.18 洗手间墙面防水做法详见本说明第5.10.防水设计章节。

5.1.19 发电机排烟道和锅炉烟道外墙壁待烟管安装及作保温隔热处理后，再行砌筑。

注：本说明中，凡有选择项目的条文，[ ]中有“√”的为本工程项目选用者。

序号 Rev.	修改日期 Date	修改内容 Description

修 改 记 录

设计单位 | DESIGN INSTITUTE

×××建筑设计研究院
ARCHITECTURAL DESIGN & RESEARCH INST.
××× OF TECHNOLOGY

证 书 | 建筑工程设计证书号:A×××

单位出图专用章 | Stamp of Design Firm(s)

注册建筑师执业专用章 | Stamp of Registered Architect(s)

审 定: APPROVED BY	×××	
设计总负责: PROJECT DIRECTOR	×××	
专业负责: ENGINEER IN CHARGE	×××	
审 核: REVIEWED BY	×××	
校 对: CHECKED BY	×××	
设 计: DESIGNED BY	×××	
制 图: DRAFTED BY	×××	

建设单位 CLIENT	×××学校		
工程名称 PROJECT	×××学校 新校区建设项目～A12单身教师公寓		
图纸内容 TITLE	建筑设计总说明（1）		
业务号 PROJECT NO.	2013-81-12	专业 DISCIPLINE	建 筑
日期 DATE		设计阶段 STAGE	施工图
版本号 INDEX	01	图号 DRAWING NO.	建施-01-1

建筑设计总说明（HG/J01—2009）共 2 页　第 2 页

5.2 外装修：

5.2.1 墙粉刷及贴面材料分格线详见立面图，分格缝宽 20mm ，深 15mm 。

5.2.2 建筑高度超过24m的实墙面粉刷应加设Φ4钢筋网。
钢筋网规格： 双向Φ4@200×200、M6膨胀螺栓固定，螺栓中距1m× 1m 。

5.2.3 填充墙与框架梁柱交接处应加设400宽，h 0.6[ ] 0.8[√] 1[ ]T 9（h网厚，T孔眼宽）钢丝网或玻璃纤维网格布（居中放置）。

5.2.4 突出墙面的线脚、挑檐；门窗洞顶、雨蓬、拦板压顶、线脚及类似构件，均应按施工规范做滴水线槽。

5.2.5 凡外砖墙做外围护结构者均必需做防水沙浆粉刷（加防水粉或防水剂）。

5.2.6 外装修做法详见建施图中的“建筑构造用料做法表”。

5.3 内装修：

5.3.1 室内墙面、柱面粉刷部分的阳角和门洞口的阳角应用1:2水泥砂浆做护角，其高度不应低于2000，每侧宽度不小于50。

5.3.2 凡风道、烟道竖井内壁砌筑灰缝需饱满，并随砌随原浆抹平，其余有检修门之管道井内壁做混合砂浆粉刷。

5.3.3 凡砖砌电梯井道内壁随砌随原浆抹光，钢筋混凝土电梯井不做粉刷。

5.3.4 所有埋入墙内、混凝土内的木制构件，均须涂刷耐腐蚀涂料。

5.3.5 墙面油漆须待抹灰基层干燥后方可进行。

5.3.6 凡二次装修房间楼地面不做面层，墙面、顶棚抹灰仅做打底不做面层。凡有吊顶房间的墙、柱、梁粉刷或装饰面仅做到吊顶标高以上100。

5.3.7 卫生间墙面及地面均应做防水层，做法详见建施图中的“建筑构造与用料做法表”。

5.3.8 汽车库、仓库等柱脚须加做保护措施。 选用做法：2000高，L60×5角钢。

5.3.9 内装修做法详见建施图中的“建筑构造用料做法表”。

5.4 楼地面

5.4.1 室内地面混凝土垫层酌情设置纵横伸缩缝（平头缝），间距≤6m。垫层切断钢筋。细石混凝土地面面层设置分格缝，分格缝与垫层伸缩缝对齐，缝宽20毫米，内填填缝膏。

5.4.2 水泥砂浆地面面层按具体情况分缝（宜与结构开间划分，缝宽5～8mm，用专用的填缝料填缝）。

5.4.3 除另有指定外，室内经常有水的房间、室外阳台、外走廊应设地漏。楼地面用1:2.5水泥砂浆（掺3%防水粉）作不小于0.5%排水坡度坡向地漏。最薄处为20厚，地面最高点标高低于同层房间地面标高15mm。

5.4.4 除标明处以外，建筑物四周应做散水及明沟。明沟按详图处置；散水为1米宽，70厚C15混凝土随打随抹光，散水坡度3%，纵向每6米做伸缩缝一道，缝宽20，散水与外墙间设通长缝，缝宽10，缝内均填 沥青砂浆 。做法选用国标，具体尺寸详见平面图。

5.4.5 建筑电缆井，管道井每层在楼板处做法按结构整铺钢筋，待管道安装后用同样标号的混凝土封闭。

5.4.6 走廊和阳台楼地面完成面比一般房间低 50 mm。卫生间楼地面完成面比走廊低 15～20mm。卫生间的蹲位结构下沉 400 mm。

5.4.7 不同材料的楼地面按详图处置，如无标明，可用水泥砂浆找平层或C10细石砼调整。

5.4.8 所有设备房门用与楼板相同标号的混凝土做200高同墙宽门槛。

5.4.9 地坪做法：先将原土平整，如有填土则应分层洒水夯实，每层鬆土厚度≤200mm，如填砂，则应用水冲实，然后现浇100厚C20混凝土垫层（包括门口踏步及散水），垫层分缝≤6m×6m，缝宽15～20mm。

5.5 屋面：

5.5.1 凡女儿墙与坐砌面砖交接处，均应做柔性嵌缝，缝宽30，高度平砖面。嵌缝油膏可选用建筑防水油膏，其技术指标应符合规范有关规定。

5.5.2 基层与突出屋面结构（女儿墙、墙、天窗壁、变形缝、烟囱、管道等）的连接处，以及在基层的转角处（檐口、天沟、斜沟、水落口、屋脊等）水泥砂浆粉刷均应做成圆弧或钝角。

5.5.3 屋面刚性防水层应严格做好分格缝，在嵌油膏前基底务必做好清理工作，充分干燥。

5.5.4 在做屋面防水材料之前，所有出屋面的留孔留洞必须经核实无遗漏后方可施工。

5.5.5 屋面排水雨水口按给排水图选用标准图相应的做法，屋面找坡坡向雨水口，雨水口位置及坡向详见给排水图及建筑屋顶平面图。

5.5.6 高屋面雨水排至低屋面时，应在雨水管下方屋面铺放一块500×500×50细石混凝土板保护屋面。

5.5.7 屋面与墙身或女儿墙交接处，走廊、露台与墙身或女儿墙交接处，防水涂料沿墙上500mm，成圆弧或钝角。

5.5.8 采用各种新型卷材及冷凝防水涂料作防水层时，应根据卷材、黏结胶、防水涂料的不同施工要求，由供应厂方负责指导和提供必要的施工要点，以保证施工质量。

5.5.9 水泥砂浆找平层应设分隔缝，纵横间距不应大于6米。在预制板上抹水泥砂浆找平层时分隔缝应设在预制板支承边的拼缝处。分隔缝上口宽20～30mm，下口15～20mm。缝内嵌油膏。（分隔缝兼作排气屋面的排气道时，宽度加宽，每36平方米设有排气孔。）

5.5.10 屋面工程施工应按国家标准《屋面工程技术规范》要求执行。

5.6 门窗及天窗：

5.6.1 一般标准木门选用全国通用标准图集或地区通用标准图集。

5.6.2 高标准装修木门须选用硬木高级成品木门，或根据装修设计。

5.6.3 铝合金门窗、钢塑门窗选用系列、立面分格、开启方式、门窗框料颜色及玻璃规格详见门窗表。

5.6.4 铝合金门窗（包括玻璃幕墙）断面构造及技术要求（包括风压要求）由有相应资质的生产厂家按该厂铝型材系列规格和洞口的实际尺寸绘制加工图纸，其图纸应符合相关的铝合金门窗工程设计与施工规定。应经设计方同意且使用单位认可后方可施工。（其图纸内容还应包括玻璃幕墙的强度计算以及防火、防震、防水和抗风构造并符合当地标，如广东地区应符合省标《铝合金门窗工程设计施工及验收规范》中关于抗风压及构件挠度的要求。外窗要满足《建筑物防雷设计规范》的相关规定。

5.6.5 如采用铝合金门窗，其推拉窗窗扇型材壁厚不应小于1.4，门的主要受力构件型材壁厚不应小于2.0。

5.6.6 铝合金门窗框与墙体相连接处用1:2中性膨胀低碱水泥砂浆填塞缝隙，然后在门窗框料与外墙面接触处用密封胶嵌缝。

5.6.7 各部位采用的玻璃，应遵循《建筑玻璃应用技术规程》《建筑安全玻璃管理规定》及地方主管部门的有关规定。

5.6.8 以下部位必须使用安全玻璃：

1. 七层及以上和单片面积大于1.5平方米的门窗玻璃；
2. 窗底边距最终完成面小于0.5m的落地窗；
3. 临空高度大于5m的阳台栏板玻璃；
4. 公共出入口位置的玻璃门；
5. 幕墙玻璃；
6. 光棚玻璃；
7. 玻璃栏杆及雨棚应采用钢化夹层玻璃。

5.6.9 所有窗台高度小于0.8m的玻璃窗均设置护窗栏杆，做法见详图。

5.6.10 玻璃幕墙构造及技术要求（包括风压要求）由有相应资质的中标生产厂家按该厂铝型材系列规格和的洞口实际尺寸绘制加工图纸，其图纸应符合相关国家对玻璃幕墙相关的规范，标准及规定，并应经建筑设计负责人会签，详见本说明第2.设计依据章节。

5.6.11 铝合金门窗、钢门窗一般为后安装施工，在建筑平、立、剖面图上标注的尺寸均为洞口尺寸，施工时必须核定尺寸并留出安装尺寸。

5.6.12 立樘位置：

1 铝合金门窗立樘位置外墙见外墙详图，内墙除图中有注明外均居中。
2 木门窗、塑钢门窗除注明者外，内开门窗立樘平开启方向墙粉刷面，外开门窗立樘于墙中，立樘平墙面粉刷者加贴脸。
3 在阳台、走道处铝合金的门、平开窗、钢门、钢平开窗、塑钢平开门窗按外粉刷面立樘，应考虑窗扇能贴墙边开启。

5.6.13 门窗小五金：
凡选用标准门窗均应按标准图配置齐全，非标准门窗按设计指定品种规格配置。（由铝合金门窗生产厂家配套，并经设计人认可。）

5.6.14 需180度开启者应采用长脚铰链等配件，以保证开启后与墙面平齐。

5.6.15 外开平开窗应有牢固窗扇的措施（《民用建筑设计通则》）。

5.6.16 门窗预埋在墙或柱内的木铁构件，应做防腐，防锈处理。

5.6.17 幕墙、防火门、防盗门、卷闸门等特殊加工门窗埋件由厂家提供，按要求预埋。

5.6.18 设置在防火墙上的常开甲级防火门，应同时设置能自行关闭的自动平开门控制器。

5.6.19 凡管井用丙级防火门，均要设100高门槛。

5.6.20 防火卷帘应安装在建筑的承重构件上，卷帘上部如不到顶，上部空间应用耐火极限与墙体相同的防火材料封闭。

5.7 油漆：

5.7.1 所有金属制品露明部分用防锈漆打底，面刷 调和 漆二度，颜色按图纸看样；不露明的金属制品刷底漆前应先除锈。

5.7.2 钢门窗用红丹（防锈漆）打底，面刷 调和 漆二度，颜色详图纸。

5.7.3 木门窗刮腻子打底，正面刷一底二度 调和 漆，颜色详图纸。

注：本说明中，凡有选择项目的条文，[ ]中有“√”的为本工程项目选用者。

5.8 电梯：

普通电梯及自动扶梯设计参数参照__________图集。
本工程选用电梯共____台（其中消防电梯____台，无障碍电梯____台）；自动扶梯共____台。电梯扶梯的参数，包括载重、速度、底坑深度、顶层高度等另见电梯选用参数表。预埋件及机房预留孔详见具体电梯厂家技术图纸。
电梯未带平衡安全锤时，地坑下部的空间应封闭。

5.9 消防：

5.9.1 本建筑为[ ]一类高层建筑 /[ ]二类高层建筑 / [√]多层建筑，建筑设有 环形 消防车道；

5.9.2 消防登高面见总平面图中的示意；

5.9.3 本工程建筑构件的燃烧性能和耐火极限，应符合 二 级耐火等级规定。

5.9.4 防火分区见各层平面图及附防火分区示意图。

5.10 防水设计：

5.10.1 屋面防水：
本工程屋面防水等级为 二 级。要求 2 道防水设防，防水构造作法详见各大样图；
采用如下防水屋面：
[√]卷材防水屋面　[√]涂膜防水屋面　[ ]刚性防水屋面
具体构造作法及防水作法详见各大样图。

5.10.2 卫生间淋浴间地面、墙面防水：
卫生间淋浴间地面防水采用 涂膜防水 材料，管道防水用建筑密封膏填充，做法详见图纸。地面防水层在墙柱交接处翻起高度不小于 200 mm，地面应坡向地漏，坡度为 ≥1 %。内墙面设 1800 高 涂膜防水 （防水涂料）， ≥2mm 厚。

5.10.4 水池防水：

5.10.4.1 水池采用防水混凝土结构防水，并于内壁及池底处设附加防水层，做法详见建施图中的“建筑构造与用料做法表”。

5.10.4.2 位于地下室的水池还应在外部增设一道附加防水层。防水混凝土抗渗等级为____，附加防水层材料详见各大样图。

5.10.4.3 生活水池的防水材料必须为无毒无污染材料。

5.11 屋面有组织排水要设置防溢水措施。

5.12 无障碍设计：
严格依据《城市道路和建筑物无障碍设计规范》进行无障碍设计，为所有人士提供平等的进入及使用权，避免用户族群歧视。并特别注意以下内容：

5.12.1 建筑入口处室内外高差为0.015m，高差面采用小斜面处理。

5.12.2 供残疾和行动不便人士使用的斜坡均应按规范规定的位置、坡长比设计。

5.12.3 残疾人卫生间、淋浴间、无障碍客房、无障碍住房内设施要按规范设置。

5.12.4 按规范设置残疾人停车位。

5.12.5 无障碍电梯的内部设施要按规范规定设置，详见电梯扶梯选型表。

5.13 其他：

5.13.1 本工程所有装饰材料的材质、颜色、规格，包括墙面、楼地面、油漆等，施工单位均应先做样板，经与设计单位、使用单位商定后，方订货及大面积施工。

5.13.2 凡贴墙、柱、楼地面等之大型石材，磨光花岗石颜色及纹理须经看样，且试铺排确定后方可施工。

5.13.3 砌体要求平整，灰缝均匀饱满，所有墙（柱）、楼（地）面、顶棚等抹面及面层粉刷要求平整、洁净、并应符合有关工程施工及验收规范的要求。

5.13.4 给排水管宜暗敷设置，位置详水施图；不在管井的立管均以侧砖包砌，横管应在吊顶上或楼地面以下安装，不应走在地面处。

5.13.5 暗装在管井、吊顶内的管道，凡阀门及检查口处均应设检修门。如未特别注明者：
1. 墙面检查口处检修门洞口尺寸均采用250mm×250mm；
2. 阀门处检修门洞口尺寸均采用500mm×500mm。

5.13.6 风机盘管水管阀门下方的封闭式天花吊顶均应设置600mm×600mm的检修口。

5.13.7 游泳池及食用水池内壁所用的防水材料必须经检验鉴定认为无毒方可施工，并需经蓄水化验水质符合卫生标准后方能使用。

5.13.8 本工程除特殊注明外，一般商场中货架、橱窗等设施，厨房和备餐的灶台、厨具等非固定设施，以及卫生间内洁具等均由使用单位自理。（另有详图者除外）

5.13.9 建筑物屋面避雷带位置详见电气专业施工图。避雷设施应在全施工过程中按要求实施。

5.13.10 二次装修材料的防火要求符合《建筑内部装修设计防火规范》。

5.13.10 所有需外包设计的专业图纸，如钢结构深化设计、幕墙工程深化设计、人防设计、煤气设计等，均需由专业公司另出详图，并经本院设计人签认后方可施工。

5.13.11 若总图、平立面图与详图不符，以详图为准。

序　号 Rev.	修改日期 Date	修改内容 Description

修 改 记 录

设计单位 | DESIGN INSTITUTE

×××建筑设计研究院
ARCHITECTURAL DESIGN & RESEARCH INST.
××× OF TECHNOLOGY

证　书 | 建筑工程设计证书号:A×××

单位出图专用章 | Stamp of Design Firm(s)

注册建筑师执业专用章 | Stamp of Registered Architect(s)

审　定: APPROVED BY	×××	
设计总负责: PROJECT DIRECTOR	×××	
专业负责: ENGINEER IN CHARGE	×××	
审　核: REVIEWED BY	×××	
校　对: CHECKED BY	×××	
设　计: DESIGNED BY	×××	
制　图: DRAFTED BY	×××	

建设单位 CLIENT	×××学校		
工程名称 PROJECT	×××学校 新校区建设项目～A12单身教师公寓		
图纸内容 TITLE	建筑设计总说明 (2)		
业务号 PROJECT NO.	2013-81-12	专　业 DISCIPLINE	建　筑
日　期 DATE		设计阶段 STAGE	施工图
版本号 INDEX	01	图　号 DRAWING NO.	建施-01-2

建筑构造用料做法表

类别	编号	用料做法	适用部位
屋面	屋-1 (上人屋面)	1. 8～10厚地砖铺平拍实，缝宽5～8,1：1水泥砂浆填缝（掺建筑胶） 2. 25厚1：4干硬性水泥砂浆，面上撒素水泥 3. 干铺无纺聚酯纤维布隔离层 4. 50厚硬质聚氨酯泡沫塑料 5. 1.2厚合成高分子防水卷材 6. 1.5厚合成高分子防水涂料 7. 刷基层处理剂一道 8. 20厚1：2.5水泥砂浆找平层 9. 20厚（最薄处）1：8水泥憎水膨胀珍珠岩找2%坡 10. 钢筋混凝土屋面板，表面清扫干净 注：找平层应按纵横不大于6米分缝，缝宽5～20mm，并嵌填密封材料（余同）	上人平屋面
屋面	屋-2 (不上人屋面)	1. 20厚1：2.5水泥砂浆，分格面积为1m ² 2. 满铺0.3厚聚乙烯薄膜一层 3. 40厚硬质聚氨酯泡沫塑料 4. 1.2厚合成高分子防水卷材 5. 1.5厚合成高分子防水涂料 6. 刷基层处理剂一道 7. 20厚1：2.5水泥砂浆找平层 8. 20厚（最薄处）1：8水泥憎水膨胀珍珠岩找2%坡 9. 钢筋混凝土屋面板，表面清扫干净	不上人屋面 （飘窗顶） 楼梯间顶等
屋面	屋-3	1. 1：2水泥砂浆找纵坡，起坡点深度为20，i=1% 2. 满铺0.3厚聚乙烯薄膜一层 3. 防水层（同屋-1） 4. 附加1.5厚合成高分子防水卷材，空铺200 5. 刷基层处理剂一道 6. 20厚1：2.5水泥砂浆找平层 7. 20厚（最薄处）1：8水泥憎水膨胀珍珠岩找2%坡 8. 钢筋混凝土屋面板，表面清扫干净	天面天沟
屋面	屋-4	1. S型瓦 2. 木挂瓦条30×25（h），中距按瓦材规格 3. 木顺水条25×12（h），中距500，固定用ϕ4长60水泥钉@600 4. 40厚C20细石混凝土保护层内配ϕ6@500×500钢筋网，随浇随抹平，每3米留缝，缝宽10，缝内灌填沥青麻丝 5.3厚改性沥青聚乙烯胎防水卷材 6. 20厚1：3水泥砂浆找平层 7. 50mm硬质聚氨酯发泡塑料 8. 20厚1：3水泥砂浆找平层 9. 钢筋混凝土屋面板	坡屋面
楼面	楼-1	1. 8～10厚地砖铺实拍平，1：1水泥砂浆填缝 2. 20厚1：4干硬性水泥砂浆 3. 素水泥浆结合层一道 4. 现浇混凝土屋面板	2人宿舍标准间 活动室 楼梯间等
楼面	楼-2	1. 20厚花岗石板铺实拍平，1：1水泥砂浆填缝 2. 30厚1：4干硬性水泥砂浆 3. 素水泥浆结合层一道 4. 现浇混凝土屋面板	内走道
楼面	楼-3	1. 20厚1：2水泥砂浆抹面压光 2. 素水泥浆结合层一道 3. 现浇混凝土屋面板	管井、设备间

类别	编号	用料做法	适用部位
	楼-4	1. 8～10厚防滑地砖铺实拍平，1：1水泥砂浆填缝 2. 25厚1：4干硬性水泥砂浆，面上撒素水泥 3. 1.2厚合成高分子防水涂料，面上撒黄沙，四周沿墙翻起1800 4. 刷基层处理剂一遍（基层必须干净、干燥） 5. 1：3水泥砂浆找平及找坡0.5%，坡向地漏，最薄处不小于15，随手抹光 6. 钢筋混凝土楼板	卫生间 阳台 公共洗衣房
地面	地-1	1. 8～10厚地砖铺实拍平，1：1水泥砂浆填缝 2. 20厚1：4干硬性水泥砂浆 3. 素水泥浆结合层一道 4. 60厚C15混凝土 5. 素土夯实	2人宿舍标准间 活动室 楼梯间等
地面	地-2	1. 8～10厚防滑地砖铺实拍平，1：1水泥砂浆填缝 2. 25厚1：4干硬性水泥砂浆，面上撒素水泥 3. 1.2厚合成高分子防水涂料，面上撒黄沙，四周沿墙翻起1800 4. 刷基层处理剂一遍（基层必须干净、干燥） 5. 1：3水泥砂浆找平及找坡0.5%，坡向地漏，最薄处不小于15，随手抹光 6. 60厚C15混凝土 7. 素土夯实 注：卫生间蹲位沉斗做法见大样	卫生间 阳台 公共洗衣房
地面	地-3	1. 40厚C20混凝土，掺水泥用量3%JJ91硅质密实剂，随打随抹平，撒水泥粉，压实赶光 2. 素水泥浆结合层一道 3. 80厚C10混凝土 4. 素土夯实	管井、设备间
内墙面	内墙-1	1. 滚乳胶漆二遍 2. 滚底漆一遍 3. 满刮腻子 4. 5厚1：2水泥砂浆 5. 15厚2：1：8水泥石灰砂浆，分2次抹灰 6. 刷专用界面剂一遍	2人宿舍标准间 活动室 走廊、楼梯墙面
内墙面	内墙-2	1. 4～5厚釉面砖，专用填缝料擦缝 2. 3～4厚1～1水泥砂浆加水重20%108胶镶贴 3. 刷素水泥浆一遍 4. 15厚1：2.5水泥砂浆 5. 刷建筑胶素水泥浆一遍，配合比为胶：水=1：4（适用于轻质混凝土墙体）	卫生间 阳台 公共洗衣房

类别	编号	用料做法	适用部位
墙裙	墙裙-1	1. 4～5厚釉面砖，白水泥浆擦缝 2. 3～4厚1：1水泥砂浆加水重20%建筑胶镶贴 3. 15厚专用抹灰砂浆，分2次抹灰 4. 刷专用界面一遍 注：墙裙一般贴至窗台底（卫生间以内墙-2为准）栏板内墙面贴砖应平齐顶部	各内墙面 （不含设备间）
踢脚	踢脚-1	1. 10厚1：2水泥砂浆抹面压光，120高 2. 15厚1：3水泥砂浆 3. 刷建筑胶素水泥浆一遍，配合比为胶：水=1：4	设备用房
顶棚	顶-1	1. 滚白色乳胶漆两遍 2. 滚底漆一遍 3. 满刮腻子一道，砂纸磨平 4. 钢筋混凝土底面清理干净	2人宿舍标准间 活动室 阳台 走廊、楼梯墙面
顶棚	顶-2	1. 5厚1：2水泥砂浆 2. 7厚1：3水泥砂浆 3. 钢筋混凝土底面清理干净	设备机房
顶棚	顶-3	1. 吊顶内部喷黑色涂料 2. 配套金属龙骨 3. 铝合金条型板	走廊、卫生间
外墙	外墙-1	面砖外墙面 1. 250×60湿式外墙砖，水泥砂浆勾缝 2. 甲基纤维素水泥浆黏接层 3. 20厚聚苯颗粒保温砂浆 4. 刷建筑胶素水泥浆一遍，配合比为胶：水=1：4（适用于轻质混凝土墙体）	详立面
外墙	外墙-2	涂料外墙面(总厚20mm) 1. 刷801胶素水泥浆一遍，配合比为801胶：水=1：4（适用于轻质混凝土墙体） 2. 20厚聚苯颗粒保温砂浆 3. 8厚1：2.5水泥沙浆木抹槎平 4. 氟碳外墙涂料（包括：底油、骨料、面油、罩光等工序）	详立面图 （本工程无）

类别	编号	用料做法	适用部位
地下室	侧壁	1. 20厚1：2水泥砂浆粉内墙面 2. 自防水钢筋混凝土结构侧壁板，抗渗等级为S6 3. 20厚聚合物水泥砂浆找平层兼刚性防水层 4. 卷材防水层 5. 聚酯无纺布隔离层 6. 40厚聚苯乙烯泡沫板保护层 7. 3：7灰土分层夯实	
地下室	底板	1. 20厚1：2.5水泥砂浆找平层，酌情分仓 2. 自防水钢筋混凝土结构底板，抗渗等级为S6，板面扫素水泥浆一道 3. 20厚聚合物水泥砂浆找平层兼刚性防水层 4. 50厚C20细石混凝土保护层 5. 聚酯无纺布隔离层 6. 卷材防水层 7. 20厚1：2.5水泥砂浆找平 8. 100厚 C15混凝土垫层 9. 素土夯实	

说明
1. 本表构造层次的顺序为从基层开始往外排列。
2. 建筑用料如有更改，均应事先征得业主和设计单位同意后，方可施工。
3. 本表做法如果与大样及详图有差异时请设计人员予以澄清。
4. 有特殊要求的位置详二次装修图纸。

序号 Rev.	修改日期 Date	修改内容 Description

修改记录

设计单位 | DESIGN INSTITUTE

×××建筑设计研究院
ARCHITECTURAL DESIGN & RESEARCH INST.
××× OF TECHNOLOGY

证 书 | 建筑工程设计证书号:A×××

单位出图专用章 | Stamp of Design Firm(s)

注册建筑师执业专用章 | Stamp of Registered Architect(s)

审 定: APPROVED BY	×××	
设计总负责: PROJECT DIRECTOR	×××	
专业负责: ENGINEER IN CHARGE	×××	
审 核: REVIEWED BY	×××	
校 对: CHECKED BY	×××	
设 计: DESIGNED BY	×××	
制 图: DRAFTED BY	×××	

建设单位 CLIENT	×××学校		
工程名称 PROJECT	×××学校 新校区建设项目～A12单身教师公寓		
图纸内容 TITLE	建筑构造用料做法表		
业务号 PROJECT NO.	2013-81-12	专业 DISCIPLINE	建筑
日期 DATE		设计阶段 STAGE	施工图
版本号 INDEX	01	图号 DRAWING NO.	建施-02

建筑节能设计说明专篇

一、设计依据

1.《公共建筑节能设计标准》（GB 50189—2005）
2.《民用建筑热工设计规范》（GB 50176—93）
3.《建筑照明设计标准》（GB 50034—2004）
4.《建筑外门窗气密，水密，抗风压性能分级及检测方法》（GB/T 7106—2008）
5.《建筑幕墙》（GB/T 21086—2007）
6. 国家、省市现行的相关建筑节能法律、法规

二、建筑概况

1. 建筑物性质：☑ 居住建筑 ☐ 公共建筑
2. 建筑物所处气候分区：夏热冬冷地区
3. 建筑面积 地上 19484 m²；地下____ m²
4. 建筑层数 地上 6 层，地下____ 层
5. 建筑高度 21.0
6. 架空层：☑有/ ☐无
7. 屋顶花园：☐有/ ☑无
8. 建筑朝向示意图，北向角度131°

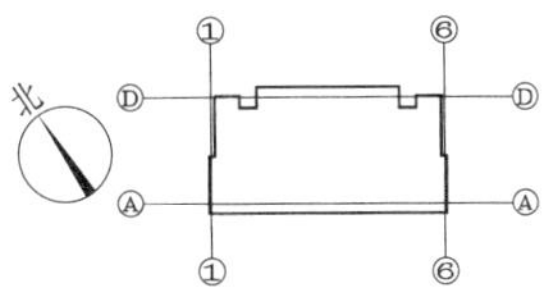

三、计算软件及版本

☑ 清华斯维尔建筑节能计算分析软件TH-BECS2014 ☐ PKPM建筑节能分析软件PBECA
☐ 天正建筑节能设计分析软件TBEC（广东版） ☐ 其他

四、外窗/天窗面积统计及遮阳系数计算

朝向	面积：外门窗编号	外窗面积(m²)	可开启面积m²	外窗数量	外窗总面积m²	朝向外窗总面积m²	遮阳：外窗自身遮阳系数SC	遮阳构件尺寸(m) 水平 A	水平 B	垂直 A	垂直 B	外遮阳系数SD 水平	垂直	挡板	综合	朝向外遮阳系数	朝向综合遮阳系数SW	整栋建筑平均综合遮阳系数
东	ML1	4.84	1.45	36	174.24	243.1	0.688	1.50	2.21	1.50	2.20	0.693	0.703		0.487	0.592	0.407	0.386
	MQ1	5.52	1.66	7	38.64		0.688								1.000			
	C1	2.52	0.76	12	30.24		0.688			1.80	2.10		0.672		0.672			
西	ML1	4.84	1.45	58	280.72	295.5	0.688	1.50	2.21	1.50	2.20	0.749	0.703		0.527	0.536	0.369	
	MC1	14.74	4.42	1	14.74		0.688	2.60	2.21			0.720			0.720			

五、围护结构构造做法及热工性能

1、外墙外表面平均太阳辐射吸收系数：$\rho \leq 0.65$

2、外墙热工性能：

外墙平均传热系数Km：1.67 （W/m²·k）平均热惰性指标Dm：3.39

表2.1 外墙热工性能计算表

部位	主要构造材料名称	厚度(mm)	λ(W/m·k)	S(W/m²·k)	R(m²·k/W)	K(W/m²·k)	D
梁柱	水泥砂浆	10	0.930	11.370	0.011	2.55	2.635
	无机保温砂浆	30	0.250	2.800	0.100		
	钢筋混凝土	200	1.740	17.200	0.115		
	石灰砂浆	20	0.810	10.070	0.025		
外墙	水泥砂浆	20	0.930	11.370	0.022	1.05	3.922
	无机保温砂浆	30	0.250	2.800	0.100		
	加气混凝土砌块	200	0.220	3.590	0.067		
	石灰砂浆	20	0.810	10.070	0.025		

3、屋面热工性能：

屋面平均传热系数Km：0.73 （W/m²·K）平均热惰性指标Dm：3.02

表3.1 屋面防火隔离带热工性能计算表

部位	屋面主要构造材料	厚度(mm)	λ(W/m·k)	S(W/m²·k)	R(m²·k/W)	K(W/m²·k)	D
屋顶	地砖	10	1.160	12.459	0.009	0.85	3.163
	水泥砂浆	20	0.930	11.370	0.027		
	岩棉(A级不燃)	40	0.045	0.748	0.741		
	SBS改性沥青防水卷材	3	0.230	9.370	0.013		
	水泥砂浆	20	0.930	11.370	0.022		
	憎水膨胀珍珠岩制品	20	0.108	1.859	0.123		
	钢筋混凝土	120	1.740	17.200	0.069		
	石灰砂浆	120	0.810	10.070	0.025		

本工程屋面的保温板的计算厚度为40mm，根据《倒置式屋面工程技术规程》（JGJ230—2010）中5.2.5的要求，实际厚度为40×1.25=50mm，特此说明。

表3.2 屋面热工性能计算表

部位	屋面主要构造材料	厚度(mm)	λ(W/m·k)	S(W/m²·k)	R(m²·k/W)	K(W/m²·k)	D
屋顶	地砖	10	1.160	12.459	0.009	0.65	2.924
	水泥砂浆	20	0.930	11.370	0.027		
	挤塑聚苯板(B1级难燃)	40	0.030	0.320	1.111		
	SBS改性沥青防水卷材	3	0.230	9.370	0.013		
	水泥砂浆	20	0.930	11.370	0.022		
	憎水膨胀珍珠岩制品	20	0.108	1.859	0.123		
	钢筋混凝土	120	1.740	17.200	0.069		
	石灰砂浆	120	0.810	10.070	0.025		

本工程屋面的保温板的计算厚度为40mm，根据《倒置式屋面工程技术规程》（JGJ230—2010）中5.2.5的要求，实际厚度为40×1.25=50mm，特此说明。

4、外窗及玻璃门热工性能：

表4.1 门窗热工性能

断热金属窗框 6mm透明+12mm空气+6透明	3.4	0.69	0.71

注：传热系数、遮阳系数为外窗本身热工性能参数，可见光透射比为玻璃材料性能参数。

5、公共建筑架空或外挑楼板热工性能：

表5.1 外挑楼板热工性能

主要构造材料	厚度(mm)	λ(W/m·k)	修正系数	传热系数 K(W/m²·k)
水泥砂浆	20	0.930	1.00	1.19
钢筋混凝土	100	1.740	1.00	
水泥砂浆	20	0.930	1.00	
岩棉（A级不燃）	30	0.045	1.20	
水泥砂浆	20	0.930	1.00	

六、窗墙面积比计算汇总

朝向	窗面积（m²）	外墙面积（m²）填充墙	外墙面积（m²）热桥	外围护面积合计（m²）	窗墙面积比
东	243.12	205.38	204.90	653.40	0.37
南	—	—	—	—	—
西	295.46	410.98	292.11	653.40	0.45
北	—	—	—	—	—

七、围护结构热工性能参数汇总表

设计部位		规定性指标			计算数值			保温材料及节能措施			备注
屋顶	实体部分	K≤0.7			0.73			50 厚挤塑聚苯板(B1级难燃) 计算厚度40，实际施工厚度50 屋面外圈500mm宽度做防火隔离带 防火隔离带采用50 厚岩棉(A级不燃)			
	透明部分	面积≤20%	K≤3.0		面积＝	K=—					
			SC≤0.4			SC=—					
外墙		K≤1.0			1.57			30 厚无机保温砂浆			
架空楼板		K≤1.0			1.19			30 厚岩棉(A级不燃)			
外挑楼板		K≤1.0			1.19			30 厚岩棉(A级不燃)			
地面		R≥1.2			0.39						
地下室外墙		R≥1.2			1.25			40 厚挤塑聚苯板(B1级难燃)			
单一朝向外窗（包括透明幕墙部分）	窗墙面积比	K	SC(东西南向/北向)		窗墙面积比		K	SC	可开启面积≥30%	可见光透射比≥0.4	
	≤0.2	≤4.7	——								
	>0.2-≤0.3	≤3.5	≤0.55/-		东	0.37	3.24	0.37	0.30		
	>0.3-≤0.4	≤3.0	≤0.50/0.60		西	0.45	3.24	0.32	0.30		
	>0.4-≤0.5	≤2.8	≤0.45/0.55		南	——	——	——	——		
	>0.5-≤0.7	≤2.5	≤0.40/0.50		北	——	——	——	——		
	气密性等级	外窗	≥6级		6		外窗材料	断热金属窗框6mm透明+12mm空气+6透明			
		透明幕墙	≥3级		3						
权衡判断	能源种类	设计建筑 能耗	设计建筑 单位面积能耗	参照建筑 能耗	参照建筑 单位面积能耗						
	空调年耗电量		39.55(W/m²)		42.00(W/m²)						
	年总耗电量		26.39(kW/m²)		41.00(kW/m²)						

注：1. 屋面和外墙的热工性能参数为全楼平均值。
2. 设计建筑的节能设计满足规定性指标时不用填写综合评价指标或权衡计算指标。

八、节能措施及材料送检要求

1. 外墙外表面太阳辐射吸收系数小于0.65应进行现场检验。
2. 外墙构造做法表2.1中的填充墙主材的导热系数，保温材料导热系数须进行抽样送检，其导热系数不应大于设计计算值。
3. 屋面构造做法表3.1、表3.2中的隔热材料的导热系数须进行抽样送检，其导热系数不应大于设计计算值。
4. 门窗热工性能表4.1中各类门窗的传热系数，遮阳系数和可见光透过率须进行抽样送检，其中传热系数和遮阳系数不应大于设计计算值，可见光透过率不应小于设计计算值。

以上项目需进行抽样送检，抽样送检的数量应按国家和广东省的建筑节能工程施工验收规范的规定执行，并应在施工安装前由监理人员督促施工单位抽样送检合格并签字。

九、设备节能

建筑设备节能另见设备施工图节能部分。

序号 Rev.	修改日期 Date	修改内容 Description

修改记录

设计单位 | DESIGN INSTITUTE

×××建筑设计研究院
ARCHITECTURAL DESIGN & RESEARCH INST.
××× OF TECHNOLOGY

证书 | 建筑工程设计证书号:A×××

单位出图专用章 | Stamp of Design Firm(s)

注册建筑师执业专用章 | Stamp of Registered Architect(s)

审定: APPROVED BY	×××	
设计总负责: PROJECT DIRECTOR	×××	
专业负责: ENGINEER IN CHARGE	×××	
审核: REVIEWED BY	×××	
校对: CHECKED BY	×××	
设计: DESIGNED BY	×××	
制图: DRAFTED BY	×××	

建设单位 CLIENT	×××学校		
工程名称 PROJECT	×××学校 新校区建设项目～A12单身教师公寓		
图纸内容 TITLE	建筑节能设计说明		
业务号 PROJECT NO.	2013-81-12	专业 DISCIPLINE	建筑
日期 DATE		设计阶段 STAGE	施工图
版本号 INDEX	01	图号 DRAWING NO.	建施-03

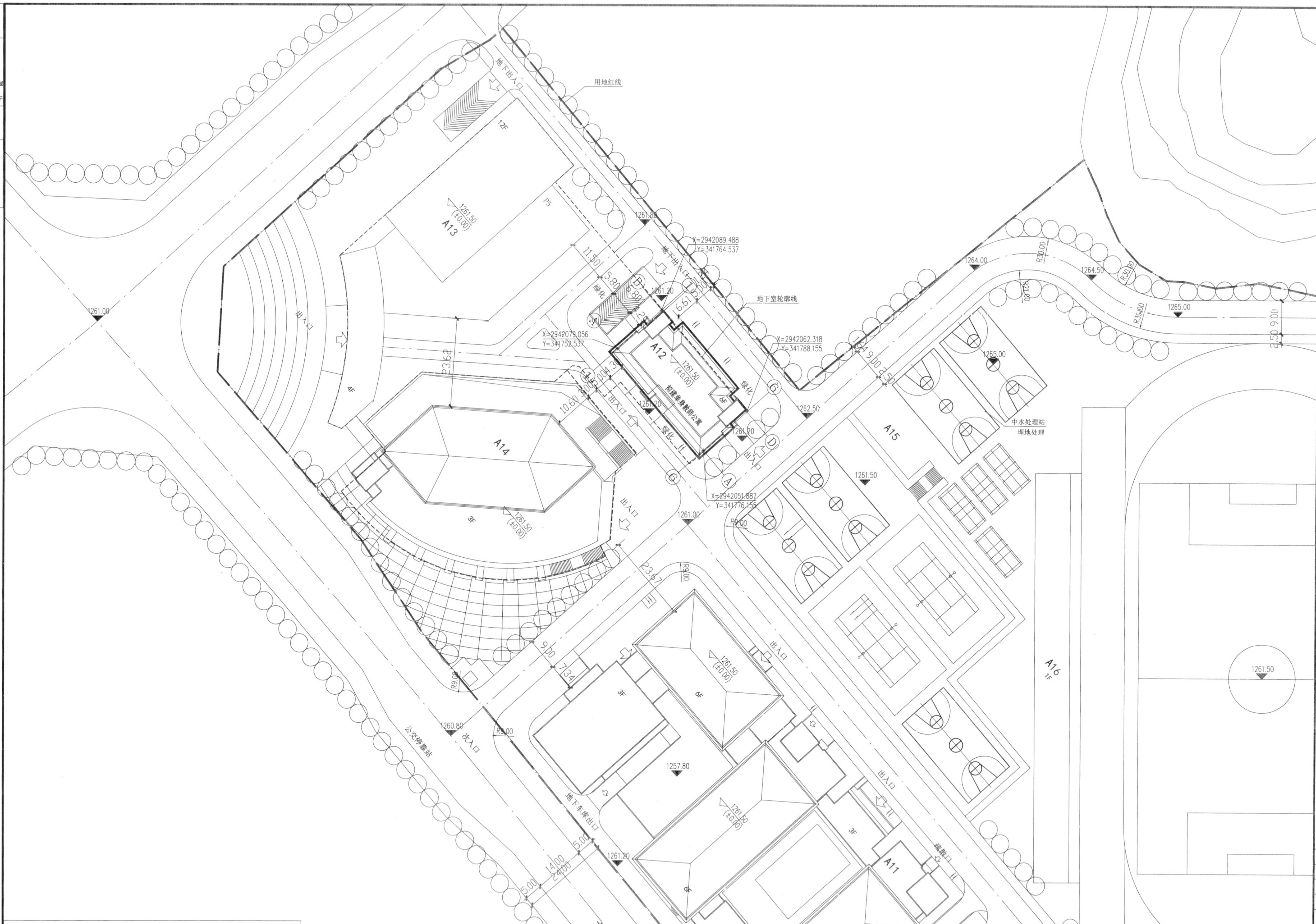

综合技术经济指标一览表

项目	计量单位	数值
规划总用地面积	m²	校园总控制
总建筑面积	m²	7941
计容建筑面积	m²	3636
不计容建筑面积	m²	836
建筑基底面积	m²	654
建筑层数	层	6
建筑高度	m	18.30

总平面图 1:500

北

±0.000相当于绝对标高1261.50

图例		
	1261.50 ▼	场地相对标高
	◊	出入口方向
	▭▭▭	临时停车位
	∥	场地排水方向

序号 Rev.	修改日期 Date	修改内容 Description

修改记录

设计单位 | DESIGN INSTITUTE

×××建筑设计研究院
ARCHITECTURAL DESIGN & RESEARCH INST.
××× OF TECHNOLOGY

证书 | 建筑工程设计证书号:A×××

单位出图专用章 | Stamp of Design Firm(s)

注册建筑师执业专用章 | Stamp of Registered Architect(s)

审定: APPROVED BY	×××	
设计总负责: PROJECT DIRECTOR	×××	
专业负责: ENGINEER IN CHARGE	×××	
审核: REVIEWED BY	×××	
校对: CHECKED BY	×××	
设计: DESIGNED BY	×××	
制图: DRAFTED BY	×××	

建设单位 CLIENT	×××学校		
工程名称 PROJECT	×××学校 新校区建设项目-A12单身教师公寓		
图纸内容 TITLE	总平面图		
业务号 PROJECT NO.	2013-81-12	专业 DISCIPLINE	建筑
日期 DATE		设计阶段 STAGE	施工图
版本号 INDEX	01	图号 DRAWING NO.	建施-04

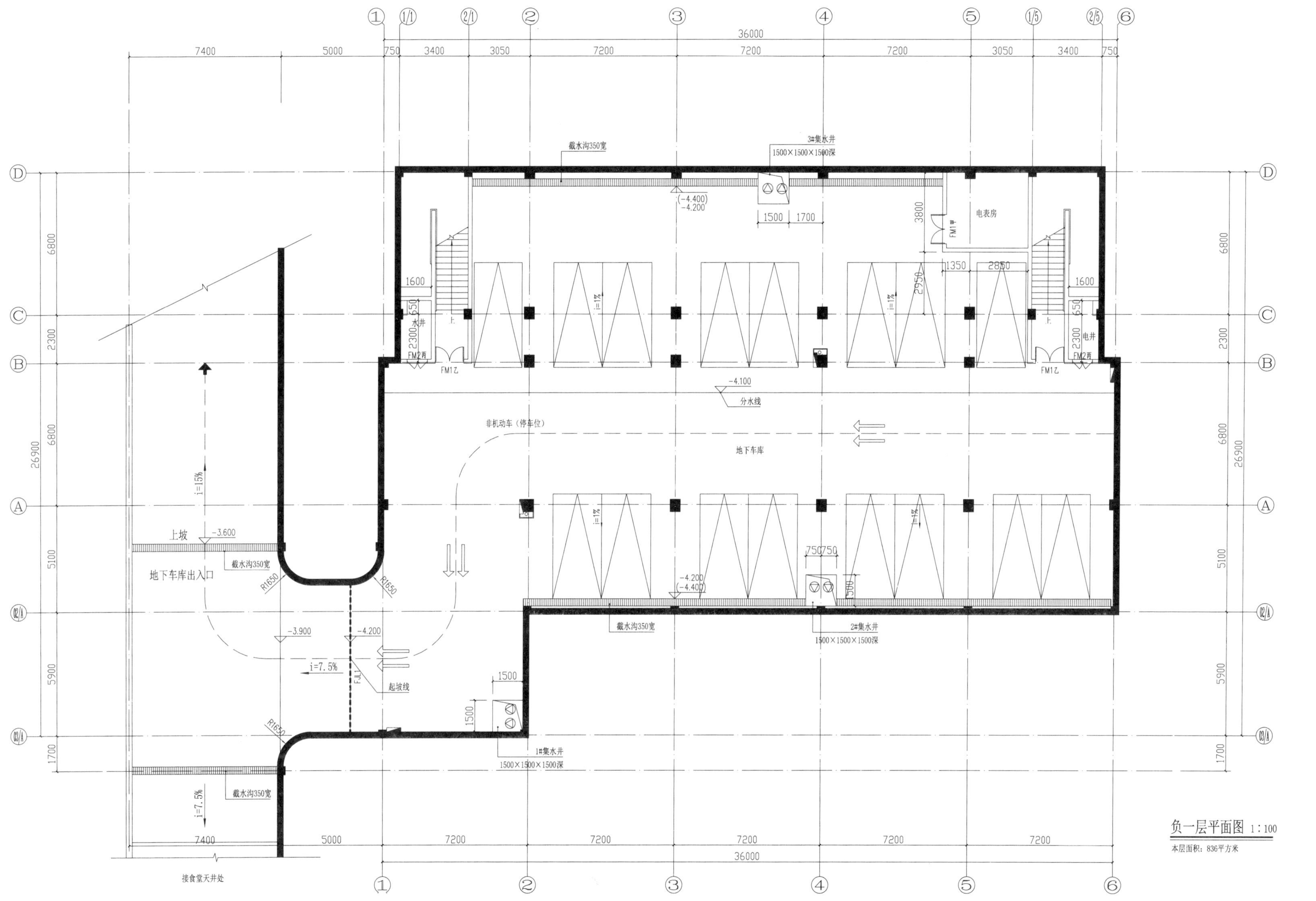

负一层平面图实例识读：

1、看图名：拿到图纸后，应该先从图名看起，通过看图名，我们知道本张图纸为负一层平面图，绘制比例为1：100，建筑面积为836平方米。

2、看定位轴线：本图纸横向定位轴线共7条，其中4条轴线为主轴线（A、B、C、D），2条为附加轴线（02/A、03/A）；竖向主轴线有6条（1～6），其中上开间1、2轴线之间附加2条附加轴线（1/1、2/1）。

3、看尺寸标注：本图纸1、2轴之间间距为7200mm；1、6轴之间间距为36000mm；A、B轴之间间距为6800mm；B、C轴之间间距为2300mm；03/A、D之间间距为26900mm。

4、看图示内容：本层为负一层平面图，通过图纸可以看出，本层主要作为地下停车场使用，图中虚线表示行车路线，进出口位置通过标高和坡度符号表明了路面坡度情况；除主要车辆出入口外另有两处楼梯通往一层地面；负一层楼面配备一处电表房和两处集水井，具体尺寸通过尺寸标注给出；其中根据平面图例可以看出，共有车位16个；本层左下处通道连接食堂天井位置。

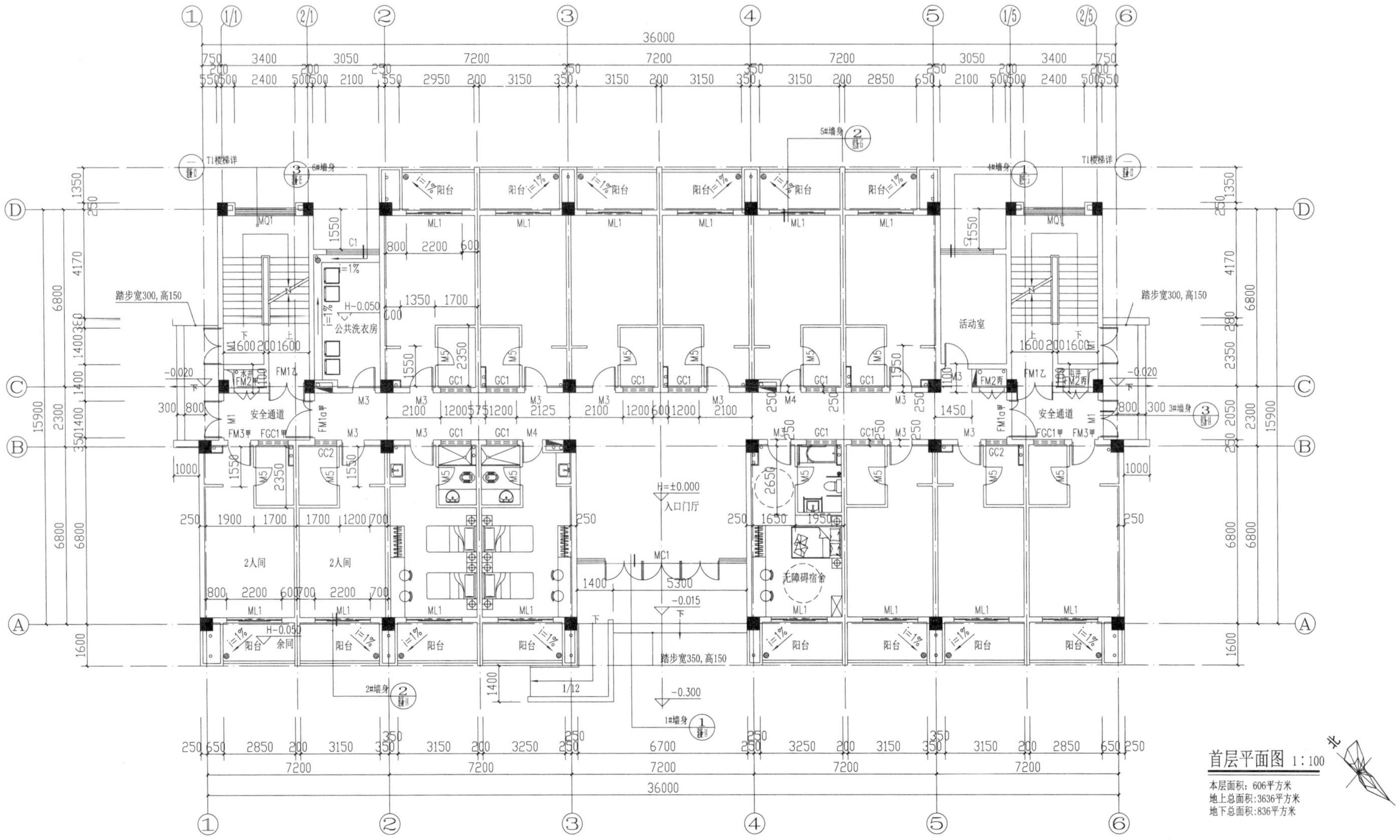

首层平面图 1:100

本层面积：606平方米
地上总面积：3636平方米
地下总面积：836平方米

识读要点：

1. 看图名：通过看图名，我们知道本张图纸为首层平面图，绘制比例为1:100，建筑面积为606平方米。
2. 看定位轴线：本图纸横向定位轴线共6条，其中4条轴线为主轴线（A、B、C、D），上下两端2条没有编号；竖向主轴线有6条（1～6），其中上开间1、2轴线之间附加2条附加轴线（1/1、2/1）；5、6轴线之间附加2条附加轴线1/5、2/5。
3. 看尺寸标注：为了便于读图和施工，一般在图形的下方和左侧注写三道尺寸，平面图较复杂时，也可以注写在图形的上方和右侧。
   第一道尺寸，是表示外墙门窗洞口的尺寸。如A-B轴线间的门M1，其宽度为1400mm，门洞边距轴线B的距离为350mm；又如B-C轴线间的门M1，其宽度为1400mm，门洞边距上一个门洞边为1400mm。
   第二道尺寸，是表示轴线间距离的尺寸，用以说明房间的开间及进深。如A-B轴线间房间的进深为6.8m，B-C轴线间的走廊宽度为2.3m。
   第三道尺寸，是首尾两轴线间尺寸或建筑外包总尺寸（从一端外墙边的总长和总宽的尺寸），图中A-D轴线间的尺寸为15900mm。
   三道尺寸之间应留有适当的距离（一般为7～10mm，但第一道尺寸线应距最外轮廓线15～20mm），以便注写数字等。应该注意，门窗洞口尺寸与轴线间尺寸要分别在两行上各自标注，不可混注一行。
4. 看图示内容：本层为首层平面图，通过图纸可以看出，本层主要布置为主要功能房间（宿舍），楼层大门位于图纸中间下部（MC1），门前设有台阶和坡道，其中台阶宽350、高150，坡道为L型，宽度1400，坡度1/12；走廊两端分别设有两个侧门作为应急出口；进入大门后是门厅，门厅标高为±0.000；图中房间开间为3600mm，进深为6800mm；通过图例可以看出，每个房间内设有卫生间、浴室、洗脸盆及各种家具（床、衣柜、写字台）；房间端部设有阳台，类型为凹阳台，阳台板设1%的坡度朝向下水孔；本层设有洗衣房和活动室各一间，分别位于两个楼梯间旁边；图中门窗详图及墙身大样均通过索引的方式标注出来。

说明	
	01. 平面图中所有标高除特别注明者外均为完成面标高，结构面相应降低50mm。
	02. 配电房、各种管井门口及管井洞口四周均反起200高门槛。
	03. 除标注外，所有墙厚均为200mm，包管墙厚均为100mm；开门位置除注明外门垛均为200。
	04. 建筑入口防滑地砖无障碍坡道做法详见国家建筑标准图集03J926 (2/22) 不锈钢管扶手做法参见03J926 (B/23)。
	05. 所有雨水管、冷凝水管、污水管、消防管及各种给水管对照建筑、水专业和结构专业图纸施工，外立面不能外露。
	06. ▬ 为消火栓，离地面300高位置预留700宽×1600高的消火栓洞口。注意按图纸包砌消火栓和立管，具体见建施-01总说明。
	07. 楼梯栏杆、平台走廊栏杆、玻璃幕墙内均设置栏杆，做法详大样。

序号 Rev.	修改日期 Date	修改内容 Description

修改记录

设计单位 | DESIGN INSTITUTE

×××建筑设计研究院
ARCHITECTURAL DESIGN & RESEARCH INST.
××× OF TECHNOLOGY

证书 | 建筑工程设计证书号：A×××

单位出图专用章 | Stamp of Design Firm(s)

注册建筑师执业专用章 | Stamp of Registered Architect(s)

审定：APPROVED BY	×××	
设计总负责：PROJECT DIRECTOR	×××	
专业负责：ENGINEER IN CHARGE	×××	
审核：REVIEWED BY	×××	
校对：CHECKED BY	×××	
设计：DESIGNED BY	×××	
制图：DRAFTED BY	×××	

建设单位 CLIENT	×××学校		
工程名称 PROJECT	×××学校 新校区建设项目～A12单身教师公寓		
图纸内容 TITLE	首层平面图		
业务号 PROJECT NO.	2013-81-12	专业 DISCIPLINE	建筑
日期 DATE		设计阶段 STAGE	施工图
版本号 INDEX	01	图号 DRAWING NO.	建施-06

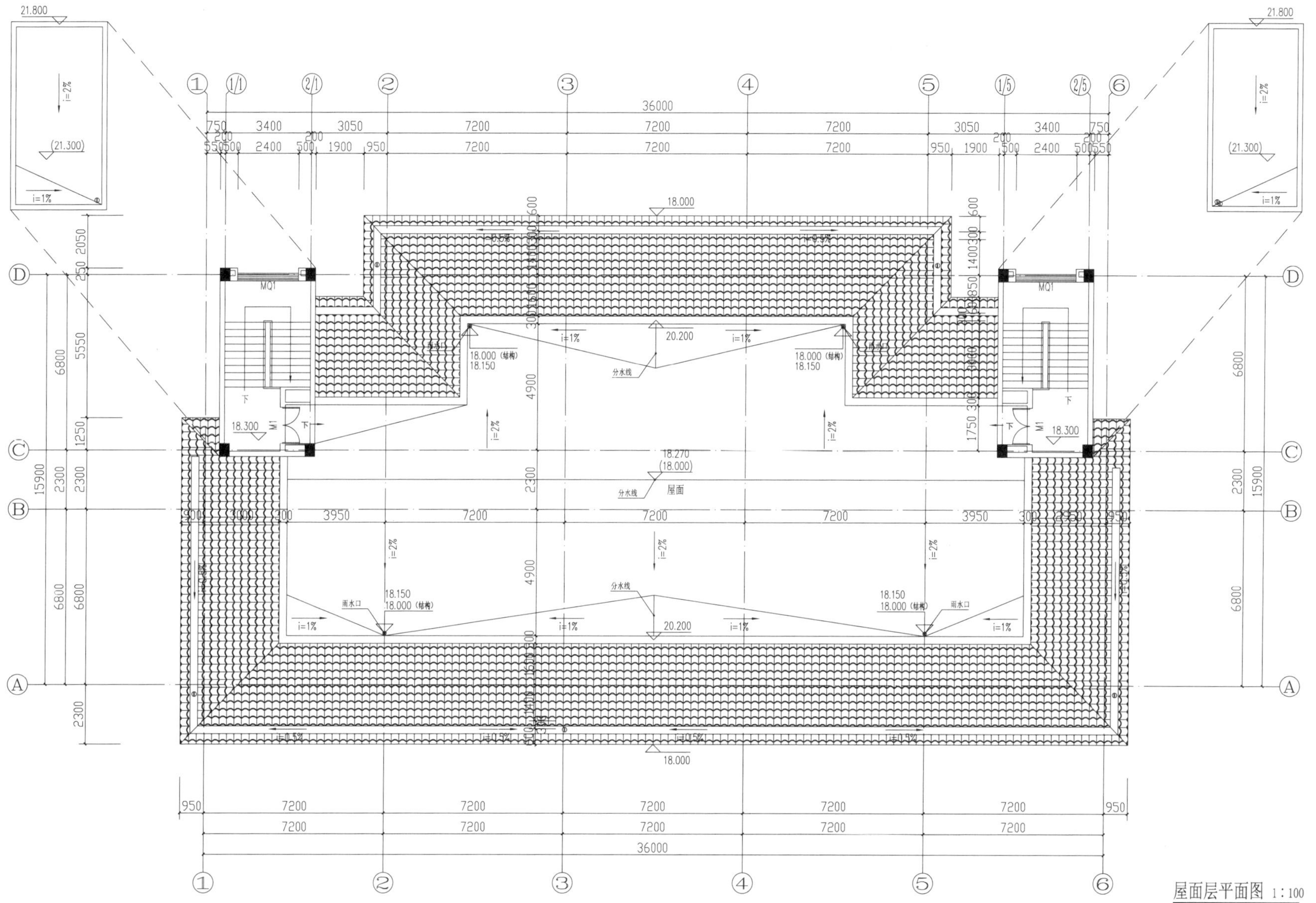

屋面层平面图 1:100

本层面积：56平方米

序号 Rev.	修改日期 Date	修改内容 Description

修改记录

设计单位 | DESIGN INSTITUTE

×××建筑设计研究院
ARCHITECTURAL DESIGN & RESEARCH INST.
××× OF TECHNOLOGY

证书 | 建筑工程设计证书号 A×××

单位出图专用章 | Stamp of Design Firm(s)

注册建筑师执业专用章 | Stamp of Registered Architect(s)

审定 APPROVED BY	×××
设计总负责 PROJECT DIRECTOR	×××
专业负责 ENGINEER IN CHARGE	×××
审核 REVIEWED BY	×××
校对 CHECKED BY	×××
设计 DESIGNED BY	×××
制图 DRAFTED BY	×××
建设单位 CLIENT	×××学校
工程名称 PROJECT	×××学校 新校区建设项目～A12单身教师公寓
图纸内容 TITLE	屋面层平面图

业务号 PROJECT NO.	2013-81-12	专业 DISCIPLINE	建筑
日期 DATE		设计阶段 STAGE	施工图
版本号 INDEX	01	图号 DRAWING NO	建施-09

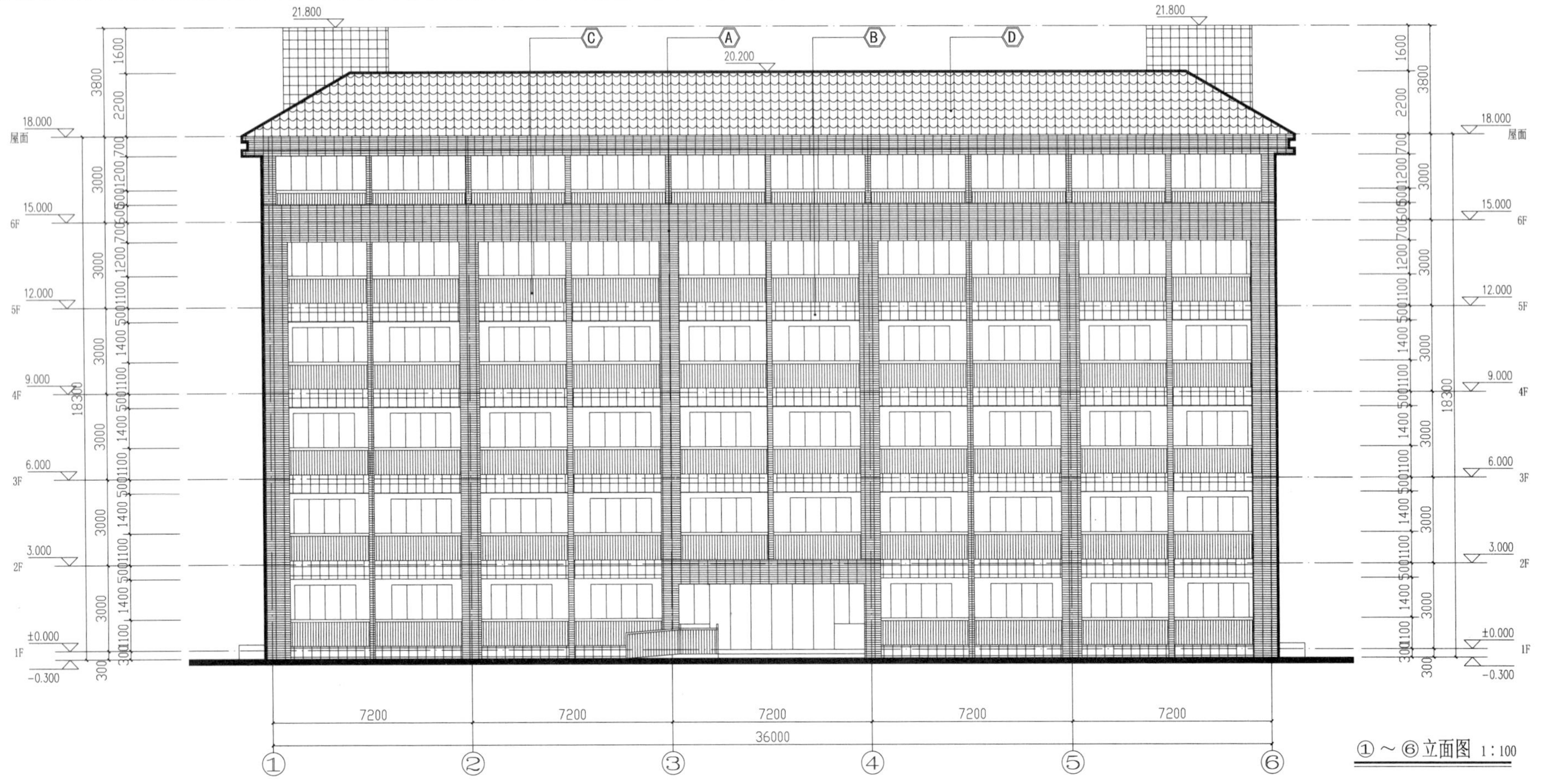

①～⑥立面图 1:100

立面材料表		
编号	材料	图例
A	灰色外墙柔性面砖 (250×60)	
B	砖红色外墙柔性面砖 (250×60)	
C	蓝灰色氟碳喷涂栏杆	
D	蓝灰色屋面S型瓦	

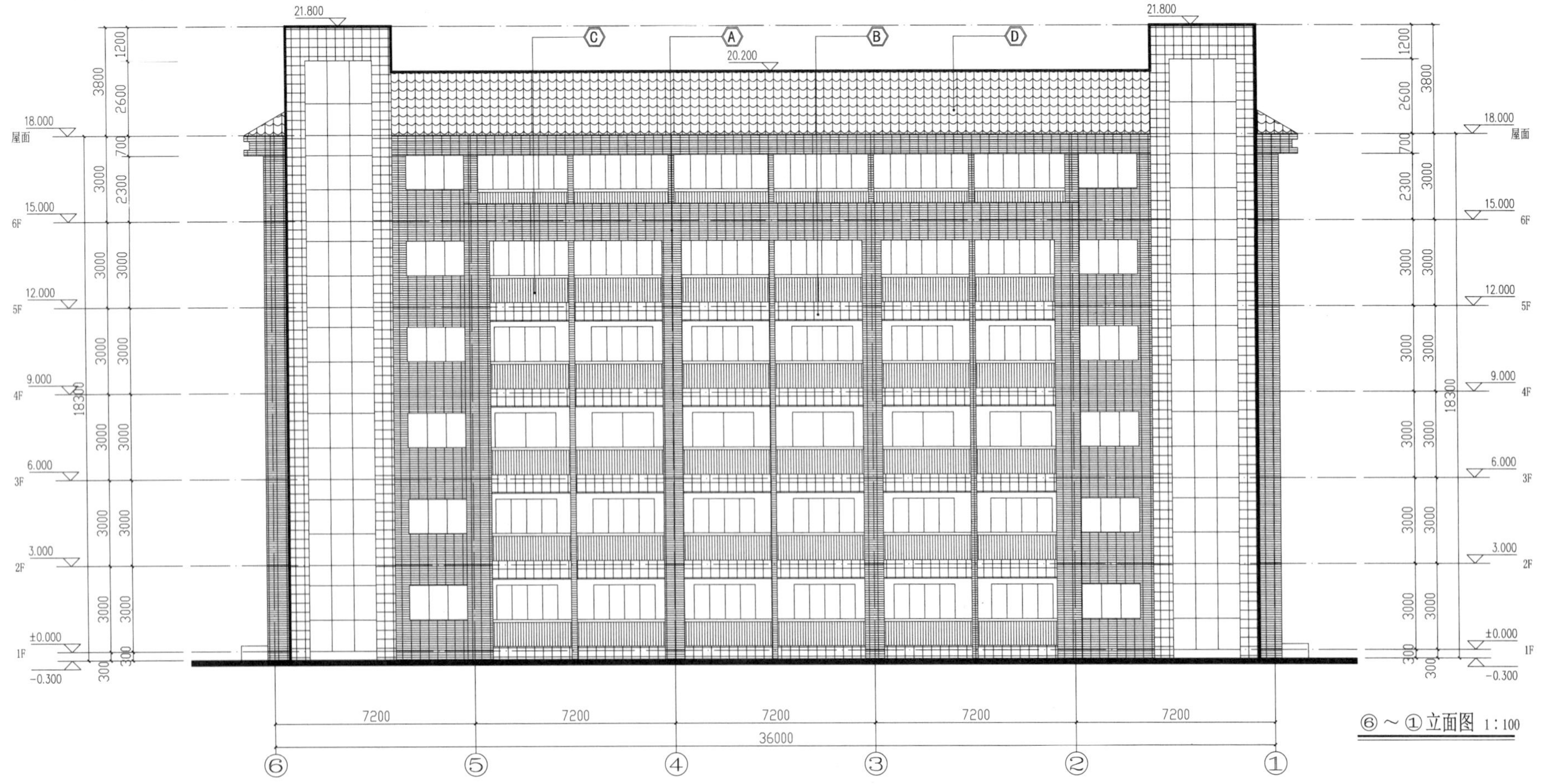

⑥～①立面图 1:100

序号 Rev.	修改日期 Date	修改内容 Description

修改记录

设计单位 | DESIGN INSTITUTE

×××建筑设计研究院
ARCHITECTURAL DESIGN & RESEARCH INST.
××× OF TECHNOLOGY

证书 | 建筑工程设计证书号:A×××

单位出图专用章 | Stamp of Design Firm(s)

注册建筑师执业专用章 | Stamp of Registered Architect(s)

审定: APPROVED BY	×××	
设计总负责: PROJECT DIRECTOR	×××	
专业负责: ENGINEER IN CHARGE	×××	
审核: REVIEWED BY	×××	
校对: CHECKED BY	×××	
设计: DESIGNED BY	×××	
制图: DRAFTED BY	×××	

建设单位 CLIENT	×××学校		
工程名称 PROJECT	×××学校 新校区建设项目～A12单身教师公寓		
图纸内容 TITLE	①～⑥立面图 ⑥～①立面图		
业务号 PROJECT NO.	2013-81-12	专业 DISCIPLINE	建筑
日期 DATE		设计阶段 STAGE	施工图
版本号 INDEX	01	图号 DRAWING NO.	建施-10

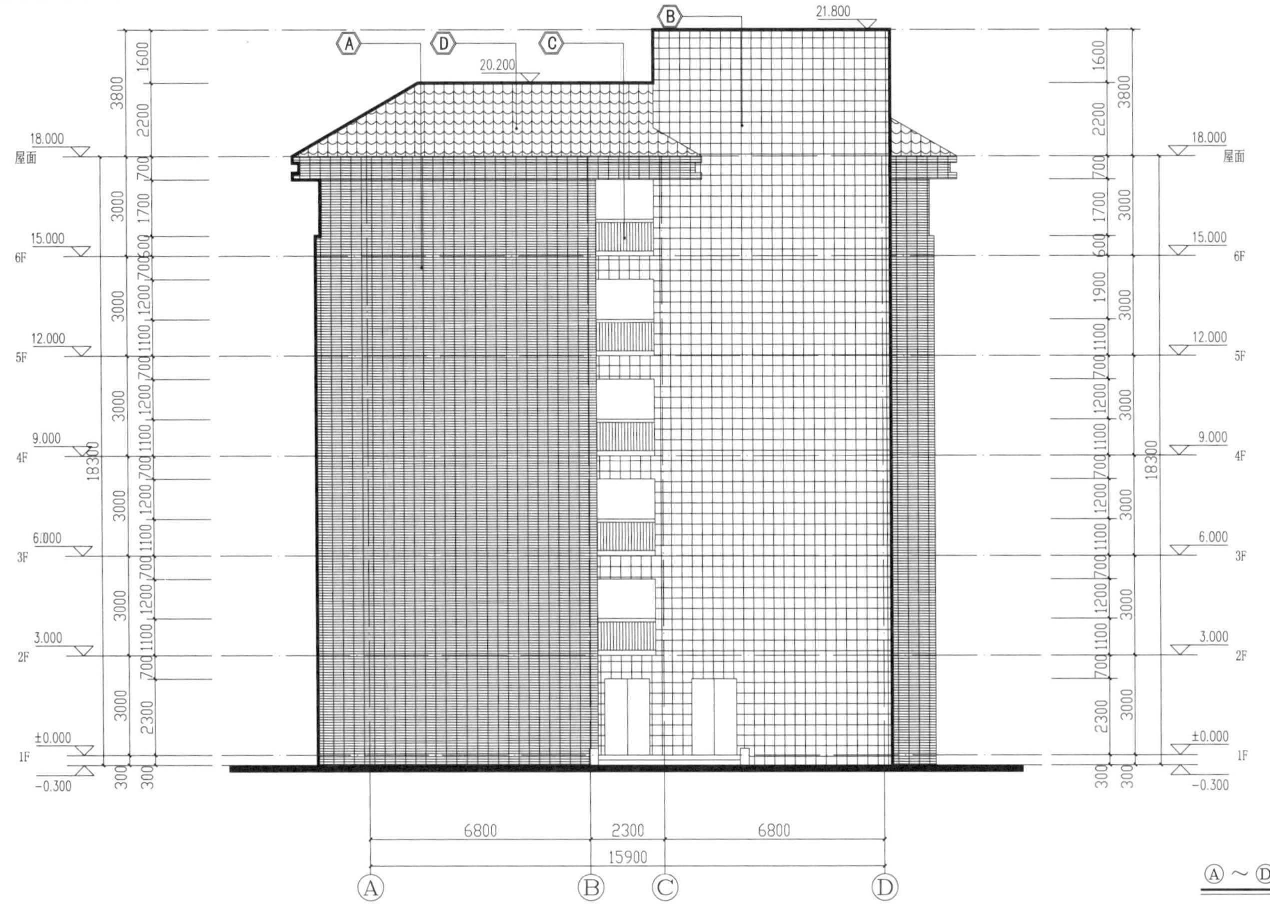

Ⓐ～Ⓓ立面图 1∶100

立面材料表

编号	材料	图例
A	灰色外墙柔性面砖　(250*60)	
B	砖红色外墙柔性面砖(250*60)	
C	蓝灰色氟碳喷涂栏杆	
D	蓝灰色屋面S型瓦	

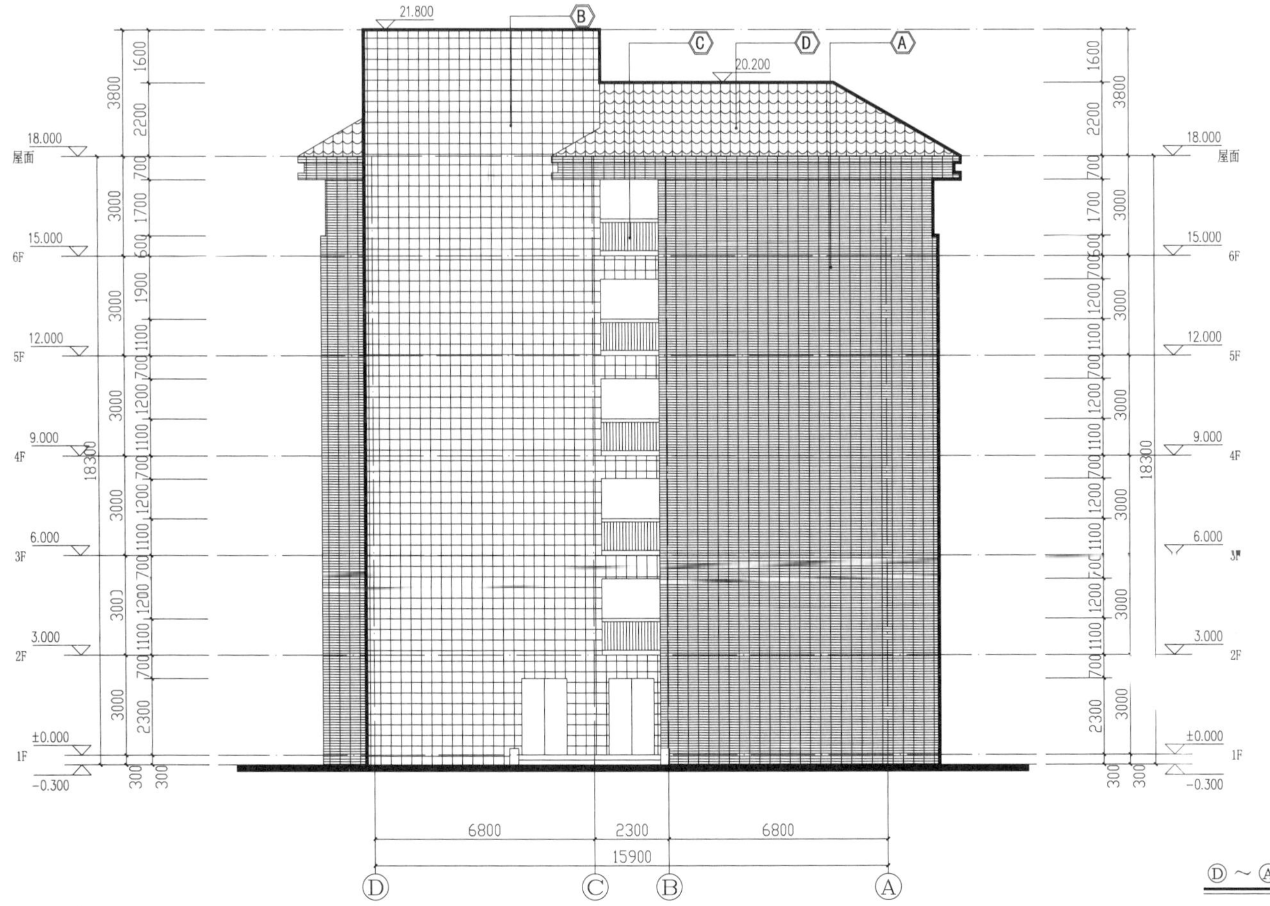

Ⓓ～Ⓐ立面图 1∶100

序号 Rev.	修改日期 Date	修改内容 Description

修改记录

设计单位 | DESIGN INSTITUTE

×××建筑设计研究院
ARCHITECTURAL DESIGN & RESEARCH INST.
××× OF TECHNOLOGY

证　书 | 建筑工程设计证书号:A×××

单位出图专用章 | Stamp of Design Firm(s)

注册建筑师执业专用章 | Stamp of Registered Architect(s)

审　定: APPROVED BY	×××	
设计总负责: PROJECT DIRECTOR	×××	
专业负责: ENGINEER IN CHARGE	×××	
审　核: REVIEWED BY	×××	
校　对: CHECKED BY	×××	
设　计: DESIGNED BY	×××	
制　图: DRAFTED BY	×××	

建设单位 CLIENT	×××学校		
工程名称 PROJECT	×××学校 新校区建设项目～A12单身教师公寓		
图纸内容 TITLE	Ⓐ～Ⓓ立面图 Ⓓ～Ⓐ立面图		
业务号 PROJECT NO.	2013-81-12	专业 DISCIPLINE	建筑
日期 DATE		设计阶段 STAGE	施工图
版本号 INDEX	01	图号 DRAWING NO.	建施-11

识读要点：

1. 剖面图的识读要与平面图结合起来，先在平面图中找到对应的剖切位置，找准剖视方向。
2. 依据轴线位置将剖面图中各构件与平面图中位置一一对应，培养整体思维。

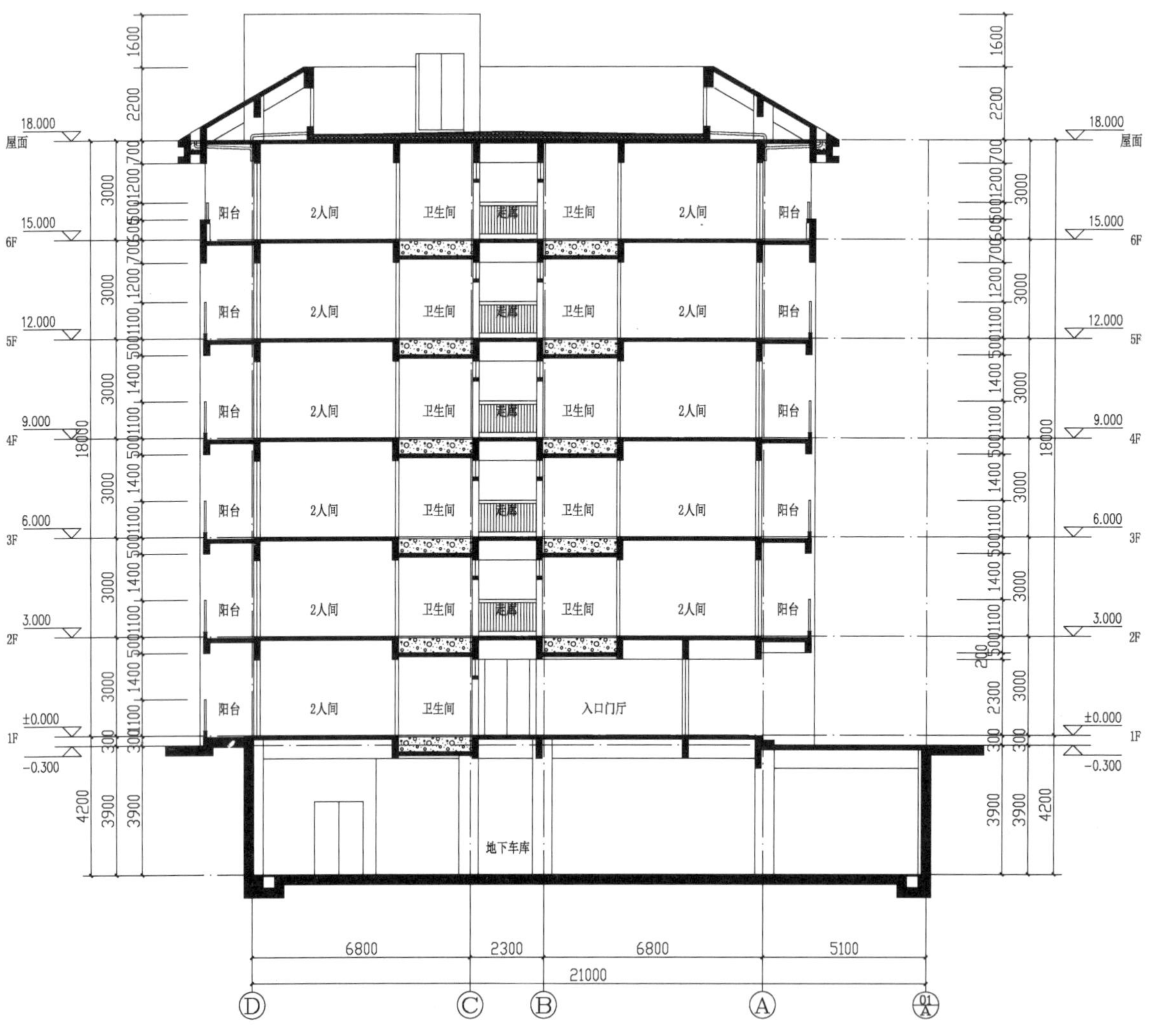

1-1 剖面图 1:100

识读要点：

1. 楼梯剖面图应该与平面图、楼梯详图、楼梯结构配筋图结合起来看，主要反映楼梯梯段踏步、楼层平台等信息。
2. 注意核对梯段的级数与平面图中相应梯段的踏步数是否一致，观察楼梯下净空高度是否满足相关构造要求。

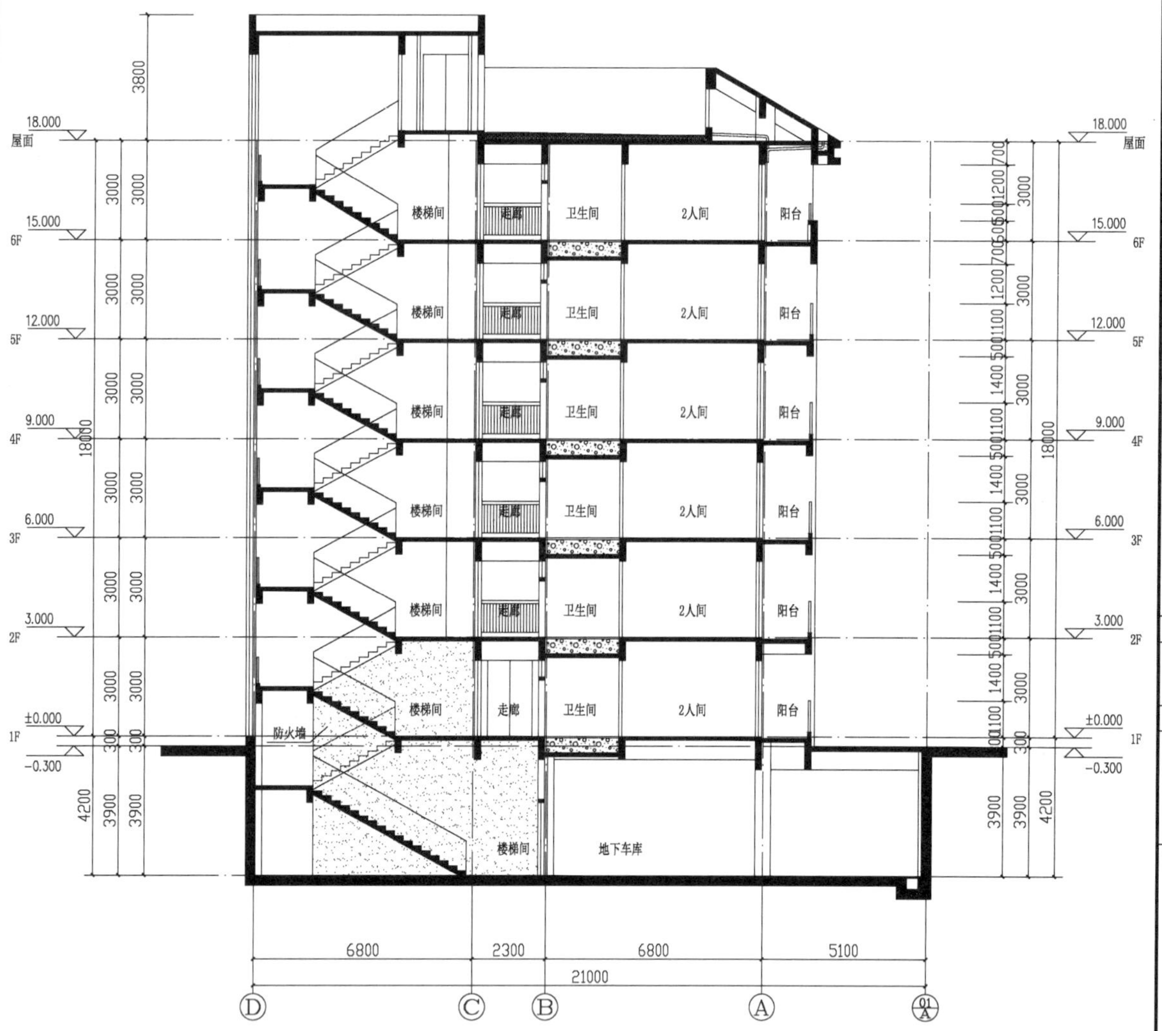

2-2 剖面图 1:100

序号 Rev.	修改日期 Date	修改内容 Description

修改记录

设计单位 | DESIGN INSTITUTE

×××建筑设计研究院
ARCHITECTURAL DESIGN & RESEARCH INST.
××× OF TECHNOLOGY

证书 | 建筑工程设计证书号:A×××

单位出图专用章 | Stamp of Design Firm(s)

注册建筑师执业专用章 | Stamp of Registered Architect(s)

审定 APPROVED BY	×××
设计总负责 PROJECT DIRECTOR	×××
专业负责 ENGINEER IN CHARGE	×××
审核 REVIEWED BY	×××
校对 CHECKED BY	×××
设计 DESIGNED BY	×××
制图 DRAFTED BY	×××
建设单位 CLIENT	×××学校
工程名称 PROJECT	×××学校 新校区建设项目~A12单身教师公寓
图纸内容 TITLE	1-1、2-2 剖面图

业务号 PROJECT NO.	2013-81-12	专业 DISCIPLINE	建筑
日期 DATE	2014.03	设计阶段 STAGE	施工图
版本号 INDEX	01	图号 DRAWING NO.	建施-12

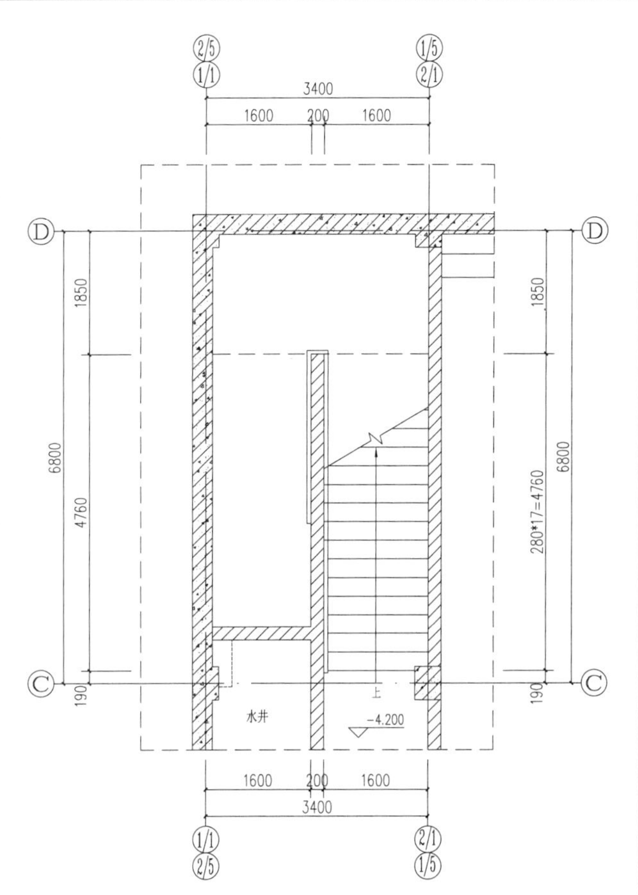

① T1.2 负一层平面图 1:50

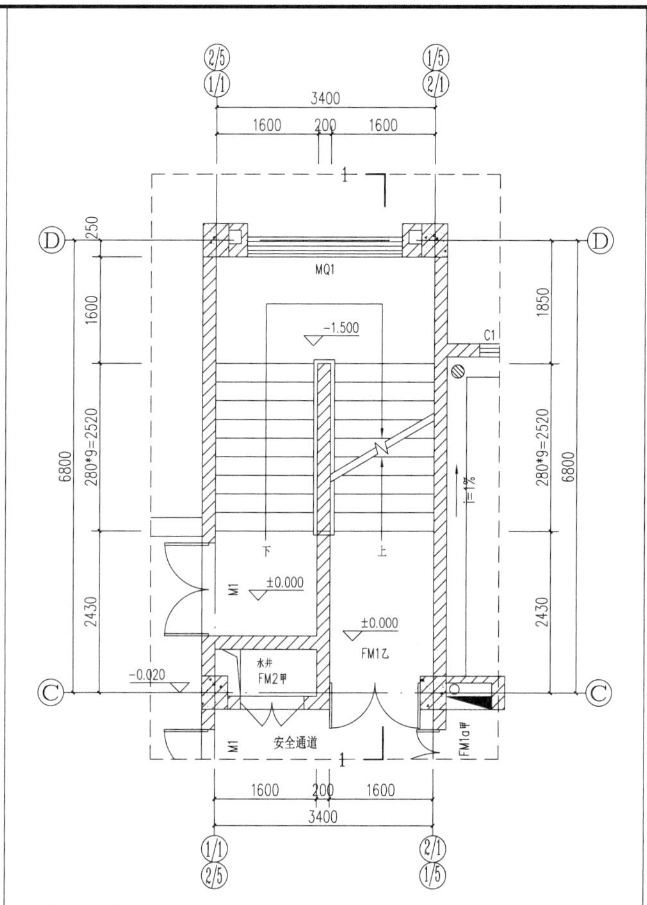

② T1.2 一层平面图 1:50

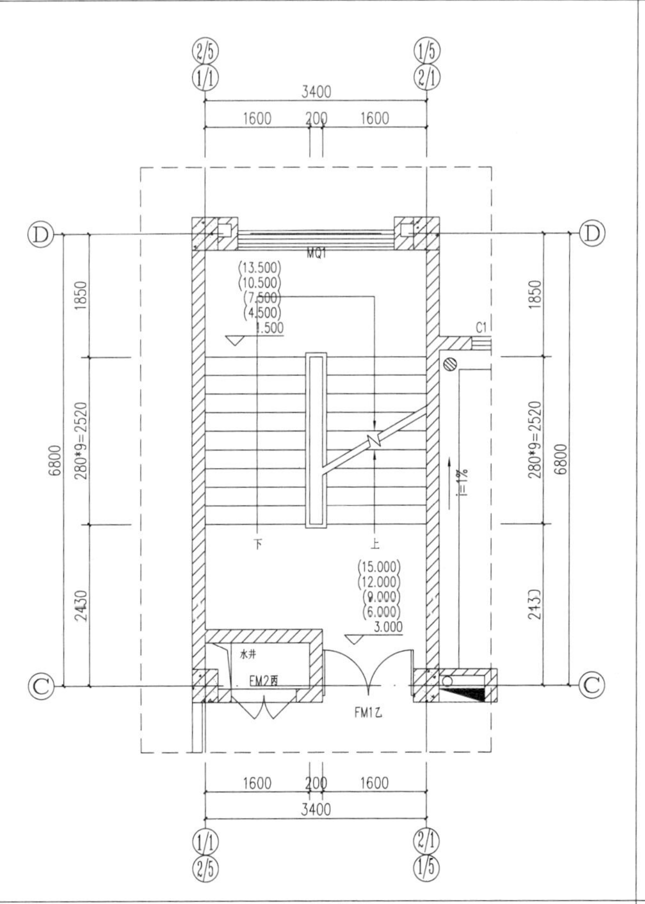

③ T1.2 二~六层平面图 1:50

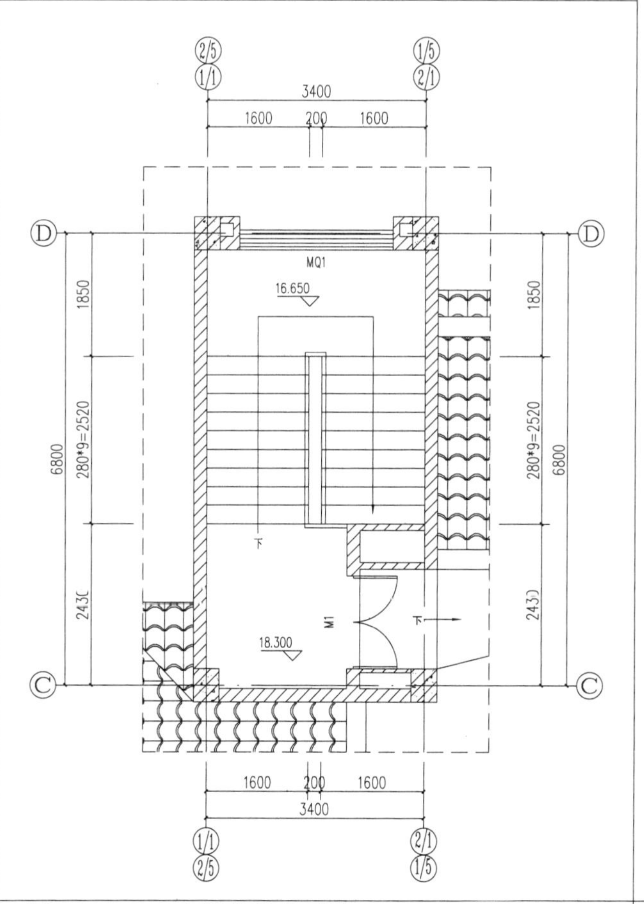

④ T1.2 屋面层平面图 1:50

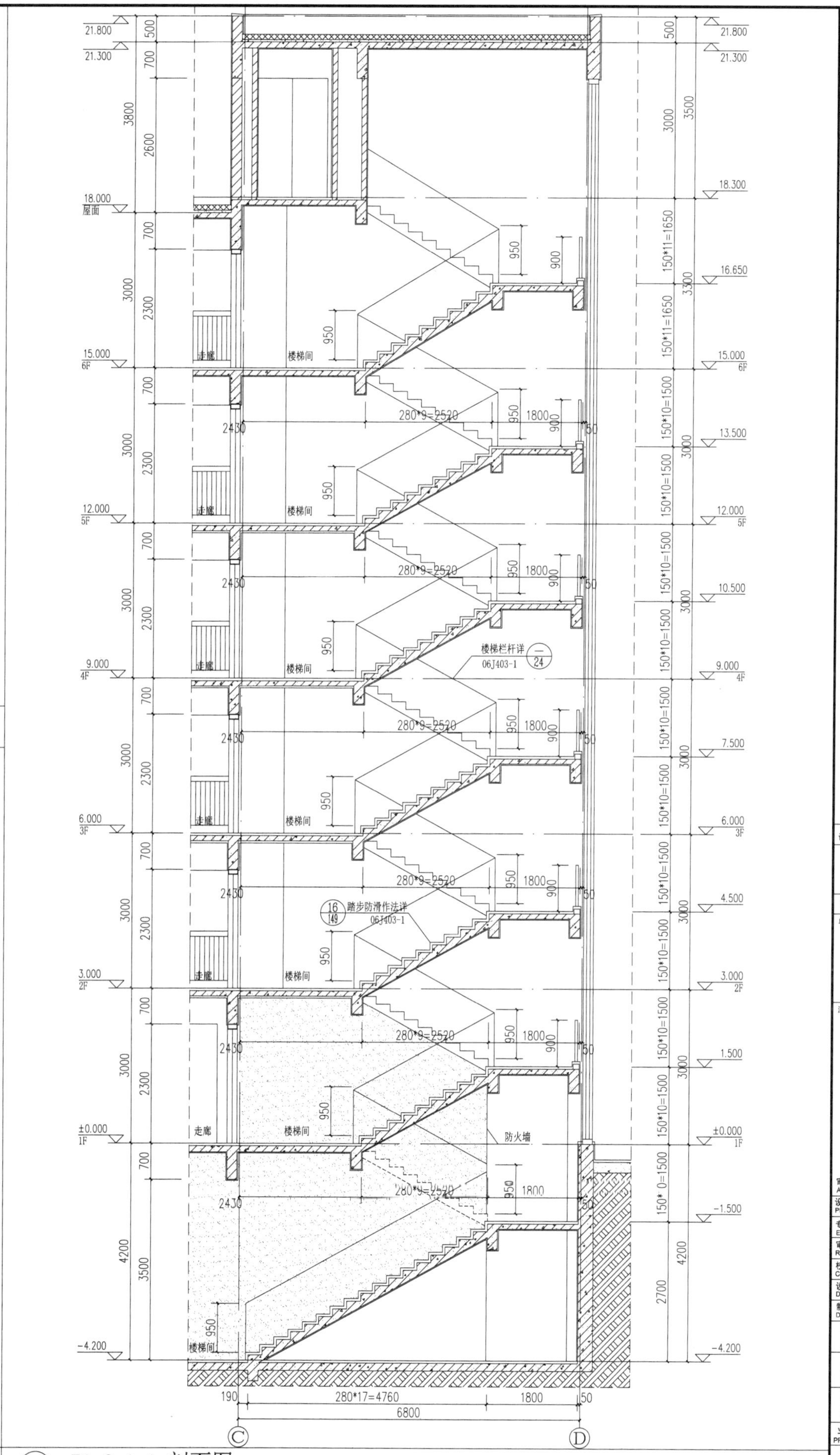

⑤ T1.2 1-1 剖面图 1:50

序号 Rev.	修改日期 Date	修改内容 Description

修改记录

设计单位 | DESIGN INSTITUTE

×××建筑设计研究院
ARCHITECTURAL DESIGN & RESEARCH INST.
××× OF TECHNOLOGY

证书 | 建筑工程设计证书号:A×××

单位出图专用章 | Stamp of Design Firm(s)

注册建筑师执业专用章 | Stamp of Registered Architect(s)

审定 APPROVED BY	×××
设计总负责 PROJECT DIRECTOR	×××
专业负责 ENGINEER IN CHARGE	×××
审核 REVIEWED BY	×××
校对 CHECKED BY	×××
设计 DESIGNED BY	×××
制图 DRAFTED BY	×××
建设单位 CLIENT	×××学校
工程名称 PROJECT	×××学校 新校区建设项目~A12单身教师公寓
图纸内容 TITLE	楼梯大样图

业务号 PROJECT NO.	2013-81-12	专业 DISCIPLINE	建筑
日期 DATE	2014.03	设计阶段 STAGE	施工图
版本号 INDEX	01	图号 DRAWING NO.	建施-13

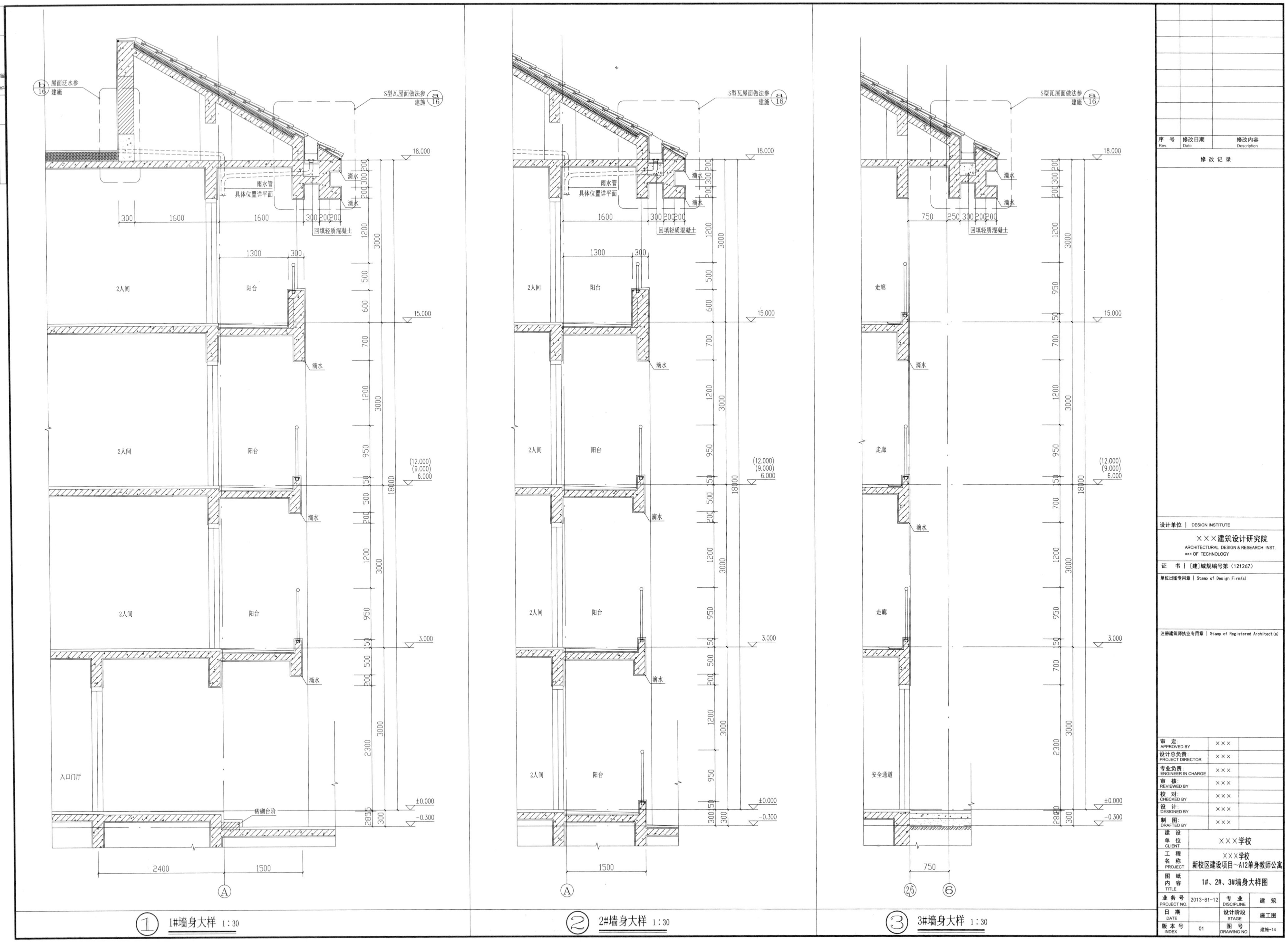
屋面泛水参建施
S型瓦屋面做法参建施
雨水管具体位置详平面
回填轻质混凝土
滴水
2人间
阳台
走廊
入口门厅
安全通道
砖砌台阶
18.000
15.000
(12.000)
(9.000)
6.000
3.000
±0.000
-0.300
18000
修改记录
序号 Rev.
修改日期 Date
修改内容 Description
设计单位 DESIGN INSTITUTE
×××建筑设计研究院
ARCHITECTURAL DESIGN & RESEARCH INST.
*** OF TECHNOLOGY
证书 [建]城规编号第（121267）
单位出图专用章 Stamp of Design Firm(s)
注册建筑师执业专用章 Stamp of Registered Architect(s)
审定 APPROVED BY ×××
设计总负责 PROJECT DIRECTOR ×××
专业负责 ENGINEER IN CHARGE ×××
审核 REVIEWED BY ×××
校对 CHECKED BY ×××
设计 DESIGNED BY ×××
制图 DRAFTED BY ×××
建设单位 CLIENT ×××学校
工程名称 PROJECT ×××学校 新校区建设项目～A12单身教师公寓
图纸内容 TITLE 1#、2#、3#墙身大样图
业务号 PROJECT NO. 2013-81-12
专业 DISCIPLINE 建筑
日期 DATE
设计阶段 STAGE 施工图
版本号 INDEX 01
图号 DRAWING NO. 建施-14
① 1#墙身大样 1:30
② 2#墙身大样 1:30
③ 3#墙身大样 1:30

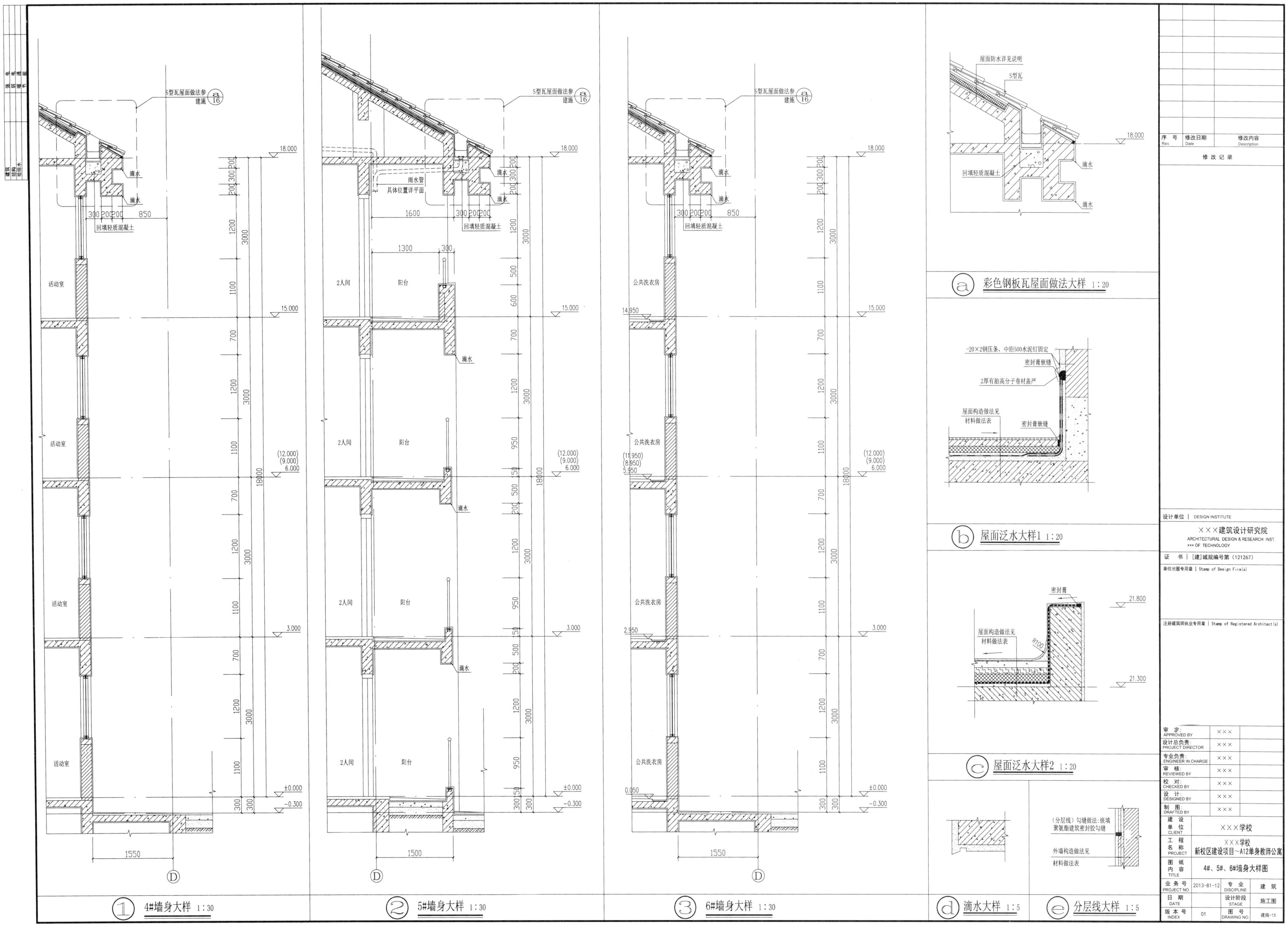

S型瓦屋面做法参 建施 a 16
滴水
雨水管
具体位置详平面
回填轻质混凝土
活动室
2人间
阳台
公共洗衣房
18.000
15.000
(12.000)
(9.000)
6.000
3.000
±0.000
−0.300
1550
1500
D
① 4#墙身大样 1:30
② 5#墙身大样 1:30
③ 6#墙身大样 1:30
屋面防水详见说明
S型瓦
ⓐ 彩色钢板瓦屋面做法大样 1:20
-20×2钢压条，中距500水泥钉固定
密封膏嵌缝
2厚有胎高分子卷材盖严
屋面构造做法见
材料做法表
ⓑ 屋面泛水大样1 1:20
密封膏
21.800
21.300
ⓒ 屋面泛水大样2 1:20
(分层线)勾缝做法:嵌填聚氨酯建筑密封胶勾缝
外墙构造做法见
材料做法表
ⓓ 滴水大样 1:5
ⓔ 分层线大样 1:5
序号 Rev.
修改日期 Date
修改内容 Description
修改记录
设计单位 DESIGN INSTITUTE
×××建筑设计研究院
ARCHITECTURAL DESIGN & RESEARCH INST.
*** OF TECHNOLOGY
证书 [建]城规编号第（121267）
单位出图专用章 Stamp of Design Firm(s)
注册建筑师执业专用章 Stamp of Registered Architect(s)
审定 APPROVED BY ×××
设计总负责 PROJECT DIRECTOR ×××
专业负责 ENGINEER IN CHARGE ×××
审核 REVIEWED BY ×××
校对 CHECKED BY ×××
设计 DESIGNED BY ×××
制图 DRAFTED BY ×××
建设单位 CLIENT ×××学校
工程名称 PROJECT ×××学校 新校区建设项目~A12单身教师公寓
图纸内容 TITLE 4#、5#、6#墙身大样图
业务号 PROJECT NO. 2013-01-12
专业 DISCIPLINE 建筑
日期 DATE
设计阶段 STAGE 施工图
版本号 INDEX 01
图号 DRAWING NO. 建施-15

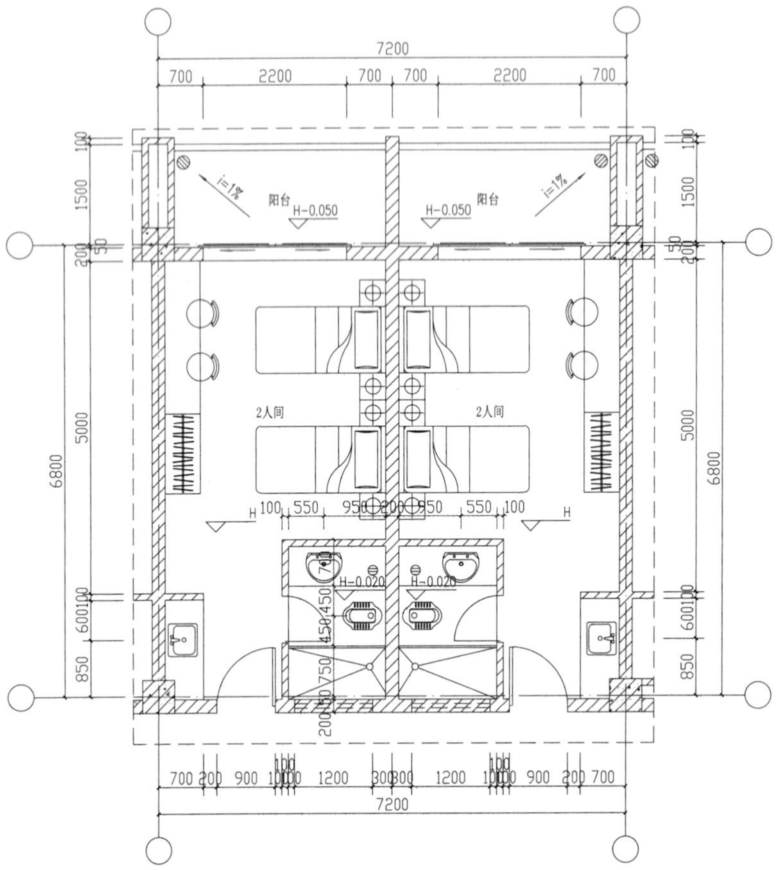

ⓐ 标准公寓大样 1∶50

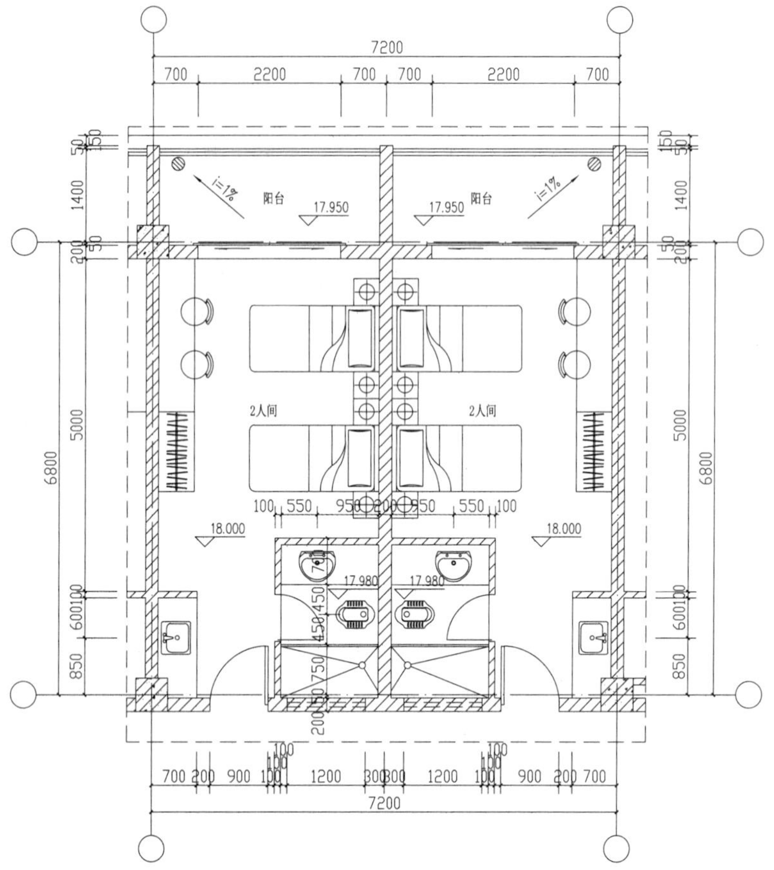

ⓑ 六层公寓大样 1∶50

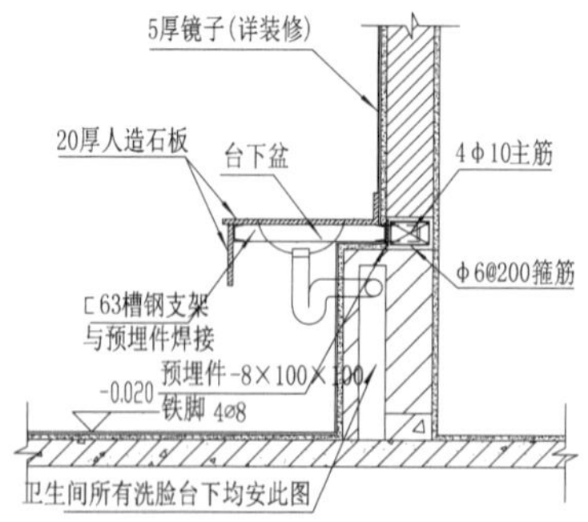

ⓓ 洗脸盆安装大样 1∶10

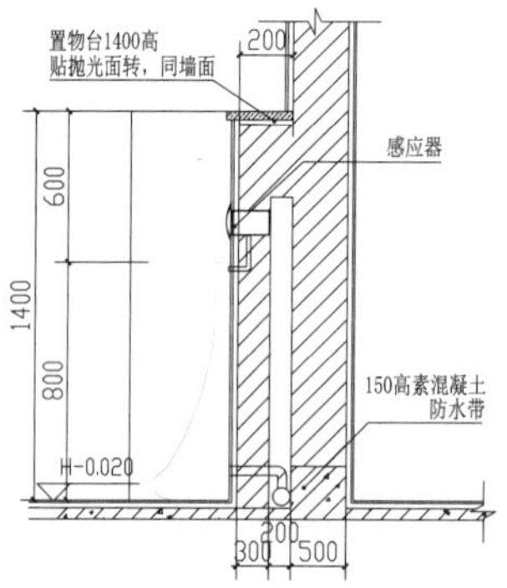

ⓔ 小便器大样 1∶10

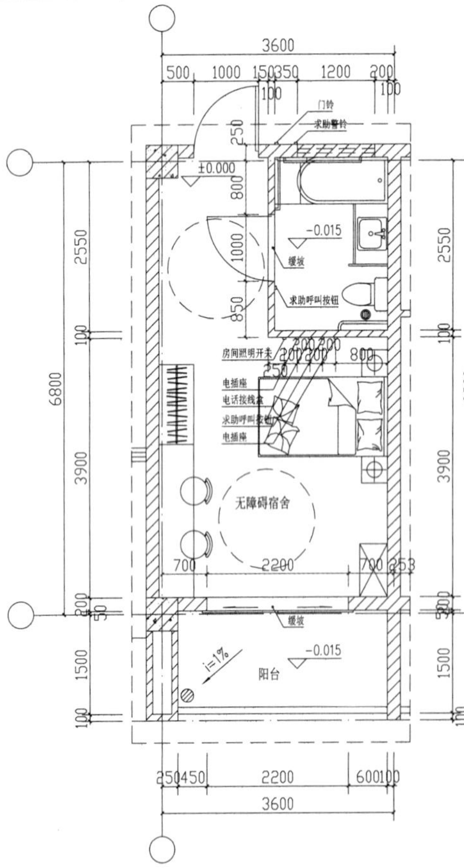

ⓒ 无障碍公寓大样 1∶50

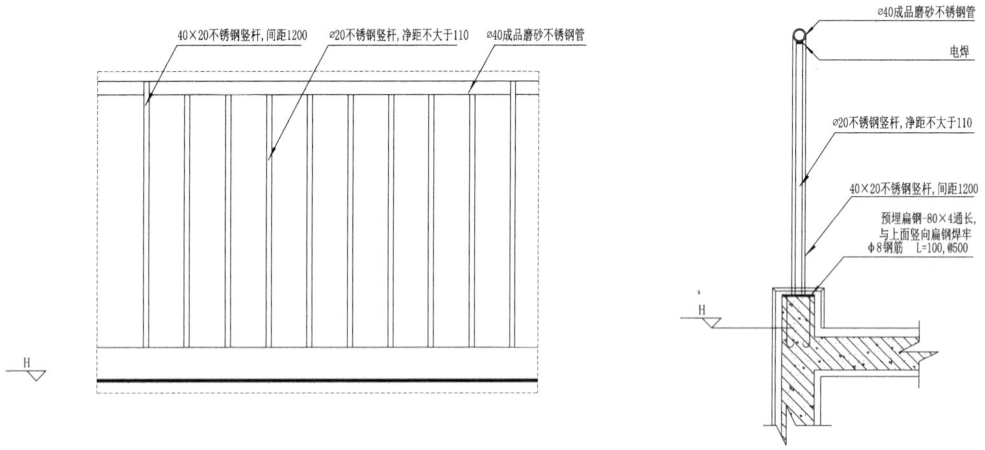

ⓓ 楼梯平台、走廊栏杆剖 立面大样 1∶50

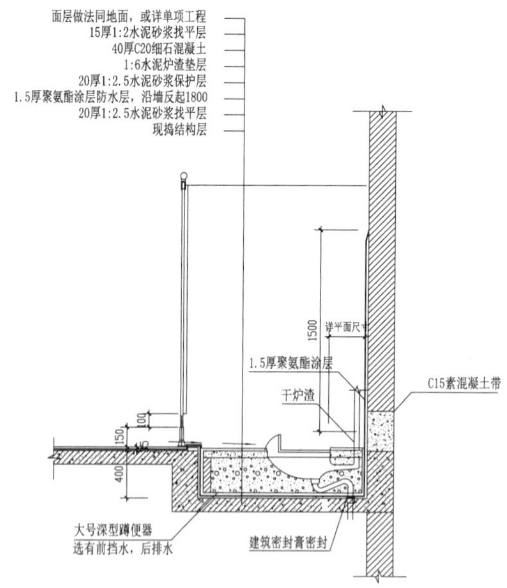

ⓕ 卫生间厕位大样 1∶20

说明：

1. 本图中所有标高除特别注明者外均为完成面标高。
2. 管道布置及地漏位置详水施，本图中卫生间之完成面标高均比与之对应楼层完成面标高低0.020米，残疾人卫生间低0.015米，地面以1%坡度向地漏。
3. 吊顶高度由二次装修确定，且不低于2.2米净高。所有厕所墙体瓷砖贴至吊顶以上0.1米。
4. 无障碍公寓设施，参见03J926第101页的B型平面布置。
5. 所有小便器、大便器、洗手台做法均以本图大样为准。其中：小便器见ⓔ，蹲位见ⓕ，洗手台见ⓓ。
6. 墩布池购买成品。
7. 大便器、小便器、洗手盆、浴缸的成品样式详二次装修图。

序号 Rev.	修改日期 Date	修改内容 Description

修改记录

设计单位 | DESIGN INSTITUTE

×××建筑设计研究院
ARCHITECTURAL DESIGN & RESEARCH INST.
××× OF TECHNOLOGY

证　书 | [建]城规编号第（121267）

单位出图专用章 | Stamp of Design Firm(s)

注册建筑师执业专用章 | Stamp of Registered Architect(s)

审　定: APPROVED BY	×××		
设计总负责: PROJECT DIRECTOR	×××		
专业负责: ENGINEER IN CHARGE	×××		
审　核: REVIEWED BY	×××		
校　对: CHECKED BY	×××		
设　计: DESIGNED BY	×××		
制　图: DRAFTED BY	×××		
建设单位 CLIENT	×××学校		
工程名称 PROJECT	×××学校 新校区建设项目～A12单身教师公寓		
图纸内容 TITLE	公寓大样图		
业务号 PROJECT NO.	2013-81-12	专业 DISCIPLINE	建筑
日期 DATE		设计阶段 STAGE	施工图
版本号 INDEX	01	图号 DRAWING NO.	建施-16

门窗表

编号	洞口尺寸（宽×高）/mm	数量									备注
		负一层	一层	二层	三层	四层	五层	六层	屋面	总数	
FM1甲	1400×2200	1								1	不锈钢门(成品甲级防火门)
FM1a甲	1400×2200		2							2	不锈钢门(成品甲级防火门)
FM1乙	1400×2200	2	2	2	2	2	2	2		14	不锈钢门(成品乙级防火门)
FM2甲	1000×2200		1							1	不锈钢门(成品甲级防火门)
FM2丙	1000×2200	2	2	3	3	3	3	3		19	不锈钢门(成品丙级防火门)
FM3甲	900×2200		2							2	不锈钢门(成品甲级防火门)
M1	1400×2200		4						2	6	不锈钢门
M3	900×2200		12	16	16	16	16	16		92	不锈钢门
M4	800×2200		2	2	2	2	2	2		12	不锈钢门
M5	700×2200		14	16	16	16	16	16		94	不锈钢门(用于卫生间)
MC1	6700×2200		1							1	铝合金门连窗
ML1	2200×2200		14	16	16	16	16	16		94	铝合金门连窗
C1	2100×1200		2	2	2	2	2	2		12	铝合金窗
GC1	1200×500		10	16	16	16	16	16		90	铝合金高窗
GC2	850×500		2							2	铝合金高窗
FGC1甲	1200×500		2							2	铝合金高窗(防火窗)
MQ1	2400×20600		2	2	2	2	2	2	2	2	铝合金幕墙窗

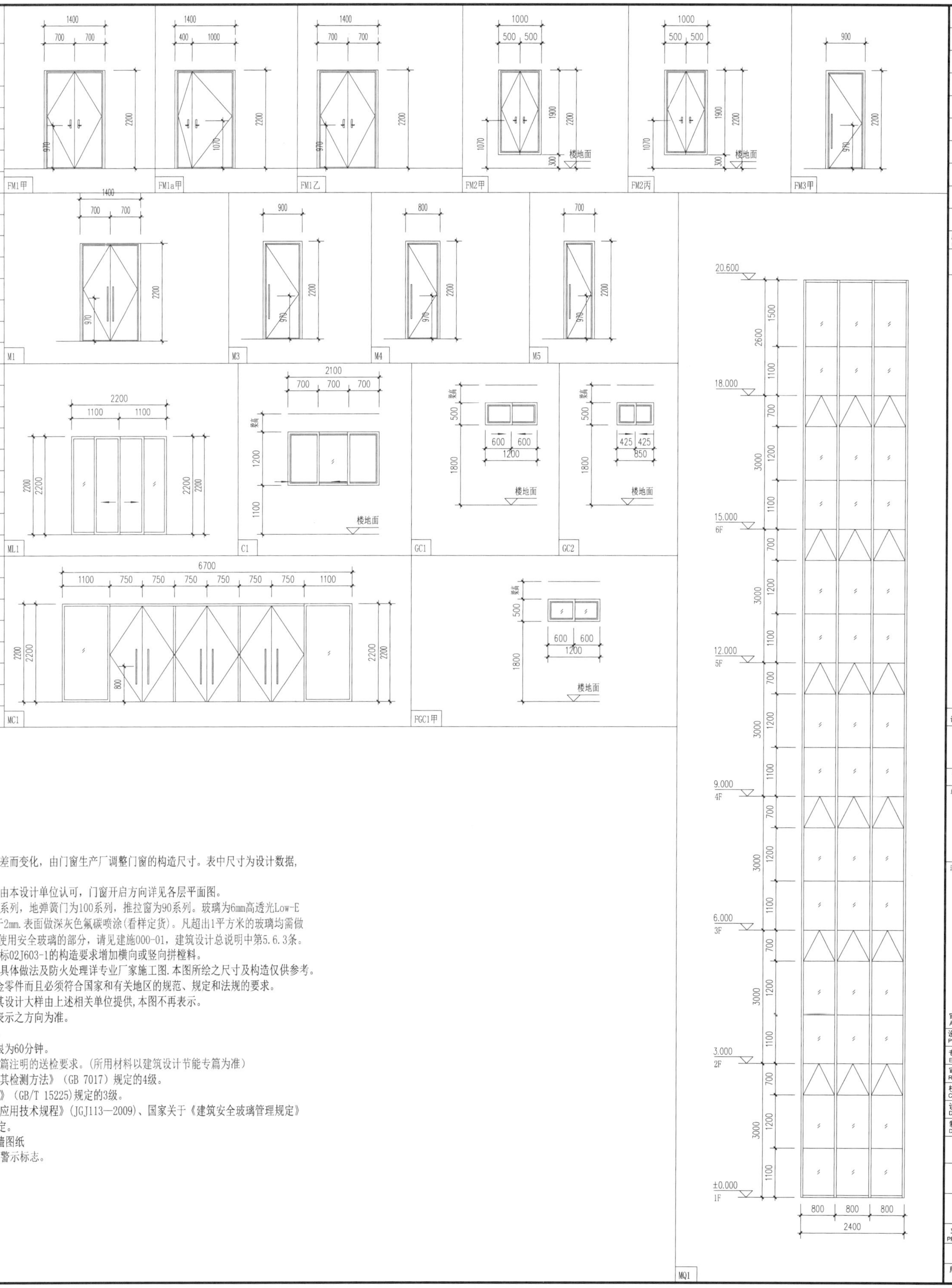

说明:

1. 门窗洞口尺寸与门框缝隙由于饰面材料不同及建筑施工误差而变化，由门窗生产厂调整门窗的构造尺寸。表中尺寸为设计数据，施工时以现场度量核实数字为准。
2. 本图只表示门窗立面分格。节点做法详供货厂家图纸，并由本设计单位认可，门窗开启方向详见各层平面图。
3. 所有窗（除玻璃幕墙外）均为铝合金玻璃窗，平开门为70系列，地弹簧门为100系列，推拉窗为90系列。玻璃为6mm高透光Low-E+12mm空气+6透明玻璃；铝材厚度窗不小于1.4mm,门不小于2mm.表面做深灰色氟碳喷涂(看样定货)。凡超出1平方米的玻璃均需做安全玻璃，小于1平方米的为5厚普通浮法玻璃。其余必须使用安全玻璃的部分，请见建施000-01，建筑设计总说明中第5.6.3条。
4. 本设计的组合门窗，如窗超出标准门窗洞口尺寸的应按国标02J603-1的构造要求增加横向或竖向拼樘料。
5. 玻璃雨篷采用钢化夹胶玻璃，幕墙和玻璃雨篷节点大样、具体做法及防火处理详专业厂家施工图.本图所绘之尺寸及构造仅供参考。
6. 所有门窗,玻璃幕墙等必须安装牢固并应配备完整的小五金零件而且必须符合国家和有关地区的规范、规定和法规的要求。
7. 凡是需要向消防、供电、卫生、环保等部门订做的门窗,其设计大样由上述相关单位提供,本图不再表示。
8. 未表示开启的为固定玻璃,平开门的开启方向请以平面图表示之方向为准。
9. 配电房及变压器房应在窗内加设铁丝网,网眼10mm×10mm。
10. 带有防火玻璃的门窗均采用钢质框料,防火玻璃的耐火极限为60分钟。
11. 本工程外窗、幕墙的热工性能应满足建筑节能设计说明专篇注明的送检要求。(所用材料以建筑设计节能专篇为准)
12. 本工程外窗的气密性不应低于《建筑外窗气密性能分级及其检测方法》（GB 7017）规定的4级。
13. 本工程幕墙的气密性能不应低于《建筑幕墙物理性能分级》（GB/T 15225)规定的3级。
14. 铝合金门窗制作安装应严格执行国家行业标准《建筑玻璃应用技术规程》(JGJ113—2009)、国家关于《建筑安全玻璃管理规定》发改运行〔2003〕2116号文中的强制性条文和其他相关规定。
15. 玻璃幕墙详细大样,如防火封堵、构架做法等请见玻璃幕墙图纸
16. 玻璃门以及落地玻璃均应在视线范围增设防止碰撞的安全警示标志。

序号 Rev.	修改日期 Date	修改内容 Description	
修改记录			
设计单位 DESIGN INSTITUTE	××建筑设计研究院 ARCHITECTURAL DESIGN & RESEARCH INST. ×× OF TECHNOLOGY		
证书	建筑工程设计证书号:A144002897		
单位出图专用章 Stamp of Design Firm(s)			
注册建筑师执业专用章 Stamp of Registered Architect(s)			
审定: APPROVED BY	×××		
设计总负责: PROJECT DIRECTOR	×××		
专业负责: ENGINEER IN CHARGE	×××		
审核: REVIEWED BY	×××		
校对: CHECKED BY	×××		
设计: DESIGNED BY	×××		
制图: DRAFTED BY	×××		
建设单位 CLIENT	×××学校		
工程名称 PROJECT	×××学校新校区建设项目~A12单身教师公寓		
图纸内容 TITLE	门窗表　门窗大样		
业务号 PROJECT NO.	2013-81-12	专业 DISCIPLINE	建筑
日期 DATE	2014.03	设计阶段 STAGE	施工图
版本号 INDEX	01	图号 DRAWING NO.	建施-17

结构专业施工图

版本号: 01
业务号: 2013-81-12

法人代表（院长）	Legal Representative Institute President	××× ×××
总建筑师	Chief Architect	×××
总工程师	Chief Engineer	×××
设计总负责	Project Director	×××

×××建筑设计研究院
Arch.Design & Research Inst. ××× of Tech.
设计证书编号 | Certificate No. : 甲级 | Class A×××

×××建筑设计研究院
ARCHITECTURAL DESIGN & RESEARCH INST.
XXX OF TECHNOLOGY

图纸目录

工程名称	×××学校 新校区建设项目～A12单身教师公寓	业务号	2013-81-12
建设单位	×××学校	专业	结构
		专业负责人	×××
		日期	2014年03月；设计阶段：施工图
		版本号	01；共 2 张；第 1 张

顺序	图幅	图纸编号	图纸名称	设计人	出图记录及出图日期 ～201403	备注
1	A1	结施-01a	钢筋混凝土结构设计总说明(1/2)		√	
2	A1	结施-01b	钢筋混凝土结构设计总说明(2/2)	×××	√	
3	A1+1/4	结施-02	桩基础平面图	×××	√	
4	A1	结施-03	地下一层墙柱定位轴线图	×××	√	
5	A1	结施-04	首层～六层柱定位轴线图	×××	√	
6	A1	结施-05	屋面层柱定位轴线图　楼梯详图	×××	√	
7	A1	结施-06	柱表 (Z1～LZ1)	×××	√	
8	A1	结施-07	首层结构布置平面图	×××	√	
9	A1	结施-08	首层梁配筋平面图(1)	×××	√	
10	A1	结施-09	首层梁配筋平面图(2)	×××	√	
11	A1	结施-10	二层结构布置平面图	×××	√	
12	A1	结施-11	二层板配筋平面图	×××	√	
13	A1	结施-12	二层梁配筋平面图(1)	×××	√	
14	A1	结施-13	二层梁配筋平面图(2)	×××	√	
15	A1	结施-14	三～五层结构布置平面图	×××	√	
16	A1	结施-15	三～五层板配筋平面图	×××	√	
17	A1	结施-16	三～五层梁配筋平面图(1)	×××	√	
18	A1	结施-17	三～五层梁配筋平面图(2)	×××	√	
19	A1	结施-18	六层结构布置平面图	×××	√	
20	A1	结施-19	六层板配筋平面图	×××	√	
21	A1	结施-20	六层梁配筋平面图(1)	×××	√	
22	A1	结施-21	六层梁配筋平面图(2)	×××	√	
23	A1	结施-22	屋面结构布置平面图	×××	√	
24	A1	结施-23	屋面梁配筋平面图(1)	×××	√	
25	A1	结施-24	屋面梁配筋平面图(2)	×××	√	
26						
27						
28						
29						
30						
31						
32						
33						
34						
35						
36						
37						
38						
39						
40						
41						
42						
43						
44						
45						
46						
47						
48						
49						
50						
51						
52						
53						
54						
55						
56						
57						
58						
59						
60						

×××建筑设计研究院
ARCHITECTURAL DESIGN & RESEARCH INST.
XXX OF TECHNOLOGY

图纸目录

工程名称	×××学校 新校区建设项目～A12单身教师公寓	业务号	2013-81-12
建设单位	×××学校	专业	结构
		专业负责人	×××
		日期	2014年03月；设计阶段：施工图
		版本号	01；共 2 张；第 2 张

顺序	图幅	图纸编号	图纸名称	设计人	出图记录及出图日期	备注
61						
62						
63						
64						
65						
66						
67						
68						
69						
70						
71						
72						
73						
74						
75						
76						
77						
78						
79						
80						
81						
82						
83						
84						
85						
86						
87						
88						
89						
90						
91						
92						
93						
94						
95						
96						
97						
98						
99						
100						

1. 图纸版本号及图纸编号规则

(1) 不同版本号的图纸不可混用。
(2) 图纸编号的形式为：结施-AA。
AA为顺序号，从01开始。顺序号后面如出现“代1”“代 2”……，则表示本图替代原图，原图作废。

2. 出图记录含义

(1) “√”表示在相应的日期前出图。张图多次出图表示有代图，以最后一次出的图为准，以前出的图作废。
(2) “×”表示该图作废。

电气	暖通	智能化	节能
建筑	结构	给排水	

钢筋混凝土结构设计总说明(HG/G01-2011) 第 1 页 共 2 页

1. 总则

1.1 本说明中有“×”的条款表示本工程不采用。

1.2 除按本说明要求外，尚应遵照国家颁发的有关施工及验收规范。施工过程中，若发现图纸错漏或与实际情况不符之处，请及时通知设计人员研究解决。

1.3 钢筋排列、锚固等构造，钢筋混凝土梁、柱、墙的构造要求以及梁与竖向构件(钢筋混凝土墙、柱)相交处的节点构造要求等，应另详《混凝土结构施工图平面整体表示方法制图规则和构造详图》(11G101-1)以及《混凝土结构施工钢筋排布规则与构造详图》(06G901-1)，本套施工图与其有矛盾时，以本套施工图为准。

1.4 为表达方便，本图的构造钢筋符号为“Φ”、“Φ”及“Φ”，实际钢筋级别为：HRB400(Φ)。

1.5 未经技术鉴定或设计许可，不得改变结构的用途和使用环境。

2. 工程概况

2.1 本工程位于 ×××学校新校区校内，建筑的主要功能为 教师公寓。

×2.2 本工程分为＿＿＿＿区。

2.3 本工程建筑总长 34.50 m，总宽 15.90 m；地下 1 层，从下到上层高分别为 4.200、3.000 m。

2.5 本工程首层层高 3.000 m，标准层层高 3.000 m，其他各层主要层高分别为 4.200, 3.000 m，地面以上 6 层，结构总高度 18.000 m。

3. 主要设计依据

3.1 本工程建筑结构的设计使用年限为 50年。

3.2 本工程基本风压为 0.30 kN/m^2，基本雪压为 0.20 kN/m^2，抗震设防烈度 6 度，抗震措施按 6 度。

3.3 《×××岩土工程勘察报告》，××岩土工程有限公司(2013年03月24日)。

3.4 所采用的主要法规和标准

《建筑结构可靠度设计统一标准》(GB 50068—2001)
《工程结构可靠度设计统一标准》(GB 50153—2008)
《建筑结构荷载规范》(GB 50009—2012)
《建筑工程抗震设防分类标准》(GB 50223—2008)
《工程结构设计基本术语和通用符号》(GBJ 132—90)
《混凝土结构设计规范》(GB 50010—2010)
(砌体结构设计规范》(GB 50003—2010)
《建筑抗震设计规范》(GB 50011—2010)
《岩土工程勘察规范》(GB 50021—2001)(2009年版)
《建筑地基基础设计规范》(GB 50007—2011)
《贵州建筑地基基础设计规范》(DB 22/45—2004)
《建筑桩基技术规范》(JGJ94—2008)
《钢筋混凝土承台设计规程》(CECS 88:97)
《混凝土结构耐久性设计规范》(GB/T 50476—2008)
《建筑设计防火规范》 (GB 50016—2006)

4. 图纸说明

4.1 本说明及施工图纸中计量单位：标高为米，其余均为毫米。

4.2 本工程±0.000相当于绝对标高 1261.50m。

4.3 结构施工图中，HPB300、HRB335(HRBF335)、HRB400(HRBF400)、HRB500(HRBF500)钢筋分别以“Φ”、“Φ”、“Φ”、“Φ”表示。

4.4 本工程的梁采用平法表示，其表示方法见图纸《钢筋混凝土梁配筋平面表示法补充说明》。

5. 分类等级

5.1 根据《建筑结构可靠度设计统一标准》，本工程建筑结构安全等级为 二 级。

5.2 根据《建筑地基基础设计规范》，本工程地基基础设计等级为 丙 级。

5.3 根据《建筑工程抗震设防分类标准》，本工程抗震设防类别为 丙 类。

×5.4 本工程为 框架 结构体系，非抗震设计，其梁、柱、剪力墙的构造措施按四级结构处理。楼板等非抗侧力构件的钢筋锚固等也按四级结构处理。

5.5 本工程为 钢筋混凝土框架 结构体系，非框架梁、构造柱的抗震等级为四级。根据《建筑抗震设计规范》框架的抗震等级如下表。

框架抗震等级
四级

×5.6 根据《地下工程防水技术规范》，本工程地下室防水等级为 二 级。

×5.7 本工程人防地下室的设计类别、防常规武器抗力级别和防核武器抗力级别另详人防设计图纸。

5.8 根据《建筑设计防火规范》，本工程耐火等级为 二 级，竖向构件的耐火极限为 2.5 小时，梁的耐火极限为 1.5 小时，板的耐火极限为 1.0 小时。

5.9 本工程的构件环境类别如下表：

环境类别	条件	构件部位
一	室内干燥环境；无侵蚀性静水浸没环境	室内一般构件
二a	室内潮湿环境；非严寒和非寒冷地区的露天环境；非严寒和非寒冷地区与无侵蚀性的水或土壤直接接触的环境；严寒和寒冷地区的冰冻线以下与无侵蚀性的水或土壤直接接触的环境	基础；地下室外墙、底板；天面；覆土楼面；
二b	干湿交替环境；水位频繁变动环境；严寒和寒冷地区的露天环境；严寒和寒冷地区冰冻线以上与无侵蚀性的水或土壤直接接触的环境	
三a	严寒和非寒冷地区冬季水位变化区环境；受除冰盐影响环境；海风环境	
三b	盐渍土环境；受除冰盐作用环境；海岸环境	
四	海水环境	
五	受人为或自然的侵蚀性物质影响的环境	

6 主要荷载(作用)取值

6.1 本工程一般砌体采用 蒸压加气混凝土砌块，等效容重按 12.0 kN/m^3 计；厨房、卫生间 1.20 m以下采用 蒸压加气混凝土砌块，容重按 12.0 kN/m^3 计。

6.2 本工程风荷载计算时的地面粗糙度类别为 B，体型系数为 1.30，风振系数为＿＿＿。

×6.3 本工程雪压分布系数为 1.0～1.4。

6.4 根据《岩土工程勘察报告》，本工程场地土类别为 II 类。本工程抗震设计基本地震加速度为 0.05g，设计地震作用分组为 一 组，水平地震影响系数最大值为 0.04，特征周期为 0.35 秒。本工程为 钢筋混凝土 结构，阻尼比为 0.05。

6.5 本工程温度作用按升温 30 ℃，降温 30 ℃考虑。

×6.6 本工程地下室防水及抗浮设计时，地下最高水位取为＿＿＿＿。

6.7 本工程楼面活荷载与用途（类别）的关系如下表。在设计使用年限内未经技术鉴定或设计许可，不得改变结构的用途和使用环境。

用途（类别）	使用部位	活载(kPa)	备注
楼梯间		2.0	
卫生间		2.5	下凹板另加恒载6.5kN/m^2
宿舍		2.0	
洗衣房		2.0	
入口门厅		2.5	
阳台		2.5	
上人屋面		2.0	
不上人屋面		0.5	
栏杆顶部水平荷载		1.0kN/m	
栏杆顶部竖向荷载		1.2kN/m	

×6.8 本工程首层楼面的预留施工荷载为 10.0kPa。如施工过程中首层楼面堆载超过上述值，则应采取相应的施工措施。

6.9 后浇带混凝土浇捣完毕并达到设计强度的70%以前，以及支承吊柱的转换梁混凝土达到设计强度的70%以前，相应的结构自重及施工荷载全部由施工的支顶承担，施工设计时必须特别注意。

7. 计算程序及计算模型

7.1 本工程采用的计算程序

编制单位：中国建筑科学研究院

程序名称：多层及高层建筑结构空间有限元分析与设计软件SATWE

版 本 号：2010版；　授 权 号：IVNP01ZQ。

7.2 本工程采用的计算模型：空间框架　其中：

板：刚性楼板，在平面刚度无穷大，出平面刚度为零；

梁：空间杆单元；柱：空间杆单元；剪力墙：＿＿＿＿。

7.3 本工程整体计算的嵌固端为 负一层，不 考虑地下室外墙的作用。

8. 主要结构材料

8.1 结构材料的强度标准值应具有不低于95%的保证率；抗震设防地区，其结构用钢材应符合抗震性能要求。

8.2 结构用钢材应具有抗拉强度、屈服强度、伸长率和硫、磷含量的合格保证；对焊接钢结构用钢材，尚应具有炭含量、冷弯试验的合格保证。

8.3 混凝土

8.3.1 采用预拌混凝土。

8.3.2 地下室底板、外壁板、水池底板、迎水壁板采用抗渗混凝土，其抗渗等级为 P6。

8.3.3 柱下桩及桩承台、基础梁的混凝土强度等级为 C30，底板及地下室侧壁混凝土强度等级为 C30（侧壁上的柱及侧壁兼剪力墙的混凝土强度等级另详）。

8.3.4 各层的混凝土强度等级为如下表：

竖向构件		楼盖构件	
层次	混凝土等级	层次	混凝土等级
-1～顶	C35	-1～顶	C30

8.3.5 竖向构件(普通混凝土墙上壁柱)的混凝土强度等级若比水平构件(普通混凝土墙)的强度等级高二级及以上，则重合部分应按竖向构件(普通混凝土墙上壁柱)的混凝土强度等级，其他情况下重合部分可按水平构件(普通混凝土墙)的混凝土强度等级。

8.3.6 每一结构层应采用同一厂家同一品种的水泥，不得混用。

8.3.7 结构使用年限为50年的结构混凝土应符合下表的要求（括号内数字为使用引气剂的混凝土）。预应力构件混凝土中的最大氯离子含量为0.06%；其最低混凝土强度等级按表中的规定提高两个等级。当使用非碱活性骨料时，对混凝土中的碱含量不作限制。

环境类别	最大水胶比	最低强度等级	最大氯离子含量(%)	最大碱含量(kg/m^3)
一	0.60	C20	0.30	不限制
二a	0.55	C25	0.20	3.0
二b	0.50(0.55)	C30(C25)	0.15	3.0
三a	0.45(0.50)	C35(C30)	0.15	3.0
三b	0.40	C40	0.1	3.0

一类环境中，结构设计使用年限为100年的结构混凝土除应符合上述要求外，还应符合以下规定：

(1) 钢筋混凝土结构、预应力混凝土结构最低强度等级分别为C30、C40；

(2) 混凝土中的最大氯离子含量为0.06%；

(3) 宜使用非碱活性骨料；当使用碱活性骨料时，混凝土中的最大碱含量为3.0kg/m^3；

(4) 钢筋的混凝土保护层厚度应按结构使用年限为50年的规定增加40%，当采用有效的表面防护措施时，混凝土保护层厚度可适当减小；

(5) 在使用过程中，应定期维护。

8.3.8 四、五类及二、三类环境中，结构设计使用年限为100年的结构混凝土(预应力构件混凝土)，将根据实际情况和现场条件，同建设单位、监理单位、质检部门共同协商确定专门的防护措施。

8.4 钢筋

8.4.1 HPB300、HRB335(HRBF335)、HRB400(HRBF400)、HRB500(HRBF500)钢筋，其直径符号分别为Φ、Φ、Φ、Φ，屈服强度标准值(MPa)fyk分别为300、335、400、500，抗拉(抗压)强度设计值(MPa)分别为270(270)、300(300)、360(360)、435(410)。

8.4.2 用于纵向受力的普通钢筋，其抗拉强度实测值与屈服强度实测值的比值不应小于1.25；其屈服强度实测值与强度标准值的比值不应大于1.3；在最大拉力下的总伸长率实测值，HPB300不应小于10%，其他不应小于9%。

8.4.3 钢筋混凝土保护层厚度

(1) 纵向受力的普通钢筋及预应力钢筋，其混凝土保护层厚度(钢筋外边缘至混凝土表面的距离)不应小于钢筋的公称直径d。设计年限为50年的混凝土结构，最外层钢筋的保护层厚度应符合下表的规定；设计年限为100年的混凝土结构，最外层钢筋的保护层厚度不应小于下表中数值的1.4倍。

钢筋的最小混凝土保护层厚度(mm)

环境类别	板、墙、壳	梁、柱、杆	环境类别	板、墙、壳	梁、柱、杆
一	15	20	三a	30	40
二a	20	25	三b	40	50
二b	25	35			

(2) 当混凝土的强度等级不大于C25时，上表的数值应增加5mm。

(3) 基础中受力钢筋的混凝土保护层厚度从垫层顶面算起不应小于40mm。

(4) 本工程设计图纸中，当竖向构件(墙、柱)不同水、土接触的上部与同水、土接触的下部图面尺寸相同时，实际施工应将下部同水、土接触面的模板尺寸加大，以满足不同环境类别的保护层厚度要求。

(5) 基础梁、地下室底板及外墙、水池池壁等同水、土接触的构件，其保护层厚度比普通构件厚，钢筋制作时应予以注意。若钢筋制作完成后发现钢筋尺寸过大，则采用向迎水面方向增大构件模板尺寸的方法以确保混凝土的保护层厚度。

8.4.4 纵向钢筋的最小锚固长度Lae按下表取值。当纵向受拉钢筋末端采用图23所示的弯钩时，包括弯钩在内的最小锚固长度可取下表中的0.6倍。

钢筋的最小锚固长度Lae

钢筋	抗震等级	C20	C25	C30	C35	C40	C45	C50	C55	≥C60	备注
HPB300(光圆)	一、二级	45d	39d	35d	32d	29d	28d	26d	25d	24d	1.当公称钢筋直径大于25时，带肋钢筋的最小锚固长度乘以调整系数1.1
	三级	41d	36d	32d	29d	27d	25d	24d	23d	22d	
	四级及非抗震	39d	34d	30d	28d	25d	24d	23d	22d	21d	
HPB300(带肋)	一、二级	40d	34d	30d	28d	25d	24d	23d	22d	21d	
	三级	36d	31d	28d	25d	23d	22d	21d	20d	19d	
	四级及非抗震	34d	30d	26d	24d	22d	21d	20d	19d	19d	
HRB335 HRBF335(带肋)	一、二级	~~[illegible]~~	38d	34d	31d	28d	27d	26d	25d	24d	
	三级	~~[illegible]~~	35d	31d	28d	26d	25d	23d	23d	22d	
	四级及非抗震	~~[illegible]~~	33d	29d	27d	25d	23d	22d	21d	21d	
HRB400 HRBF400(带肋)	一、二级	~~[illegible]~~	~~[illegible]~~	41d	37d	34d	32d	31d	30d	28d	
	三级	~~[illegible]~~	~~[illegible]~~	37d	34d	31d	29d	28d	27d	26d	
	四级及非抗震	~~[illegible]~~	~~[illegible]~~	35d	32d	29d	28d	27d	26d	25d	
HRB500 HRBF500(带肋)	一、二级	~~[illegible]~~	~~[illegible]~~	~~[illegible]~~	45d	41d	39d	37d	36d	34d	
	三级	~~[illegible]~~	~~[illegible]~~	~~[illegible]~~	41d	37d	36d	34d	33d	31d	
	四级及非抗震	~~[illegible]~~	~~[illegible]~~	~~[illegible]~~	39d	36d	34d	32d	31d	30d	

8.4.5 除特别说明外，框架柱和剪力墙的边缘构件中的纵向钢筋接头按下列规定执行：

(1) 框支层及其下一层的框支柱采用焊接或机械连接。

(2) 剪力墙边缘构件的纵向钢筋的接头要求见下表。

抗震等级	首层及加强层	其余各层
一级、二级	焊接或机械连接	宜焊接或机械连接，可用搭接
三级、四级	搭接或焊接或机械连接	

(3) 柱的纵向钢筋的接头要求见下表。

抗震等级	首层	其余各层
一级、二级	焊接或机械连接	宜焊接或机械连接，可用搭接
三级、四级	搭接或焊接或机械连接	

注：钢筋搭接长度范围内的箍筋间距不应大于100。

8.4.6 当钢筋直径d≥28时，应采用焊接接头或机械连接接头。

8.4.7 纵向受力钢筋绑扎接头的最小搭接长度Ll(Lle)，除注明外，可依据同一区段内的接头面积百分率(见下图)，按下表采用且不少于300。

纵向钢筋搭接接头面积百分率(%)	≤25	50	100
Ll,Lle	1.2Lae	1.4Lae	1.6Lae

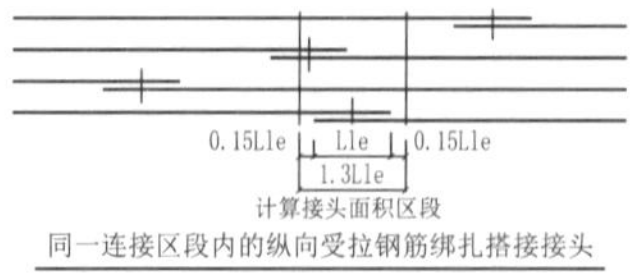

同一连接区段内的纵向受拉钢筋绑扎搭接接头

8.4.8 梁和柱的纵向受力钢筋在节点区的锚固和搭接要求见图24。

8.4.9 钢筋焊接接头宜采用闪光对焊接头，若采用搭接电弧焊，双面角缝焊的焊缝长度≥5d，单面角缝焊缝长度≥10d。

8.4.10 位于同一连接区段内的受拉钢筋搭接接头面积百分率：对梁、板类构件，不宜大于25%，不应大于50%；对墙、柱类构件，不宜大于50%。

8.4.11 生产厂家提供符合国家有关规定的技术资料并经设计人员同意后，可采用机械连接接头代替焊接接头。接头错开要求同焊接接头。

8.4.12 后浇代内的钢筋应全部断开。位于后浇代内的框架梁应有不少于四分之一的底筋、面筋且均不少于2根(角筋、首层钢筋优先)采用焊接接头，在后浇带浇捣之前焊接，其他可采用搭接接头。钢筋的接头应满足8.4.6～8.4.11的要求。

8.4.13 柱箍筋加密区的范围除满足图17、18及各设计图纸的要求外，以下部位的柱箍筋均应加密：首层柱(有地下室的为地下室顶板上层柱)柱根以上三分之一柱净高范围；一级及二级框架角柱的全高范围。

8.5 钢材：采用Q235-B钢。

8.6 焊条

8.6.1 HPB300级钢筋及Q235钢材焊接采用E43焊条，HRB335、HRB400级筋及Q345钢材焊接采用E50焊条。

8.7 砌体材料

8.7.1 除注明外，一般砌体均采用 蒸压加气混凝土砌块，砌块强度等级≥ MU10.0，要求等效干容重≤ 12.0 kN/m^3；厨房及卫生间 1.200 m以下采用 蒸压加气混凝土砌块，砌块强度等级≥ MU10.0，要求容重≤ 12.0 kN/m^3。首层楼面以下的砌体用 M10 水泥砂浆砌筑，首层楼面以上的砌体用 Mb7.5 水泥石灰混合砂浆砌筑。

9. 基础及地下室工程

9.1 本工程的工程地质及水文地质概况，各主要土层的压缩模量，承载力特征值，基础形式及基础持力层以及地下水对混凝土有腐蚀作用时对混凝土的要求等另详基础施工图。

×9.2 支护结构以及基础施工过程中的降水要求等另详。在地下室顶板覆土完工，裙楼封顶、主楼施工至 7 层后，并征得设计人员的同意，才能对地下室周边进行回填。地下室周边进行回填前，应保持排水设施完好并及时排除积水，最高地下水位不得超过 -4.000。如排水不及不得已超过时，应向地下室灌水，并保持室内外水面高差不大于 3.000 m。

×9.3 地下室人防部分和非人防部分的分界及范围另详。

9.4 防水材料的选用及其防水技术措施应符合《地下工程防水技术规范》(GB50108)的有关规定，具体做法另详。

9.5 地下室壁板施工缝的设置：应在距离底板500以上的墙板内设置，接缝处应设止水带（采用-3×300钢板或现场定），如图6～图8。

9.6 除标明者外，地下室壁板水平分布筋放外侧，竖向分布筋放内侧，双层钢筋网之间的“∽”型拉筋为 8@600(双向)。

9.7 地下室墙顶构造见图12～图14。

9.8 地下室后浇带及施工缝大样见图9～图11，其止水带类别现场定，后浇带施工方法见10.14。

9.9 地下室地板均应加支撑钢筋（其型式如图16），以保证上、下层钢筋位置准确。支撑钢筋纵横二向间距宜为1000，施工单位可根据实际情况予以调整。

9.10 防雷接地要求另详电气施工图。

10. 楼板及天面

10.1 单向板底筋的分布筋及单向板、双向板支座负筋的分布筋，除图中注明外，屋面板及外露板用 Φ8@200，楼面板用 Φ8@250。分布筋的搭接长度为300。

10.3 对于配有双层钢筋的板，除注明做法外，均应加支撑钢筋（其型式如图16），以保证上、下层钢筋位置准确。支撑钢筋纵横间距由施工单位根据现场情况确定。

10.4 在结构平面图中，中间支座板负筋所标尺寸是指梁中计起（支座两侧均有尺寸时），或指钢筋全长(仅在钢筋中部标一个尺寸)。对边支座板负筋尺寸则是指梁内边计起。

10.5 板底筋锚入支座（梁或墙）5d且过支座中线并不少于150.

10.6 对于配双层钢筋的板，除注明外，通长面筋宜在板跨中附近搭接，底筋宜在板支座内或附近搭接，且同一截面的搭接钢筋的面积不宜(应)超过该截面钢筋总面积的25%(50%)。

10.7 除标明者外，楼板洞边附加钢筋为2Φ12，锚入支座（洞边）450。

10.8 除标明者外，墙下无梁时，应于墙下楼板底沿墙方向附加2Φ14钢筋，锚入支座（梁内）大于梁宽的一半。

10.9 给排水、供配电、空调、电梯井道及机房所需预留小孔洞（边长或直径<300）的位置及尺寸、预埋件大样及位置，图中未给出，请参照有关图纸预留，不得后凿。施工队应有专人负责此项工作或派专人与机电安装施工队配合，避免产生错漏。

10.10 应掌握混凝土的浇捣时机，避免混凝土终凝完成前后一段时间因气温下降而出现凝固裂缝(早期裂缝)。

10.11 必须加强混凝土的养护工作，采取有效措施，确保混凝土在湿润的条件下硬化，地下室底板及天面板应浸水养护不少于2周，水深不小于50。

10.12 在结构平面图中，如板的某一方向的受力板筋在图中没有画出，则其数量与大小同相邻上侧（或左侧）板块的同一方向受力板筋，如图1。

10.13 后浇带与施工缝：后浇带位置见结构平面图，做法详图10～图11。后浇带宜在楼层浇灌混凝土后两个月，至少不得少于40天，采用比设计强度等级提高一级的混凝土浇筑密实，在后浇带两侧砌2皮砖灌水养护不少于2周。施工缝的位置由施工单位在施工方案中提出并经设计单位认可，施工缝大样见图9。

10.14 水池顶检修孔或天面上人孔孔边构造详图15。

11. 梁

11.2 设备需要在梁上开洞或设埋件，应严格按照设计图纸规定设置。在浇筑混凝土前经检查符合设计要求后，方可浇混凝土，预留孔不得后凿。

11.3 当梁跨度超过 6 m时，施工支模时应按施工规范预先起拱。

11.4 框支梁主筋若有接头，应采用焊接接头或机械连接接头，同一截面内接头钢筋截面面积不宜(应)超过全部主筋截面面积的25%(50%)。接头位置应避开墙体开洞部位。

11.5 有关预应力施工的要求另详《预应力结构设计总说明》。

12. 竖向构件(钢筋混凝土墙、柱)

12.1 在本说明中，钢筋混凝土墙包括剪力墙、地下室壁板、水池壁板等。

12.3 圆柱的外围箍筋(圆形箍筋)，可采用螺旋箍，其构造详(06G901-1)的第1～5页，也可采用环形焊接箍筋，也可采用图3所示的搭接箍筋。如果采用搭接箍筋，则每隔1000应放置一个用作定位的环形焊接箍筋。

12.4 柱纵向钢筋在柱底的锚固详图17～图19。

12.5 剪力墙竖向钢筋在墙底的锚固详图20。

12.6 剪力墙竖向钢筋顶部构造详图13～图14。

12.7 剪力墙非连续小洞口的构造处理：若小洞口边长b≤300时，则四边不设补强钢筋；墙厚小于等于250，边长b=300～500时，应分别在洞口每边配置补强钢筋2Φ18(图4实线钢筋)，边长500<b≤800时，除洞口四边配置补强钢筋外，尚应在洞口四角加设45°的2Φ18斜拉补强钢筋筋(图4中洞虚线钢筋)，若墙厚大于250时，墙厚每增加100(不足100按100计)，每处的加强钢筋增加1Φ18(包括45°筋)。

12.8 钢筋混凝土墙应沿高度分层浇筑，分层振捣，分层浇筑高度每次不得超过1000。

12.9 竖向构件（柱、钢筋混凝土墙）的养护条件较差，故必须有专人负责淋水，每天不少于6～7遍。

12.10 钢筋混凝土墙钢筋与模板之间应设混凝土垫块，以保证钢筋位置准确。

12.11 钢筋混凝土竖向构件应按模板图及有关设备图留孔，不得后凿。

13. 砌体

13.1 除特别注明者外，本工程的砌体结构施工质量控制等级为 B 级。

13.2 框架当采用砌体作填充墙时，应在框架柱与填充墙的交接处，沿高度每隔不大于500（具体数值根据砌体的尺寸确定），用2Φ8钢筋与柱拉结。钢筋由柱的每边伸出，进入墙体内的长度如图2示。

13.3 当墙长度大于5.0m时，应于墙中部设置构造柱（混凝土C25，设置位置参见建筑平面图），柱断面为墙厚×180，中置4Φ12竖筋及Φ8@200箍筋，墙与构造柱的拉接按上条。设置构造柱后，柱间墙的长度不应超过5.0m。

13.4 墙高超过4.0m时，应在墙高中部设置与两端柱（或构造柱）连接的通长钢筋混凝土水平构造梁(混凝土C25)，梁断面为墙厚×180，中置4Φ12钢筋及Φ8@200箍筋，梁纵向钢筋应锚入两端的钢筋混凝土柱内（通长通过构造柱）。设置构造梁后，梁间墙的高度不应超过4m。

13.5 凡纵、横墙交接的“T”字型及“L”接头，应在交接处设置构造柱，其断面为两相交墙厚度，中置4Φ12竖筋及Φ8@200箍筋。

13.6 填充墙或隔墙顶部斜砖必须逐块敲紧砌实，砂浆满填，且须待下部砌体沉实后(一般约五天左右)，再砌顶部斜砖。

13.7 砖墙内的门洞、窗洞或设备留孔，其洞顶均需设过梁，除图上另有注明外，统一按下述处理：

13.7.1 当洞宽在1000及以下时，用钢筋砖过梁，梁底放2Φ8(墙厚不大于120)或间距不大于80的 8钢筋(墙厚大于120)，入支座长度大于250并弯直钩，用1:3水泥砂浆作保护层20厚。拱高取洞宽的1/4。钢筋砖过梁以及梁下250(长)×500(高)的砌体必须用实心砖，M10水泥砂浆砌筑。

13.7.2 当洞宽大于1000时，采用钢筋混凝土过梁。钢筋混凝土过梁按03G322-1的4级荷载(过梁上能承受的设计荷载为40kN/m)选用，但过梁的混凝土强度等级改为C30。过梁支座下支座范围×洞口高度范围的砌体必须用实心砖，M10水泥砂浆砌筑。

13.7.3 当洞顶至结构梁(或板)底高度小于上述钢筋砖过梁或钢筋混凝土过梁高度时，过梁与结构梁(或板)浇成整体，如图5。

13.8 阳台砖砌栏杆和砖砌女儿墙的构造详图21(已有图纸表示的除外)，其后浇反边及压顶梁、构造柱的混凝土强度等级为C25。构造柱的间距不应大于1500(转角处必设构造柱)。应先浇防水反边，再砌墙，最后浇构造柱和压顶梁。

13.9 楼梯间和人流通道的填充墙，尚应采用钢丝网砂浆面层加强。

14. 沉降观测

14.1 本工程应对整个建筑物在施工及使用过程中作沉降观测记录。水准基点设置应以保证其稳定可靠为原则，其位置宜靠近观测对象。

14.2 水准基点不应少于 2 个，观测点数量为 12 个。观测点分布及要求另见详图。

14.3 观测工作从基础施工完成后即应开始，建筑物每升高 2 层观测一次，结构封顶后每月观测一次，直至沉降稳定为止。

14.4 水准基点，观测点的埋设、保护、请施工单位及建设单位共同配合。

15. 其他

15.1 为方便设计人员回答施工单位提出的会审意见以及施工图审图单位的审图意见，施工单位及审图单位在整理审图意见时，应按专业分开记录意见，避免不同专业的意见在同一张记录表上；若一条意见涉及到多专业，则应估计该问题可能由何专业回答，并将该条意见归到该专业。

序号 Rev.	修改日期 Date	修改内容 Description

修改记录

设计单位 | DESIGN INSTITUTE

×××建筑设计研究院
ARCHITECTURAL DESIGN & RESEARCH INST.
××× OF TECHNOLOGY

证 书 | 建筑工程设计证书号:A×××

单位出图专用章 | Stamp of Design Firm(s)

注册执业专用章 | Stamp of Register

审定: APPROVED BY	×××	
设计总负责: PROJECT DIRECTOR	×××	
专业负责: ENGINEER IN CHARGE	×××	
审核: REVIEWED BY	×××	
校对: CHECKED BY	×××	
设计: DESIGNED BY	×××	
制图: DRAFTED BY	×××	

建设单位 CLIENT	×××学校		
工程名称 PROJECT	×××学校 新校区建设项目～A12单身教师公寓		
图纸内容 TITLE	钢筋混凝土结构设计总说明(1/2)		
业务号 PROJECT NO.	2013-81-12	专业 DISCIPLINE	结构
日期 DATE	2014.03	设计阶段 STAGE	施工图
版本号 INDEX	01	图号 DRAWING NO.	结施-01a

钢筋混凝土结构设计总说明(HG/G01-2009) 第 2 页 共 2 页

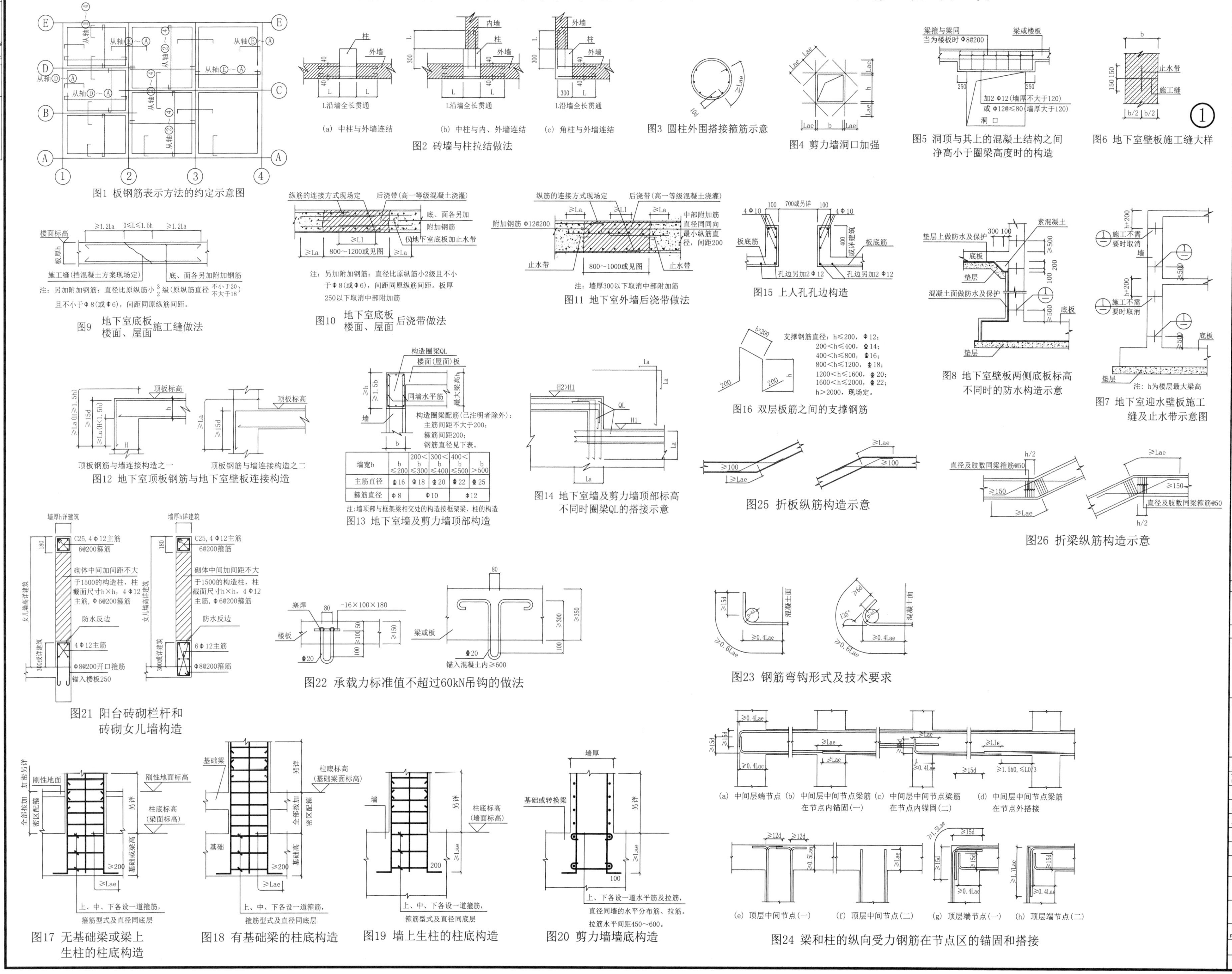

墙宽b	b ≤200	200< b ≤300	300< b ≤400	400< b ≤500	b >500
主筋直径	Φ16	Φ18	Φ20	Φ22	Φ25
箍筋直径	Φ8	Φ10		Φ12	

注：墙顶部与框架梁相交处的构造按框架梁、柱的构造

图13 地下室墙及剪力墙顶部构造

序号 | 修改日期 | 修改内容 — 修改记录

设计单位 DESIGN INSTITUTE：×××建筑设计研究院

证书：建筑工程设计证书号：A×××

审定 APPROVED BY	×××
设计总负责 PROJECT DIRECTOR	×××
专业负责 ENGINEER IN CHARGE	×××
审核 REVIEWED BY	×××
校对 CHECKED BY	×××
设计 DESIGNED BY	×××
制图 DRAFTED BY	×××
建设单位 CLIENT	×××学校
工程名称 PROJECT	×××学校新校区建设项目—A12单身教师公寓
图纸内容 TITLE	钢筋混凝土结构设计总说明(2/2)
业务号 PROJECT NO	2013-81-12
专业 DISCIPLINE	结构
日期 DATE	2014.03
设计阶段 STAGE	施工图
版本号 INDEX	01
图号 DRAWING NO	结施-01b

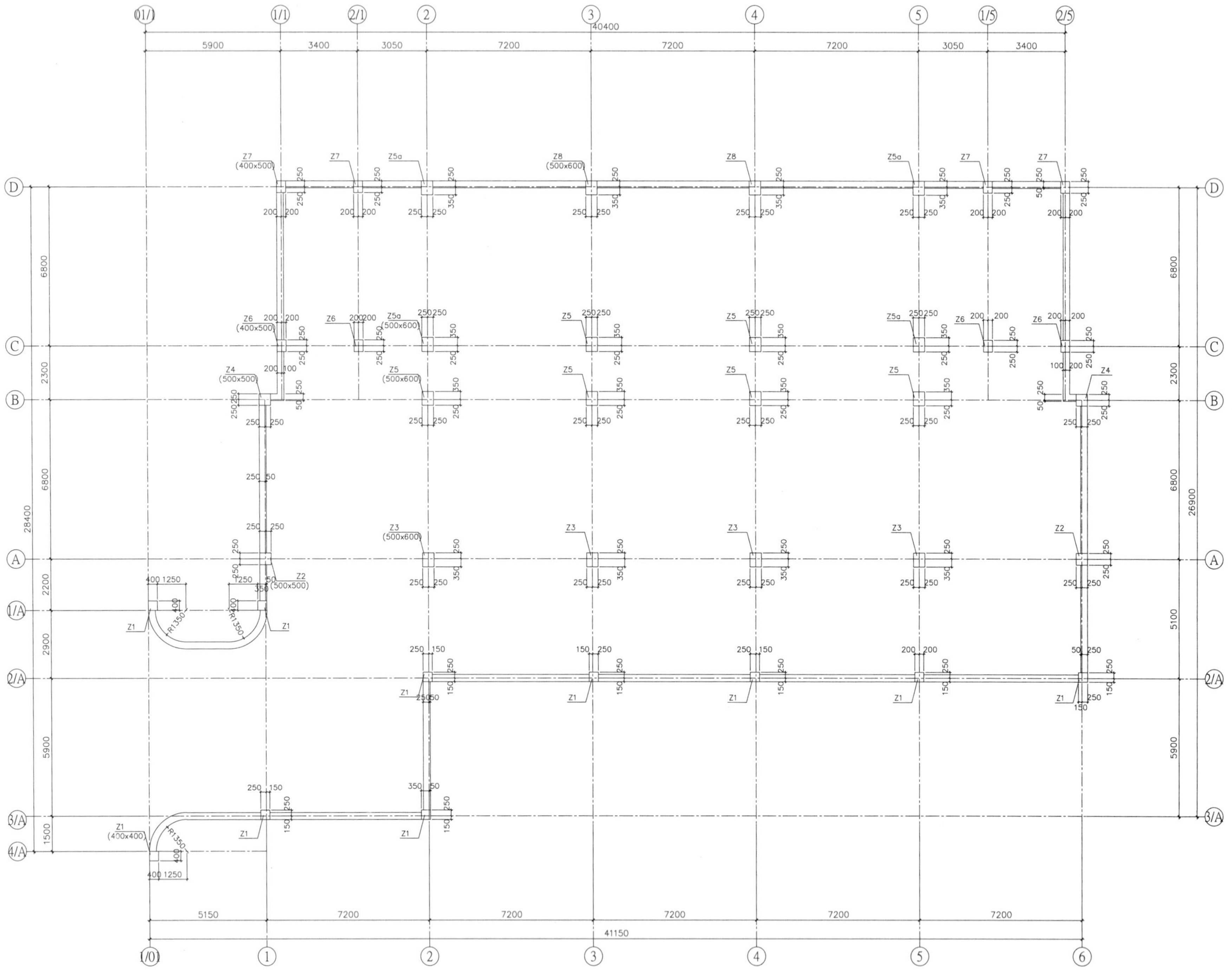

地下一层墙柱定位轴线图 1:100

注：未标明之剪力墙厚均为300mm。

识读要点：

1、观察柱子位置及尺寸。

2、看剪力墙与柱子之间的位置关系。

序号 Rev.	修改日期 Date	修改原因、内容

修改记录

设计单位 | DESIGN INSTITUTE

×××建筑设计研究院

ARCHITECTURAL DESIGN & RESEARCH INST.

XXX

证 书 | 建筑工程设计证书号：甲级XXX

单位出图专用章 | Stamp of Design Firm(s)

注册执业专用章 | Stamp of Register

审 定 APPROVED BY	×××		
设计总负责 PROJECT DIRECTOR	×××		
专业负责 ENGINEER IN CHARGE	×××		
审 核 REVIEWED BY	×××		
校 对 CHECKED BY	×××		
设 计 DESIGNED BY	×××		
制 图 DRAFTED BY	×××		
建设单位 CLIENT	×××学校		
工程名称 PROJECT	×××学校 新校区建设项目～A12单身教师公寓		
图纸内容 TITLE	地下一层墙柱定位轴线图		
业务号 PROJECT NO.	2013-81-12	专业 DISCIPLINE	结构
日期 DATE	2014.03	设计阶段 STAGE	施工图
版本号 INDEX	01	图号 DRAWING NO.	结施-03

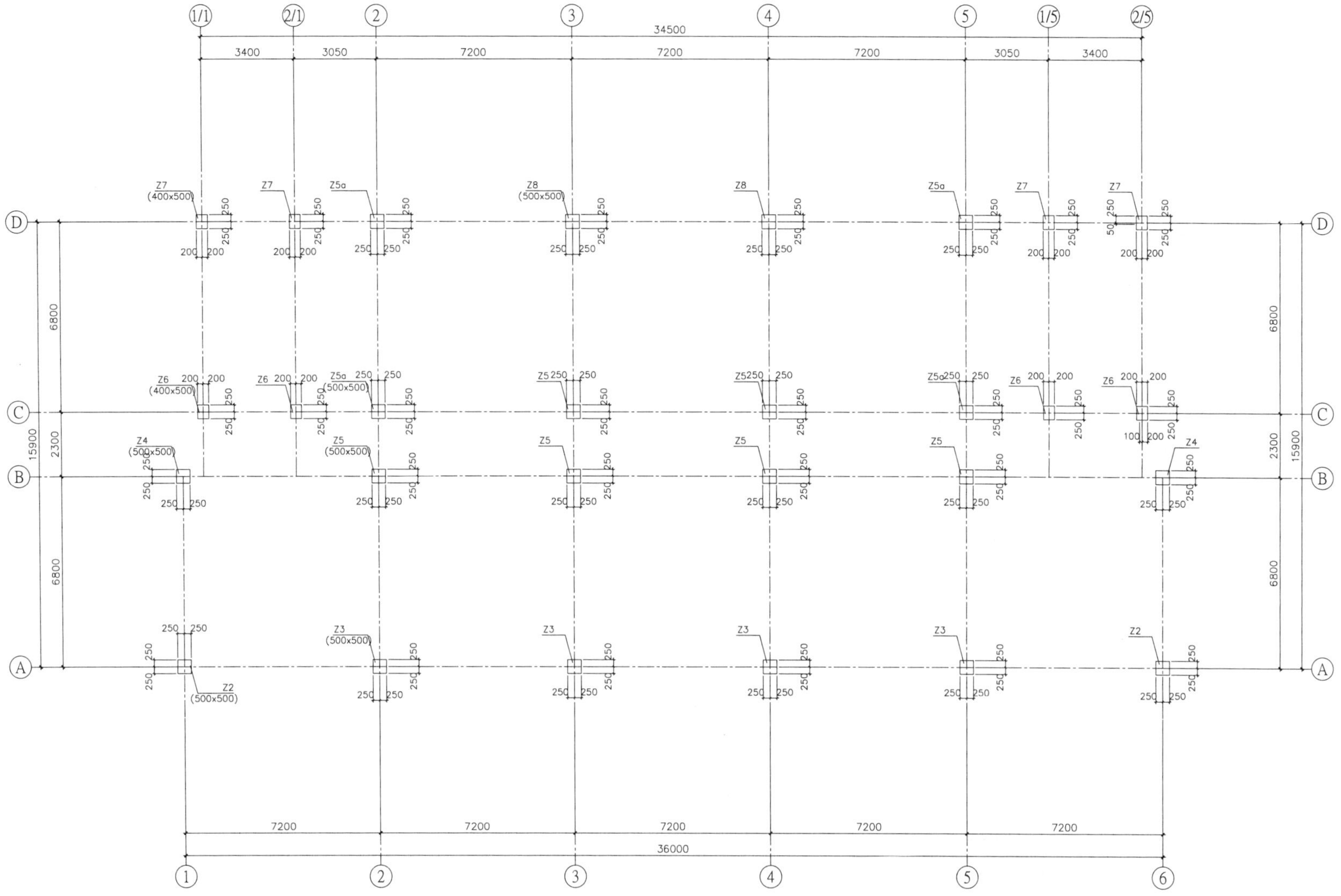

首层～六层柱定位轴线图 1:100

序 号 Rev.	修改日期 Date	修改原因、内容
修 改 记 录		

设计单位 | DESIGN INSTITUTE

×××建筑设计研究院
ARCHITECTURAL DESIGN & RESEARCH INST.
XXX OF TECHNOLOGY

证 书 | 建筑工程设计证书号：甲级XXX

单位出图专用章 | Stamp of Design Firm(s)

注册执业专用章 | Stamp of Register

审 定 APPROVED BY	×××	
设计总负责 PROJECT DIRECTOR	×××	
专业负责 ENGINEER IN CHARGE	×××	
审 核 REVIEWED BY	×××	
校 对 CHECKED BY	×××	
设 计 DESIGNED BY	×××	
制 图 DRAFTED BY	×××	
建设单位 CLIENT	×××学校	
工程名称 PROJECT	×××学校 新校区建设项目～A12单身教师公寓	
图纸内容 TITLE	首层～六层柱定位轴线图	

业务号 PROJECT NO.	2013-81-12	专 业 DISCIPLINE	结 构
日 期 DATE	2014.03	设计阶段 STAGE	施工图
版本号 INDEX	01	图 号 DRAWING NO	结施-04

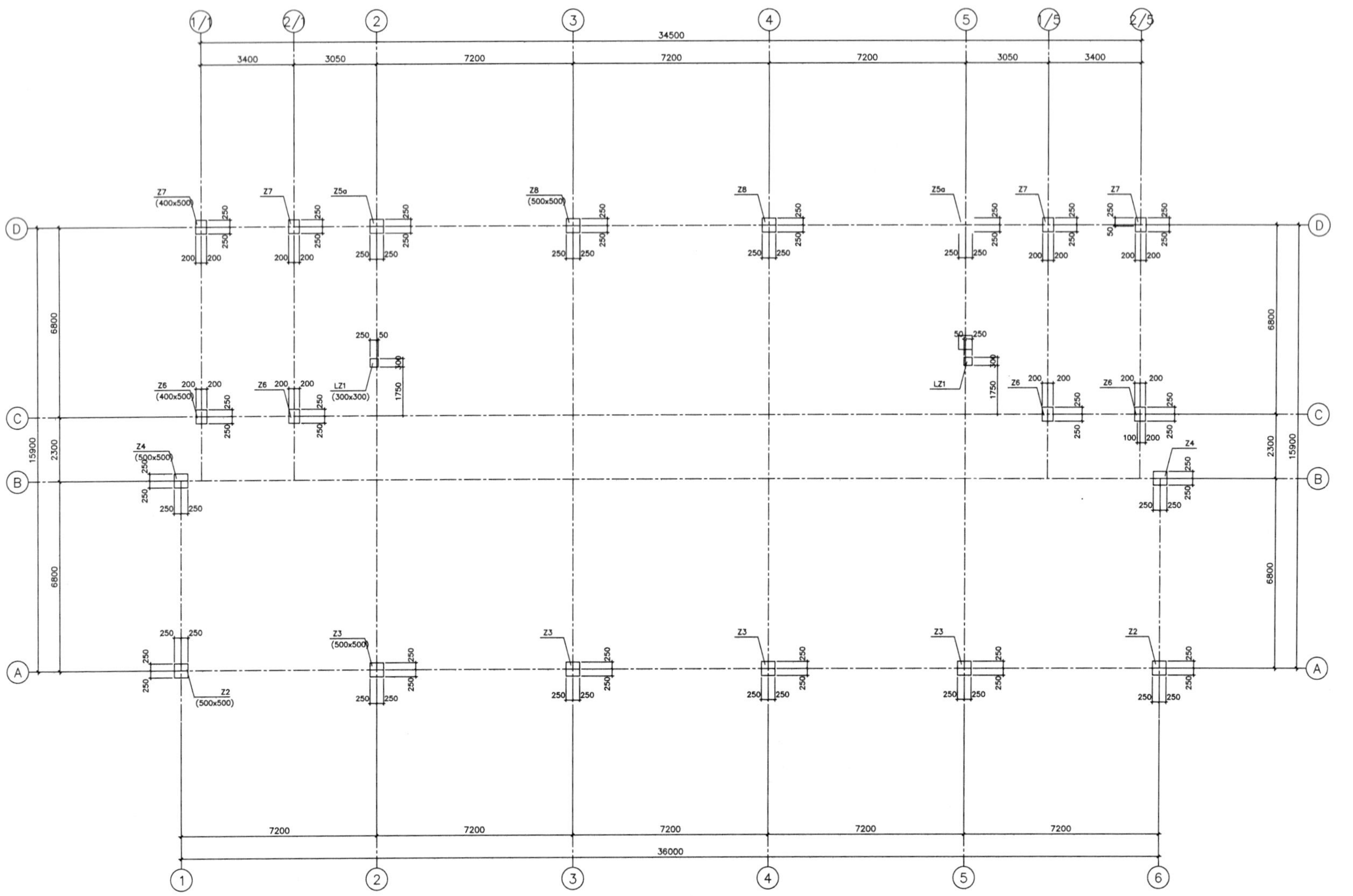

屋面层柱定位轴线图 1:100

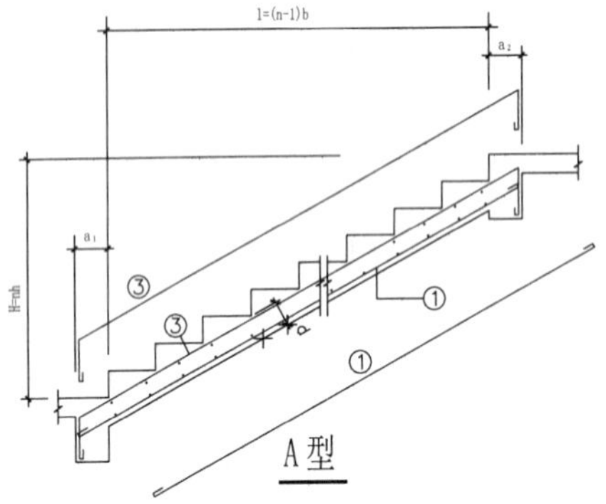

A型

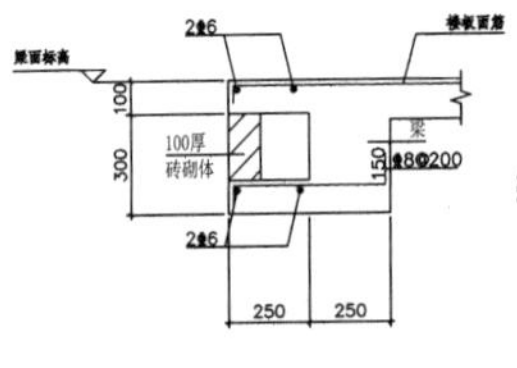

① 1:20

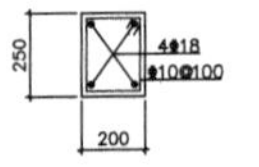

TZ1 1:20

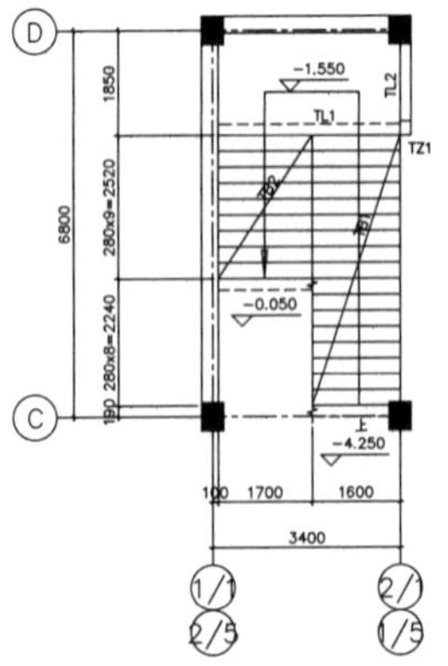

地下一层至首层
楼梯结构平面图 1:100

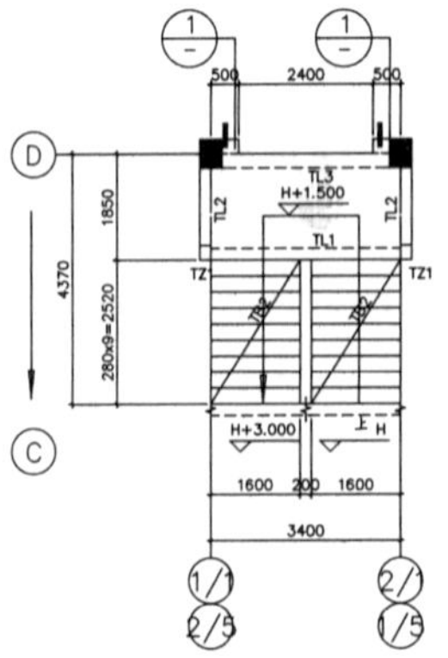

首层～六层
楼梯结构平面图 1:100

注 H=2.950,5.950,8.950,11.950

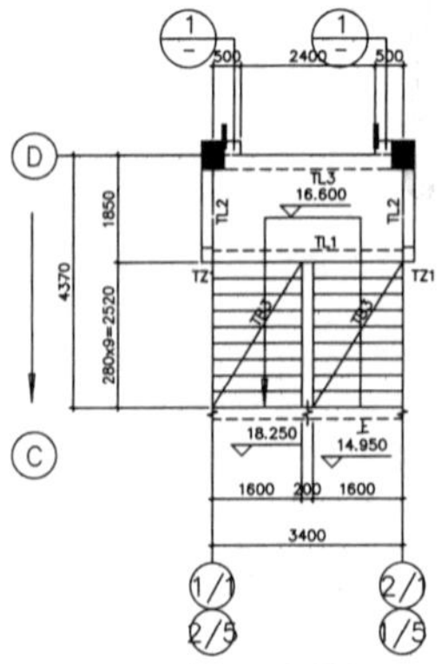

首层～六层
楼梯结构平面图 1:100

楼梯梁表

楼梯编号	梁编号	截 面	跨度	底 筋	面 筋	箍 筋	腰 筋	∽ 拉筋	备 注
T1、T2	TL1	200x400	3400	2⌀22	2⌀12	⌀8@200(2)	—	—	非框架梁
	TL2	200x400	1350	2⌀18	2⌀18	⌀8@100/200(2)	—	—	框架梁
	TL3	250x400	3000	2⌀20	2⌀20	⌀8@100/200(2)	—	—	框架梁

楼梯板表

楼梯编号	梯板编号	类型	跨度 l	高度 H	厚度 d	级数 n	踏步尺寸 宽 b	踏步尺寸 高 h	梯板弯折 l_1	梯板弯折 l_2	支座宽 a_1	支座宽 a_2	底筋 ①	底筋 ②	面筋 ③	面筋 ④
T1、T2	TB1	A	4760	2550	160	18	280	150			200	200	⌀12@100		⌀12@150	
	TB2	A	2520	1500	120	10	280	150			200	200	⌀12@150		⌀12@200	
	TB3	A	2520	1650	120	10	280	165			200	200	⌀12@150		⌀12@200	

说明

1 混凝土强度等级与相应楼盖构件相同，钢筋采用HRB400级(⌀)钢.
2 楼梯中未标明的梁为相应楼层结构梁,未标明的平台板及其配筋详见相应楼面结施图.
3 除特别标明外，图中平台板配筋均为⌀10@200双向双层拉通配置.
4 除特别标明外，平台板厚为h=120mm，梯段板分布筋均为⌀8@200.
5 本图应与建筑图、结构平面图配合使用.

序号 Rev.	修改日期 Date	修改原因、内容 Reason, Description

修改记录

设计单位 | DESIGN INSTITUTE

×××建筑设计研究院
ARCHITECTURAL DESIGN & RESEARCH INST.
××× OF TECHNOLOGY

证 书 | 建筑工程设计证书号:甲级×××

单位出图专用章 | Stamp of Design Firm(s)

注册执业专用章 | Stamp of Register

审 定: APPROVED BY	×××	
设计总负责: PROJECT DIRECTOR	×××	
专业负责: ENGINEER IN CHARGE	×××	
审 核: REVIEWED BY	×××	
校 对: CHECKED BY	×××	
设 计: DESIGNED BY	×××	
制 图: DRAFTED BY	×××	

建设单位 CLIENT	×××学校		
工程名称 PROJECT	×××学校 新校区建设项目～A12单身教师公寓		
图纸内容 TITLE	屋面层柱定位轴线图 楼梯详图		
业务号 PROJECT NO.	2013-81-12	专业 DISCIPLINE	结构
日期 DATE	2014.03	设计阶段 STAGE	施工图
版本号 INDEX	01	图号 DRAWING NO.	结施-05

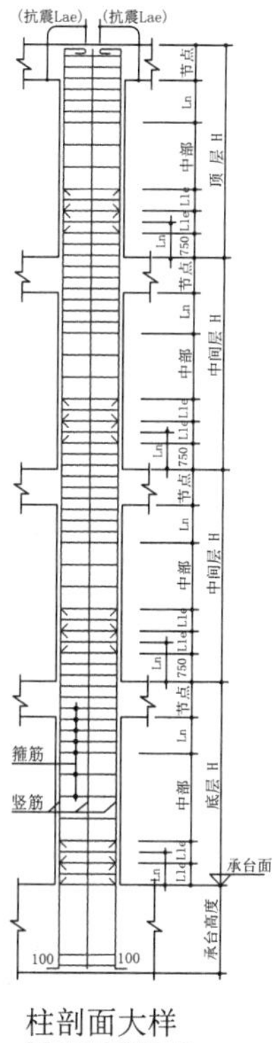

柱剖面大样

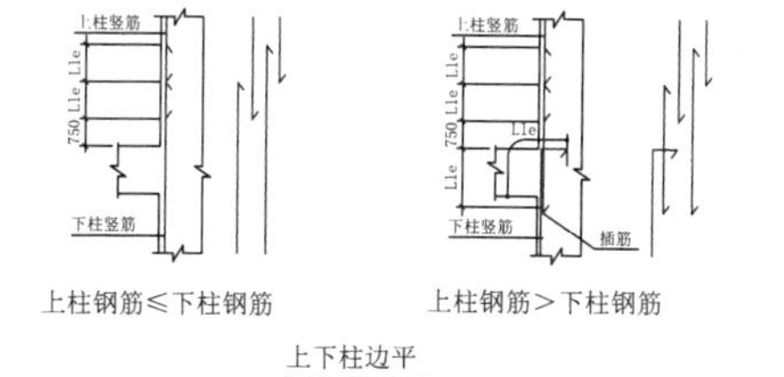

上下柱边平

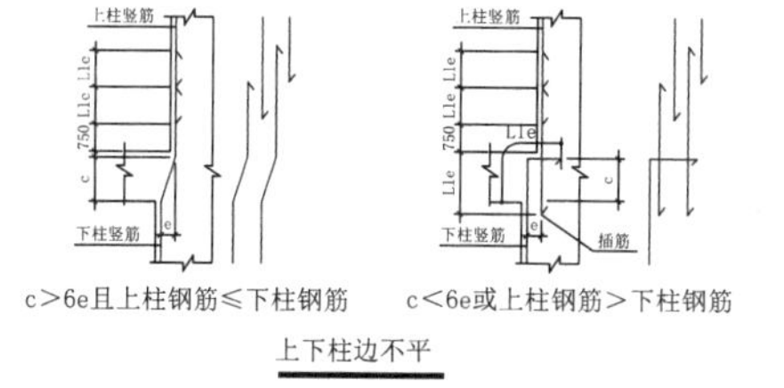

上下柱边不平

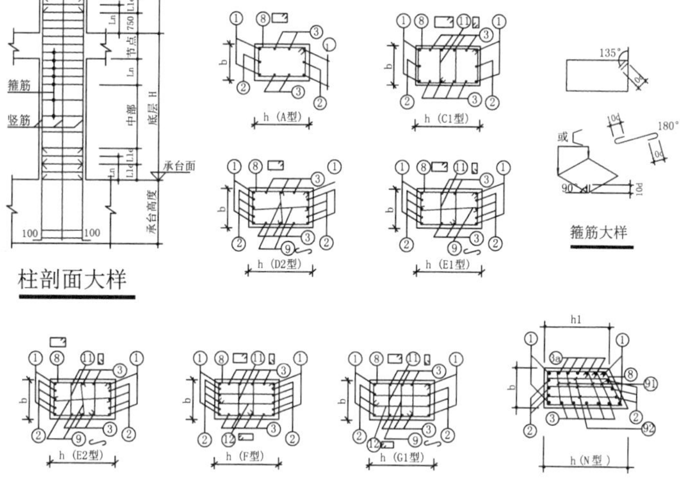

箍筋大样

柱编号	截面变化示意	层次	柱顶标高	截面型式	截面尺寸 bxh	b1	h1	t1	t2	竖筋 ①	②	③/③a	④/④a	⑤+⑤a	插筋 ⑥	⑦	Ln	箍筋 ⑧⑨⑩⑪⑫ 中部	端部Ln内	节点内	备注
LZ1		顶	详平面	A	300x300					2⌀18								⌀8@100	⌀8@100	⌀8@100	
Z8		顶	详平面	F	500x500					2⌀18	2⌀18	2⌀18						⌀10@100	⌀10@100	⌀10@100	
		1~6	18.000	D2	500x500					2⌀18	1⌀18	1⌀18						⌀8@200	⌀8@100	⌀8@100	
		−1	−0.050	F	500x600					2⌀18	2⌀18	2⌀18						⌀8@200	⌀8@100	⌀8@100	
Z7		顶	21.300	D2	400x500					2⌀18	1⌀16	1⌀16						⌀8@200	⌀8@100	⌀8@100	
		−1~6	18.250	F	400x500					2⌀18	2⌀16	1⌀16						⌀10@100	⌀10@100	⌀10@100	
Z6		顶	21.300	F	400x500					2⌀18	2⌀18	2⌀18						⌀10@100	⌀10@100	⌀10@100	
		−1~6	18.250	D2	400x500					2⌀18	1⌀18	1⌀18			4⌀18	2⌀18		⌀8@200	⌀8@100	⌀8@100	
Z5a		6	18.000	F	500x500					2⌀18	2⌀18	2⌀18						⌀10@90	⌀10@90	⌀10@90	
		2~5	14.950	D2	500x500					2⌀18	1⌀18	1⌀18			4⌀18	2⌀18		⌀8@200	⌀8@100	⌀8@100	
		1	2.950	D2	500x500					2⌀18	1⌀18	1⌀18						⌀8@200	⌀8@90	⌀8@90	
		−1	−0.050	F	500x600					2⌀18	2⌀18	2⌀18						⌀8@200	⌀8@100	⌀8@100	
Z5		2~6	18.000	D2	500x500					2⌀18	1⌀18	1⌀18						⌀8@200	⌀8@100	⌀8@100	
		1	2.950	D2	500x500					2⌀18	1⌀18	1⌀18						⌀8@200	⌀8@90	⌀8@90	
		−1	−0.050	F	500x600					2⌀18	2⌀18	2⌀18						⌀8@200	⌀8@100	⌀8@100	
Z4		1~顶	详平面	D2	500x500					2⌀18	1⌀18	1⌀18						⌀8@200	⌀8@125	⌀8@125	
		−1	−0.050	D2	500x500					2⌀20	1⌀18	1⌀18						⌀8@200	⌀8@100	⌀8@100	
Z3		顶	详平面	F	500x500					2⌀18	2⌀16	2⌀16						⌀10@100	⌀10@100	⌀10@100	b边平行于Ⓐ轴
		2~6	18.000	D2	500x500					2⌀18	1⌀16	1⌀16			2⌀18+2⌀16	2⌀16		⌀8@200	⌀8@100	⌀8@100	
		1	2.950	F	500x500					2⌀20	2⌀18	2⌀16						⌀8@200	⌀8@100	⌀8@100	
		−1	−0.050	F	500x600					2⌀20	2⌀18	2⌀16						⌀8@200	⌀8@100	⌀8@100	
Z2		2~顶	详平面	D2	500x500					2⌀22	1⌀18	1⌀18						⌀8@200	⌀8@125	⌀8@125	
		−1~1	2.950	D2	500x500					2⌀22	1⌀18	1⌀18						⌀8@200	⌀8@100	⌀8@100	
Z1		−1	−0.500	D2	400x400					2⌀18	1⌀18	1⌀18						⌀8@200	⌀8@100	⌀8@100	

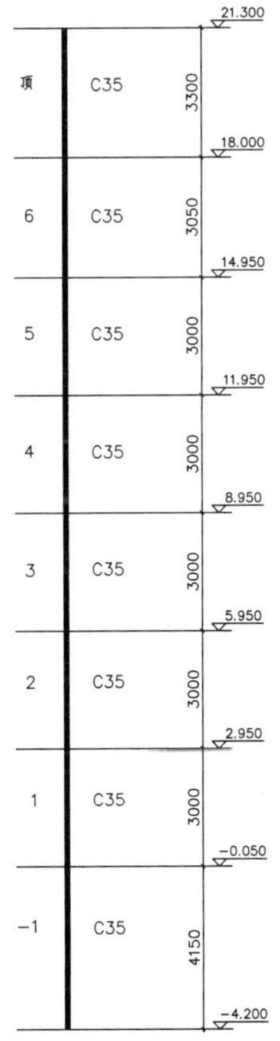

柱高与层次关系示意

说明

1 表中竖筋数量为柱截面单侧(翼)配量,另一侧(翼)为对称配量,当竖筋编号旁注有"总"字者为总配量。
2 表中注有(二)字样的竖筋表示配置在第二排,与一排钢筋之净距为50。
3 表中钢筋:HRB400(⌀)级钢,钢筋强度设计值fy详结施-01。
4 Ln为加密区范围，按11G101-1第61页要求取值；Lle为搭接长度，详结施-01。
5 A至I及N、Q型截面中,插筋⑥号与①②号对应,⑦号与③号对应;L、L1及L2型截面中,插筋⑥号与①②⑤号对应,⑦号与③④号对应，当前层所填写的插筋，是当前层柱顶伸入上层的预留插筋。
6 图中⑨号拉结筋的安放应紧靠竖筋并勾住封闭箍筋。
7 I型截面中 ⑨1为平行b边的肢数, ⑨2为平行h边的肢数,每两肢箍筋组成一封闭箍⑪或⑫,当肢数为奇数时,中间一肢为 ∽筋, ⑨1⑨2箍筋直径及间距相应同⑧号筋,当为框支柱时，所有箍筋采用封闭箍。
8 本图尺寸均以毫米为单位,标高以米为单位。

序号 Rev.	修改日期 Date	修改原因、内容

修 改 记 录

设计单位 | DESIGN INSTITUTE
×××建筑设计研究院
ARCHITECTURAL DESIGN & RESEARCH INST. ××× OF TECHNOLOGY
证 书 | 建筑工程设计证书号:A×××
单位出图专用章 | Stamp of Design Firm(s)
注册执业专用章 | Stamp of Register

审 定 APPROVED BY	×××
设计总负责 PROJECT DIRECTOR	×××
专业负责 ENGINEER IN CHARGE	×××
审 核 REVIEWED BY	×××
校 对 CHECKED BY	×××
设 计 DESIGNED BY	×××
制 图 DRAFTED BY	×××
建设单位 CLIENT	×××学校
工程名称 PROJECT	×××学校 新校区建设项目—A12单身教师公寓
图纸内容 TITLE	柱表（Z1~LZ1)

业务号 PROJECT NO.	2013-81-12	专业 DISCIPLINE	结构
日期 DATE	2014.03	设计阶段 STAGE	施工图
版本号 INDEX	01	图号 DRAWING NO.	结施-06

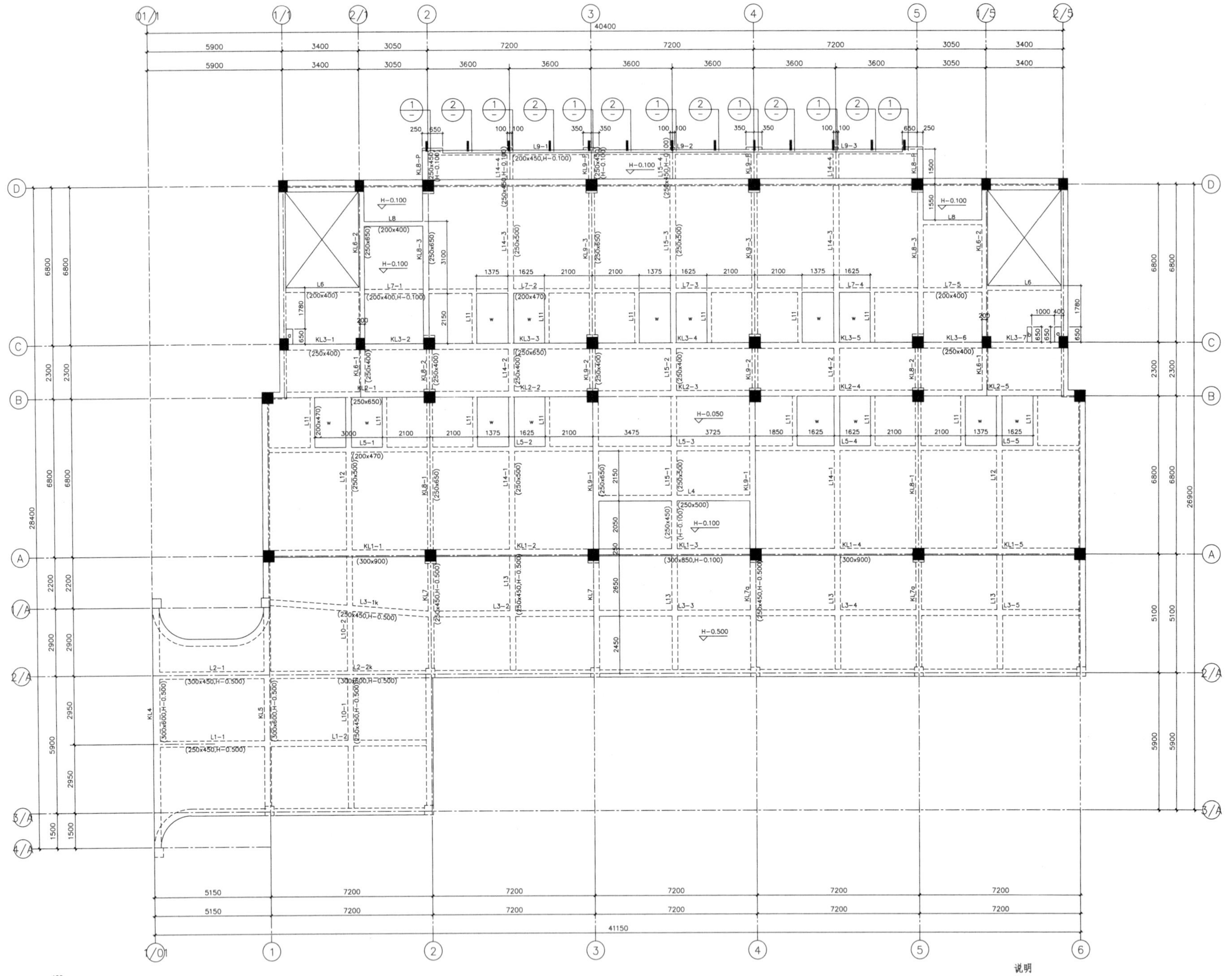

首层结构布置平面图 1:100

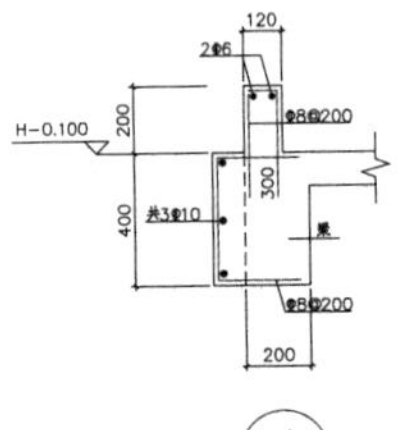

① 1:20

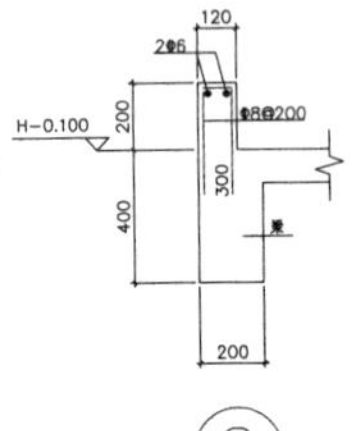

② 1:20

说明

1. 混凝土强度等级详结施–01，钢筋采用HRB400级(Φ)钢。
2. 除特别标明外，楼板板厚为h=120mm，楼面标高为H–0.050(H=4.500)。
3. 图中"w"表示卫生间沉板，板面标高为H–0.400。
4. 井a(宽300)、井b(宽200)先预留板钢筋，待设备管道安装后再用与楼面同一强度等级的混凝土封堵。
5. 除特别标明外，梁面标高平板面。
6. 板配筋说明：
(1) 除特别标明外，板厚h=120mm楼板底筋为Φ8@150双向通长配置，面筋为Φ10@200双向通长配置。
(2) 卫生间沉板"w"处配筋为双层双向Φ8@150通长配置。

序号 Rev.	修改日期 Date	修改原因、内容

修改记录

设计单位 | DESIGN INSTITUTE

×××建筑设计研究院
ARCHITECTURAL DESIGN & RESEARCH INST.
××× OF TECHNOLOGY

证 书 | 建筑工程设计证书号:A×××

单位出图专用章 | Stamp of Design Firm(s)

注册执业专用章 | Stamp of Register

审 定: APPROVED BY	×××	
设计总负责: PROJECT DIRECTOR	×××	
专业负责: ENGINEER IN CHARGE	×××	
审 核: REVIEWED BY	×××	
校 对: CHECKED BY	×××	
设 计: DESIGNED BY	×××	
制 图: DRAFTED BY	×××	

建设单位 CLIENT	×××学校		
工程名称 PROJECT	×××学校 新校区建设项目-A12单身教师公寓		
图纸内容 TITLE	首层结构布置平面图		
业务号 PROJECT NO.	2013-81-12	专业 DISCIPLINE	结构
日期 DATE	2014.03	设计阶段 STAGE	施工图
版本号 INDEX	01	图号 DRAWING NO.	结施-07

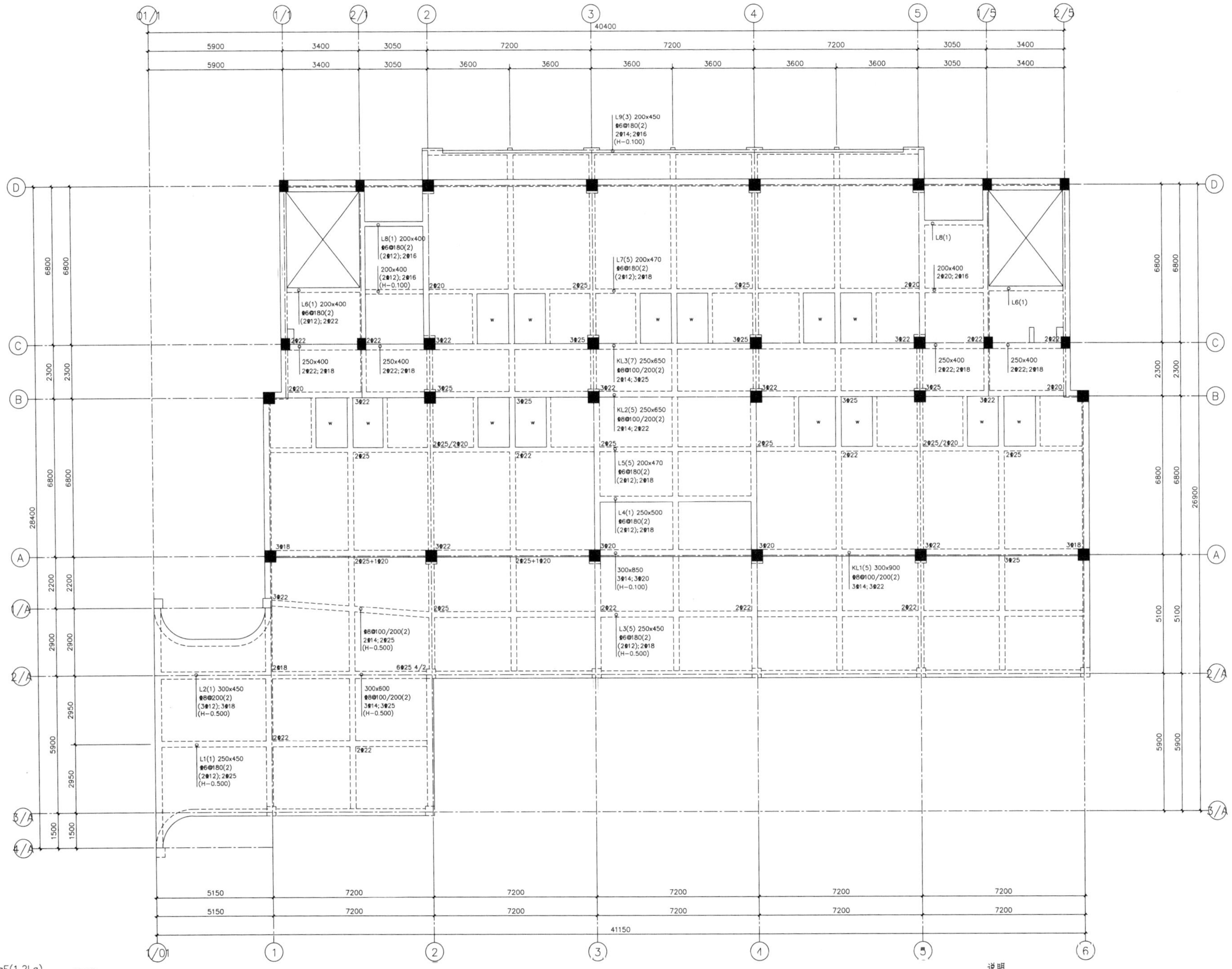

首层梁配筋平面图(1)　1:100

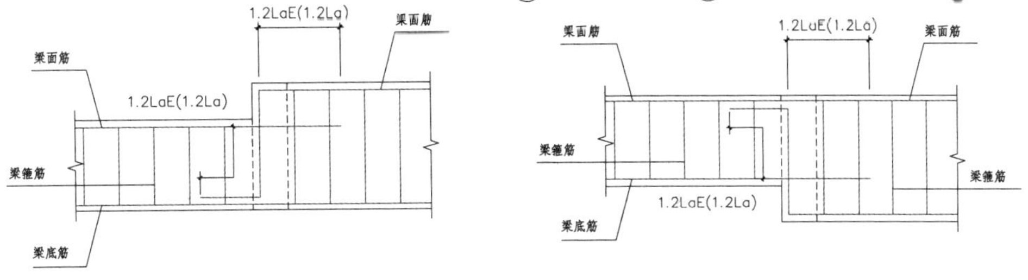

梁截面高度变化纵筋弯折大样

说明

1 混凝土强度等级详结施—01，钢筋采用HRB400级(Φ)钢.
2 钢筋混凝土梁配筋平面表示法详国标11G101—1.
3 主梁支承次梁处，除图中注明外，均应在主梁内的次梁两侧各加三道间距为50mm的密箍，其直径和肢数同梁箍筋. 悬臂梁仅加内侧.
4 框架梁架立筋与梁支座受力钢筋之间连接均采用受力搭接型式，最小搭接长度Lle(抗震)按国标11G101—1第53页的要求执行.
5 梁高超过500mm而未注腰筋者设构造腰筋如下：
   500≤h<700　设G2Φ14
   700≤h<850　设G4Φ14
   h≥850　设G2Φ14@200
6 除特别注明外，梁面标高平板面.

序号 Rev.	修改日期 Date	修改原因、内容

修改记录

设计单位 | DESIGN INSTITUTE

×××建筑设计研究院
ARCHITECTURAL DESIGN & RESEARCH INST.
XXX OF TECHNOLOGY

证　书 | 建筑工程设计证书号：甲级XXX

单位出图专用章 | Stamp of Design Firm(s)

注册执业专用章 | Stamp of Register

审　定：APPROVED BY	×××	
设计总负责：PROJECT DIRECTOR	×××	
专业负责：ENGINEER IN CHARGE	×××	
审　核：REVIEWED BY	×××	
校　对：CHECKED BY	×××	
设　计：DESIGNED BY	×××	
制　图：DRAFTED BY	×××	

建设单位 CLIENT	×××学校		
工程名称 PROJECT	×××学校 新校区建设项目～A12单身教师公寓		
图纸内容 TITLE			
业务号 PROJECT NO.	2013-81-12	专业 DISCIPLINE	结构
日期 DATE	2014.03	设计阶段 STAGE	施工图
版本号 INDEX	01	图号 DRAWING NO.	结施-08

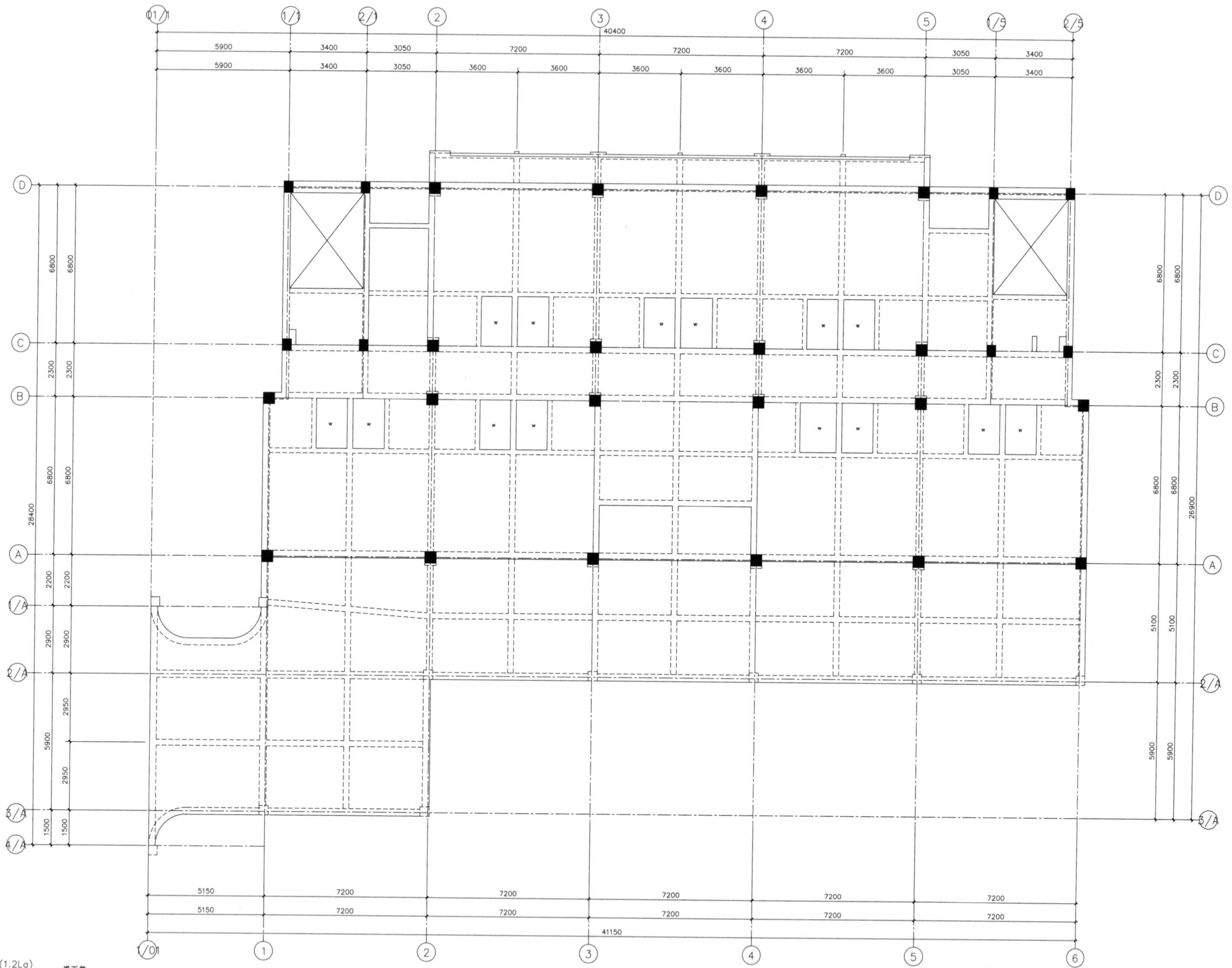

首层梁配筋平面图(2)　1:100

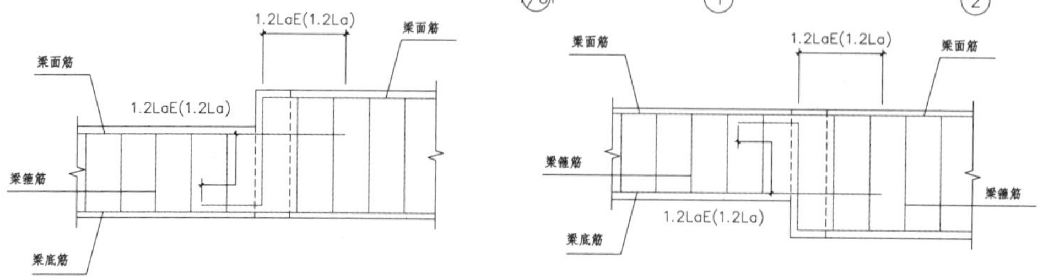

梁截面高度变化纵筋弯折大样

说明

1 混凝土强度等级详结施—01，钢筋采用HRB400级(Φ)钢.
2 钢筋混凝土梁配筋平面表示法详国标11G101—1.
3 主梁支承次梁处，除图中注明外，均应在主梁内的次梁两侧各加三道间距为50mm的密箍，其直径和肢数同梁箍筋. 悬臂梁仅加内侧.
4 框架梁架立筋与梁支座受力钢筋之间连接均采用受力搭接型式，最小搭接长度Lle(抗震)按国标11G101—1第53页的要求执行.
5 梁高超过500mm而未注腰筋者设构造腰筋如下：

$500 \leq h < 700$　设G2Φ14

$700 \leq h < 850$　设 G4Φ14

$h \geq 850$　设G2Φ14@200

6 除特别注明外，梁面标高平板面.

序号 Rev.	修改日期 Date	修改原因、内容

修改记录

设计单位 | DESIGN INSTITUTE

×××建筑设计研究院
ARCHITECTURAL DESIGN & RESEARCH INST.
XXX OF TECHNOLOGY

证　书 | 建筑工程设计证书号：甲级XXX

单位出图专用章 | Stamp of Design Firm(s)

注册执业专用章 | Stamp of Register

审　定：APPROVED BY	×××	
设计总负责：PROJECT DIRECTOR	×××	
专业负责：ENGINEER IN CHARGE	×××	
审　核：REVIEWED BY	×××	
校　对：CHECKED BY	×××	
设　计：DESIGNED BY	×××	
制　图：DRAFTED BY	×××	
建设单位 CLIENT	×××学校	
工程名称 PROJECT	×××学校 新校区建设项目～A12单身教师公寓	
图纸内容 TITLE		

业务号 PROJECT NO.	2013-81-12	专业 DISCIPLINE	结构
日期 DATE	2014. 03	设计阶段 STAGE	施工图
版本号 INDEX	01	图号 DRAWING NO.	结施-09

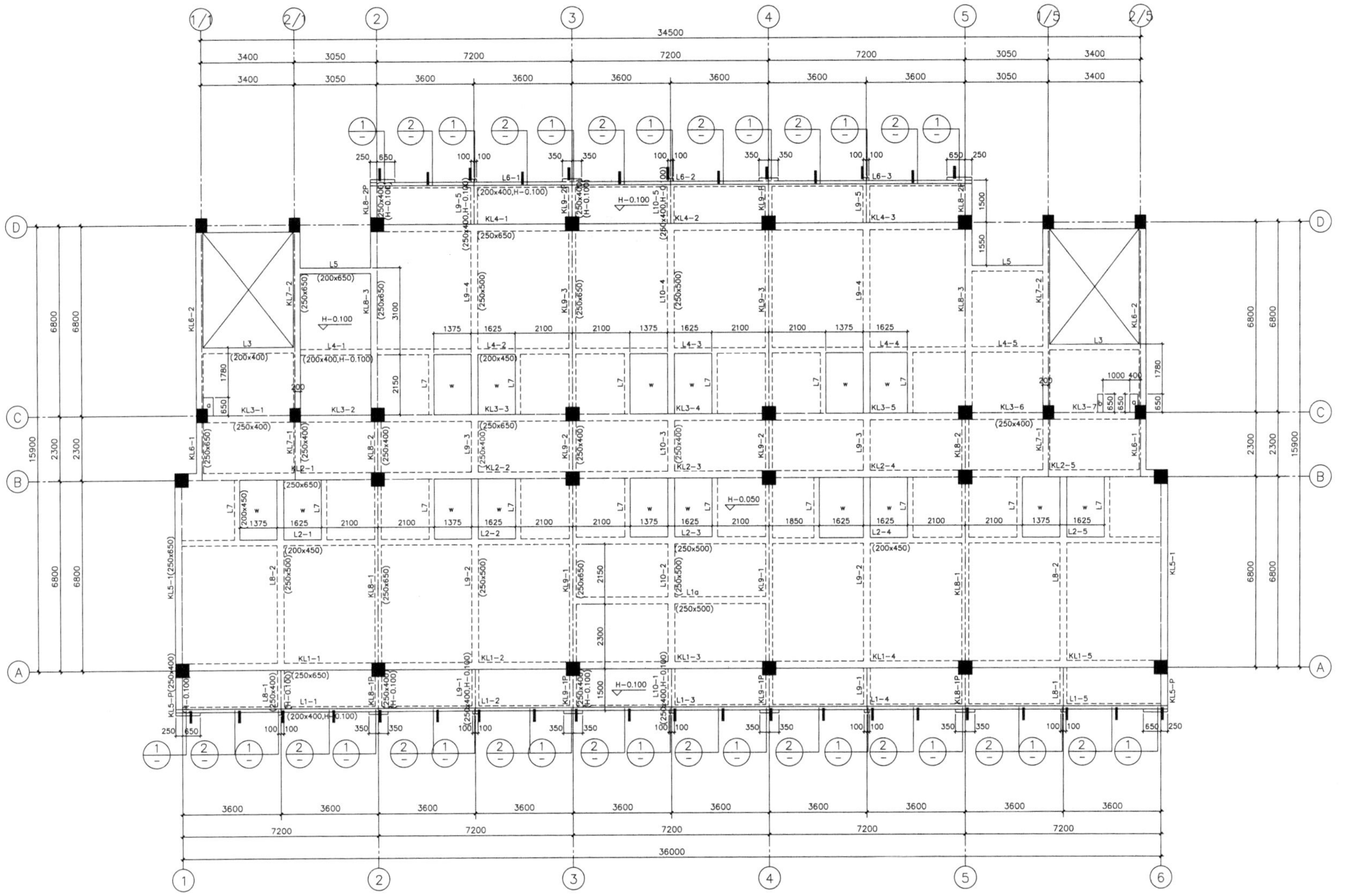

二层结构布置平面图 1:100

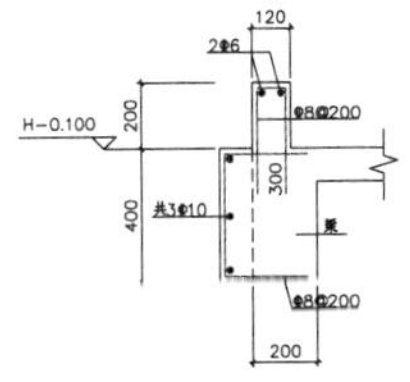

① 1:20

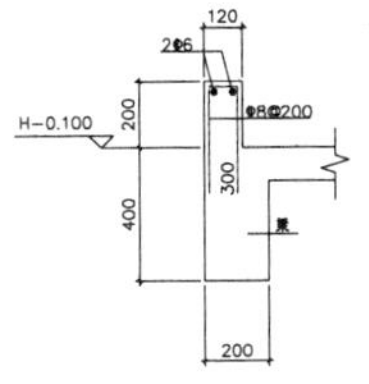

② 1:20

说明

1. 混凝土强度等级详结施-01，钢筋采用HRB400级(Φ)钢.
2. 除特别标明外，楼板板厚为h=100mm，楼面标高为H-0.050(H=3.000).
3. 图中"w"表示卫生间沉板，板面标高为H-0.400.
4. 井a(宽300)、井b(宽200)先预留板钢筋，待设备管道安装后再用与楼面同一强度等级的混凝土封堵.
5. 除特别标明外，梁面标高平板面.

序号 Rev.	修改日期 Date	修改原因、内容

修改记录

设计单位 DESIGN INSTITUTE	×××建筑设计研究院 ARCHITECTURAL DESIGN & RESEARCH INST. ××× OF TECHNOLOGY		
证书	建筑工程设计证书号:A×××		
单位出图专用章 Stamp of Design Firm(s)			
注册执业专用章 Stamp of Register			
审定: APPROVED BY	×××		
设计总负责: PROJECT DIRECTOR	×××		
专业负责: ENGINEER IN CHARGE	×××		
审核: REVIEWED BY	×××		
校对: CHECKED BY	×××		
设计: DESIGNED BY	×××		
制图: DRAFTED BY	×××		
建设单位 CLIENT	×××学校		
工程名称 PROJECT	×××学校 新校区建设项目-A12单身教师公寓		
图纸内容 TITLE	二层结构布置平面图		
业务号 PROJECT NO.	2013-81-12	专业 DISCIPLINE	结构
日期 DATE	2014.03	设计阶段 STAGE	施工图
版本号 INDEX	01	图号 DRAWING NO.	结施-10

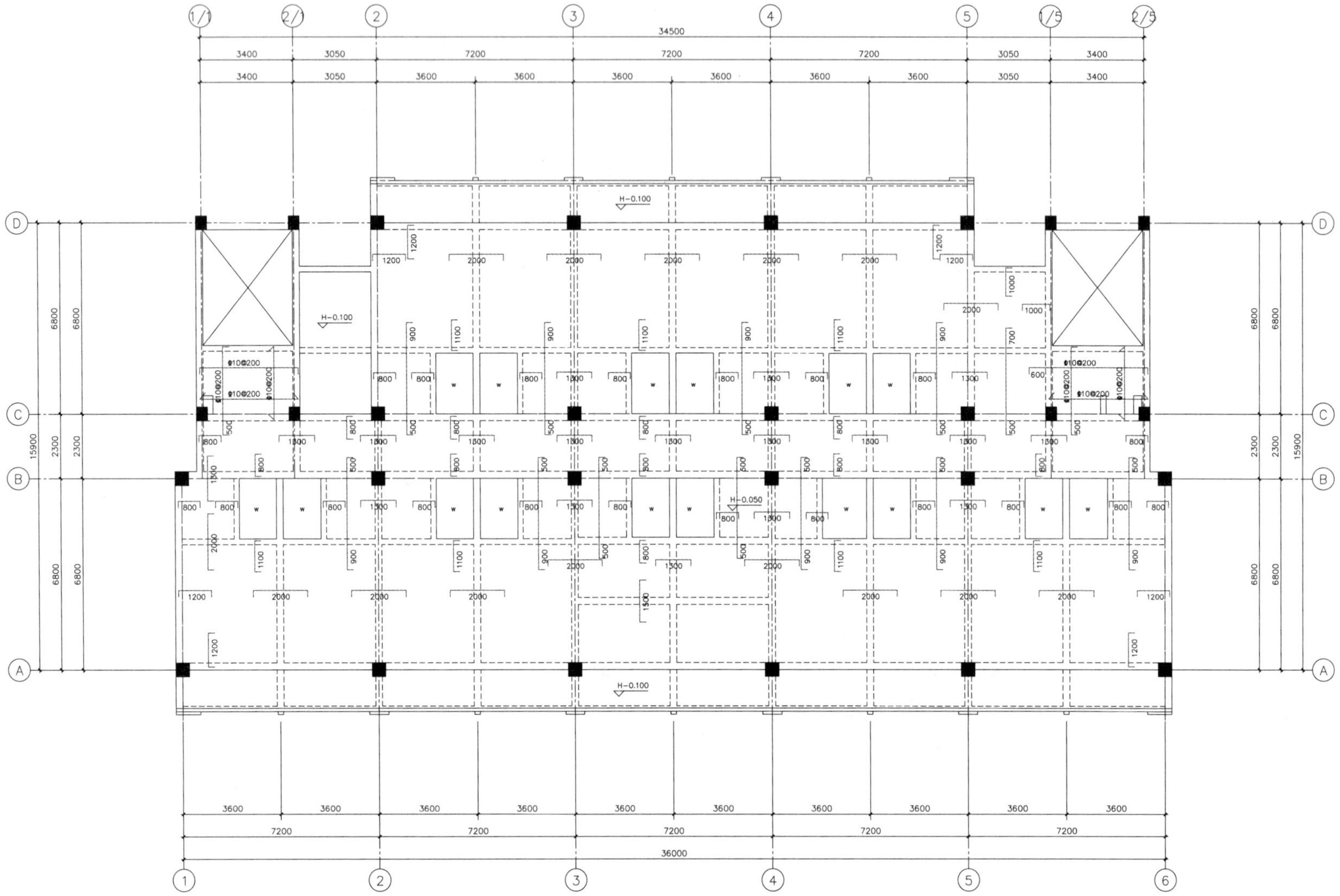

二层板配筋平面图 1:100

说明

1. 混凝土强度等级详结施–01，钢筋采用HRB400级(Φ)钢．
2. 板钢筋表示方法的约定示意详结施–01．
3. 除特别标明外，楼板板厚为h=100mm，楼面标高为H–0.050(H=3.000)．
4. 板配筋说明如下：
(1) 图中已画出但未标明的负筋均为Φ8@200．
(2) 除特别标明外，板底筋为Φ8@200．
(3) 图中"w"及H–0.100处，板配筋为Φ8@200双层双向通长配置．

序号 Rev.	修改日期 Date	修改原因、内容

修改记录

设计单位 | DESIGN INSTITUTE

××× 建筑设计研究院
ARCHITECTURAL DESIGN & RESEARCH INST.
××× OF TECHNOLOGY

证 书 | 建筑工程设计证书号:A×××

单位出图专用章 | Stamp of Design Firm(s)

注册执业专用章 | Stamp of Register

审 定: APPROVED BY	×××	
设计总负责: PROJECT DIRECTOR	×××	
专业负责: ENGINEER IN CHARGE	×××	
审 核: REVIEWED BY	×××	
校 对: CHECKED BY	×××	
设 计: DESIGNED BY	×××	
制 图: DRAFTED BY	×××	

建设单位 CLIENT	×××学校		
工程名称 PROJECT	×××学校 新校区建设项目-A12单身教师公寓		
图纸内容 TITLE			
业务号 PROJECT NO.	2013-81-12	专业 DISCIPLINE	结构
日期 DATE	2014.03	设计阶段 STAGE	施工图
版本号 INDEX	01	图号 DRAWING NO.	结施-11

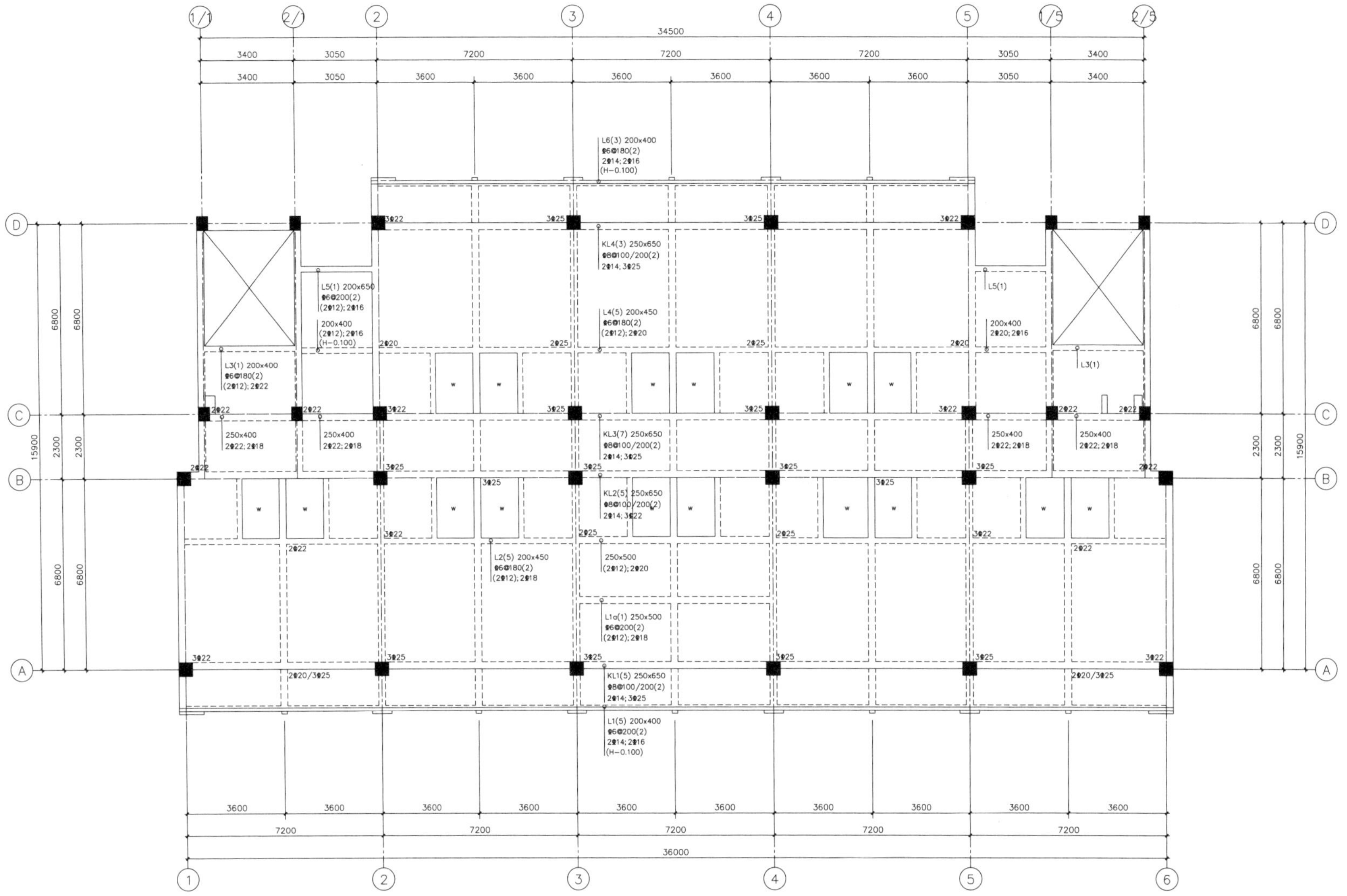

二层梁配筋平面图(1) 1:100

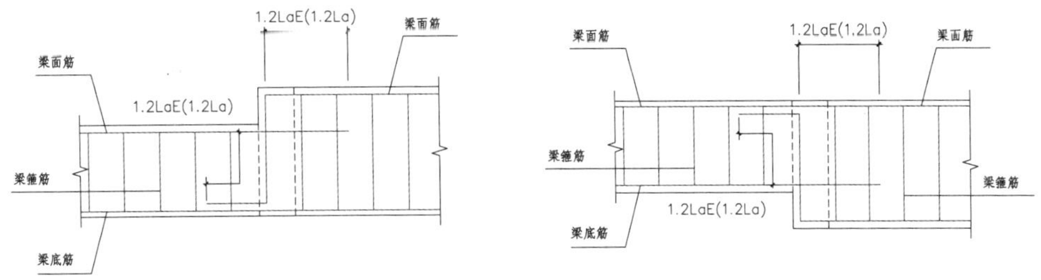

梁截面高度变化纵筋弯折大样

说明

1. 混凝土强度等级详结施-01，钢筋采用HRB400级(Φ)钢.
2. 钢筋混凝土梁配筋平面表示法详国标11G101-1.
3. 主梁支承次梁处，除图中注明外，均应在主梁内的次梁两侧各加三道间距为50mm的密箍，其直径和肢数同梁箍筋. 悬臂梁仅加内侧.
4. 框架梁架立筋与梁支座受力钢筋之间连接均采用受力搭接型式，最小搭接长度Lle(抗震)按国标11G101-1第53页的要求执行.
5. 梁高超过500mm而未注腰筋者设构造腰筋如下：
   500≤h<700 设G2Φ14
   700≤h<850 设 G4Φ14
   h≥850 设G2Φ14@200
6. 除特别注明外，梁面标高平板面.

序 号 Rev.	修改日期 Date	修改原因、内容

修 改 记 录

设计单位 | DESIGN INSTITUTE

×××建筑设计研究院
ARCHITECTURAL DESIGN & RESEARCH INST.
××× OF TECHNOLOGY

证 书 | 建筑工程设计证书号:A×××

单位出图专用章 | Stamp of Design Firm(s)

注册执业专用章 | Stamp of Register

审 定: APPROVED BY	×××	
设计总负责: PROJECT DIRECTOR	×××	
专业负责: ENGINEER IN CHARGE	×××	
审 核: REVIEWED BY	×××	
校 对: CHECKED BY	×××	
设 计: DESIGNED BY	×××	
制 图: DRAFTED BY	×××	

建设单位 CLIENT	×××学校		
工程名称 PROJECT	×××学校 新校区建设项目-A12单身教师公寓		
图纸内容 TITLE	二层梁配筋平面图(1)		
业务号 PROJECT NO.	2013-81-12	专业 DISCIPLINE	结构
日期 DATE	2014.03	设计阶段 STAGE	施工图
版本号 INDEX	01	图号 DRAWING NO.	结施-12

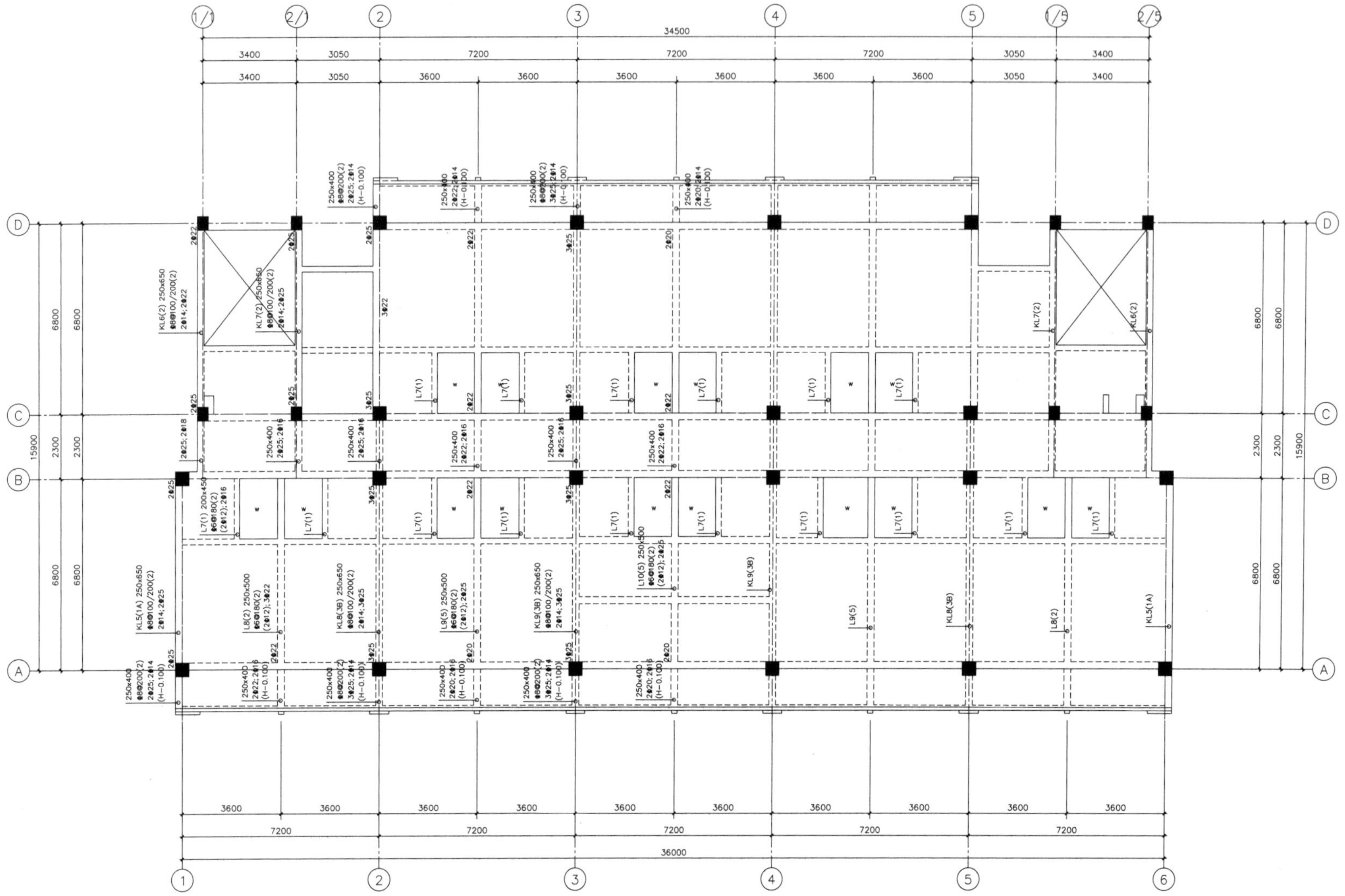

二层梁配筋平面图(2) 1:100

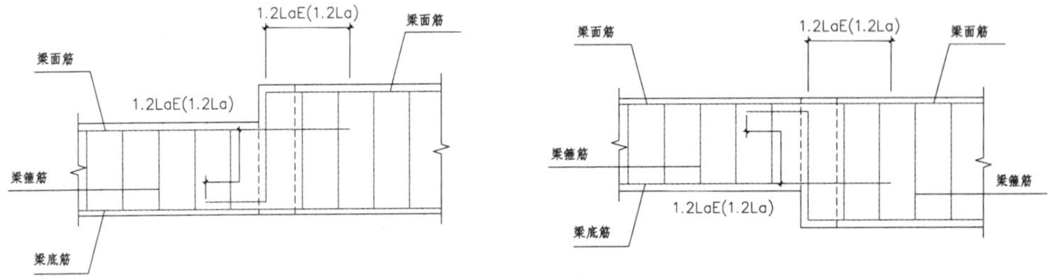

梁截面高度变化纵筋弯折大样

说明

1. 混凝土强度等级详结施-01，钢筋采用HRB400级(Φ)钢.
2. 钢筋混凝土梁配筋平面表示法详国标11G101-1.
3. 主梁支承次梁处，除图中注明外，均应在主梁内的次梁两侧各加三道间距为50mm的密箍，其直径和肢数同梁箍筋．悬臂梁仅加内侧.
4. 框架梁架立筋与梁支座受力钢筋之间连接均采用受力搭接型式，最小搭接长度Lle(抗震)按国标11G101-1第53页的要求执行.
5. 梁高超过500mm而未注腰筋者设构造腰筋如下：

   500≤h<700　设G2Φ14

   700≤h<850　设 G4Φ14

   h≥850　设G2Φ14@200

6. 除特别注明外，梁面标高平板面.

序号 Rev.	修改日期 Date	修改原因、内容

修改记录

设计单位 | DESIGN INSTITUTE

×××建筑设计研究院
ARCHITECTURAL DESIGN & RESEARCH INST.
××× OF TECHNOLOGY

证书 | 建筑工程设计证书号:A×××

单位出图专用章 | Stamp of Design Firm(s)

注册执业专用章 | Stamp of Register

审定: APPROVED BY	×××	
设计总负责: PROJECT DIRECTOR	×××	
专业负责: ENGINEER IN CHARGE	×××	
审核: REVIEWED BY	×××	
校对: CHECKED BY	×××	
设计: DESIGNED BY	×××	
制图: DRAFTED BY	×××	

建设单位 CLIENT	×××学校		
工程名称 PROJECT	×××学校 新校区建设项目-A12单身教师公寓		
图纸内容 TITLE	二层梁配筋平面图(2)		
业务号 PROJECT NO.	2013-81-12	专业 DISCIPLINE	结构
日期 DATE	2014.03	设计阶段 STAGE	施工图
版本号 INDEX	01	图号 DRAWING NO.	结施-13

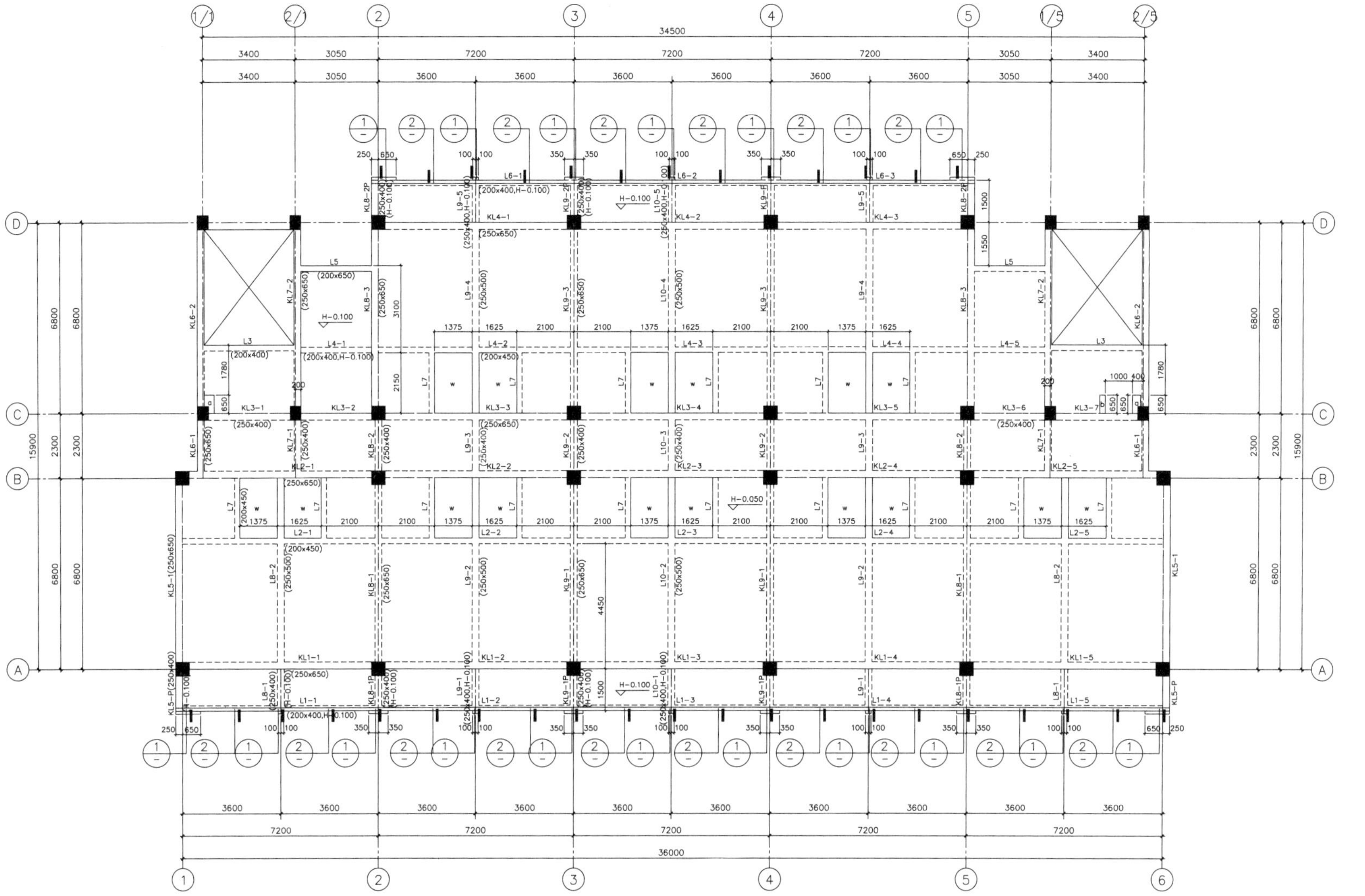

三～五层结构布置平面图 1:100

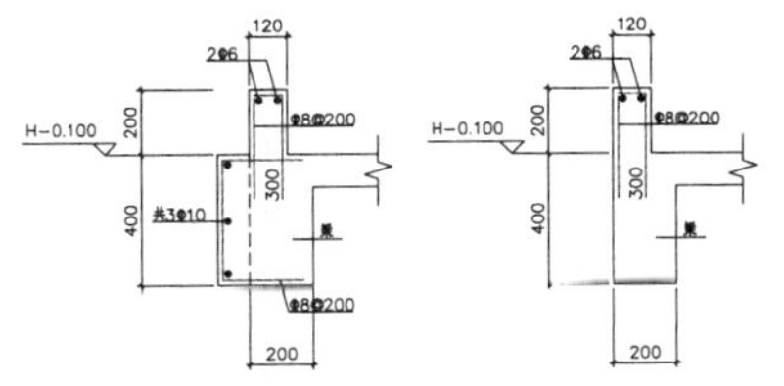

① 1:20　② 1:20

说明

1. 混凝土强度等级详结施−01，钢筋采用HRB400级(Φ)钢.
2. 除特别标明外，楼板板厚为h=100mm，楼面标高为H−0.050(H=6.000，9.000,12.000).
3. 图中"w"表示卫生间沉板，板面标高为H−0.400.
4. 井a(宽300)、井b(宽200)先预留板钢筋，待设备管道安装后再用与楼面同一强度等级的混凝土封堵.
5. 除特别标明外，梁面标高平板面.

序号 Rev.	修改日期 Date	修改原因、内容

修改记录

设计单位 | DESIGN INSTITUTE

×××建筑设计研究院
ARCHITECTURAL DESIGN & RESEARCH INST.
××× OF TECHNOLOGY

证　书 | 建筑工程设计证书号:A×××

单位出图专用章 | Stamp of Design Firm(s)

注册执业专用章 | Stamp of Register

审　定: APPROVED BY	×××	
设计总负责: PROJECT DIRECTOR	×××	
专业负责: ENGINEER IN CHARGE	×××	
审　核: REVIEWED BY	×××	
校　对: CHECKED BY	×××	
设　计: DESIGNED BY	×××	
制　图: DRAFTED BY	×××	

建设单位 CLIENT	×××学校		
工程名称 PROJECT	×××学校 新校区建设项目-A12单身教师公寓		
图纸内容 TITLE	三～五层结构布置平面图		
业务号 PROJECT NO.	2013-81-12	专业 DISCIPLINE	结构
日期 DATE	2014.03	设计阶段 STAGE	施工图
版本号 INDEX	01	图号 DRAWING NO.	结施-14

序　号 Rev.	修改日期 Date	修改原因、内容

修改记录

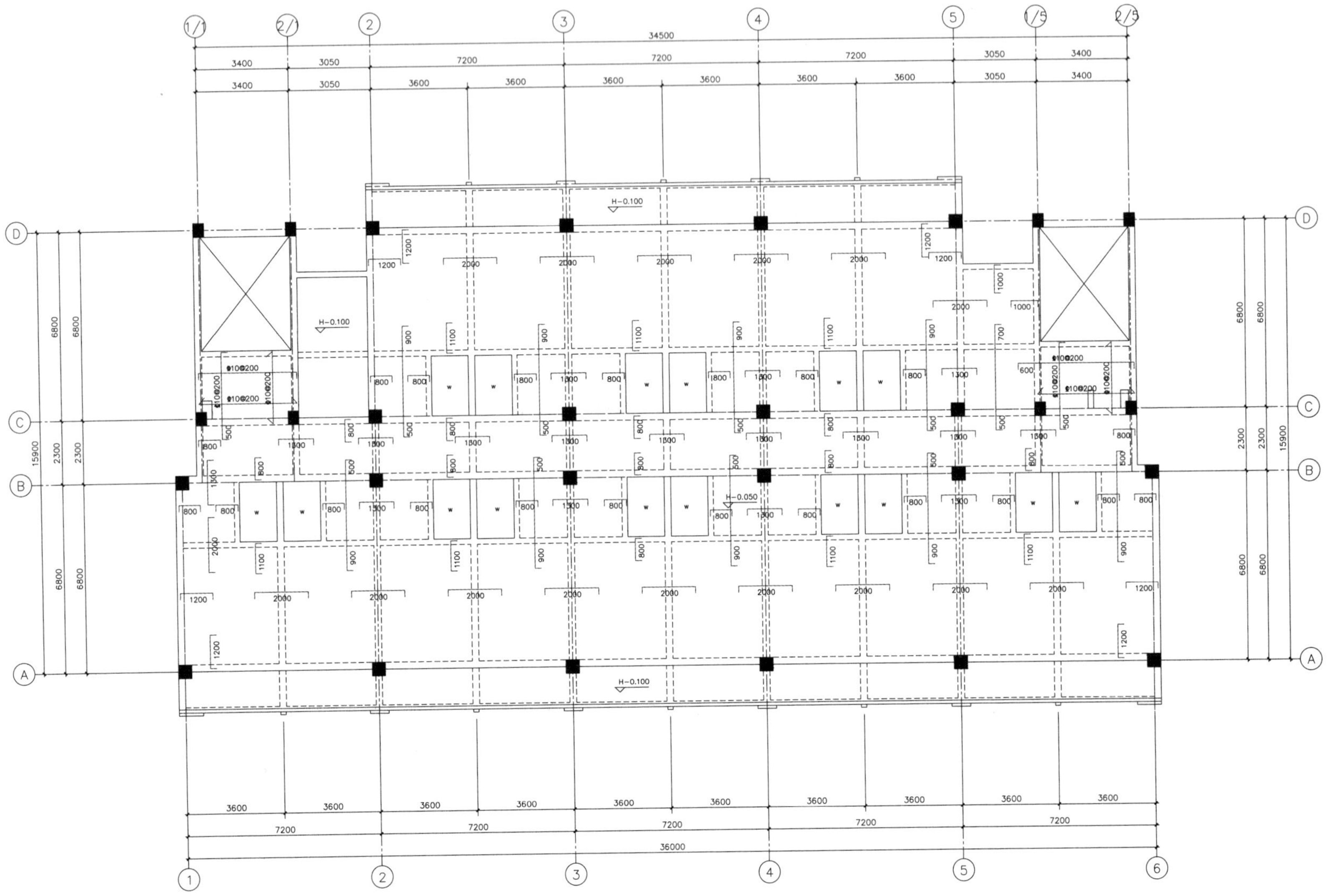

三～五层板配筋平面图　1:100

说明

1. 混凝土强度等级详结施-01，钢筋采用HRB400级(Φ)钢。
2. 板钢筋表示方法的约定示意详结施-01。
3. 除特别标明外，楼板板厚为h=100mm，楼面标高为H-0.050(H=6.000，9.000,12.000)。
4. 板配筋说明如下：

(1) 图中已画出但未标明的负筋均为Φ8@200。

(2) 除特别标明外，板底筋为Φ8@200。

(3) 图中"w"及H-0.100处，板配筋为Φ8@200双层双向通长配置。

设计单位 | DESIGN INSTITUTE

×××建筑设计研究院
ARCHITECTURAL DESIGN & RESEARCH INST.
××× OF TECHNOLOGY

证　书 | 建筑工程设计证书号:A×××

单位出图专用章 | Stamp of Design Firm(s)

注册执业专用章 | Stamp of Register

审　定: APPROVED BY	×××	
设计总负责: PROJECT DIRECTOR	×××	
专业负责: ENGINEER IN CHARGE	×××	
审　核: REVIEWED BY	×××	
校　对: CHECKED BY	×××	
设　计: DESIGNED BY	×××	
制　图: DRAFTED BY	×××	

建设单位 CLIENT	×××学校		
工程名称 PROJECT	×××学校 新校区建设项目-A12单身教师公寓		
图纸内容 TITLE	三～五层板配筋平面图		
业务号 PROJECT NO.	2013-81-12	专业 DISCIPLINE	结构
日期 DATE	2014.03	设计阶段 STAGE	施工图
版本号 INDEX	01	图号 DRAWING NO.	结施-15

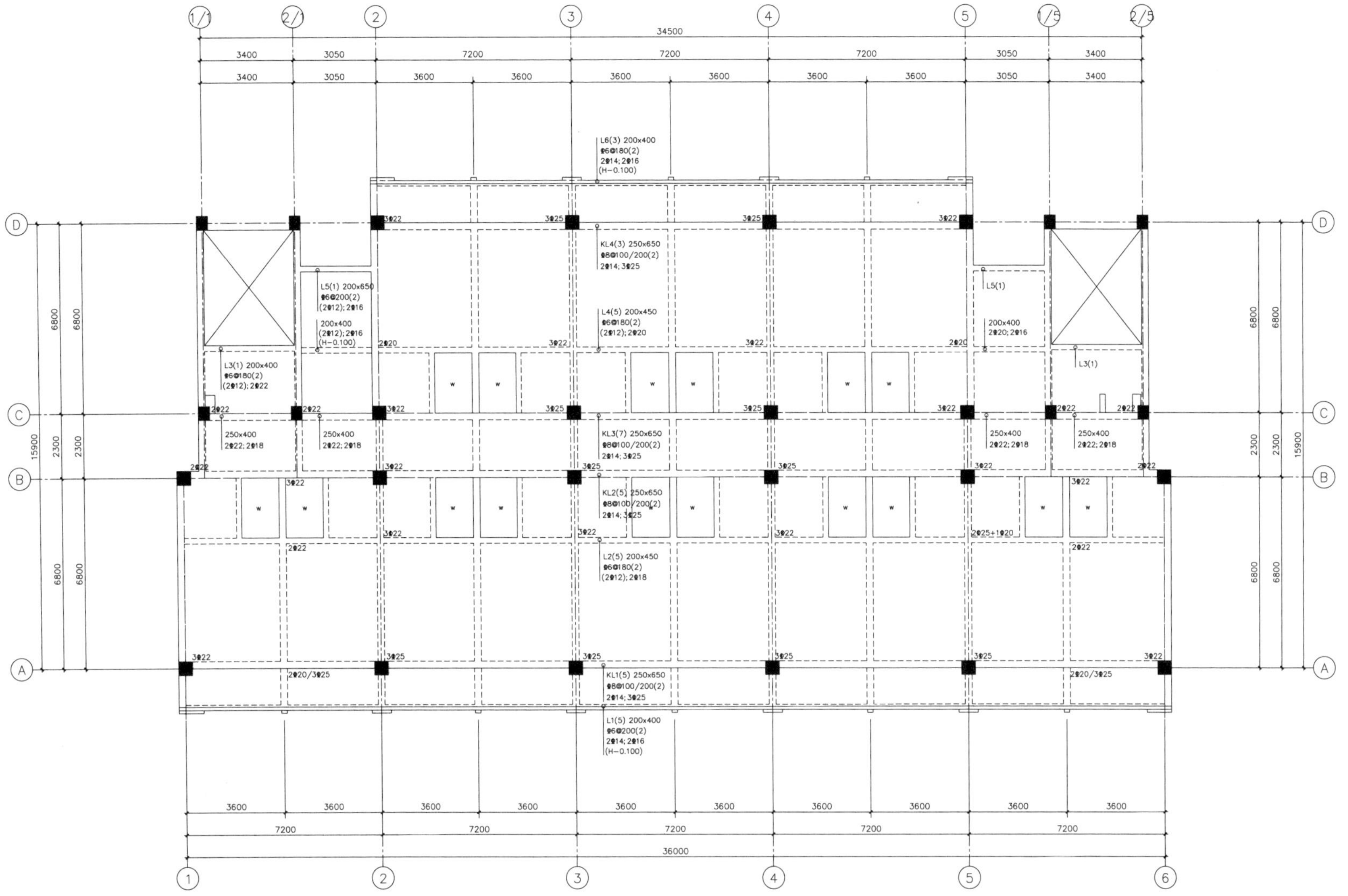

三～五层梁配筋平面图(1) 1:100

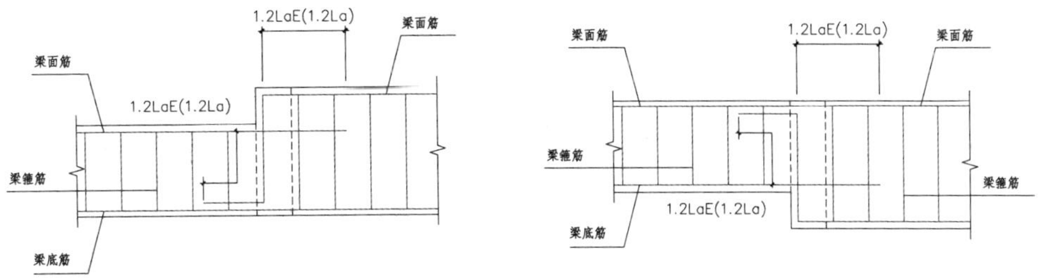

梁截面高度变化纵筋弯折大样

说明

1. 混凝土强度等级详结施—01，钢筋采用HRB400级(Φ)钢.
2. 钢筋混凝土梁配筋平面表示法详国标11G101—1.
3. 主梁支承次梁处，除图中注明外，均应在主梁内的次梁两侧各加三道间距为50mm的密箍，其直径和肢数同梁箍筋.悬臂梁仅加内侧.
4. 框架梁架立筋与梁支座受力钢筋之间连接均采用受力搭接型式，最小搭接长度Lle(抗震)按国标11G101—1第53页的要求执行.
5. 梁高超过500mm而未注腰筋者设构造腰筋如下：

   500≤h<700 设G2Φ14

   700≤h<850 设G4Φ14

   h≥850 设G2Φ14@200
6. 除特别注明外，梁面标高平板面.

序号 Rev.	修改日期 Date	修改原因、内容

修改记录

设计单位 | DESIGN INSTITUTE

×××建筑设计研究院
ARCHITECTURAL DESIGN & RESEARCH INST.
××× OF TECHNOLOGY

证 书 | 建筑工程设计证书号:A×××

单位出图专用章 | Stamp of Design Firm(s)

注册执业专用章 | Stamp of Register

审 定: APPROVED BY	×××	
设计总负责: PROJECT DIRECTOR	×××	
专业负责: ENGINEER IN CHARGE	×××	
审 核: REVIEWED BY	×××	
校 对: CHECKED BY	×××	
设 计: DESIGNED BY	×××	
制 图: DRAFTED BY	×××	

建设单位 CLIENT	×××学校		
工程名称 PROJECT	×××学校 新校区建设项目-A12单身教师公寓		
图纸内容 TITLE	三～五层梁配筋平面图(1)		
业务号 PROJECT NO.	2013-81-12	专业 DISCIPLINE	结构
日期 DATE	2014.03	设计阶段 STAGE	施工图
版本号 INDEX	01	图号 DRAWING NO.	结施-16

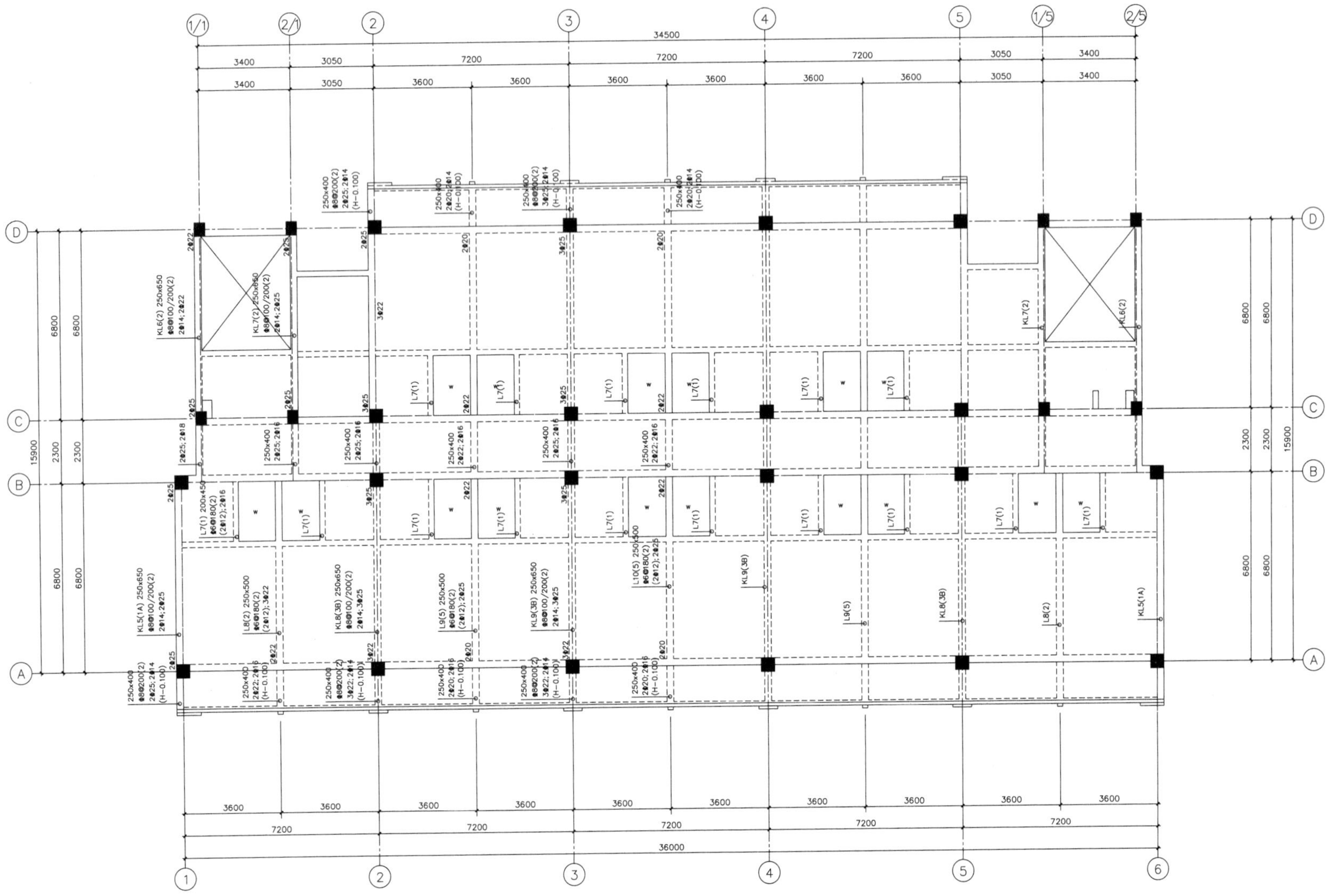

三～五层梁配筋平面图(2) 1:100

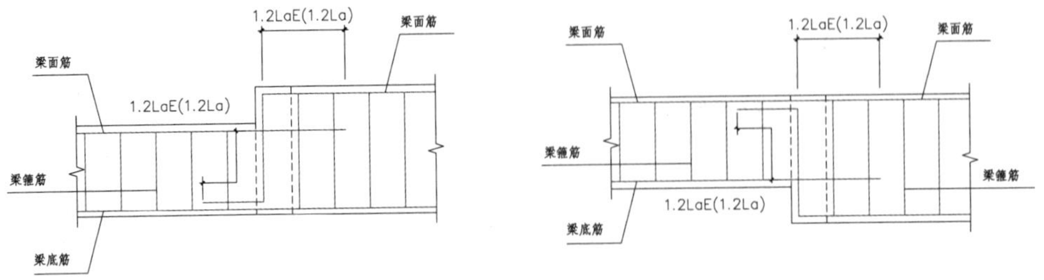

梁截面高度变化纵筋弯折大样

说明：

1. 混凝土强度等级详见结施—01，钢筋采用HRB400级(Φ)钢。
2. 钢筋混凝土梁配筋平面表示法详见国标11G101—1。
3. 主梁支承次梁处，除图中注明外，均应在主梁内的次梁两侧各加三道间距为50mm的密箍，其直径和肢数同梁箍筋。悬臂梁仅加内侧。
4. 框架梁架立筋与梁支座受力钢筋之间连接均采用受力搭接型式，最小搭接长度Lle(抗震)按国标11G101—1第53页的要求执行。
5. 梁高超过500mm而未注腰筋者设构造腰筋如下：

   500≤h<700 设G2Φ14

   700≤h<850 设 G4Φ14

   h≥850 设G2Φ14@200
6. 除特别注明外，梁面标高平板面。

序号 Rev.	修改日期 Date	修改原因、内容

修改记录

设计单位 | DESIGN INSTITUTE

×××建筑设计研究院

ARCHITECTURAL DESIGN & RESEARCH INST. ××× OF TECHNOLOGY

证 书 | 建筑工程设计证书号:A×××

单位出图专用章 | Stamp of Design Firm(s)

注册执业专用章 | Stamp of Register

审 定: APPROVED BY	×××	
设计总负责: PROJECT DIRECTOR	×××	
专业负责: ENGINEER IN CHARGE	×××	
审 核: REVIEWED BY	×××	
校 对: CHECKED BY	×××	
设 计: DESIGNED BY	×××	
制 图: DRAFTED BY	×××	

建设单位 CLIENT	×××学校		
工程名称 PROJECT	×××学校 新校区建设项目-A12单身教师公寓		
图纸内容 TITLE	三～五层梁配筋平面图(2)		
业务号 PROJECT NO.	2013-81-12	专业 DISCIPLINE	结构
日期 DATE	2014.03	设计阶段 STAGE	施工图
版本号 INDEX	01	图号 DRAWING NO.	结施-17

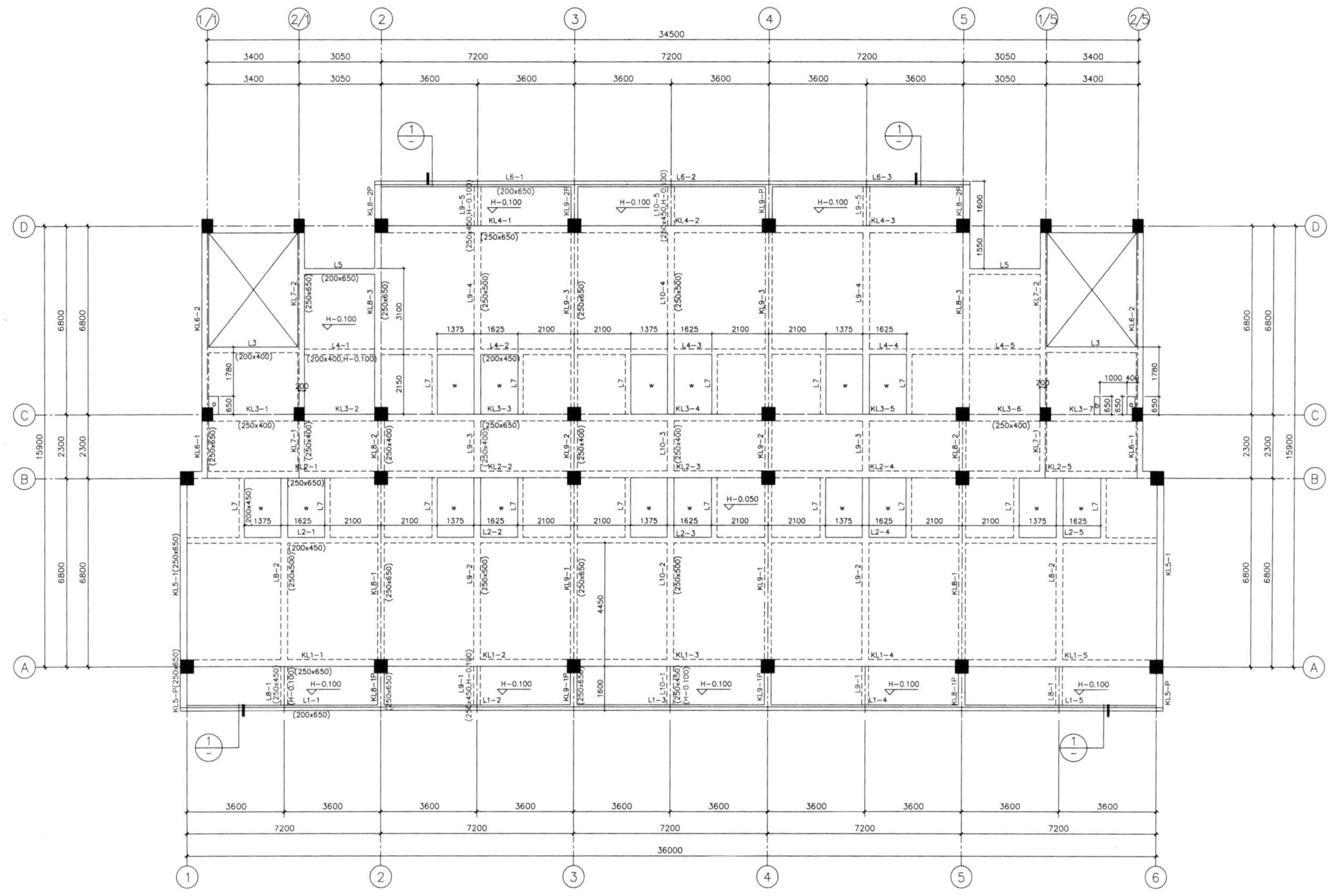

六层结构布置平面图　1:100

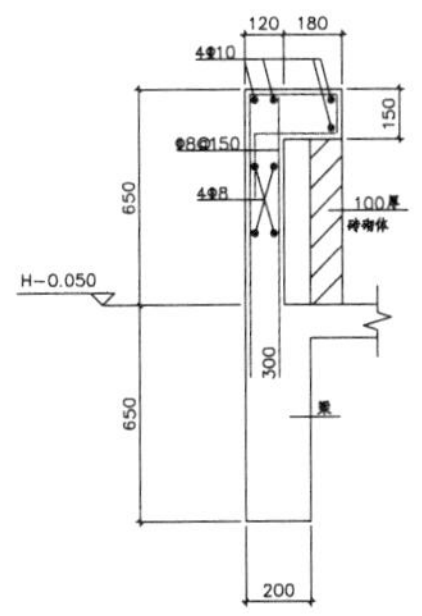

① 1:20

说明：

1. 混凝土强度等级详见结施-01，钢筋采用HRB400级(Φ)钢。
2. 除特别标明外，楼板板厚为h=100mm，楼面标高为H-0.050(H=15.000)。
3. 图中"w"表示卫生间沉板，板面标高为H-0.400。
4. 井a(宽300)、井b(宽200)先预留板钢筋，待设备管道安装后再用与楼面同一强度等级的混凝土封堵。
5. 除特别标明外，梁面标高平板面。

序号 Rev	修改日期 Date	修改原因、内容

修改记录

设计单位 | DESIGN INSTITUTE

×××建筑设计研究院
ARCHITECTURAL DESIGN & RESEARCH INST.
××× OF TECHNOLOGY

证　书 | 建筑工程设计证书号:A×××

单位出图专用章 | Stamp of Design Firm(s)

注册执业专用章 | Stamp of Register

审　定: APPROVED BY	×××	
设计总负责: PROJECT DIRECTOR	×××	
专业负责: ENGINEER IN CHARGE	×××	
审　核: REVIEWED BY	×××	
校　对: CHECKED BY	×××	
设　计: DESIGNED BY	×××	
制　图: DRAFTED BY	×××	

建设单位 CLIENT	×××学校		
工程名称 PROJECT	×××学校 新校区建设项目-A12单身教师公寓		
图纸内容 TITLE	六层结构布置平面图		
业务号 PROJECT NO.	2013-81-12	专业 DISCIPLINE	结构
日期 DATE	2014.03	设计阶段 STAGE	施工图
版本号 INDEX	01	图号 DRAWING NO.	结施-18

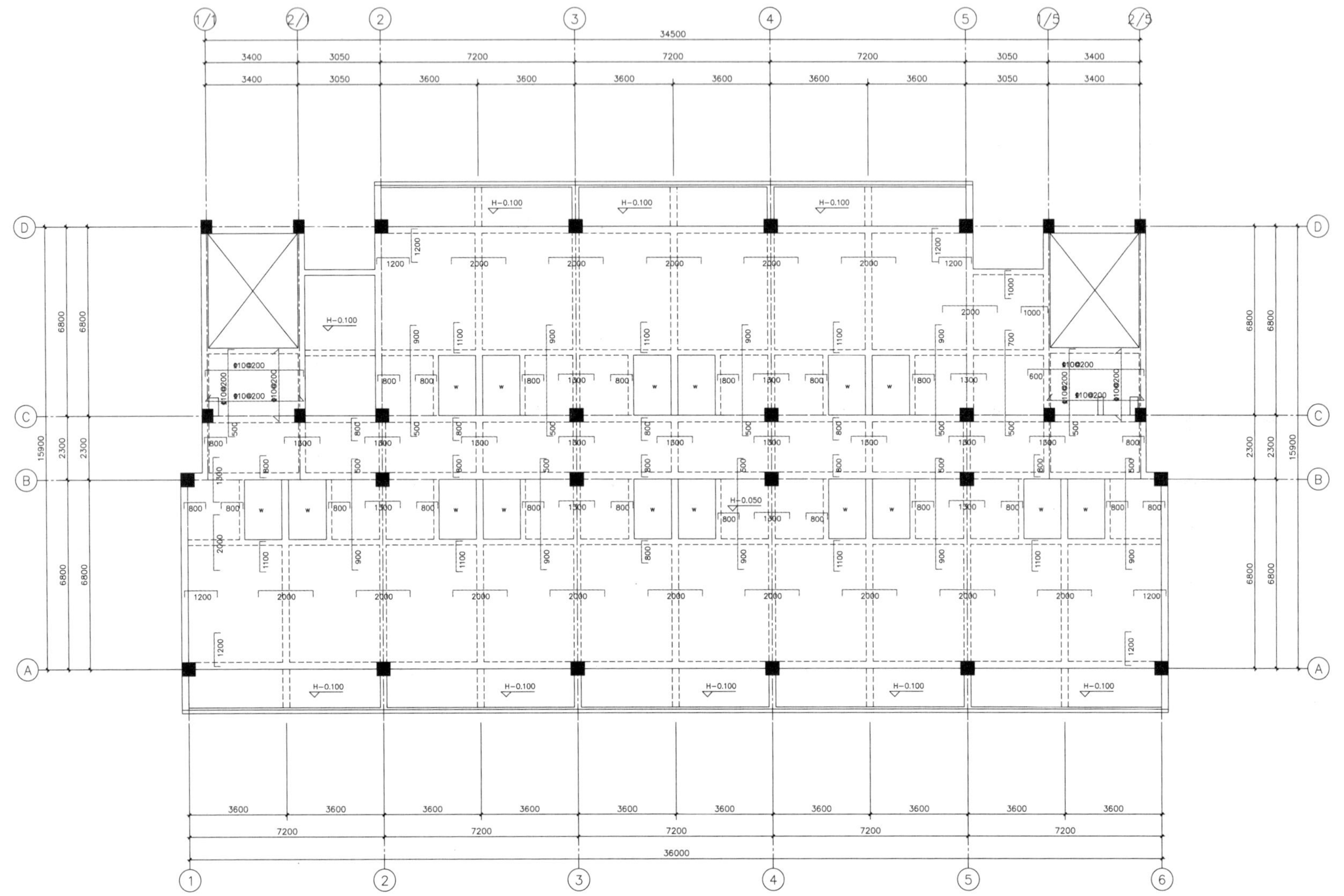

六层板配筋平面图 1:100

说明

1. 混凝土强度等级详结施—01，钢筋采用HRB400级(Φ)钢.
2. 板钢筋表示方法的约定示意详结施—01.
3. 除特别标明外，楼板板厚为h=100mm，楼面标高为H−0.050(H=15.000).
4. 板配筋说明如下:
(1) 图中已画出但未标明的负筋均为Φ8@200.
(2) 除特别标明外，板底筋为Φ8@200.
(3) 图中" w "及H−0.100处，板配筋为Φ8@200双层双向通长配置.

序号 Rev.	修改日期 Date	修改原因、内容
修改记录		

设计单位 | DESIGN INSTITUTE

×××建筑设计研究院
ARCHITECTURAL DESIGN & RESEARCH INST.
××× OF TECHNOLOGY

证　书 | 建筑工程设计证书号:A×××

单位出图专用章 | Stamp of Design Firm(s)

注册执业专用章 | Stamp of Register

审　定: APPROVED BY	×××	
设计总负责: PROJECT DIRECTOR	×××	
专业负责: ENGINEER IN CHARGE	×××	
审　核: REVIEWED BY	×××	
校　对: CHECKED BY	×××	
设　计: DESIGNED BY	×××	
制　图: DRAFTED BY	×××	

建设单位 CLIENT	×××学校		
工程名称 PROJECT	×××学校 新校区建设项目-A12单身教师公寓		
图纸内容 TITLE	六层板配筋平面图		
业务号 PROJECT NO.	2013-81-12	专业 DISCIPLINE	结构
日期 DATE	2014. 03	设计阶段 STAGE	施工图
版本号 INDEX	01	图号 DRAWING NO.	结施-19

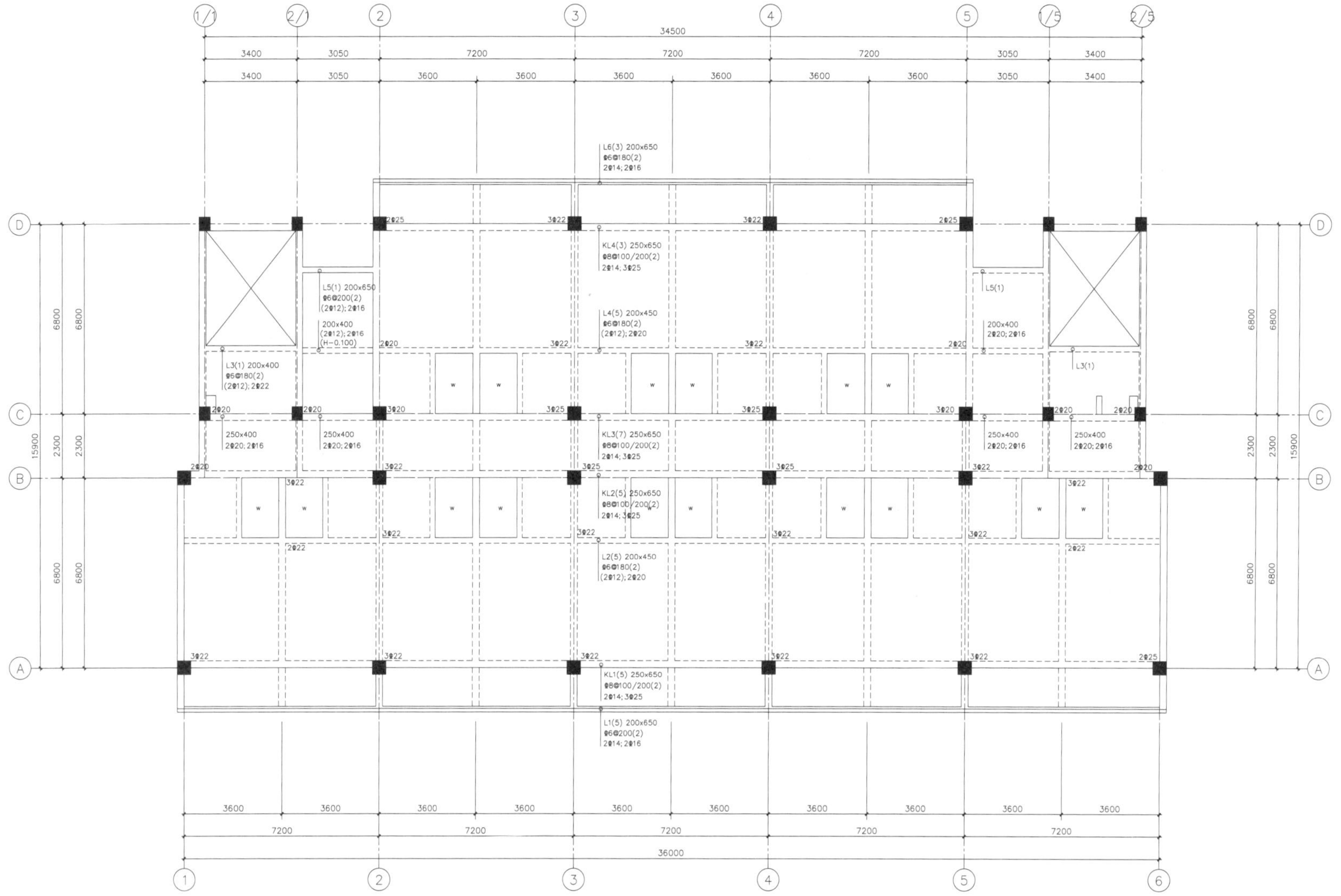

六层梁配筋平面图(1)　1:100

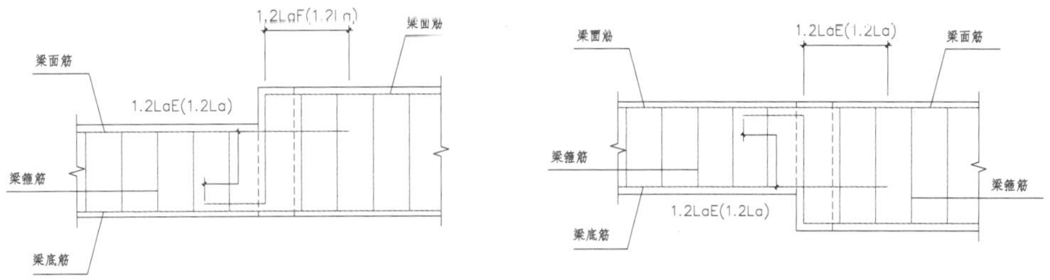

梁截面高度变化纵筋弯折大样

说明

1. 混凝土强度等级详结施−01，钢筋采用HRB400级(Φ)钢.
2. 钢筋混凝土梁配筋平面表示法详国标11G101−1.
3. 主梁支承次梁处，除图中注明外，均应在主梁内的次梁两侧各加三道间距为50mm的密箍，其直径和肢数同梁箍筋.悬臂梁仅加内侧.
4. 框架梁架立筋与梁支座受力钢筋之间连接均采用受力搭接型式，最小搭接长度Lle(抗震)按国标11G101−1第53页的要求执行.
5. 梁高超过500mm而未注腰筋者设构造腰筋如下：
   500≤h<700　设G2Φ14
   700≤h<850　设 G4Φ14
   h≥850　设G2Φ14@200
6. 除特别注明外，梁面标高平板面.

序号 Rev	修改日期 Date	修改原因、内容

修改记录

设计单位 | DESIGN INSTITUTE

×××建筑设计研究院
ARCHITECTURAL DESIGN & RESEARCH INST
××× OF TECHNOLOGY

证　书 | 建筑工程设计证书号:A×××

单位出图专用章 | Stamp of Design Firm(s)

注册执业专用章 | Stamp of Register

审　定: APPROVED BY	×××	
设计总负责: PROJECT DIRECTOR	×××	
专业负责: ENGINEER IN CHARGE	×××	
审　核: REVIEWED BY	×××	
校　对: CHECKED BY	×××	
设　计: DESIGNED BY	×××	
制　图: DRAFTED BY	×××	

建设单位 CLIENT	×××学校		
工程名称 PROJECT	×××学校 新校区建设项目-A12单身教师公寓		
图纸内容 TITLE	六层梁配筋平面图(1)		
业务号 PROJECT NO.	2013-81-12	专业 DISCIPLINE	结构
日期 DATE	2014.03	设计阶段 STAGE	施工图
版本号 INDEX	01	图号 DRAWING NO.	结施-20

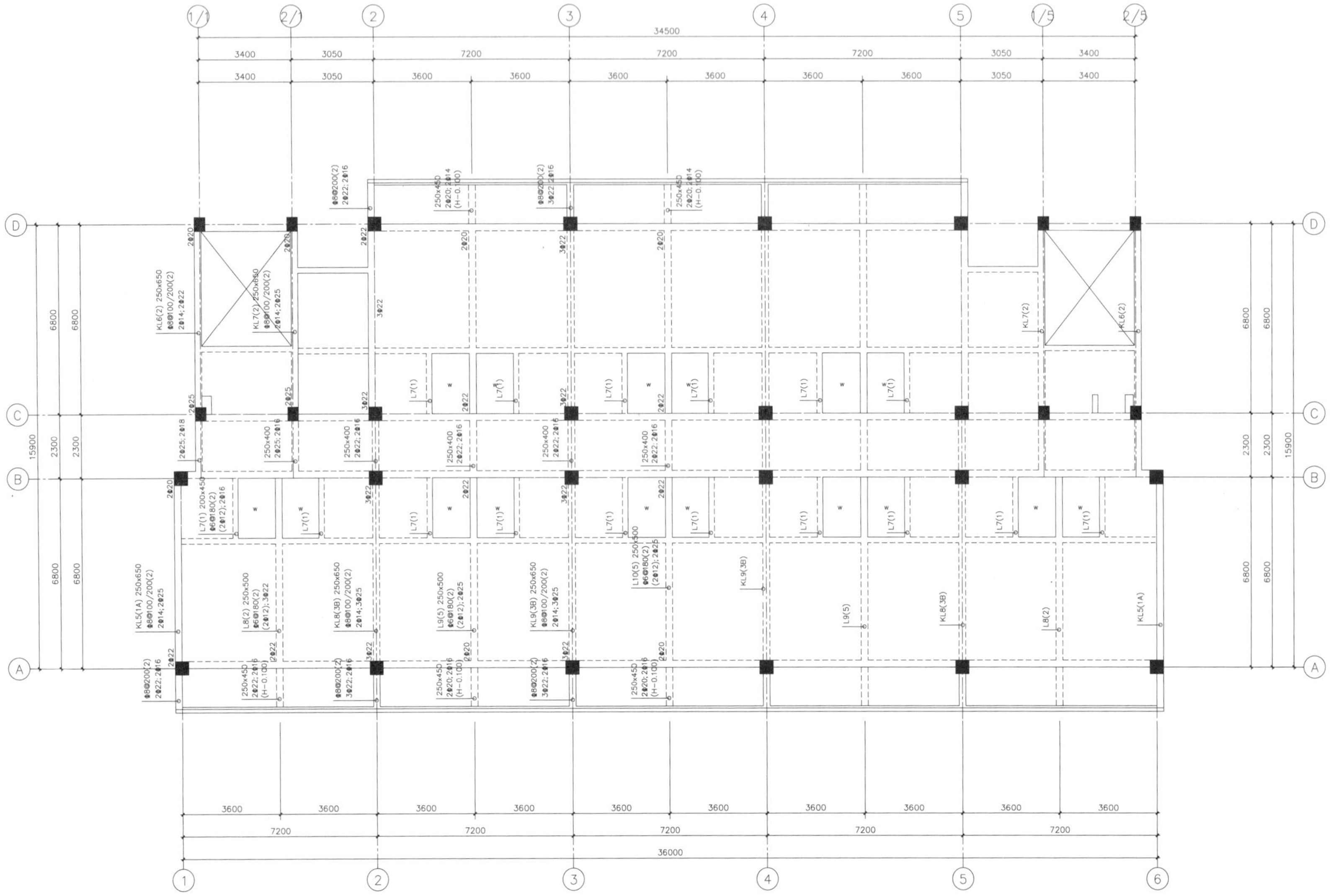

六层梁配筋平面图(2) 1:100

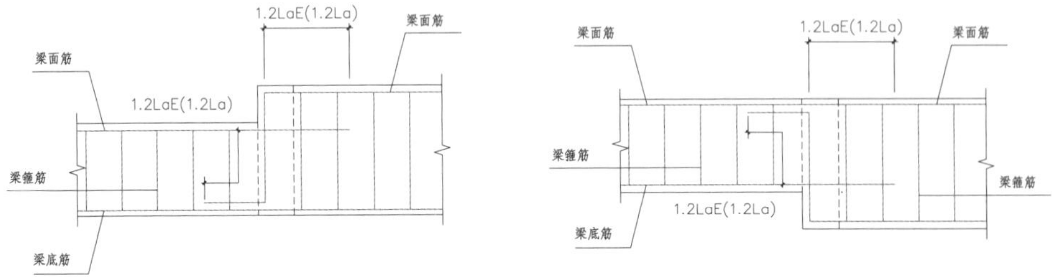

梁截面高度变化纵筋弯折大样

说明

1. 混凝土强度等级详结施—01，钢筋采用HRB400级(Φ)钢.
2. 钢筋混凝土梁配筋平面表示法详国标11G101—1.
3. 主梁支承次梁处，除图中注明外，均应在主梁内的次梁两侧各加三道间距为50mm的密箍，其直径和肢数同梁箍筋.悬臂梁仅加内侧.
4. 框架梁架立筋与梁支座受力钢筋之间连接均采用受力搭接型式，最小搭接长度Lle(抗震)按国标11G101—1第53页的要求执行.
5. 梁高超过500mm而未注腰筋者设构造腰筋如下：

   500≤h<700　设G2Φ14

   700≤h<850　设 G4Φ14

   h≥850　设G2Φ14@200
6. 除特别注明外，梁面标高平板面.

设计单位 | DESIGN INSTITUTE	×××建筑设计研究院 ARCHITECTURAL DESIGN & RESEARCH INST. ××× OF TECHNOLOGY
证　书	建筑工程设计证书号:A×××
单位出图专用章 | Stamp of Design Firm(s)	
注册执业专用章 | Stamp of Register	
审　定: APPROVED BY	×××
设计总负责: PROJECT DIRECTOR	×××
专业负责: ENGINEER IN CHARGE	×××
审　核: REVIEWED BY	×××
校　对: CHECKED BY	×××
设　计: DESIGNED BY	×××
制　图: DRAFTED BY	×××
建设单位 CLIENT	×××学校
工程名称 PROJECT	×××学校 新校区建设项目-A12单身教师公寓
图纸内容 TITLE	六层梁配筋平面图(2)

业务号 PROJECT NO.	2013-81-12	专业 DISCIPLINE	结构
日期 DATE	2014.03	设计阶段 STAGE	施工图
版本号 INDEX	01	图号 DRAWING NO.	结施-21

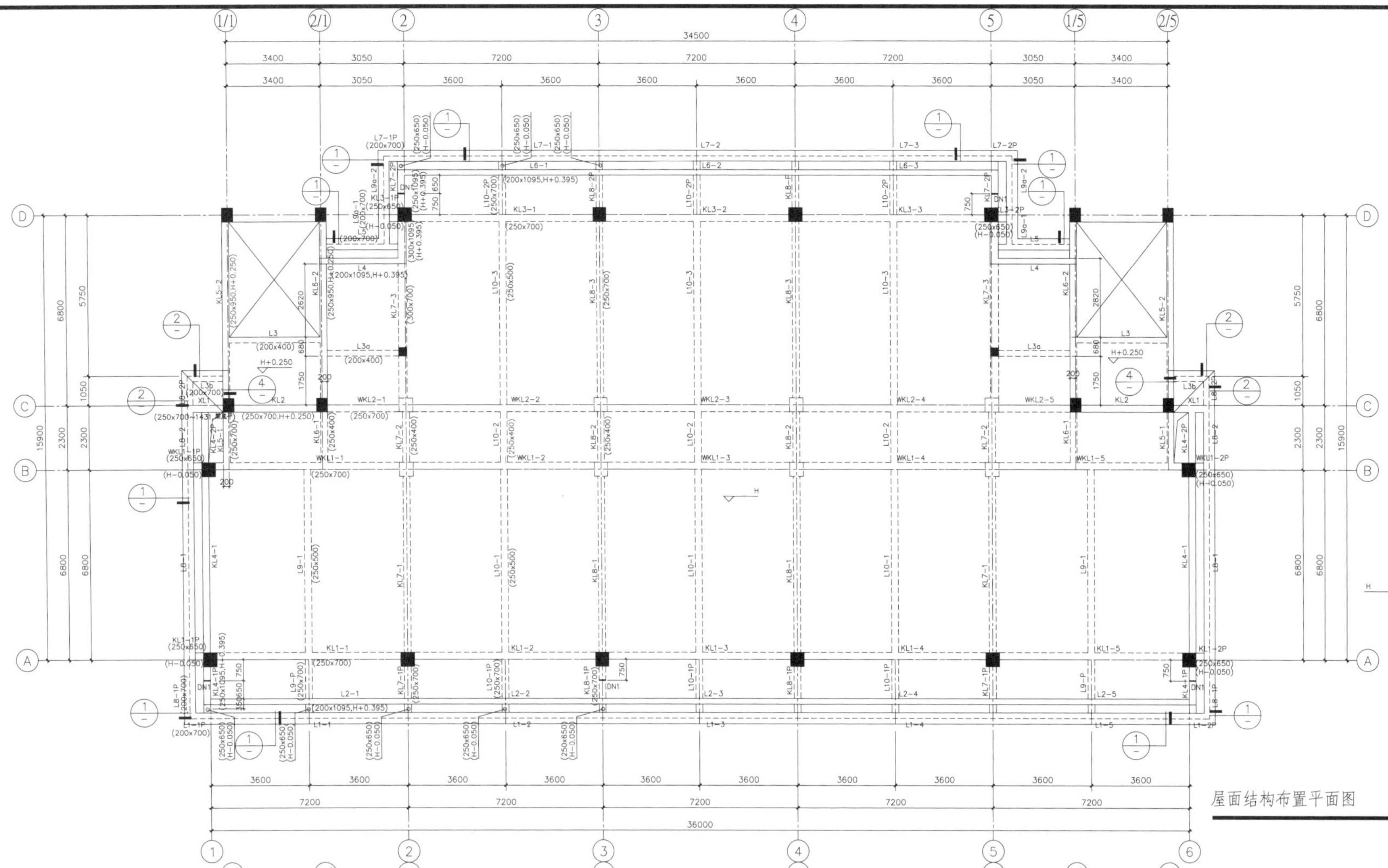

屋面结构布置平面图 1:100

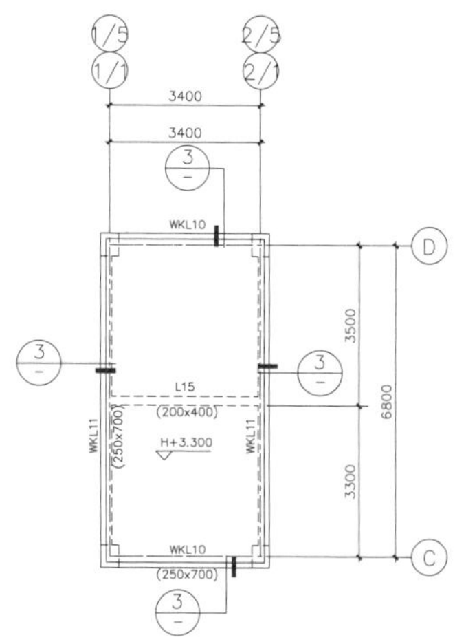

楼梯间屋面结构布置平面图 1:100

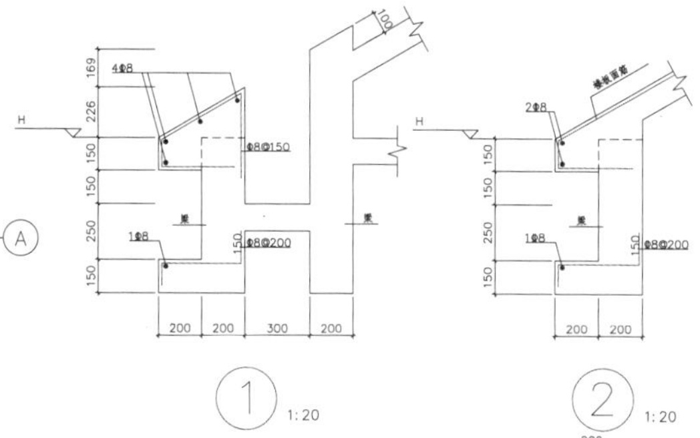

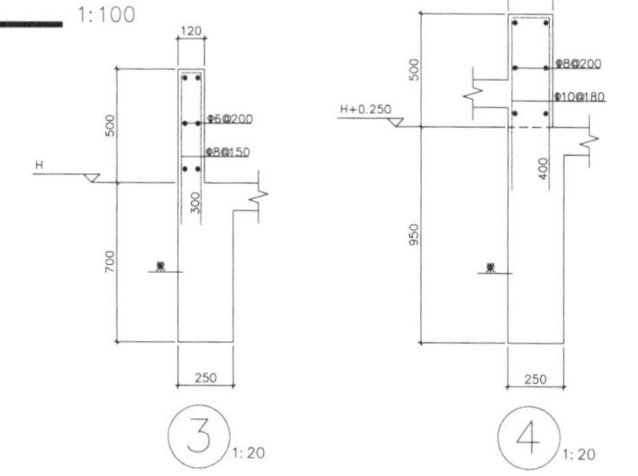

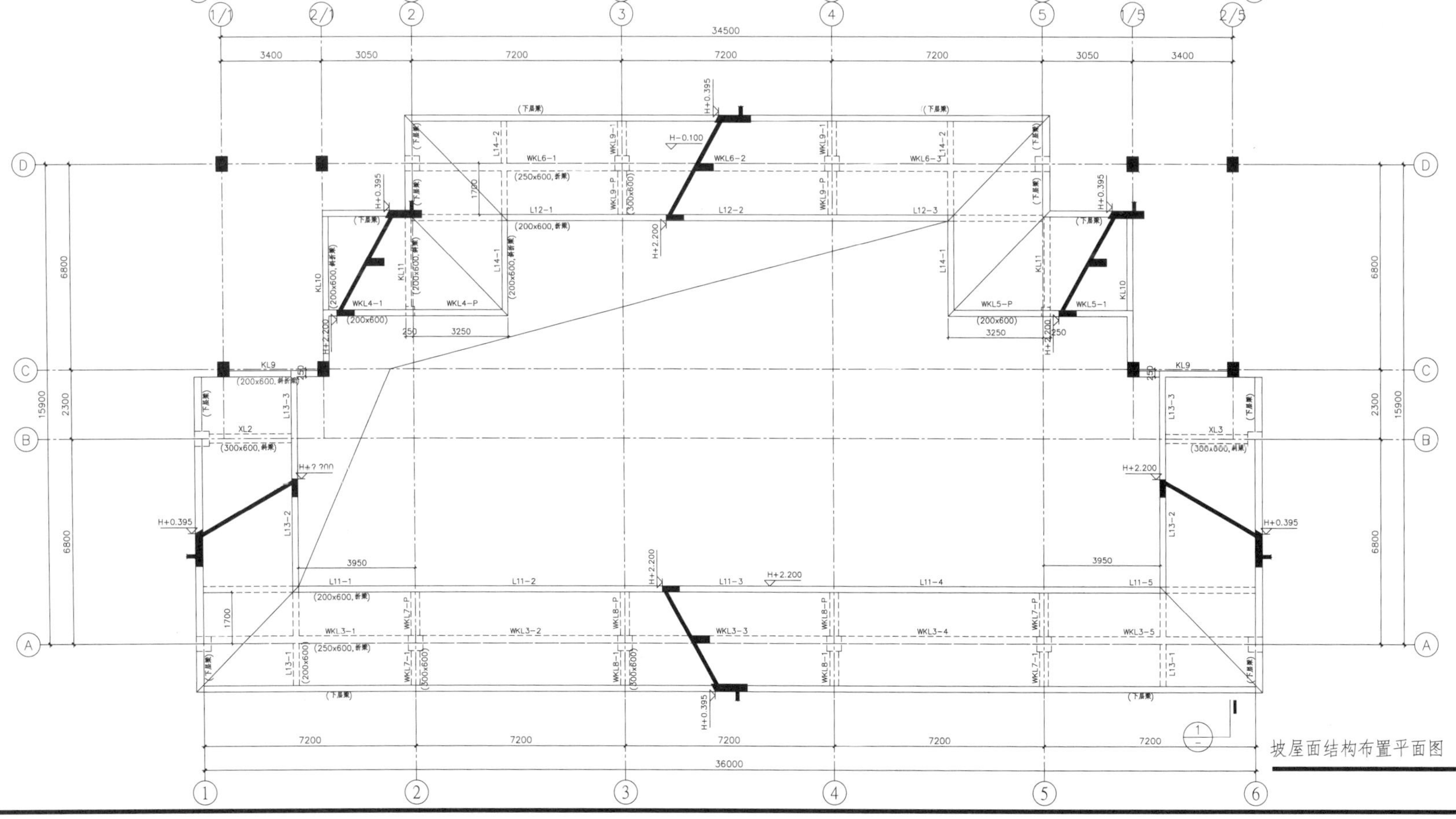

坡屋面结构布置平面图 1:100

说明

1. 混凝土强度等级详结施—01，钢筋采用HRB400级(Φ)钢.
2. 除特别标明外，楼板板厚为h=120mm，楼面标高为H(H=18.000).
3. 除特别标明外，梁面标高平板面.
4. 图中标明 "DN1" 为预留钢套管，套管管径为100mm，套管中心标高为17.850.
5. 板配筋说明：
   除特别标明外，板厚h=120mm楼板底筋为Φ8@150双向通长配置，面筋为Φ10@200双向通长配置.

序号 Rev	修改日期 Date	修改原因、内容

修改记录

设计单位 | DESIGN INSTITUTE

×××建筑设计研究院
ARCHITECTURAL DESIGN & RESEARCH INST
××× OF TECHNOLOGY

证书 | 建筑工程设计证书号:A×××

单位出图专用章 | Stamp of Design Firm(s)

注册执业专用章 | Stamp of Register

审定: APPROVED BY	×××
设计总负责: PROJECT DIRECTOR	×××
专业负责: ENGINEER IN CHARGE	×××
审核: REVIEWED BY	×××
校对: CHECKED BY	×××
设计: DESIGNED BY	×××
制图: DRAFTED BY	×××
建设单位 CLIENT	×××学校
工程名称 PROJECT	×××学校 新校区建设项目-A12单身教师公寓
图纸内容 TITLE	屋面结构布置平面图

业务号 PROJECT NO.	2013-81-12	专业 DISCIPLINE	结构
日期 DATE	2014.03	设计阶段 STAGE	施工图
版本号 INDEX	01	图号 DRAWING NO.	结施-22

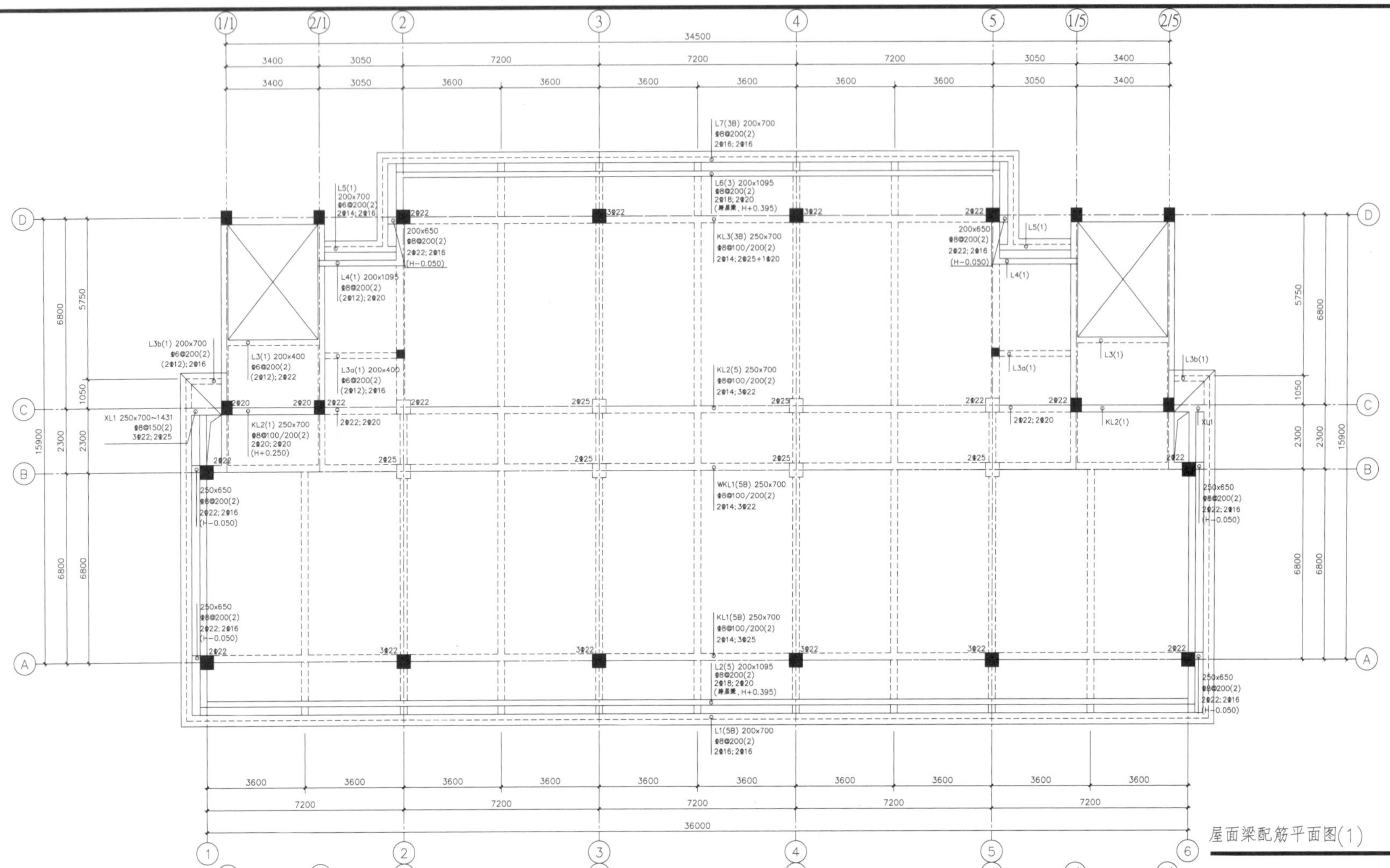

屋面梁配筋平面图(1) 1:100

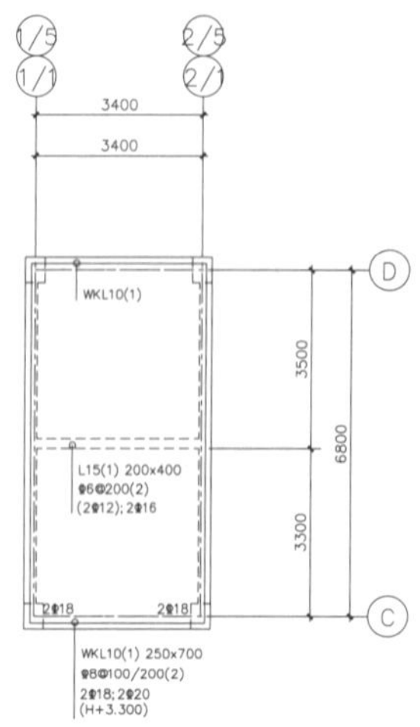

楼梯间屋面梁配筋平面图(1) 1:100

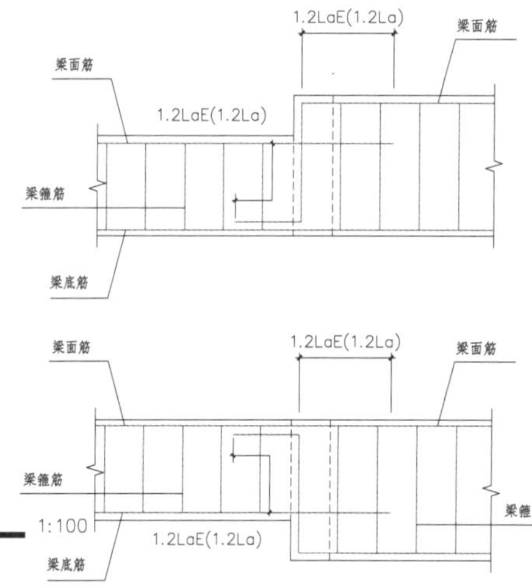

梁截面高度变化纵筋弯折大样

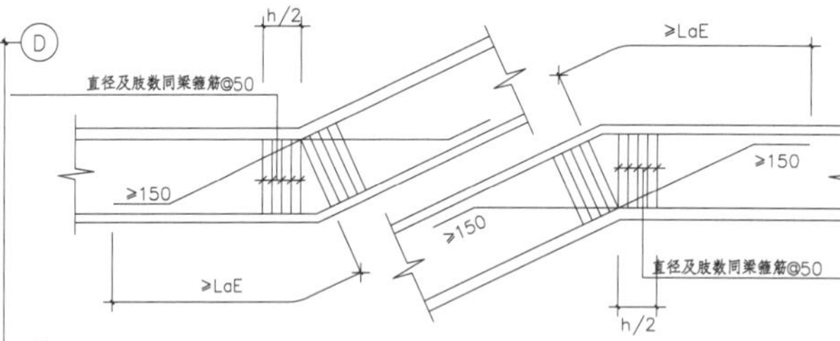

折梁纵筋构造示意

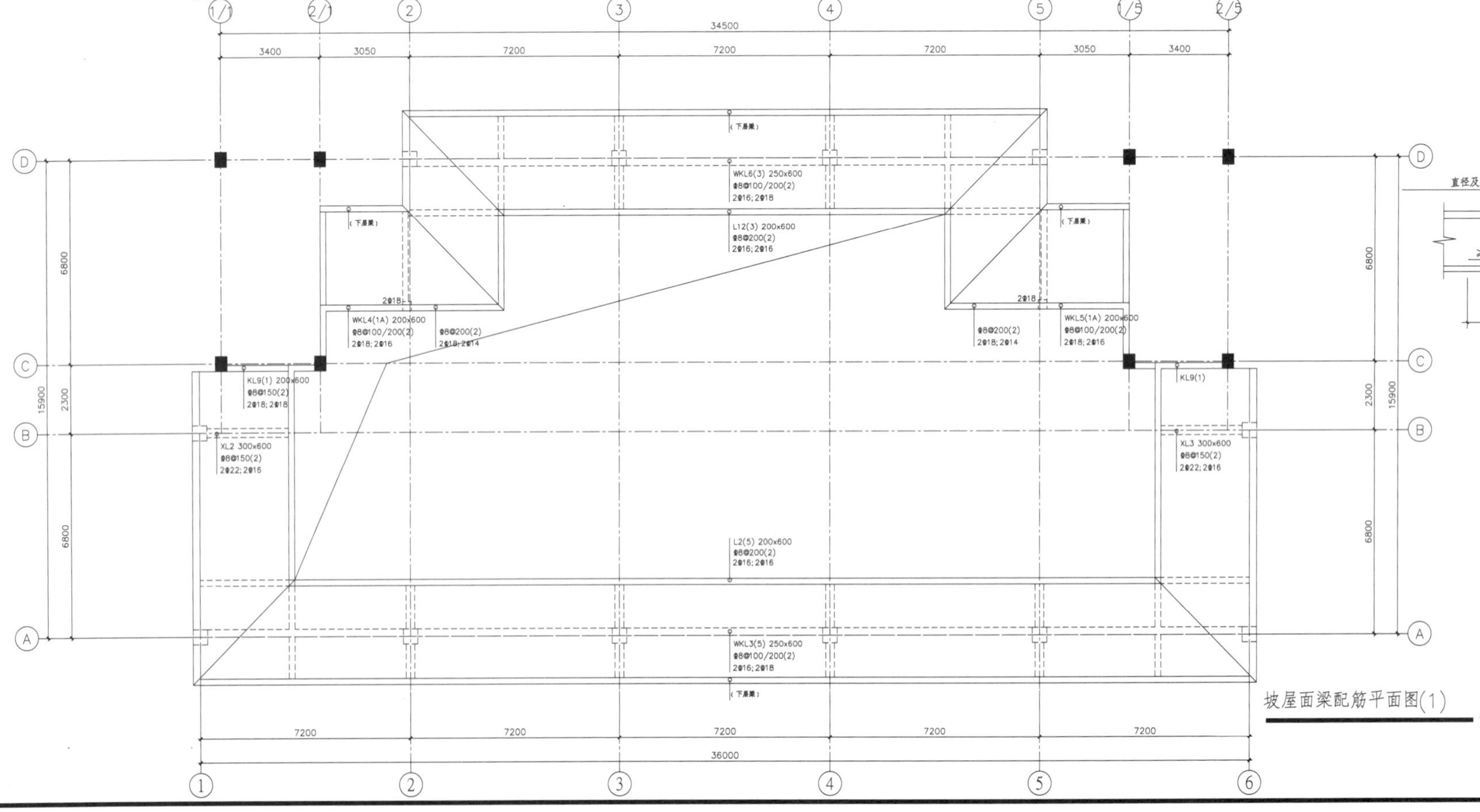

坡屋面梁配筋平面图(1) 1:100

说明

1. 混凝土强度等级详结施–01，钢筋采用HRB400级(Φ)钢。
2. 钢筋混凝土梁配筋平面表示法详国标11G101–1。
3. 主梁支承次梁处，除图中注明外，均应在主梁内的次梁两侧各加三道间距为50mm的密箍，其直径和肢数同梁箍筋。悬臂梁仅加内侧。
4. 框架梁架立筋与梁支座受力钢筋之间连接均采用受力搭接型式，最小搭接长度Lle(抗震)按国标11G101–1第53页的要求执行。
5. 梁高超过500mm而未注腰筋者设构造腰筋如下：

   500≤h<700 设G2Φ14

   700≤h<850 设 G4Φ14

   h≥850 设G2Φ14@200
6. 除特别注明外，梁面标高平板面。

序号 Rev.	修改日期 Date	修改原因、内容

修改记录

设计单位 | DESIGN INSTITUTE

×××建筑设计研究院
ARCHITECTURAL DESIGN & RESEARCH INST.
××× OF TECHNOLOGY

证 书 | 建筑工程设计证书号:A×××

单位出图专用章 | Stamp of Design Firm(s)

注册执业专用章 | Stamp of Register

审 定: APPROVED BY	×××	
设计总负责: PROJECT DIRECTOR	×××	
专业负责: ENGINEER IN CHARGE	×××	
审 核: REVIEWED BY	×××	
校 对: CHECKED BY	×××	
设 计: DESIGNED BY	×××	
制 图: DRAFTED BY	×××	

建设单位 CLIENT	×××学校		
工程名称 PROJECT	×××学校 新校区建设项目-A12单身教师公寓		
图纸内容 TITLE	屋面梁配筋平面图(1)		
业务号 PROJECT NO.	2013-81-12	专业 DISCIPLINE	结构
日期 DATE	2014.03	设计阶段 STAGE	施工图
版本号 INDEX	01	图号 DRAWING NO.	结施-23

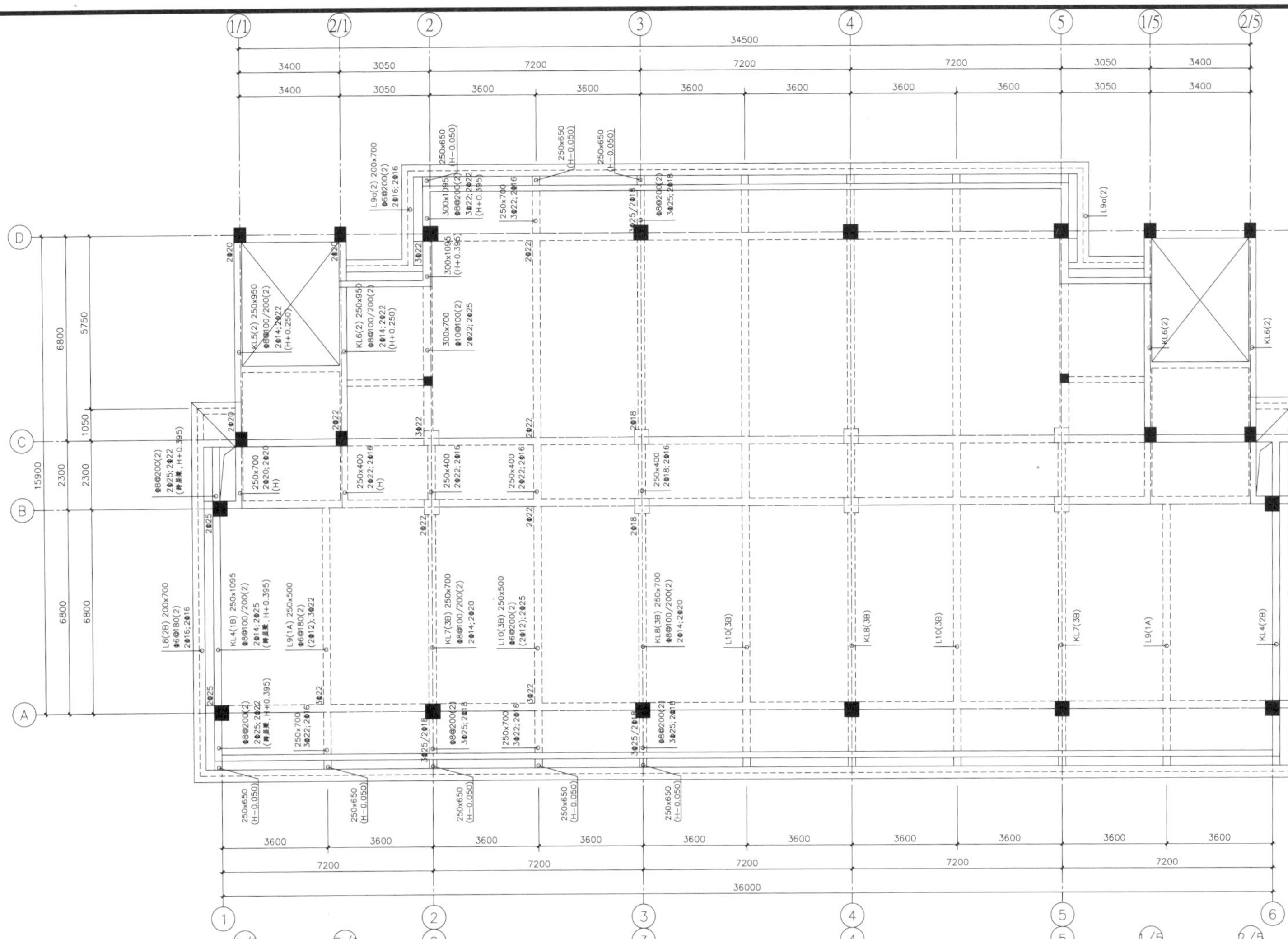

屋面梁配筋平面图(2) 1:100

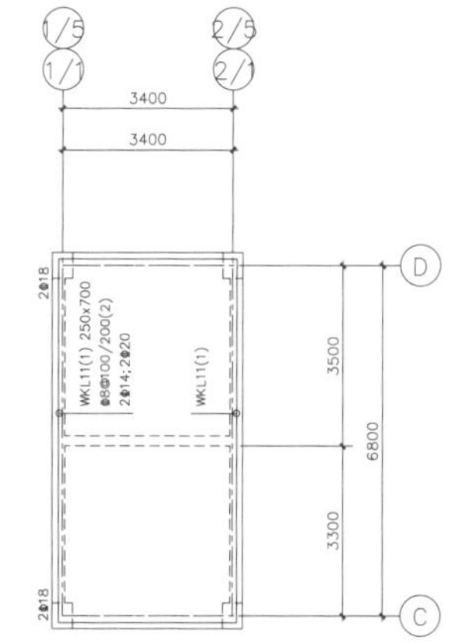

楼梯间屋面梁配筋平面图(2) 1:100

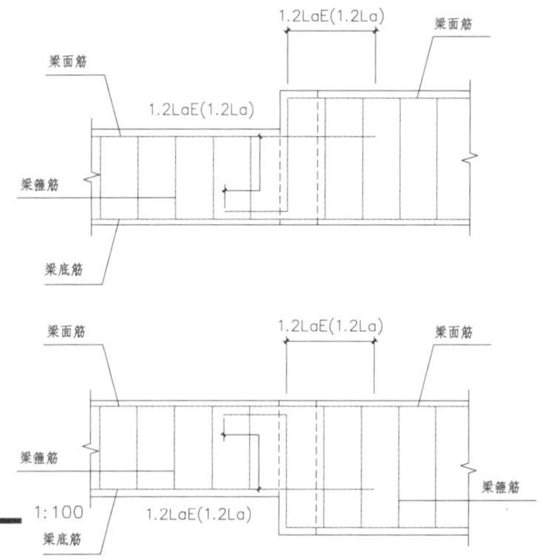

梁截面高度变化纵筋弯折大样

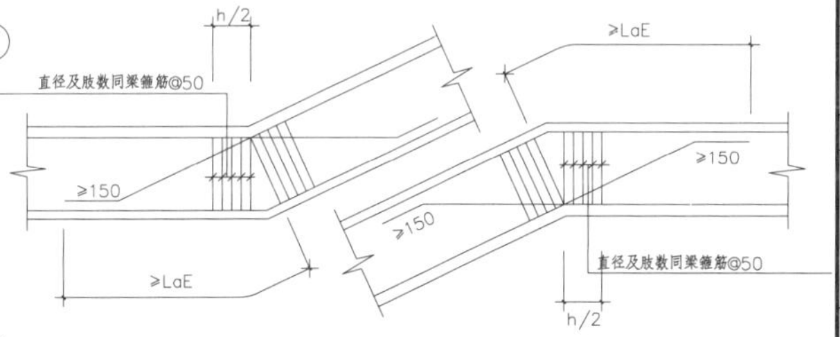

折梁纵筋构造示意

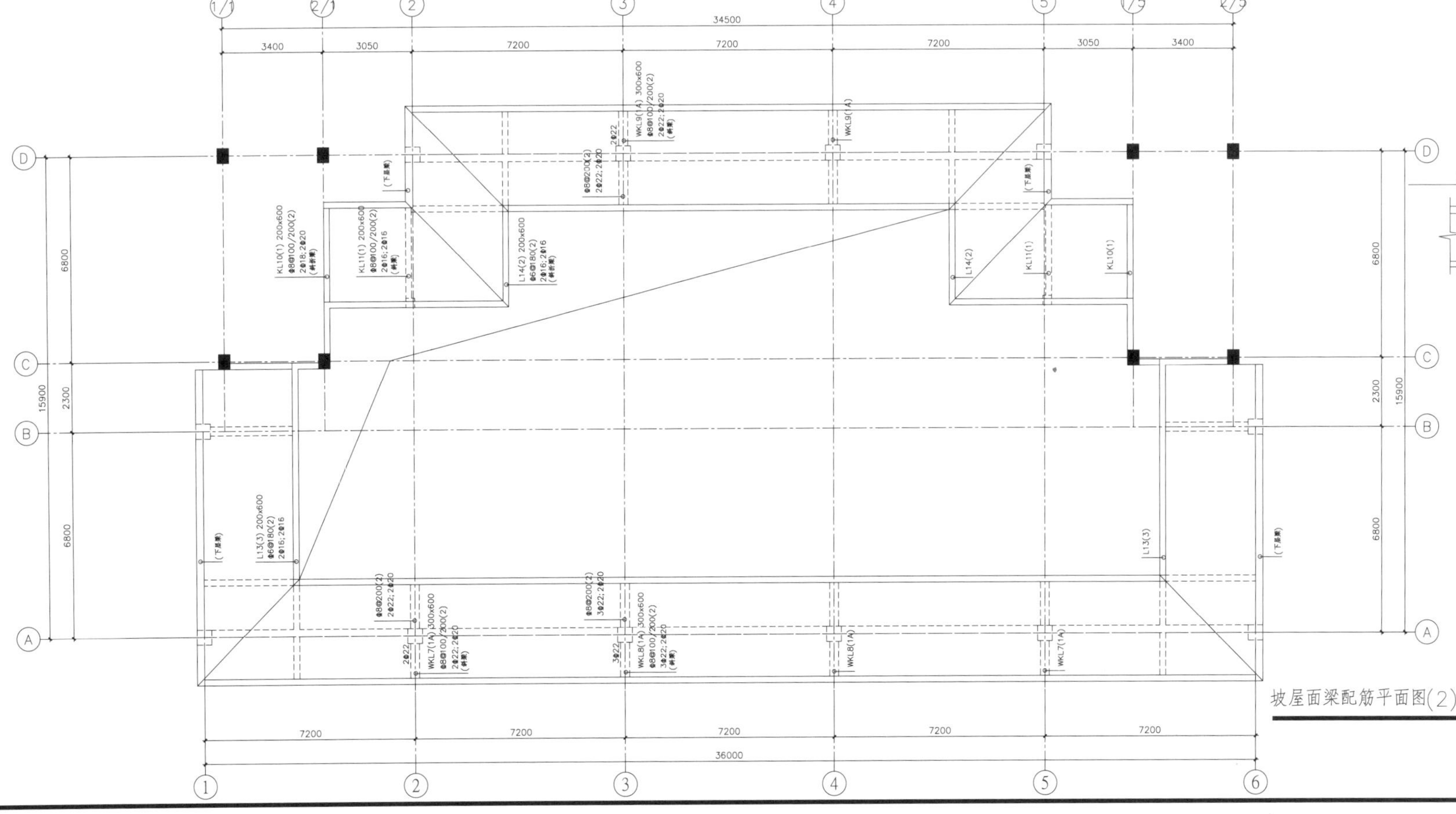

坡屋面梁配筋平面图(2) 1:100

说明

1. 混凝土强度等级详结施—01，钢筋采用HRB400级(Φ)钢.
2. 钢筋混凝土梁配筋平面表示法详国标11G101—1.
3. 主梁支承次梁处，除图中注明外，均应在主梁内的次梁两侧各加三道间距为50mm的密箍，其直径和肢数同梁箍筋．悬臂梁仅加内侧.
4. 框架梁架立筋与梁支座受力钢筋之间连接均采用受力搭接型式，最小搭接长度Lle(抗震)按国标11G101—1第53页的要求执行.
5. 梁高超过500mm而未注腰筋者设构造腰筋如下：

   500≤h<700　设G2Φ14

   700≤h<850　设G4Φ14

   h≥850　设G2Φ14@200

6. 除特别注明外，梁面标高平板面.

序号 Rev	修改日期 Date	修改原因、内容

修改记录

设计单位 | DESIGN INSTITUTE

×××建筑设计研究院

ARCHITECTURAL DESIGN & RESEARCH INST. ××× OF TECHNOLOGY

证　书 | 建筑工程设计证书号:A×××

单位出图专用章 | Stamp of Design Firm(s)

注册执业专用章 | Stamp of Register

审　定: APPROVED BY	×××	
设计总负责: PROJECT DIRECTOR	×××	
专业负责: ENGINEER IN CHARGE	×××	
审　核: REVIEWED BY	×××	
校　对: CHECKED BY	×××	
设　计: DESIGNED BY	×××	
制　图: DRAFTED BY	×××	

建设单位 CLIENT	×××学校		
工程名称 PROJECT	×××学校 新校区建设项目-A12单身教师公寓		
图纸内容 TITLE	屋面梁配筋平面图(2)		
业务号 PROJECT NO.	2013-81-12	专业 DISCIPLINE	结构
日期 DATE	2014.03	设计阶段 STAGE	施工图
版本号 INDEX	01	图号 DRAWING NO.	结施-24

项目三

XXX 学校实训楼施工图的识读

子项目一
设备施工图识读

建筑设备作为房屋的重要组成部分，是一幢房屋能够正常使用的必备条件。

设备施工图主要表达给水、排水、采暖、通风、电气等设备的布置、构造、安装要求等，包括给水排水、采暖通风、电气照明等设备的平面布置图、系统图和详图，以及表示上、下水及暖气管道管线布置，卫生设备及通风设备等的布置，电气线路的走向和安装要求等。

本项目的主要内容是介绍室内给排水施工图、采暖通风施工图、建筑电气施工图等。

本项目的主要目的是使读者在把握建筑施工图和结构施工图的基础上能正确识读设备施工图。

任务一　室内给水排水施工图

给排水工程包括给水、排水两个方面。给水工程是指水源取水、水质净化、净水输送、配水使用等工程。排水工程是指污水（生产、生活等污水）排除、污水处理、处理后的污水排入江河等工程。给排水施工图均分为室内、室外两部分，本书仅对室内给排水施工图的识读进行介绍。

给排水施工图的主要内容包括：给排水平面图、给排水管道系统图、管道配件及安装详图、施工说明。阅读给水排水施工图，首先要了解各种图例及其所表示的实物，这些图例一般不反映实物的原形。

例 1　给水排水图例的识读

图 3–1 所示的是管道图例，图例中的字母表示该种管道的类别，用汉语拼音字母表示。

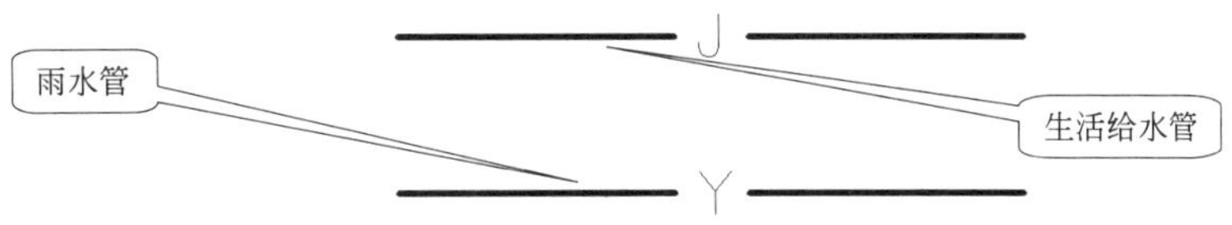

图3-1　管道类别图例

除了图 3–1 中雨水管和生活给水管以外，其他类型的管道汉语拼音注写如下：热水回水管—RH；热水给水管—RJ；中水给水管—ZJ；循环给水管—XJ；循环回水管—Xh；热媒给水管—RM；热媒回水管—RMH；蒸汽管—Z；凝结水管—N；废水管—F；压力废水管—YF；通气管—T；污水管—W；压力污水管—YW；压力雨水管—YY；膨胀管—PZ；空调凝结水管—KN。

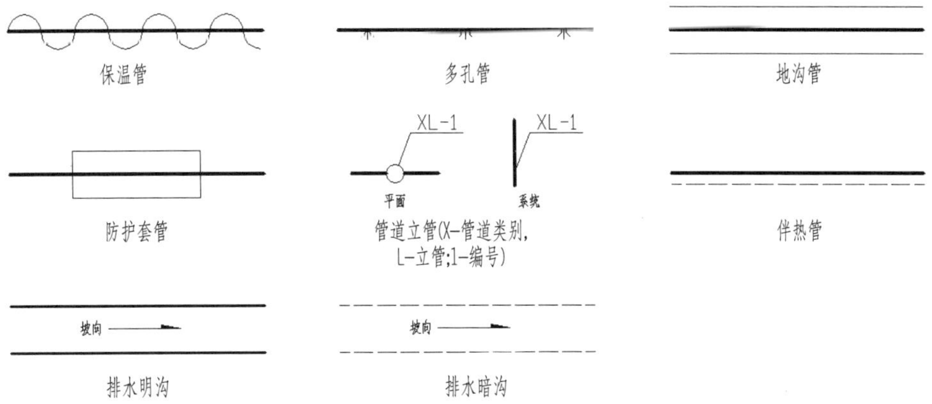

图3-2　管道图例

消防设施管道类别有：消火栓给水管—XH；自动喷水灭火给水管—ZP；雨淋灭火给水管—YL；水幕灭火给水管—SM；水炮灭火给水管—SP。

还有另外一些管道，并不是采用上图的方法表示，这些管道的名称及其图例画法如图 3–2 所示。

图 3–3 所示的是管道附件的图例。

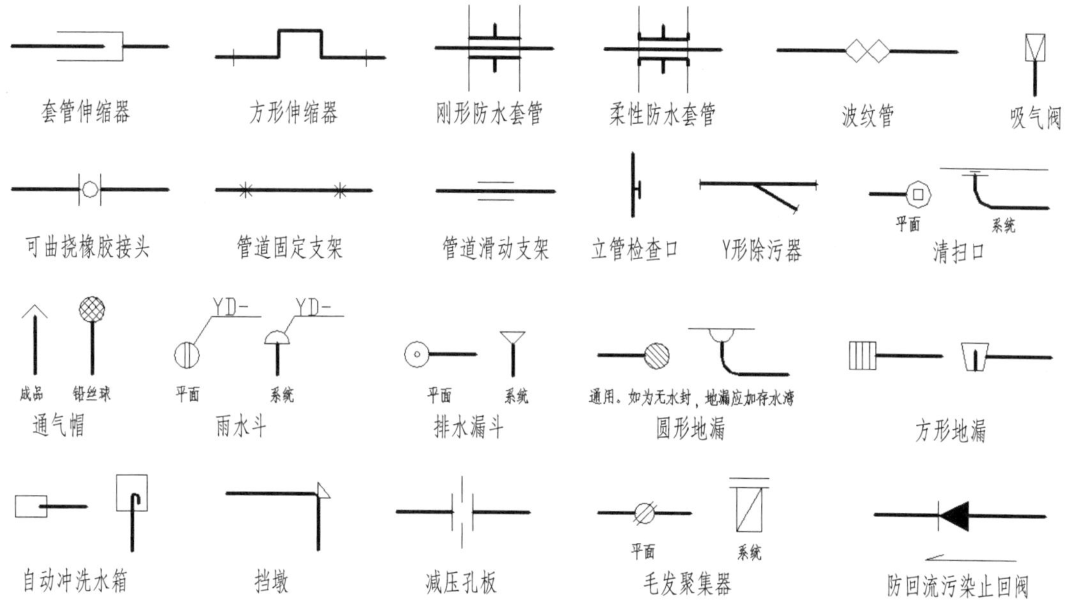

图3-3　管道附件图例

图 3–4 所示的是管道连接的图例。

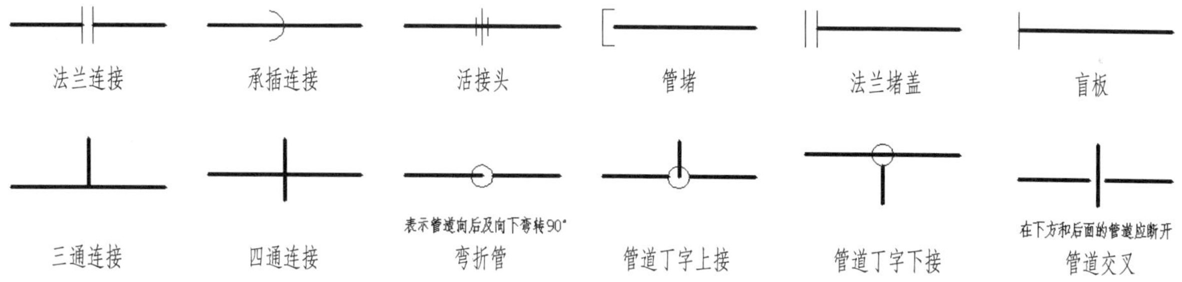

图3-4　管道连接图例

图 3–5 所示的是管件的图例。

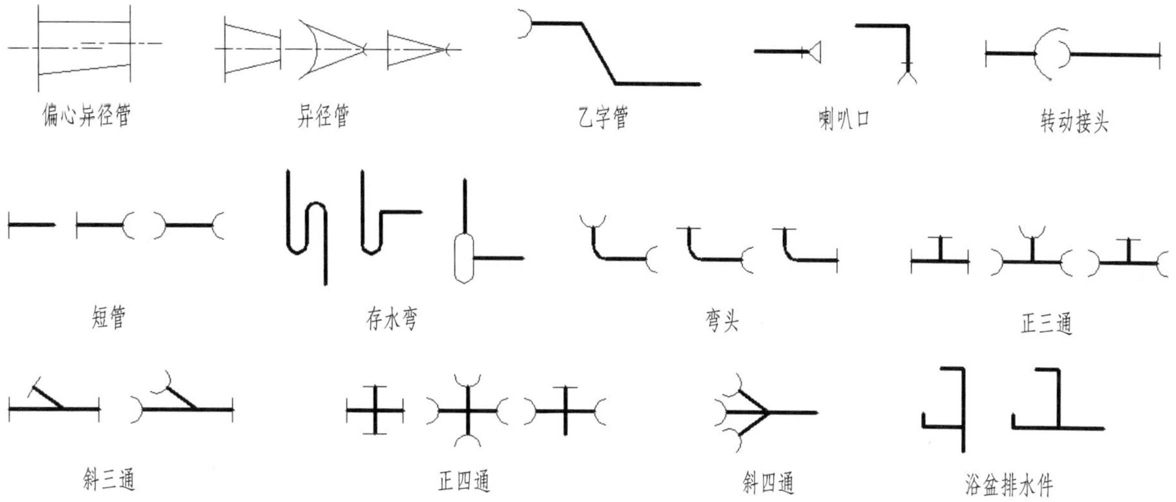

图3-5　管件图例

图 3-6 所示的是阀门的图例。

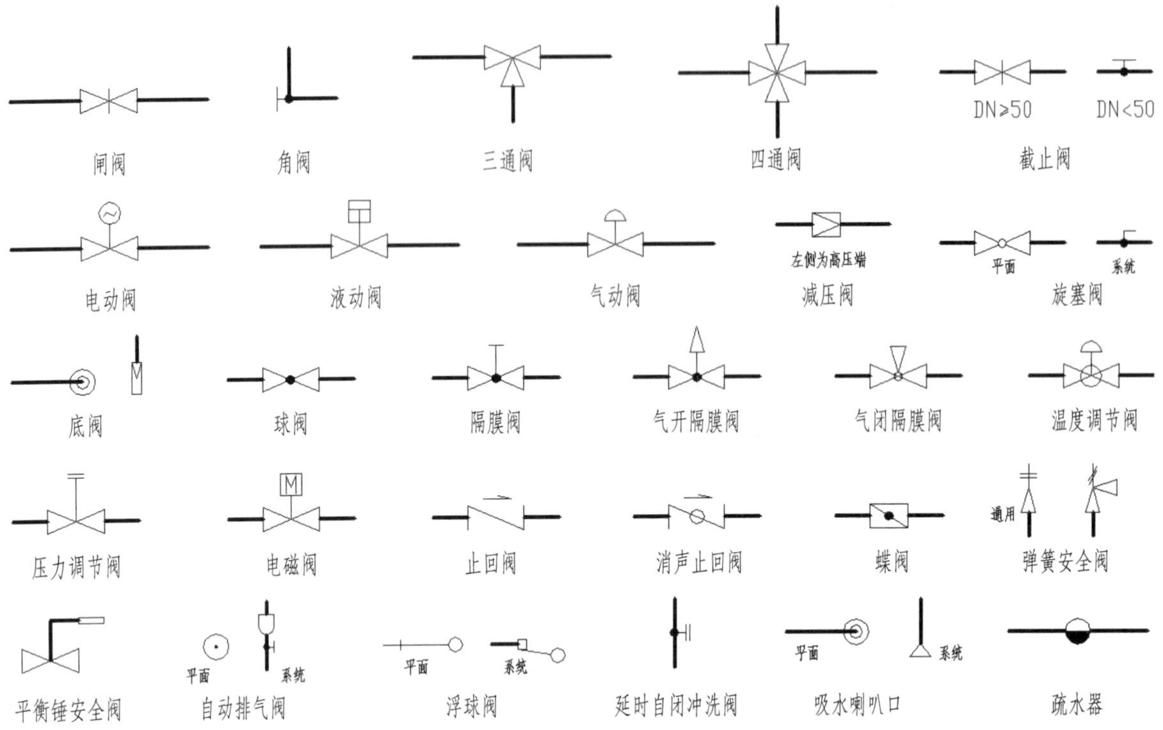

图3-6 阀门图例

图 3-7 所示的是给水配件的图例。

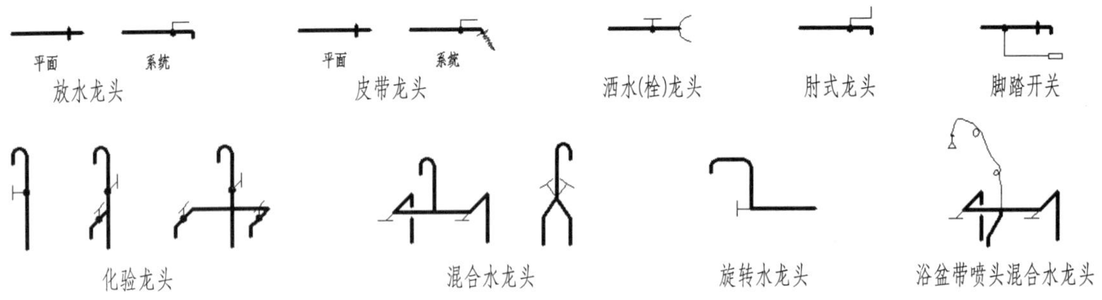

图3-7 给水配件图例

图 3-8 所示的是部分消防设施的图例。

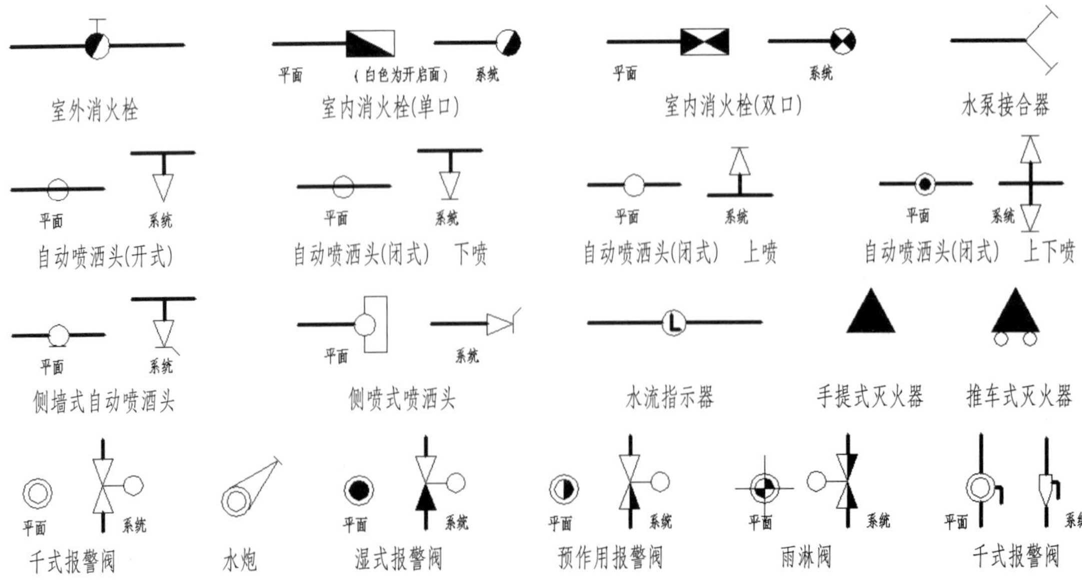

图3-8 消防设施图例

图 3-9 所示的是卫生设备及水池的图例。

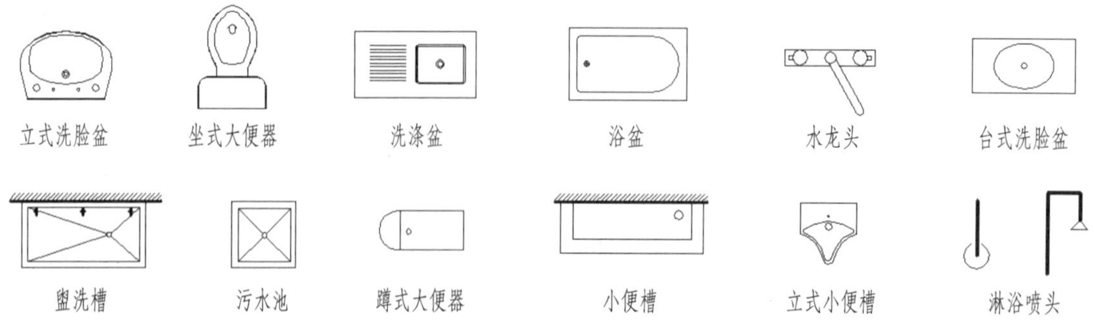

图3-9 卫生设备及水池图例

图 3-10 所示的是小型给水排水构筑物的图例。

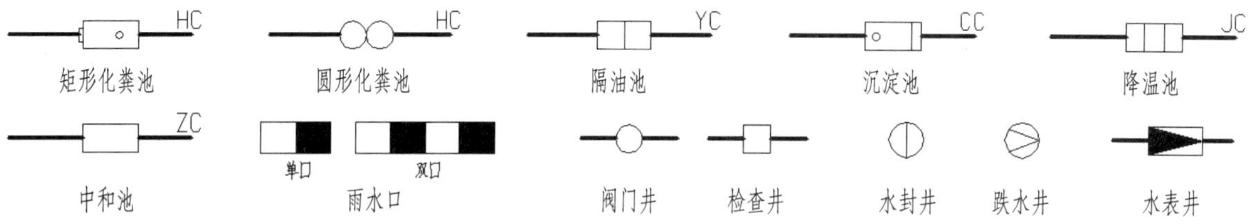

图3-10 小型给水排水构筑物图例

图 3-11 所示的是给水排水设备的图例。

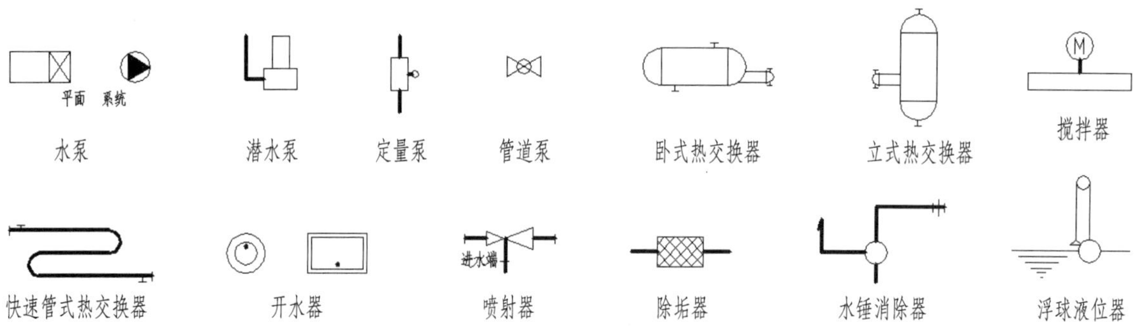

图3-11 给水排水设备图例

图 3-12 所示的是给水排水专业所用仪表的图例。

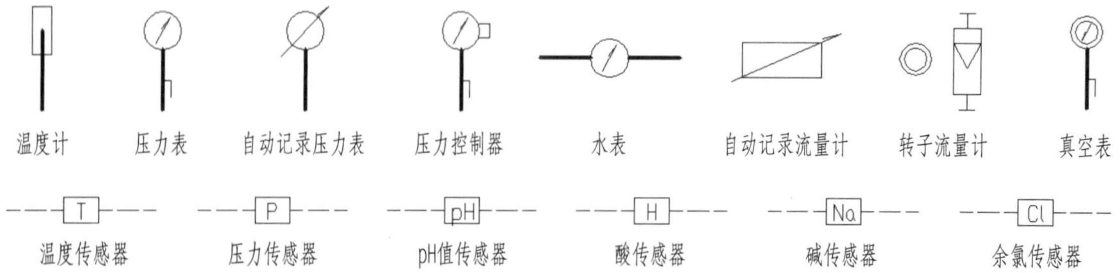

图3-12 给水排水专业所用仪表的图例

民用建筑室内给水系统按供水对象及要求不同，可分为生活用水系统与消防用水系统。室内给水系统一般由引入管、水表节点、给水管网以及给水附件及设备组成。如图 3-13 所示，引入管是一段自室外管网引入建筑内部的水平管道；

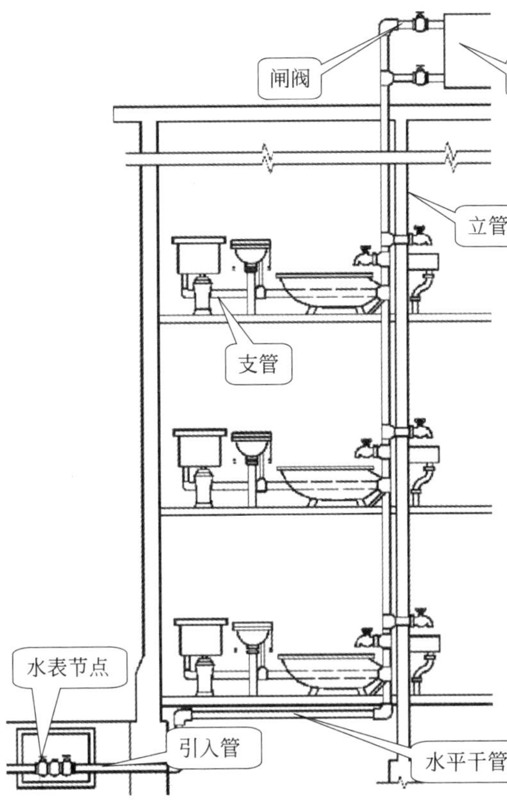

图3-13 室内给水系统的组成

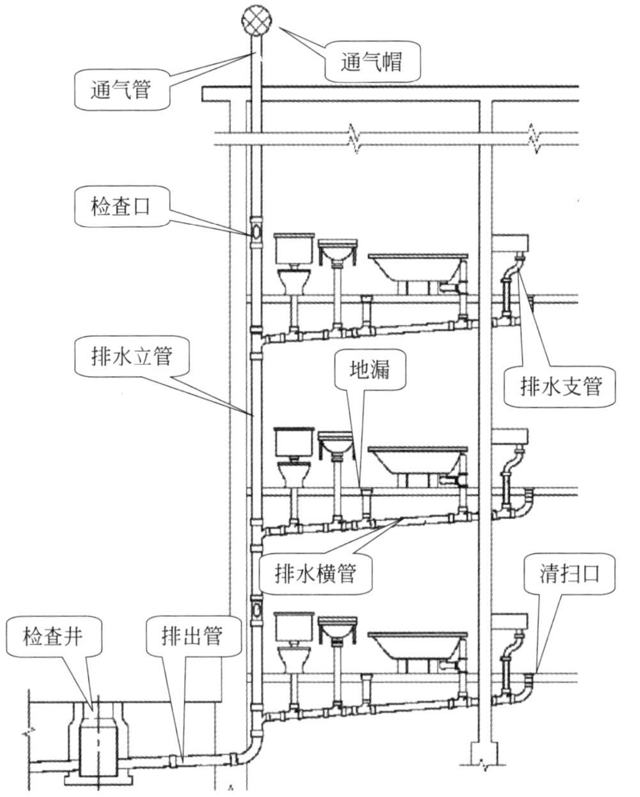

图3-14 室内排水系统的组成

水表节点是引入管上装置的水表及前后阀门、泄水装置的总称，位于水表井中；给水管网是由水平干管、立管、支管组成的管道系统；给水附件及设备是管道系统上装设的闸阀及各种配水龙头等装置。此外，根据房屋建筑的性质、要求、高度及室外管网压力等不同因素，室内给水系统中还常附加水箱、水泵、闸阀、消防设备等附属设备。

民用建筑室内排水系统的主要任务是排除生活污水，一般由排水支管、排水横管、排水立管、排出管和通气管组成。如图 3-14 所示，排水支管是一段连接一个卫生器具的较短的排水管；排水横管是连接 2 根或 2 根以上排水支管的水平排水管段，且沿水流方向有 2% 的坡度，当卫生器具较多时，在排水横管的末端需设置清扫口；排水立管是连接楼层排水横管的竖直管道，主要汇集各支管的污水，并将其排至建筑物底层的排出管中，立管在底层和顶层设有检查口，对于多层建筑物一般隔层设置检查口，距地面 1.0m；排出管是连接排水立管将污水排出室外检查井的水平管道，是室内排水系统与室外排水系统的连接管道，排出管与室外管道连接处要设置检查井，向检查井方向有 1%~2% 的坡度；通气管是在顶层检查口以上的一段立管，用来排除臭气、平衡气压，通气管顶端要高出屋面 0.3 m 以上，并且大于本地区最大积雪厚度。

例 2 室内给水排水平面图的识读

室内给水排水平面图是室内给水排水施工图最基本的图样。它主要反映卫生设备、管道及其附件相对于房屋的平面位置。

室内给水排水平面图的设计依据是建筑平面图，根据建筑平面图才能对管道系统及卫生设备进行平面布置和定位。在这里应注意，此时的建筑平面图的图线均用细实线，比例不变（1 ： 100），对于卫生设备或管道布置较为复杂的房间，可以用 1 ： 50 或 1 ： 30 的比例表示。

室内给水排水平面图中只绘制房屋的墙身、柱、门窗洞、楼梯、台阶等主要构配件，标明定位轴线（轴线编号与建筑平面图一致），房屋的细部及门窗代号等均可省略。室内给水排水平面图的数量选择，与建筑平面图相同，即：对于多层房屋，底层平面图中的室内管道需与室外管道连接，必须单独画出；其他各楼层的给水排水布置方式不相同时，每层都要绘制；如果各楼层的给水排水布置方式相同时，则只画出一个平面图（标准层平面图），在图中注明各楼层的层次和标高。

图 3-15 是某住宅的储藏室给排水平面图，主要表达出该层管道的布置，无论管道的管径大小，管道一律用粗或中粗单线表示。图中粗实线表示给水管水平段，粗虚线表示排水管水平段；“PL-1”表示第 1 根排水立管，“PL-2”表示第 2 根排水立管，“JL-1”表示第 1 根给水立管，“JL-2”表示第 2 根给水立管，以此类推。管道的管径尺寸是以毫米为单位的，并以公称直径 DN 表示。由图可以看出，排水系统排水管的管径尺寸为 150mm，以 DN150 标注，给水系统水平干管的管径尺寸为 40mm，以 DN40 标注，给水系统引入管的管径尺寸为 50mm，以 DN50 标注。

图 3-16 是该住宅标准层（一～五层相同）给排水平面图。我们将卫生设备或管道布置最为集中的区域放大进行观察，

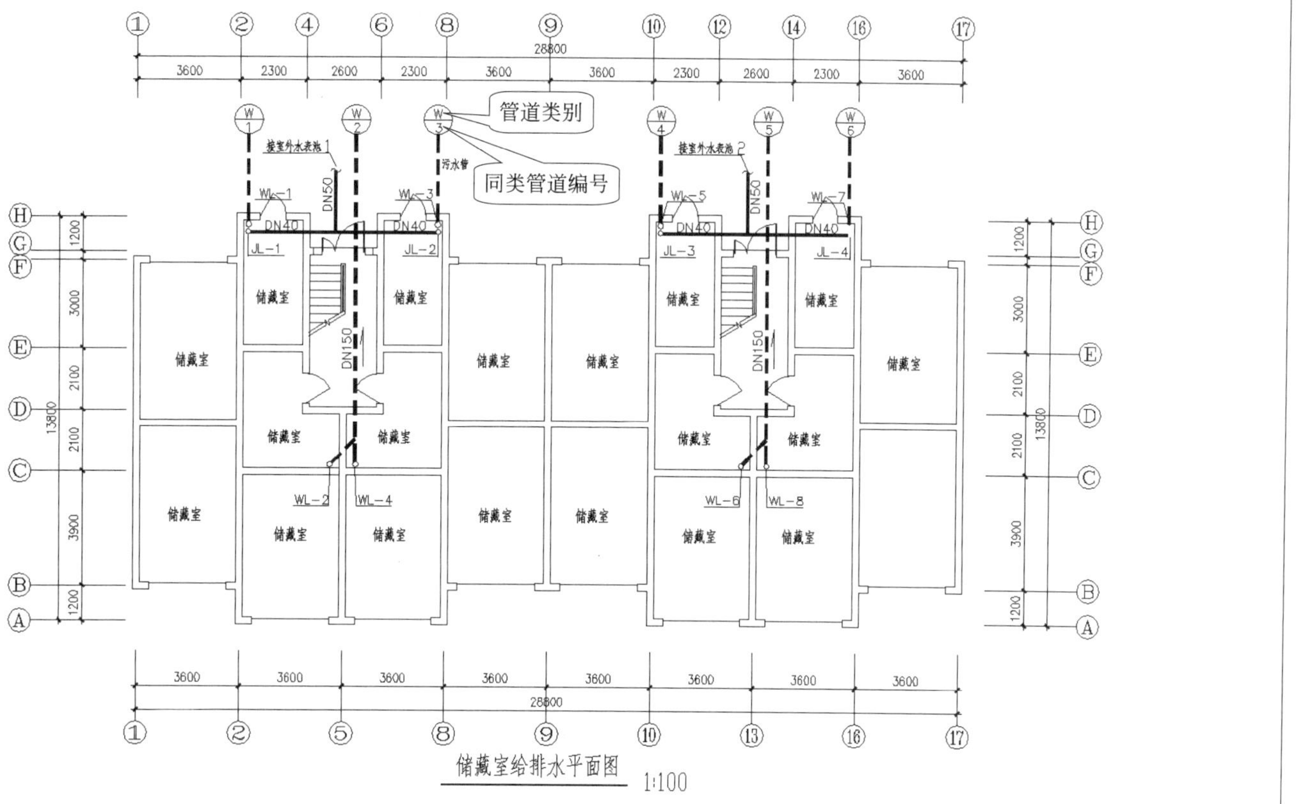

图3-15 储藏室给排水平面图

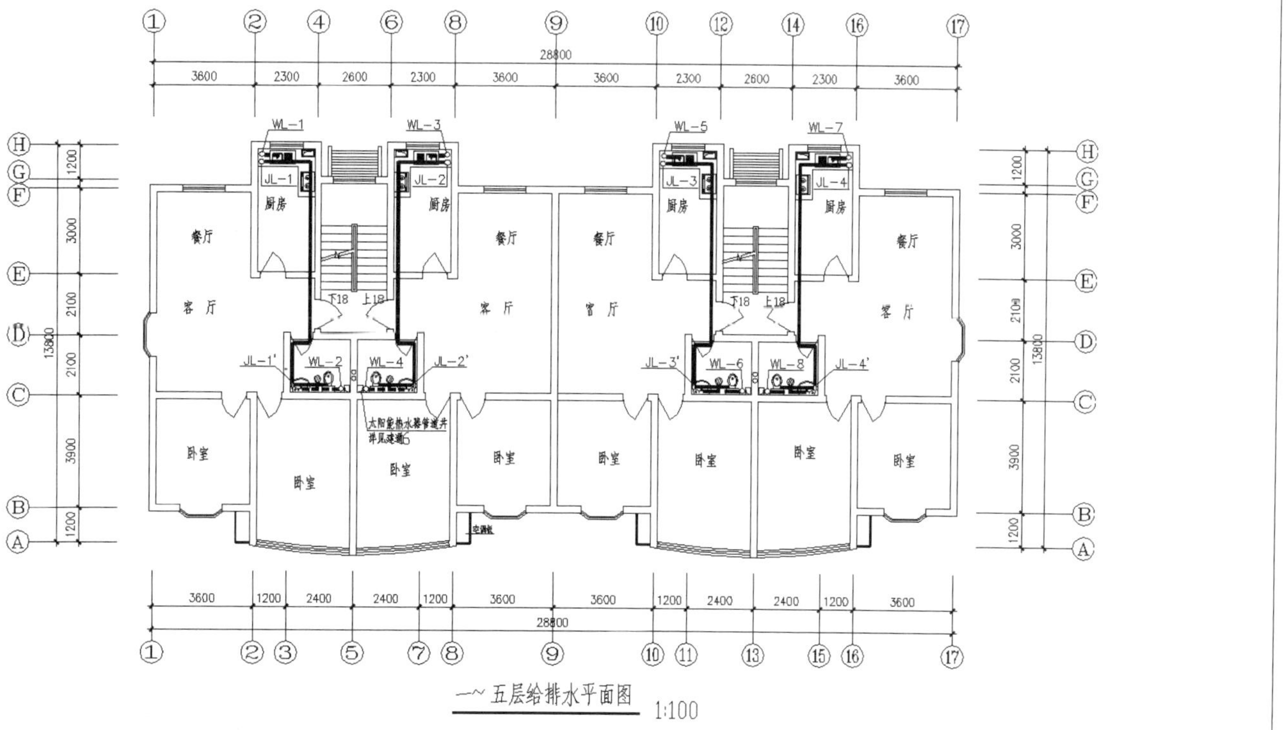

图3-16 标准层给排水平面图

如图 3–17 所示，可以看出，图中画出的管道是连接每层卫生设备的管道，与管道所在的楼层位置无关。例如，二层给排水平面图中所表示的给水管安装在二层楼面以上，排水管则安装在二层楼面以下，但是都需要画在二层给排水平面图上。

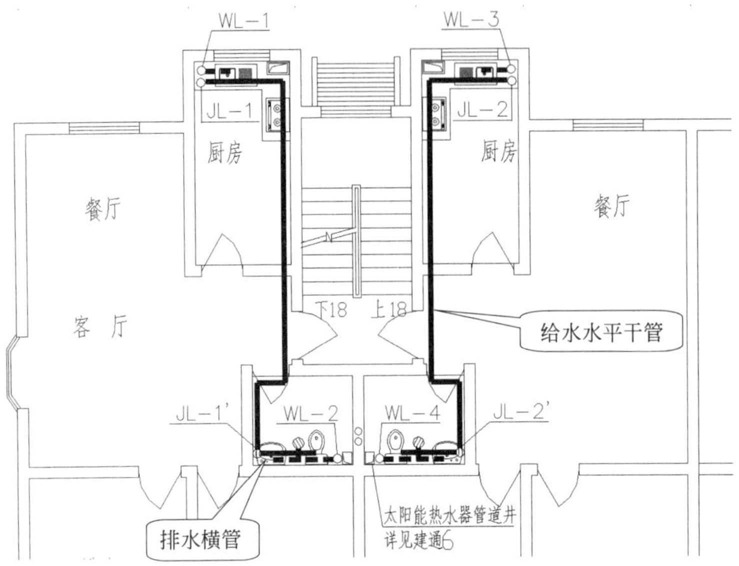

图3–17　标准层给排水平面图局部放大

为了使给排水平面图上所表示的管道系统更加清晰明了，当给排水系统的引入管和排出管多于一个时，一般用阿拉伯数字编号。引入管和排出管的编号也常作为管道系统的编号，给水管以每一引入管为一个系统，排水管以每一承接排出管的检查井为一系统，如图 3-15 所示。编号注写在底层给排水平面图上，具体方法是在引入管或排出管端部画一直径为 12mm 的细实线圆，在圆内的水平直径线为细实线，上方注写的字母为管道类别代号，下方注写的数字为同类管道系统编号。

室内给水排水平面图上只反映管道系统的平面布置情况，不能反映管道系统的立体全貌，所以，在给水排水平面图上并没有对各管段的直径、坡度、标高等进行标注。

例 3　室内给水排水系统图的识读

给排水管道常常是交叉安装的，在平面图上难于看懂，一般配备辅助图形——轴测投影图来表达各管道的空间关系。室内给排水系统图就是表明给排水管道的空间布置、管径、坡度、标高以及附件在管道位置的轴侧图，这种图具有较强的立体感，容易表明管路的空间走向。

室内给排水系统图一般是按给水系统、排水系统分别绘制的，绘图比例与给排水平面图相同。系统图习惯上采用 45° 正面斜等轴侧投影法绘制，即 OX 轴位于水平位置，OZ 轴竖直向上，OY 轴与水平方向成 45° 夹角（如果按照 45° 绘制会产生过多重叠交叉的管线时，也有按 30° 或 60° 绘制的）。三条轴侧轴的轴向伸缩率均取值 1，系统图中的管道在 OX、OY 方向的长度尺寸是直接在给排水平面图上量取的，OZ 轴方向的长度尺寸是根据建筑物的层高以及卫生器具的安装高度确定的。

同平面图一样，在系统图中给水管道用粗实线表示，排水管道用粗虚线表示。给水系统图中的闸阀、配水龙头、淋浴喷头等及排水系统图中的寸水弯、地漏、检查口等均是用图例画出的。对于用水设备和管道布置完全相同的楼层，一般只将一层画完整，其余各层在立管处画上折断符号，并注写“同底（一）层”。

空间交叉的管道在系统图中相交，连续的为可见的管道，在相交处断开的为不可见的管道。如果在同一系统图中管道比较密集，相互重叠而影响读图时，还可以用移植画法将一部分管道断开，沿管道的轴线平移至空白位置画出来，并在断开处画上断裂符号，两断裂符号之间用点画线进行连接，如图 3–18 所示。

图 3–19 是该住宅的给水系统图，系统图中如果管道穿越楼面、地面或墙面时，通常用细实线画出被穿越的楼面、地面或墙面的位置。给水系统管道由于是压力流管道，因此给水横管没有坡度。各给水管的管径一般直接标注在该管段一侧，若位置不够可以用引出线引出标注。

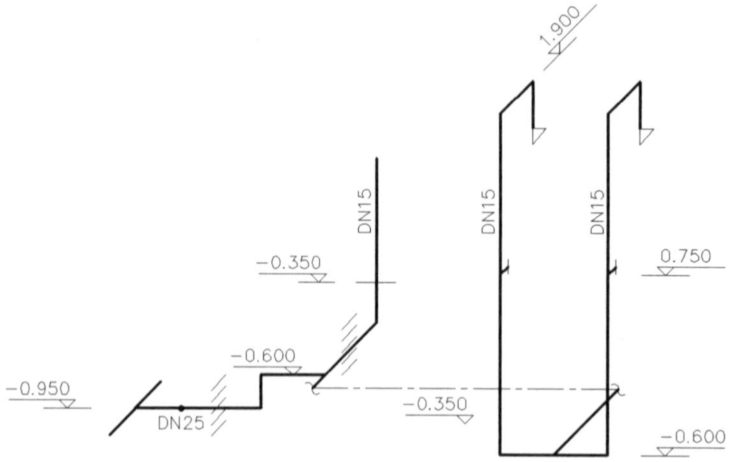

图3–18　移植画法

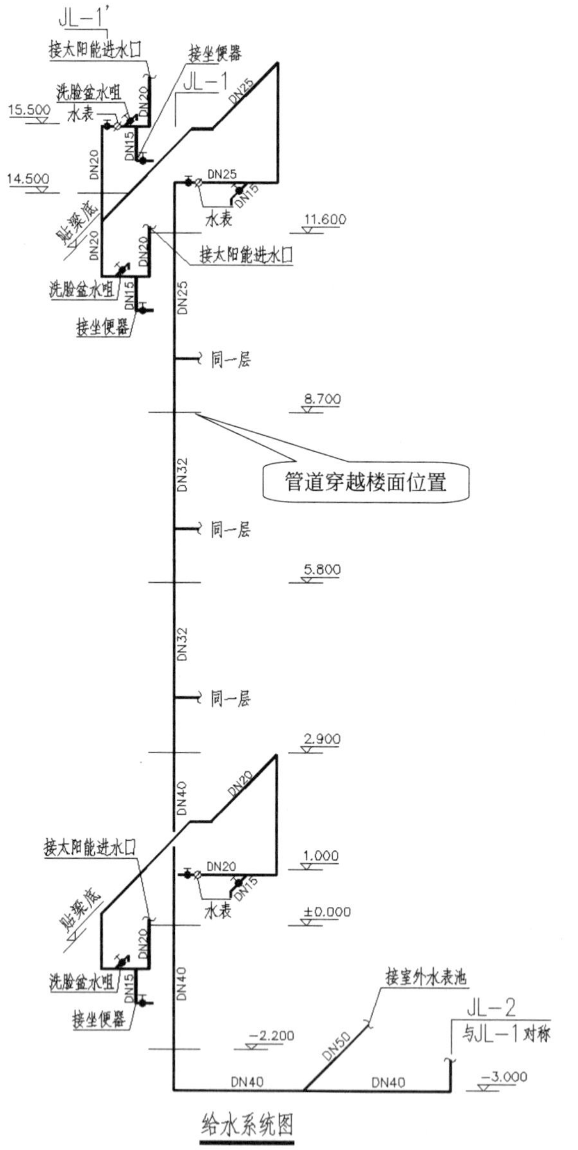

图3–19　给水系统图

管道系统图中的标高均标注相对标高，是与建筑施工图的标高一致的。在给水管道系统图中给水横管的标高以管道中心的轴线为基准，此外，还需要注出地面、楼面、水箱、阀门、配水龙头等标高。

图 3–20 是该住宅的排水系统图，排水系统管道是重力流管道，因此排水横管向排水立管方向具有一定的坡度，坡度一般注写在该管段一侧或引出线上，坡度标注是在坡度数字之前加上坡度代号“i”，当排水横管采用标准坡度时，图中省略不标，但应进行坡度说明，如图中“注：排水管均按标准坡度敷设。”。

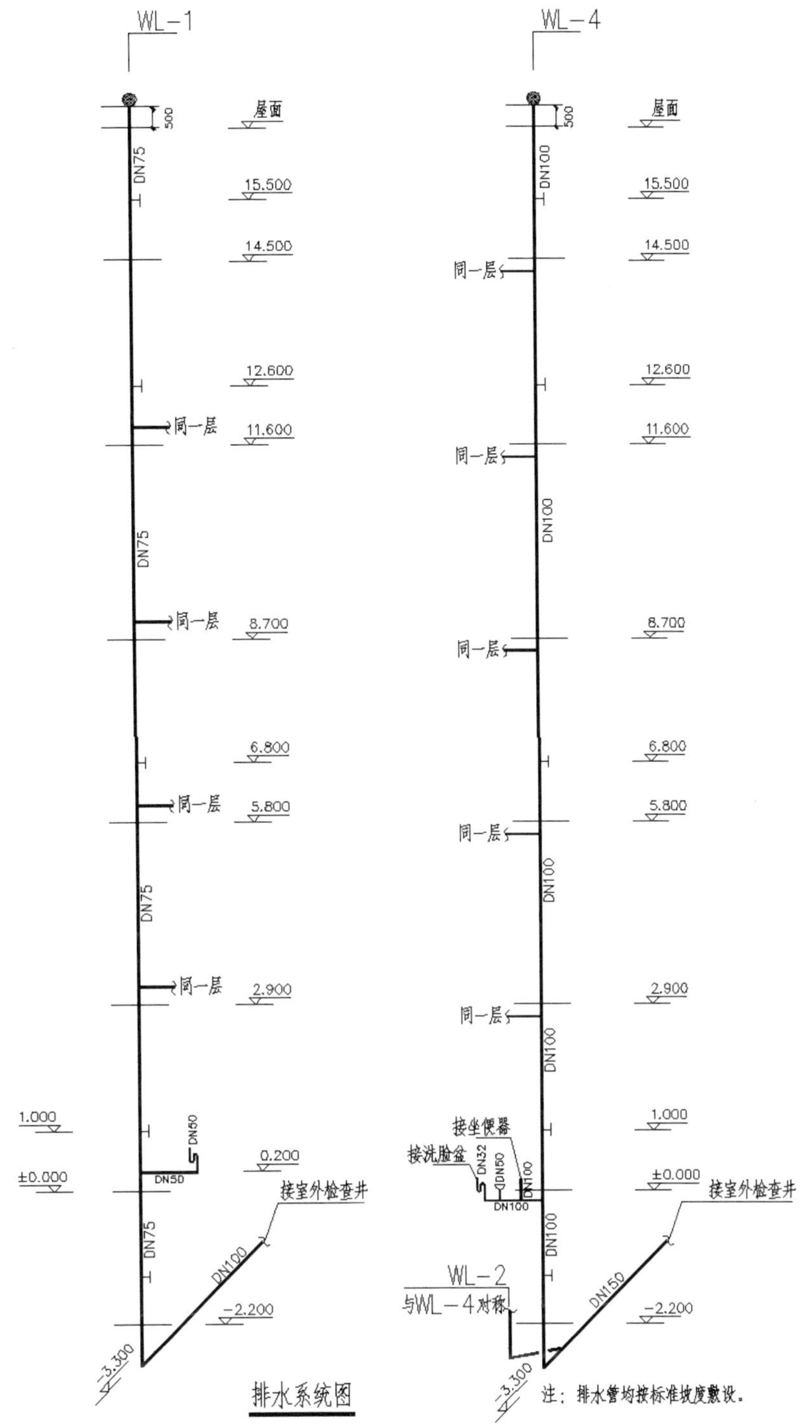

图3-20 给水系统图

排水系统图中排水横管的标高以管底为基准，一般情况下，排水横管的标高是由卫生器具的安装高度确定的，不必标注，若有特殊要求时，应标注横管的起点标高。此外，排水系统图中还要标注立管上的检查口、通气网罩和排出管的起点标高。

给水排水平面图和系统图是建筑给水排水施工图的基本图样，在读图时要按系统将两种图样联系起来，互相对照，反复阅读，从而认识图样所表达的内容。

综上所述，识读给水排水平面图时，首先要明确在各层给水排水平面图中，用水房间有哪些，这些房间的卫生设备与管道如何布置？其次，是要弄清楚一共有哪几个给水系统和排水系统？识读给水排水系统图时，先要与底层给水排水平面图配合对照，找出给水排水进出口的系统编号，按系统类别逐个识读，例如，阅读给水系统图时，可以按照水流的流向，从室外引入管入手，依次循序渐进，从引入管、干管、立管、横管、支管到用水设备顺序识读，逐一弄清管道的位置、管径的变化以及所用的附件等内容；阅读排水系统图时，一般可按卫生器具、排水支管、排水横管、立管、排出管的顺序进行识读。

给水排水平面图和系统图虽然表示了管道的走向、规格以及卫生设备、构配件的布置情况，只是由于绘图比例较小，构配件均用图例表示，因此不能清楚地表示管道的连接与卫生器具的安装情况。为了方便施工，常常需要较大比例绘制的管道配件及其安装详图作为施工的依据。

阅读建筑室内给水排水平面图及系统图时，还要注意图纸上的施工说明。对于较大型的工程来说，一般都会专门编制施工说明，而对于较简单的工程只需要在施工图中附加施工说明。施工说明有以下内容：给水管、排水管所用管材的种类（PPR 管、硬聚氯乙烯管、陶土管等）和接头方法，给水管道、排水管道标高所指管道部位，卫生器具的种类及安装、消火栓安装采用或参照采用的图集名称以及某些施工要求，如“管道施工应按《建筑给水排水及采暖工程施工质量验收规范》（GB 50242—2002）进行”。

对于各种定型的卫生器具及管道节点的安装一般都有标准图或通用图，可以直接选用，不需再绘制这些详图。详图均采用较大的绘图比例，是按照需要在 1：50~2：1 的范围内选用的，详图的特点基本与建筑平面图的要求相近。

任务二 采暖通风施工图

采暖是在冬季为了满足人们生活和工作的正常需要，将热能从热源输送到室内的过程。通风是把室内浊气直接或经处理后排至室外，把新鲜空气输入室内的过程。

同给水排水施工图一样，在阅读采暖通风施工图之前，首先要了解各种图例及其所表示的实物。

例 4 采暖通风图例的识读

采暖通风施工图中，管道、风道经常会用代号表示，常见的水、汽管道代号以及风道代号如表 3-1 所示。在采暖通风施工图出现的自定义水、汽管道代号以及风道代号均应避免与表 3-1 相矛盾，并应在相应图面上说明。

水、汽管道阀门和附件的图例，请读者参阅本书附录Ⅱ；风道、阀门及附件的图例，请读者参阅本书附录Ⅲ；暖通空调设备的图例，请读者参阅本书附录Ⅳ；调空装置及仪表的图例，请读者参阅本书附录Ⅴ，这里不再赘述。

表 3-1 水、汽管道代号及风道代号

类型	序号	代号	管（风）道名称	备 注
水、汽管道代号	1	R	（供暖、生活、工艺用）热水管	1. 用粗实线、粗虚线区分供水、回水时，可省略代号 2. 可附加阿拉伯数字 1、2 区分供水、回水 3. 可附加阿拉伯数字 1、2、3、…表示一个代号、不同参数的多种管道
	2	Z	蒸汽管	需区分饱和、过热、自用蒸汽时，在代号前分别附加 B、G、Z
	3	N	凝结水管	
	4	P	膨胀水管、排污管、排气管、旁通管	需要区分时，可在代号后附加一位小写拼音字母，即：Pz、Pw、Pq、Pt
	5	G	补给水管	
	6	X	泄水管	
	7	XH	循环管、信号管	循环管为粗实线，信号管为细虚线。不致引起误解时，循环管也可为“X”
	8	Y	溢排管	
	9	L	空调冷水管	
	10	LR	空调冷 / 热水管	
	11	LQ	空调冷却水管	
	12	n	空调冷凝水管	
	13	RH	软化水管	
	14	CY	除氧水管	
	15	YS	盐液管	
	16	FQ	氟汽管	
	17	FY	氟液管	

续表

类型	序号	代号	管（风）道名称	备　注
	1	K	空调风管	
风	2	S	送风管	
	3	X	新风管	
	4	H	回风管	一、二次回风可附加 1、2 区别
道	5	P	排风管	
	6	PY	排烟管	或为排风、排烟共用管道

采暖施工图一般由设计说明、采暖平面图、系统图、详图、设备及主要材料表等组成。

例 5　采暖平面图的识读

采暖平面图主要表示各层管道及设备的平面布置情况，通常只画房屋底层、标准层及顶层采暖平面图，当各层的建筑结构和管道布置不相同时，一般是每层均绘制。

采暖平面图一般采用 1 ： 100~1 ： 50 的比例绘制，如图 3-21 是用 1 ： 100 的比例绘制的某住宅（共两个单元）储藏层采暖平面图（为了使采暖部分平面清晰，本图只展示一个单元的采暖系统）。为了突出管道系统，用细实线绘制建筑平面图的墙身、门窗洞、楼梯等构件的主要轮廓；用中实线以图例形式画出散热器、阀门等附件的安装位置；用粗实线绘制回水干管，在底层平面图中画出了供热引入管、回水管，并注明了管径、立管编号、散热器片数等。

在设计说明中了解到：该住宅采暖系统出入口均设入口装置；住宅的采暖系统按每户热计量方式设计，在热表前设 Y 型水过滤器，热表采用 ENERGY-HEAT（荷德鲁美特），平衡阀采用 KPF16；住宅户内采暖系统采用下供下回的单管循环采暖系统，每层楼板上有 50mm 的垫层，室内管道在此暗设；住宅户内暗埋热水管管材为 PE-X 管材，暗埋部分不能有接头，户外及户内明装热水管用热镀锌钢管；散热器为 FTLY-50/600-1.0 型，标准散热量 120W/ 片（复合式铜柱铝翼型）；每组散热器均设手动跑风门一个，所有采暖管道穿墙、穿楼板时均应设套管详《L90N91-18》，施工中与土建专业密切配合；供回水立管干管均于最高点设自动排气阀，排气阀型号 EA-122，住宅每组散热器均设三通阀或恒温阀，等等。

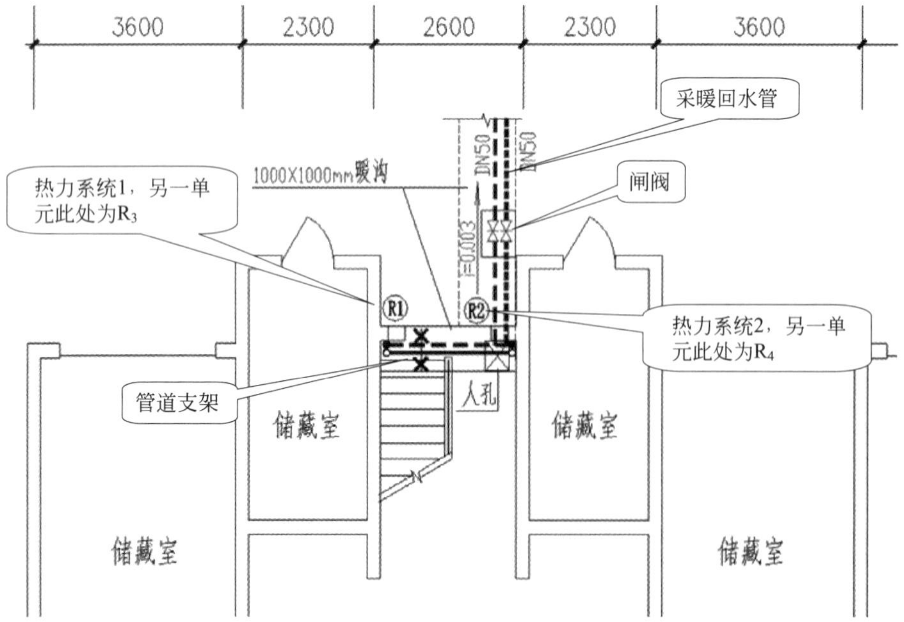

图3-21　储藏层采暖平面图

图 3-22 是该住宅的一层采暖平面图，粗实线表示供水管，粗虚线表示回水管，“DN20”表示管径，每个散热器一侧都注明了散热器的片数。图中空心圆圈表示供水立管，实心圆圈表示回水立管。

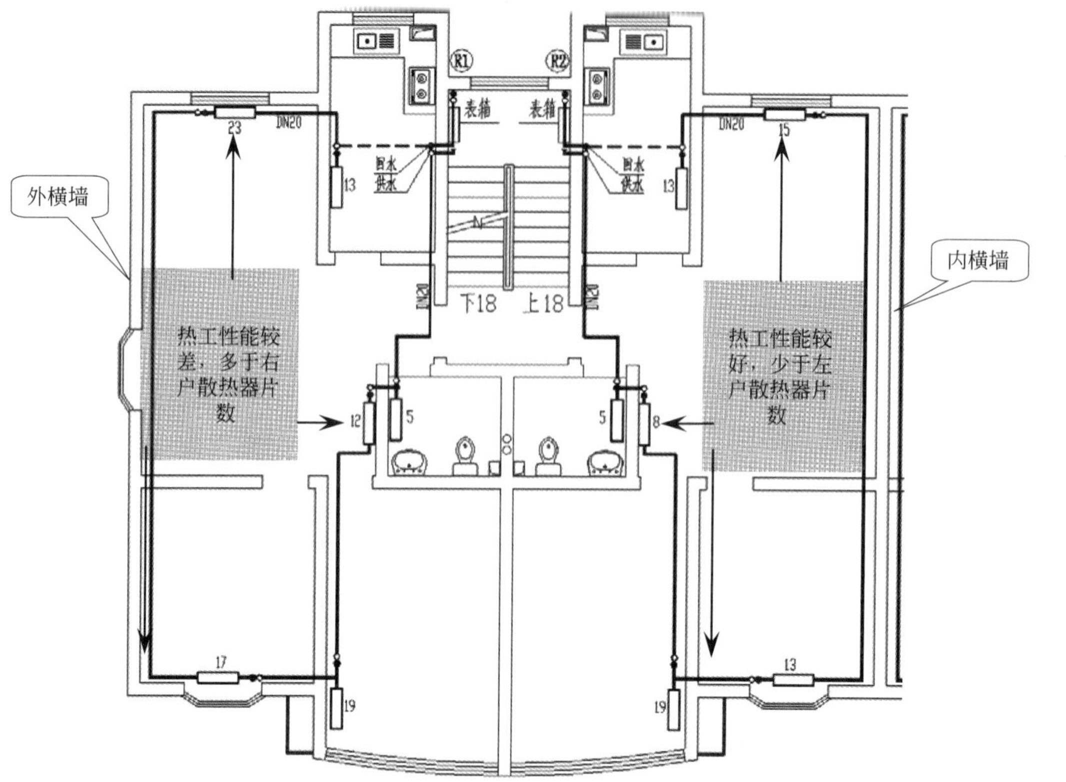

图3-22　二、三层采暖平面图

图 3-23 是该住宅的二、三层采暖平面图，与一层平面图相比，各房间内散热器片数明显减少，这是因为底层房间下的储藏室并没有采暖，因此底层房间的热工性能较差，对采暖的要求要高一些。

图 3-23 是该住宅的四层采暖平面图。

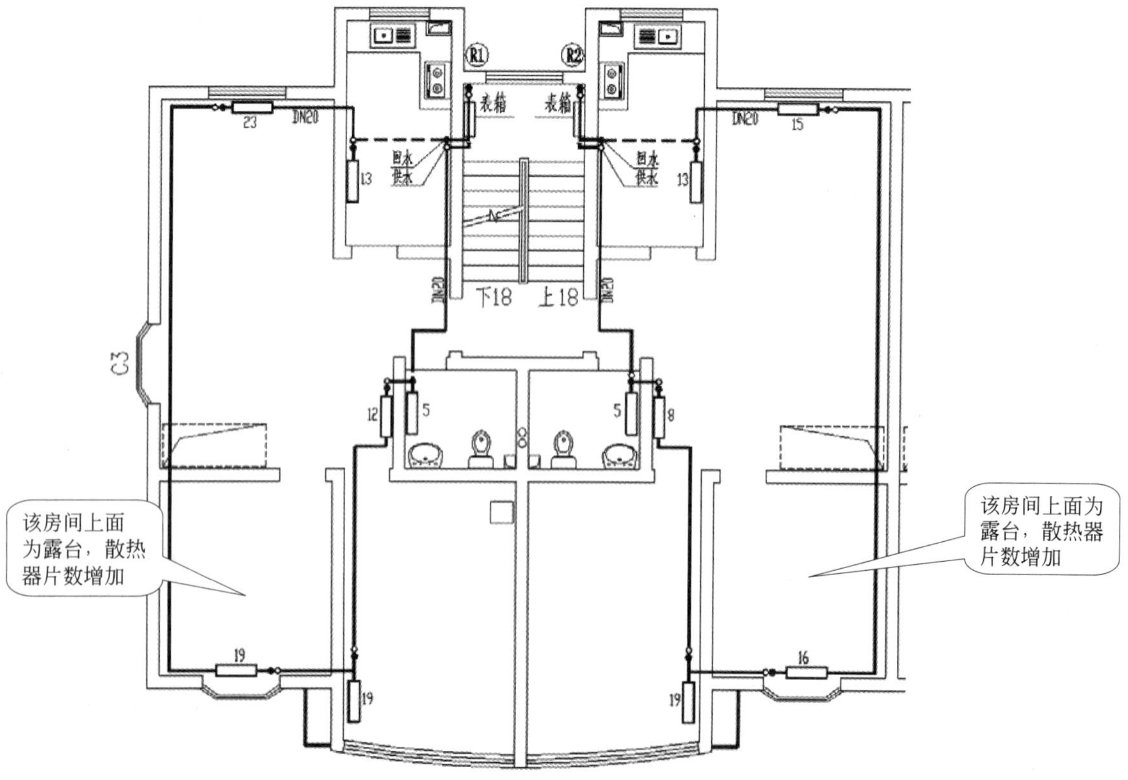

图3-23　四层采暖平面图

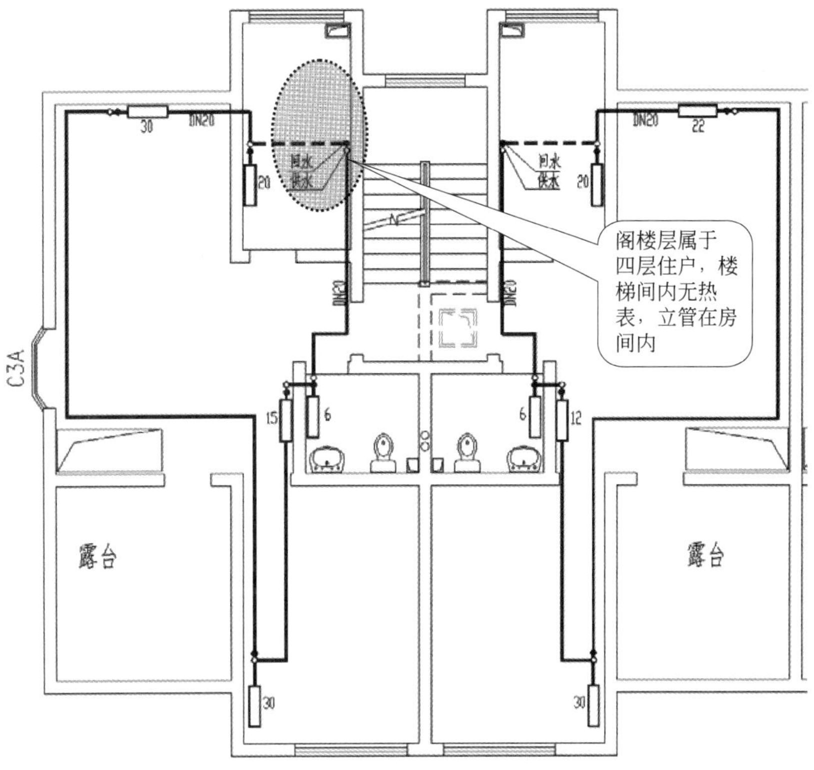

图3-24 阁楼层采暖平面图

图 3-24 是该住宅的阁楼层采暖平面图，室内供水管和回水管依据房间的调整而进行了改变，同时，阁楼层各房间的散热器片数均有显著的增加。

例 6 采暖系统图的识读

采暖系统图主要表明采暖系统中管道及其设备的空间布置与走向，常与采暖平面图的绘图比例一致。系统图是根据《暖通空调制图标准》（GB/T 50114—2010）的规定，按照正等轴测或正面斜二测投影法绘制的。

在系统图中，若局部管道被遮挡、管线重叠，一般是采用断开画法，断开处用小写拉丁字母连接表示，也可以用双点画线连接示意。

图 3-25 是某住宅的采暖系统图（R3），在系统图中供热干管是用粗实线绘制的，回水干管是用粗虚线绘制的，散热器、管道阀门等是以图例形式用中粗实线绘制的，并在管道或设备附近标注了管道直径和标高、散热器片数、各楼层地面标高以及有关附件的高度尺寸等。

对照各层采暖平面图可以看出，室外引入管有该住宅⑥轴线左侧，标高为距室外地面以下 700mm 处进入楼梯间，然后分为两个热力系统 R3 和 R4，R4 与 R1 对称。引入管管径为“DN50”，R3 沿纵墙方向到达住宅④轴线右侧，然后竖起，立管管径变为“DN32”。管径为“DN20”的水平干管在标高 1.45 处（楼梯休息平台标高）连接热表与总立管后穿越住宅④轴线墙体进入室内，在经过转折变为立管后到达标高为 ±0.00（首层地面）以下的楼板层垫层内，最后沿所有房间对散热器进行供水。在供水管对最后一个散热器供水后，该散热器即与一管径为“DN20”的回水管连接，回水管按与供水管相平行的方向经过热表后与回水总立管连接，循环后的热水经回水总立管流入排出管，排出管管径为“DN50”，坡度为“i=0.003”，循环示意（大箭头表示循环方向）如图 3-25 所示。总立管与第二层和第三层供水管、回水管的连接，与首层一致，不再赘述，只是应注意总立管在标高为 4.35（楼梯休息平台标高）以上时管径变成了“DN25”。

总立管在标高为 10.15（楼梯休息平台标高）处向上管径变为“DN20”，顶端装有自动排气阀，进入四层房间内的供水管管径不变，仍为“DN25”。应当注意供水管经过热表穿墙进入室内后，分成向上和向下的两根立管，

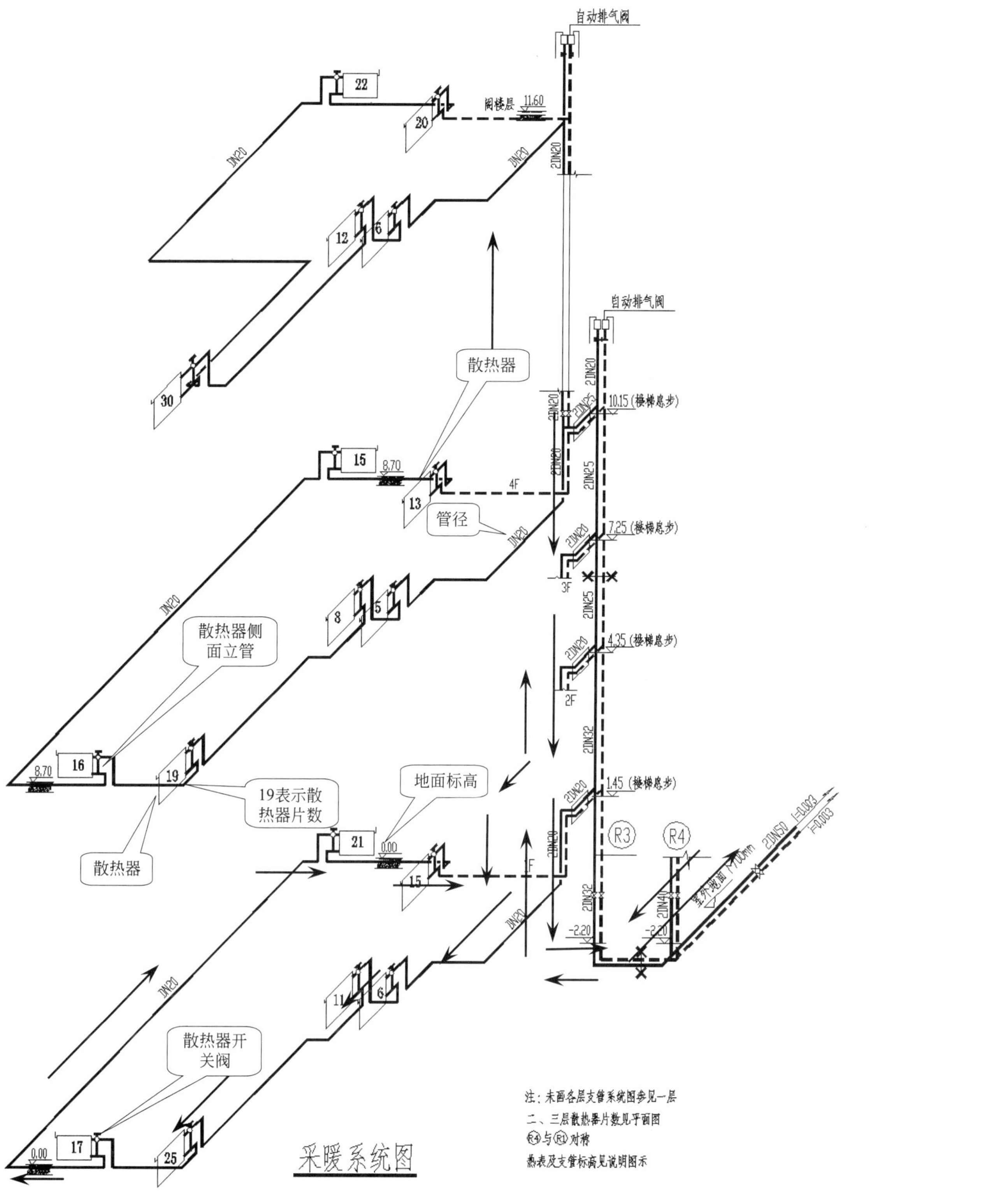

图3-25 住宅采暖系统图（R3）

分别与四层房间和阁楼层房间的供水管相连，最后连接回水总立管连接，阁楼层向上的立管顶端也装有自动排气阀。

图中的“R”表示热力系统代号。系统代号由大写拉丁字母表示，如:(室内)供暖系统—N，制冷系统—L，热力系统—R，空调系统—K，通风系统—T，净化系统—J，除尘系统—C，送风系统—S，新风系统—X，回风系统—H，排风系统—P，加压送风系统—JS，排烟系统—PY，排风兼排烟系统—P（Y），人防送风系统—RS，人防排风系统—RP。系统顺序号由阿拉伯数字表示，系统编号注写在系统总管处。

图 3-26 是某住宅的采暖系统图（R1），读者可自行分析图中要点。

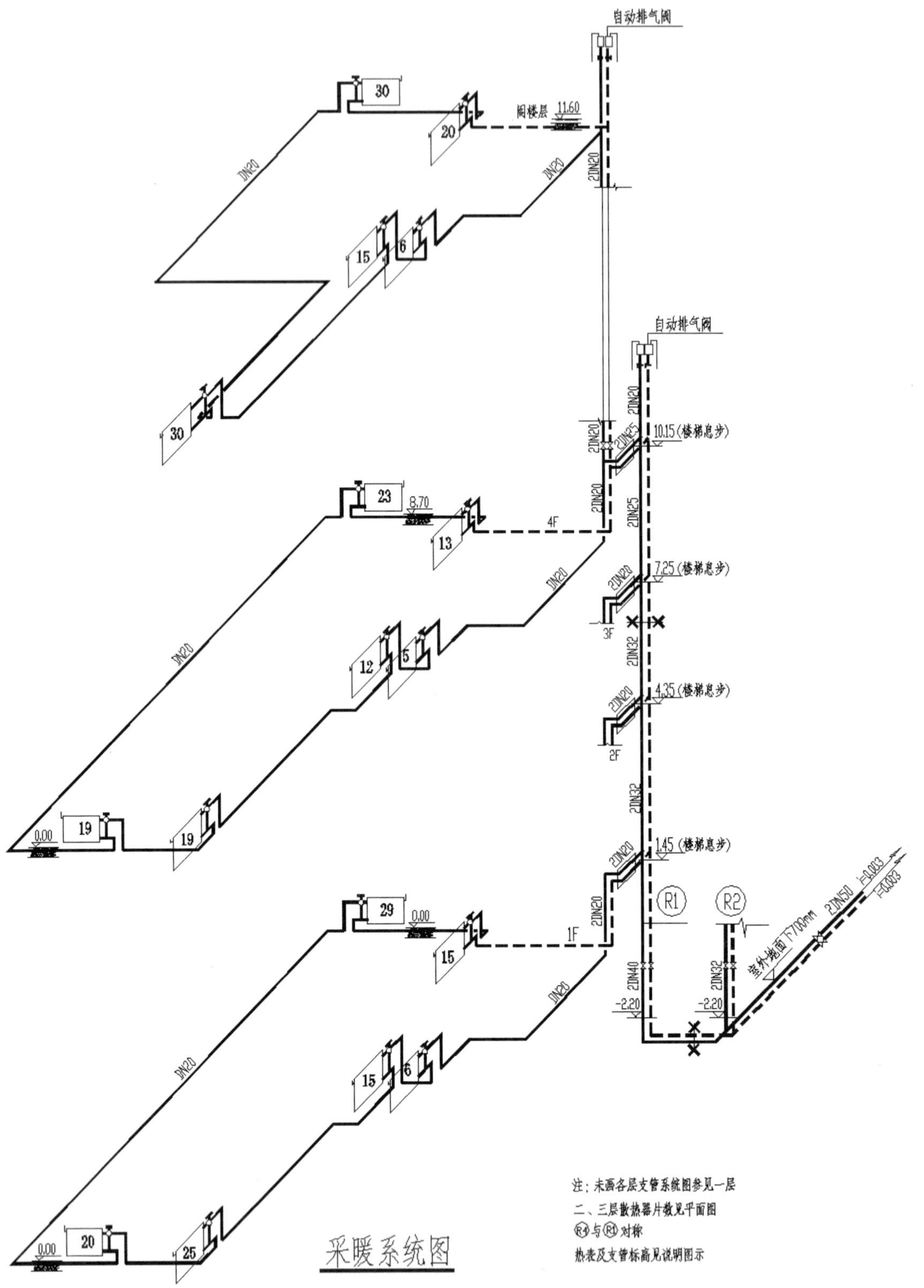

图3-26 住宅采暖系统图（R1）

在楼梯间内的热表安装在墙内，热表的连接方式如图 3-27 所示。

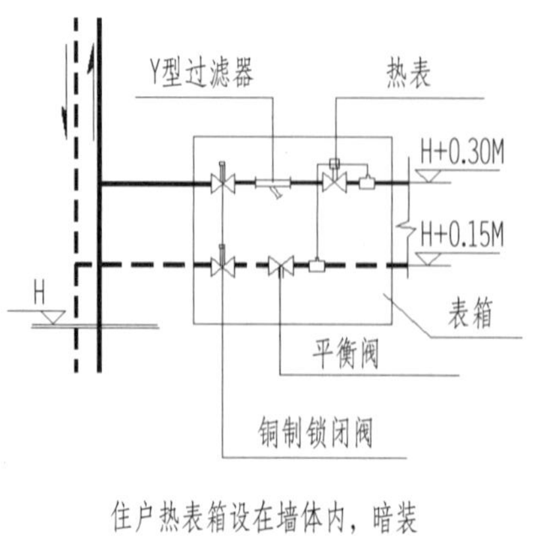

图3-27 住宅热表连接方式详图

住宅散热器接管详图如图 3-28 所示。

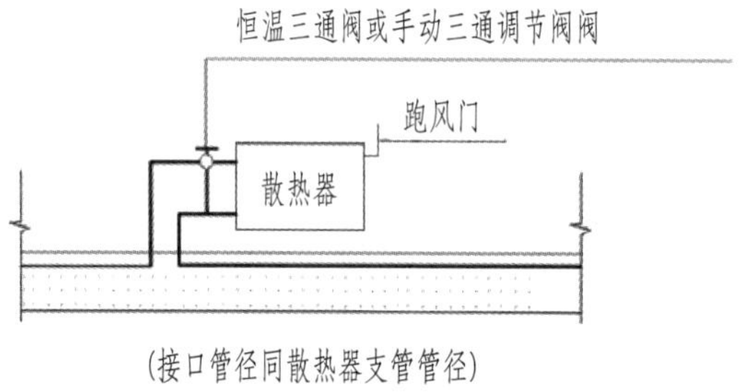

图3-28 住宅散热器接管详图

同采暖施工图一样，通风施工图也是有施工说明、通风与空调平面图、剖面图、原理图、详图、设备及主要材料表等组成的，在这里，本书只对通风施工图的有关标准进行分析。

在通风施工图中，如未说明矩形风管所注的标高，一般认为是管底标高，未说明圆形风管所注的标高，一般认为是管中心标高。矩形风管（风道）的截面定型尺寸是以“A×B”表示的，其中“A”为该视图投影面的边长尺寸，“B”为另一边尺寸，圆形风管的截面定型尺寸是以直径符号“φ”后跟数值表示的，单位均为毫米。

通风与空调平面图主要反映通风空调设备、管道的平面布置情况，通常是用细线画出建筑平面图中的墙身、门窗洞、楼梯等构件的主要轮廓，设备一般只画轮廓形状；风管用双线表示，其规格可以标注在管道轮廓线内；通风空调管道的阀门、部件、进出风口等都用图例表示。

剖面图主要反映通风设备、管道及其部件在竖直方向上的空间位置与连接情况，通风空调系统与建筑结构的相互位置及高度方向的尺寸关系等。

子项目二
建筑施工图

×××学校新校区建设项目
一期实训楼

建筑专业施工图

日　期:　2013.09

版本号:　01

业务号:　2013-81-01

法人代表（院长）	Legal Representative Institute President	××× ×××
总建筑师	Chief Architect	×××
总工程师	Chief Engineer	×××
设计总负责	Project Director	×××
设计总负责	Project Director	×××

×××建筑设计研究院

Arch.Design & Research Inst. ××× of Tech.

设计证书编号 | Certificate No. : 甲级 | Class ×××

×××建筑设计研究院 ARCHITECTURAL DESIGN & RESEARCH INST. ××× OF TECHNOLOGY	
工程名称	×××学校新校区建设项目～一期实训楼
建设单位	×××学校

图纸目录

业务号			2013-81-01
专业			建筑
专业负责人			×××
日期	2013年09月	设计阶段	施工图
版本号	01	共 2 张	第 1 张

顺序	图幅	图纸编号	图纸名称	设计人	出图记录及出图日期 ~2013.09	备注
1	A1	建施-01-1	建筑设计总说明(1)	×××	√	
2	A1	建施-01-2	建筑设计总说明(2)	×××	√	
3	A1	建施-02	建筑构造用料做法表	×××	√	
4	A1	建施-03	建筑节能设计说明	×××	√	
5	A1	建施-04	总平面图	×××	√	
6	A1	建施-05	地下一层平面图	×××	√	
7	A1	建施-06	首层平面图	×××	√	
8	A1	建施-07	二层平面图	×××	√	
9	A1	建施-08	三层平面图	×××	√	
10	A1	建施-09	四层平面图	×××	√	
11	A1	建施-10	五层平面图	×××	√	
12	A1	建施-11	屋面层平面图	×××	√	
13	A1	建施-12	①～⑬立面图、⑬～①立面图	×××	√	
14	A1	建施-13	Ⓐ～Ⓛ立面图、Ⓛ～Ⓐ立面图	×××	√	
15	A1	建施-14	A-A 剖面图、B-B 剖面图	×××	√	
16	A1	建施-15	楼梯大样（一）	×××	√	
17	A1	建施-16	楼梯大样（二）	×××	√	
18	A1	建施-17	楼梯大样（三）	×××	√	
19	A1	建施-18	楼梯大样（四）	×××	√	
20	A1	建施-19	楼梯大样（五）	×××	√	
21	A1	建施-20	楼梯大样（六）	×××	√	
22	A1	建施-21	楼梯大样（七）	×××	√	
23	A1	建施-22	楼梯大样（八）　车道大样图	×××	√	
24	A1	建施-23	1#.2#.3#.4#墙身大样	×××	√	
25	A1	建施-24	5#.6#.7#.8#墙身大样	×××	√	
26	A1	建施-25	卫生间大样	×××	√	
27	A1	建施-26	门窗表　门窗大样一	×××	√	
28	A1	建施-27	门窗大样二	×××	√	
29	A1	建施-28	门窗大样三	×××	√	
30	A1	建施-29	门窗大样四	×××	√	
31						
32						
33						
34						
35						
36						
37						
38						
39						
40						
41						
42						
43						
44						
45						
46						
47						
48						
49						
50						
51						
52						
53						
54						
55						
56						
57						
58						
59						
60						

×××建筑设计研究院 ARCHITECTURAL DESIGN & RESEARCH INST. ××× OF TECHNOLOGY	
工程名称	×××学校新校区建设项目～一期实训楼
建设单位	×××学校

图纸目录

业务号			2013-81-01
专业			建筑
专业负责人			×××
日期	2013年09月	设计阶段	施工图
版本号	01	共 2 张	第2 张

顺序	图幅	图纸编号	图纸名称	设计人	出图记录及出图日期 ~2013.06	备注
61						
62						
63						
64						
65						
66						
67						
68						
69						
70						
71						
72						
73						
74						
75						
76						
77						
78						
79						
80						
81						
82						
83						
84						
85						
86						
87						
88						
89						
90						
91						
92						
93						
94						
95						
96						
97						
98						
99						
100						

1 图纸版本号及图纸编号规则

(1)不同版本号的图纸不可混用。

(2) 图纸编号：

1) 建筑图纸编号采用中文：建方-n,建初-n,建施-n。

2) 如果修改图还要配合原图使用，则编号如下：建施-n修m,m代表第m次修改。

3) 如果修改图代替原图,原图作废,则编号如下：建施-n代m,m代表第m次修改。

2 出图记录含义

(1) “√”表示在相应的日期前出图。一张图多次出图表示有代图，以最后一次出的图为准，以前出的图作废。

(2) “×”表示该图作废。

建筑设计总说明（HG/J01—2009）共 2 页 第 1 页

1、项目概况

1.1 项目名称：贵州省水利电力学校新校区建设项目~一期实训楼
1.2 项目地点：贵州省水利电力学校新校区内
1.3 建设单位：贵州省水利电力学校
1.4 总用地面积：校园总平衡
1.5 总建筑面积：20428 m²
1.6 建筑基底面积：4212 m²
1.7 建筑层数和建筑高度：5层、23.55M
1.8 绿地面积：校园总平衡
1.9 建筑密度：校园总平衡
1.10 容积率：校园总平衡
1.11 绿地率：校园总平衡
1.12 建筑类型：公共建筑（学生实训楼） 建筑工程等级：二级
1.13 建筑防火分类：多层建筑 耐火等级：二级
1.14 人防工程防护等级：无
1.15 屋面防水等级：二级 地下室防水等级：无
1.16 建筑物抗震设防烈度：六度 抗震设防分类：乙类
1.17 建筑设计使用年限：50年
1.18 结构类型：钢筋混凝土框架结构

2、设计依据

2.1 项目批准文件
2.1.1 项目可行性研究报告或设计任务书；
2.1.2 ____市城市规划局关于同意修建性详细规划的批复（文号：________）；
2.1.3 ____市建设局关于同意初步设计的批复（文号：________）；
2.1.4 ____市城市规划局关于送审建筑设计方案的复函 （文号：________）；
2.1.5 ____市消防部门关于送审建筑设计方案的复函 （文号：________）；
2.1.6 本工程设计合同；
2.2 城市规划文件
2.2.1 建设用地规划许可证（附规划设计条件和用地红线图）
2.2.2 建设工程规划许可证；
2.3 《建筑工程设计文件编制深度规定》（2008年版）
2.4 历次相关会议纪要及往来文件
2.5 国家关于节约能源的法规；
2.6 工程建设标准和设计技术规范：（[ ]前有“*”的为必选项）

[统一]
[√]《房屋建筑制图统一标准》（GB/T 50001—2010）
[√]《总图制图标准》（GB/T 50103—2010）
[√]《建筑制图标准》（GB/T 50104—2010）
[√]《建筑气候区划标准》（GB50178—1993）
[√]《民用建筑设计通则》（GB 50352—2005）
[√]《城市道路和建筑物无障碍设计规程》（JGJ 50—2001）
[√]《建筑工程建筑面积计算规范》（GB / T 50353—2005）
[√]《建筑设计防火规范》（GB 50016—2006）
[ ]《高层民用建筑设计防火规范》（GB 50045—95）2005年版
[ ]《建筑内部装修设计防火规范》（GB 50222—95）2001年修订版

[规划]
[√]《城市用地竖向规划规范》（CJJ83—99）
[ ]《城市用地分类与规划建设用地标准》（GB50137—2011）
[ ]《历史文化名城保护规划规范》（GB50357—2005）
[ ]《城市居住区规划设计规范》（GB50180—93）2002年版
[ ] 广东省标准《居住小区技术规范》（DBJ15—11—94）

[专用]
[ ]《汽车库建筑设计规范》（JGJ 100—98）
[ ]《汽车库、修车库、停车场设计防火规范》（GB 50067—97）
[ ]《人民防空地下室设计规范》（GB 50038—2005）
[ ]《人民防空工程设计防火规范》（GB 50098—2009）

[居住]
[ ]《住宅建筑规范》（GB 50368—2005）
[ ]《住宅设计规范》（GB 50096—2011）
[ ]《宿舍建筑设计规范》（JGJ 36—2005）（J480—2005）
[ ]《老年人居住建筑设计标准》（GB / T 50340—2003）
[ ]《广州市住宅设计试行规范》

[公共]
[ ]《老年人建筑设计规范》（JGJ 122—99）
[ ]《托儿所、幼儿园建筑设计规范》（JGJ 39—87）
[√]《中小学校建筑设计规范》（GB 50099—2011）
[ ]《特殊教育学校建筑设计规范》（JGJ 76—2003）
[ ]《综合医院建筑设计规范》（JGJ 49—88）
[ ]《疗养院建筑设计规范》（JGJ 40—87）
[ ]《商店建筑设计规范》（JGJ 48—88）
[ ]《饮食建筑设计规范》（JGJ 64—89）
[ ]《旅馆建筑设计规范》（JGJ 62—90）
[ ]《文化馆建筑设计规范》（JGJ 41—87）
[ ]《博物馆建筑设计规范》（JGJ 66—91）
[ ]《图书馆建筑设计规范》（GBJ 38—99）
[ ]《剧场建筑设计规范》（JGJ 57—2000）
[ ]《电影院建筑设计规范》（JGJ 58—2008）
[ ]《民用建筑隔声设计规范》（GBJ 118—2010）
[ ]《体育建筑设计规范》（JGJ 31—2003）
[ ]《办公建筑设计规范》（JGJ 67—2006）（J556—2006）
[ ]《档案馆建筑设计规范》（JGJ 25—2010）
[√]《科学实验建筑》（JGJ91—93）
[ ]《展览建筑设计规范》（JGJ 218—2010）
[ ]《汽车客运站建筑设计规范》（JGJ 60—99）
[ ]《铁路旅客车站建筑设计规范》（GB 50226—2007）
[ ]《港口客运站建筑设计规范》（JGJ 86—92）
[ ]《汽车加油加气站设计与施工规范》（GB 50156—2002）（2006 年版）

[技术]
[√]《建筑抗震设计规范》（GB 50011—2010）
[√]《建筑工程抗震设防分类标准》（GB 50223—2004）
[√]《民用建筑热工设计规范》（GB 50176—93）
[√]《公共建筑节能设计标准》（GB 50189—2005）
[ ]《民用建筑绿色设计规范》（JGJ/T229—2010/J1125—2010）
[ ]《公共建筑节能改造技术规范》（JGJ176-2009/J885—2009）
[ ]《民用建筑节能设计标准（采暖居住建筑部分）》（JGJ 26—95）
[ ]《夏热冬冷地区居住建筑节能设计标准》（JGJ 134—2001）
[ ]《夏热冬暖地区居住建筑节能设计标准》（JGJ 75—2003）
[√]《建筑玻璃应用技术规程》（JGJ113—2009 / J255—2009）
[ ]《外墙外保温工程技术规程》（JGJ 144—2004）
[ ]《智能建筑设计标准》（GB / T 50314—2006）
[ ]《居住区智能化系统配置与技术要求》（CJ/T174—2003）
[ ]《地下工程防水技术规范》（GB 50108—2008）
[ ]《建筑瓷板装饰工程技术规程》（CECS101:98）
[√]《屋面工程技术规范》（GB 50345—2004）
[ ]《玻璃幕墙工程技术规范》（JGJ102—2003 / J280—2003）
[ ]《金属与石材幕墙工程技术规范》（JGJ133—2001）
[ ]《瓷质幕墙工程技术规范》（DBJ/T15—21—97）

[强制]
《工程建设标准强制性条文（城乡规划部分）》
《工程建设标准强制性条文（房屋建筑部分）》（2009年版）
《全国民用建筑工程设计技术措施》规划•建筑•景观（2009年版）
《建筑工程设计文件编制深度规定》（2008年版）（住房和城乡建设部2008年11月26日）

[其它]
国家与地方其它相关规范、法规、规程。

3、总则

3.1 本项目坐标系统为[√]城市测量座标系统 [ ]建筑座标系统。
本项目高程系统为[ ]56黄海高程基准 [√]85高程基准 [ ]吴凇高程基准 [ ]珠江高程基准
设计标高±0.000m=高程系统 1261.50 m。并应根据现场实际情况最后确定。
3.2 本工程施工图所注尺寸，除总平面及标高以米为单位外，其余均以毫米为单位。
3.3 图中标高为建筑完成面标高；不易标明建筑标高的部位或需要标注结构标高的部位，以括号内数字表示结构标高。
3.4 施工安装及质量验收均以图中标注尺寸为准，不得度量图纸。
3.5 有关施工安装和质量验收均须严格遵守国家现行的各项施工技术标准和技术规范。
3.6 本工程所选用的建筑材料及装修材料必须符合《民用建筑工程室内环境污染控制规范》（GB 50325—2010）。
3.7 本施工图须与结构、给排水、电气、暖通等有关专业图纸密切配合施工。
3.8 本说明未详尽之处严格按国家和地方建筑行业标准执行。
3.9 施工中如需变更设计，必须征得设计方同意，并发设计变更通知，方可施工。
3.10 图纸编号规则：
1）建筑图纸编号采用中文：建方-n，建初-n，建施-n。
2）如果修改图还要配合原图使用，则编号如下：建施-n修m，m代表第m次修改。
3）如果修改图代替原图，原图作废，则编号如下：建施-n代m，m代表第m次修改。
3.11 图纸排序说明：
按照建筑设计总说明→建筑构造用料做法表→建筑节能设计说明→总平面→各层平面→立面剖面→墙身大样→楼电梯大样→节点详图→卫生间大样→门窗表及门窗大样排序。

4、建筑节能设计

4.1 本工程建筑节能设计详见“建筑节能设计专篇”。节能设计同时参见节能计算书。
以下所列出各材料的热工参数为施工和验收环节的节能抽样送检项目，在施工安装前必须由监理人员组织抽样送检合格，经设计人员签字确认后方可施工。
4.2 节能产品送审要求：
4.2.1 本工程外墙工程采用 加气混凝土砌块 ；传热系数限值K≤1.49W/m²•K）
4.2.2 屋面隔热材料采用 硬质聚氨酯泡沫塑料；传热系数限值K≤0.62W/m²•K）
4.2.3 门窗工程采用 断热铝合金门窗 ，整窗传热系数限值K≤2.70W/m²•K）；
遮阳系数Sc≤ 0.56 ；可见光透过率≥ 0.720 。

5、材料与构造说明

5.1 墙体：
5.1.1 墙体厚度除图中注明者外，外墙 200 厚；内墙 200 厚；门垛为 200 或门居中。
砌筑砂浆标号除特别注明者外选用：
[ ]M2.5　[ ]M5　[√]M7.5　[ ]M10　[ ]M15　[ ]M20
砌体标号见结构说明。
砌体施工应严格按照有关规范、规程及选用产品的施工要点、构造节点要求进行施工。
所有填充墙其砌筑用料及锚固方法应严格按有关规定施工。墙体基层处理待确定墙材后确定。砌块类砌体应采取相应的抗裂措施。

5.1.2. 外墙、楼梯间墙：
[ ]灰砂砖　[ ]陶粒混凝土砌块　[ ]普通空心混凝土砌块　[ ]页岩空心砖
[ ]纯陶粒砖　[√]加气混凝土砌块　[ ]粉煤灰烧结砖　[ ]轻质墙板

5.1.3. 内墙：
[ ]灰砂砖　[ ]陶粒混凝土砌块　[√]普通空心混凝土砌块　[ ]页岩空心砖
[ ]泡沫混凝土砌块　[ ]加气混凝土砌块　[ ]粉煤灰烧结砖　[ ]轻质墙板
管道包砌采用侧砖包砌，砌筑砂浆标号应采用M5。

5.1.4. 地下室的砌筑墙体应选用防潮砌体：
[ ]灰砂砖　[ ]陶粒混凝土砌块　[ ]非烧结空心黏土砖

5.1.5 墙身防潮层：设于首层室内地面以下60mm处；20厚1:2水泥砂浆加5%水泥重量的防水剂。
5.1.6 钢筋混凝土墙（柱）与墙体联接处构造详结构统一说明。
5.1.7 不到顶的非承重墙，砌筑用料及锚固方法详结构统一说明。
5.1.8 所有砌体、混凝土板等，如有孔洞，必须在施工前配合有关专业图纸预留，不得随意打凿；所有预留空洞，待设备管道安装完成后，孔洞周边应做好防渗漏处理，封闭密实。
5.1.9 卫生间隔墙于根部做现浇混凝土条带，高度 200 ；内墙面作柔性防水处理，高度 1800 。
5.1.10 实体女儿墙宜为现浇钢筋混凝土。如用砖墙，则屋面坂天沟处必须有翻起350以上高度的现浇混凝土。女儿墙顶部需做的混凝土压顶、金属压边和加劲小柱等，另详大样图。
5.1.11 厚度≥300砌体做法及墙体拉结筋做法详见结构专业说明相关章节。
5.1.12 消火栓暗装，离地 200 高位置预留700（宽）×1600（高）洞口，箱侧砌墙240 厚，箱背砌墙 120 厚。
5.1.13 住宅墙体防渗漏：外墙采用空心砖或加气混凝土砌块等新型墙体材料时，应按DB15-9-97要求全面挂钢丝网h 0.6 [√] 0.8 [ ] 1 [ ]T 9 （h网厚，T孔眼宽）。外墙找平层水泥砂浆渗防水剂、抗裂剂、减水剂等外加剂，每层抹灰厚度不大于10mm，抹灰厚度≥35mm时应有挂Φ4钢筋网（间距 × ____）等防裂防空鼓。
5.1.14 防水层用聚合物水泥砂浆，当建筑长度超过规范设缝要求时，外墙面采用高弹性涂料。
5.1.15 大型设备墙体应待设备安装后封砌，管道及管井通过的楼地面、墙面在安装后用同等材料封砌，用防火材料填嵌密实，暖通管道应用防火保温材料填嵌密实。
5.1.16 凡墙洞或门窗做过梁，其断面及配筋详见结构设计总说明。
5.1.17 凡120砖墙高度大于3米，180砖墙高度大于4米，应在同时保证距地2.1米高净空墙高处做钢筋混凝土圈梁，相应钢筋混凝土构造小柱位置见平面图，断面及配筋见结构设计总说明。
5.1.18 洗手间墙面防水做法详见本说明第5.10.防水设计章节。
5.1.19 发电机排烟道和锅炉烟道外墙壁待烟管安装及作保温隔热处理后，再行砌筑。

注：本说明中，凡有选择项目的条文，[ ]中有“√”的为本工程项目选用者。

序 号 Rev.	修改日期 Date	修改内容 Description
修 改 记 录		

设计单位 | DESIGN INSTITUTE
×××建筑设计研究院
ARCHITECTURAL DESIGN & RESEARCH INST. ××× OF TECHNOLOGY
证 书 | 建筑工程设计证书号：A×××
单位出图专用章 | Stamp of Design Firm(s)
注册建筑师执业专用章 | Stamp of Registered Architect(s)

审 定: APPROVED BY	×××	
设计总负责: PROJECT DIRECTOR	×××	
专业负责: ENGINEER IN CHARGE	×××	
审 核: REVIEWED BY	×××	
校 对: CHECKED BY	×××	
设 计: DESIGNED BY	×××	
	×××	
制 图: DRAFTED BY	×××	

建设单位 CLIENT	×××学校		
工程名称 PROJECT	×××学校 新校区建设项目～一期实训楼		
图纸内容 TITLE	建筑设计总说明 (1)		
业务号 PROJECT NO.	2013-81-01	专业 DISCIPLINE	建 筑
日期 DATE	2013.09	设计阶段 STAGE	施工图
版本号 INDEX	01	图号 DRAWING NO.	建施-01-1

建筑设计总说明(HG/J01—2009)共 2 页 第 2 页

5.2 外装修：
5.2.1 墙粉刷及贴面材料分格线详见立面图，分格缝宽 20mm，深 15mm。
5.2.2 建筑高度超过24m的实墙面粉刷应加设φ4钢筋网。
钢筋网规格：双向φ4@200×200、M6膨胀螺栓固定，螺栓中距1m × 1m。
5.2.3 填充墙与框架梁柱交接处应加设400宽，h 0.6[ ] 0.8[√] 1[ ]T 9（h网厚，T孔眼宽）钢丝网或玻璃纤维网格布（居中放置）。
5.2.4 突出墙面的线脚、挑檐；门窗洞顶、雨篷、拦板压顶、线脚及类似构件，均应按施工规范做滴水线槽。
5.2.5 凡外砖墙做外围护结构者均必须做防水沙浆粉刷（加防水粉或防水剂）。
5.2.6 外装修做法详见建施图中的“建筑构造用料做法表”。

5.3 内装修：
5.3.1 室内墙面、柱面粉刷部分的阳角和门洞口的阳角应用1∶2水泥砂浆做护角，其高度不应低于2000，每侧宽度不小于50。
5.3.2 凡风道、烟道竖井内壁砌筑灰缝需饱满，并随砌随原浆抹平，其余有检修门之管道井内壁做混合砂浆粉刷。
5.3.3 凡砖砌电梯井道内壁随砌随原浆抹光，钢筋混凝土电梯井不做粉刷。
5.3.4 所有埋入墙内、混凝土内的木制构件，均须涂刷耐腐蚀涂料。
5.3.5 墙面油漆须待抹灰基层干燥后方可进行。
5.3.6 凡二次装修房间楼地面不做面层，墙面、顶棚抹灰仅做打底不做面层。凡有吊顶房间的墙、柱、梁粉刷或装饰面仅做到吊顶标高以上100。
5.3.7 卫生间墙面及地面均应做防水层，做法详见建施图中的“建筑构造与用料做法表”。
5.3.8 汽车库、仓库等柱脚须加做保护措施。 选用做法：2000高，L60×5角钢。
5.3.9 内装修做法详见建施图中的“建筑构造用料做法表”。

5.4 楼地面
5.4.1 室内地面混凝土垫层酌情设置纵横伸缩缝（平头缝），间距≤6m。垫层切断钢筋。细石混凝土地面面层设置分格缝，分格缝与垫层伸缩缝对齐，缝宽20毫米，内填填缝膏。
5.4.2 水泥砂浆地面面层按具体情况分缝（宜与结构开间划分，缝宽5～8mm，用专用的填缝料填缝）。
5.4.3 除另有指定外，室内经常有水的房间、室外阳台、外走廊应设地漏。楼地面用1∶2.5水泥砂浆(掺3%防水粉)做不小于0.5%排水坡度坡向地漏。最薄处为20厚，地面最高点标高低于同层房间地面标高15mm。
5.4.4 除标明处以外，建筑物四周应做散水及明沟。明沟按详图处置；散水为1米宽，70厚C15混凝土随打随抹光，散水坡度3%，纵向每6米做伸缩缝一道，缝宽20，散水与外墙间设通长缝，缝宽10，缝内均填 沥青砂浆 。做法选用国标，具体尺寸详见平面图。
5.4.5 建筑电缆井，管道井每层在楼板处做法按结构整铺钢筋，待管道安装后用同样标号的混凝土封闭。
5.4.6 走廊和阳台楼地面完成面比一般房间低 50 mm。卫生间楼地面完成面比走廊低 15~20mm。卫生间的蹲位结构下沉 400 mm。
5.4.7 不同材料的楼地面按详图处置，如无标明，可用水泥砂浆找平层或C10细石混凝土调整。
5.4.8 所有设备房门用与楼板相同标号的混凝土做200高同墙宽门槛。
5.4.9 地坪做法：先将原土平整，如有填土则应分层洒水夯实，每层鬆土厚度≤200mm，如填砂，则应用水冲实，然后现浇100厚C20混凝土垫层（包括门口踏步及散水），垫层分缝≤6m×6m，缝宽15～20mm。

5.5 屋面：
5.5.1 凡女儿墙与坐砌面砖交接处，均应做柔性嵌缝，缝宽30，高度平砖面。嵌缝油膏可选用建筑防水油膏，其技术指标应符合规范有关规定。
5.5.2 基层与突出屋面结构（女儿墙、墙、天窗壁、变形缝、烟囱、管道等）的连接处，以及在基层的转角处（檐口、天沟、斜沟、水落口、屋脊等）水泥砂浆粉刷均应做成圆弧或钝角。
5.5.3 屋面刚性防水层应严格做好分格缝，在嵌油膏前基底务必做好清理工作，充分干燥。
5.5.4 在做屋面防水材料之前，所有出屋面的留孔留洞必须经核实无遗漏后方可施工。
5.5.5 屋面排水雨水口按给排水图选用标准图相应的做法，屋面找坡坡向雨水口，雨水口位置及坡向详见给排水图及建筑屋顶平面图。
5.5.6 高屋面雨水排至低屋面时，应在雨水管下方屋面铺放一块500×500×50细石混凝土板保护屋面。
5.5.7 屋面与墙身或女儿墙交接处，走廊、露台与墙身或女儿墙交接处，防水涂料沿墙上500mm，成圆弧或钝角。
5.5.8 采用各种新型卷材及冷凝防水涂料作防水层时，应根据卷材、黏结胶、防水涂料的不同施工要求，由供应厂方负责指导和提供必要的施工要点，以保证施工质量。
5.5.9 水泥砂浆找平层应设分隔缝，纵横间距不应大于6米。在预制板上抹水泥砂浆找平层时分隔缝应设在预制板支承边的拼缝处。分隔缝上口宽20～30mm，下口15～20mm。缝内嵌油膏。(分隔缝兼作排气屋面的排气道时，宽度加宽，每36平方米设有排气孔。)
5.5.10 屋面工程施工应按国家标准《屋面工程技术规范》要求执行。

5.6 门窗及天窗：
5.6.1 一般标准木门选用全国通用标准图集或地区通用标准图集。
5.6.2 高标准装修木门须选用硬木高级成品木门，或根据装修设计。
5.6.3 铝合金门窗、钢塑门窗选用系列、立面分格、开启方式、门窗框料颜色及玻璃规格详见门窗表。
5.6.4 铝合金门窗（包括玻璃幕墙）断面构造及技术要求（包括风压要求）由有相应资质的生产厂家按该厂铝型材系列规格和洞口的实际尺寸绘制加工图纸，其图纸应符合相关的铝合金门窗工程设计与施工规定。应经设计方同意且使用单位认可后方可施工。（其图纸内容还应包括玻璃幕墙的强度计算以及防火、防震、防水和抗风构造并符合当地标，如广东地区应符合省标《铝合金门窗工程设计施工及验收规范》中关于抗风压及构件挠度的要求。外窗要满足《建筑物防雷设计规范》的相关规定。）
5.6.5 如采用铝合金门窗，其推拉窗窗扇型材壁厚不应小于1.4，门的主要受力构件型材壁厚不应小于2.0。
5.6.6 铝合金门窗框与墙体相连接处用1:2中性膨胀低碱水泥砂浆填塞缝隙，然后在门窗框料与外墙面接触处用密封胶嵌缝。
5.6.7 各部位采用的玻璃，应遵循《建筑玻璃应用技术规程》《建筑安全玻璃管理规定》及地方主管部门的有关规定。
5.6.8 以下部位必须使用安全玻璃：
1. 七层及以上和单片面积大于1.5平方米的门窗玻璃；
2. 窗底边距最终完成面小于0.5m的落地窗；
3. 临空高度大于5m的阳台栏板玻璃；
4. 公共出入口位置的玻璃门；
5. 幕墙玻璃；
6. 光棚玻璃；
7. 玻璃栏杆及雨棚应采用钢化夹层玻璃。
5.6.9 所有窗台高度小于0.8m的玻璃窗均设置护窗栏杆，做法见详图。
5.6.10 玻璃幕墙构造及技术要求（包括风压要求）由有相应资质的中标生产厂家按该厂铝型材系列规格和的洞口实际尺寸绘制加工图纸，其图纸应符合相关国家对玻璃幕墙相关的规范，标准及规定，并应经建筑设计负责人会签，详见本说明第2.设计依据章节。
5.6.11 铝合金门窗、钢门窗一般为后安装施工，在建筑平、立、剖面图上标注的尺寸均为洞口尺寸，施工时必须核定尺寸并留出安装尺寸。
5.6.12立樘位置：
1. 铝合金门窗立樘位置外墙见外墙详图，内墙除图中有注明外均居中。
2. 木门窗、塑钢门窗除注明者外，内开门窗立樘平开启方向墙粉刷面，外开门窗立樘于墙中，立樘平墙面粉刷者加贴脸。
3. 在阳台、走道处铝合金的门、平开窗、钢门、钢平开窗、塑钢平开门窗按外粉刷面立樘，应考虑窗扇能贴墙边开启。
5.6.13 门窗小五金：
凡选用标准门窗均应按标准图配置齐全，非标准门窗按设计指定品种规格配置。（由铝合金门窗生产厂家配套，并经设计人认可。）
5.6.14 需180度开启者应采用长脚铰链等配件，以保证开启后与墙面平齐。
5.6.15 外开平开窗应有牢固窗扇的措施（《民用建筑设计通则》）。
5.6.16 门窗预埋在墙或柱内的木铁构件，应做防腐、防锈处理。
5.6.17 幕墙、防火门、防盗门、卷闸门等特殊加工门窗埋件由厂家提供，按要求预埋。
5.6.18 设置在防火墙上的常开甲级防火门，应同时设置能自行关闭的自动平开门控制器。
5.6.19 凡管井用丙级防火门，均要设100高门槛。
5.6.20 防火卷帘应安装在建筑的承重构件上，卷帘上部如不到顶，上部空间应用耐火极限与墙体相同的防火材料封闭。

5.7 油漆：
5.7.1 所有金属制品露明部分用防锈漆打底，面刷 调和 漆二度，颜色按图纸看样；不露明的金属制品刷底漆前应先除锈。
5.7.2 钢门窗用红丹（防锈漆）打底，面刷 调和 漆二度，颜色详图纸。
5.7.3 木门窗刮腻子打底，正面刷一底二度 调和 漆，颜色详图纸。

注：本说明中，凡有选择项目的条文，[ ]中有“√”的为本工程项目选用者。

5.8 电梯：
普通电梯及自动扶梯设计参数参照________________图集。
本工程选用电梯共____台（其中消防电梯____台，无障碍电梯____台）；自动扶梯共____台。电梯扶梯的参数，包括载重、速度、底坑深度、顶层高度等另见电梯选用参数表。预埋件及机房预留孔详见具体电梯厂家技术图纸。
电梯未带平衡安全锤时，地坑下部的空间应封闭。

5.9 消防：
5.9.1 本建筑为[ ]一类高层建筑 /[ ]二类高层建筑 / [√]多层建筑，建筑设有 环形 消防车道；
5.9.2 消防登高面见总平面图中的示意。
5.9.3 本工程建筑构件的燃烧性能和耐火极限，应符合 二 级耐火等级规定。
5.9.4 防火分区见各层平面图及附防火分区示意图。

5.10 防水设计：
5.10.1 屋面防水：
本工程屋面防水等级为 二 级。要求 2 道防水设防，防水构造作法详见各大样图；
采用如下防水屋面：
[√]卷材防水屋面 [√]涂膜防水屋面 [ ]刚性防水屋面
具体构造作法及防水作法详见各大样图。
5.10.2 卫生间淋浴间地面、墙面防水：
卫生间淋浴间地面防水采用 涂膜防水 材料，管道防水用建筑密封膏填充，做法详见图纸。地面防水层在墙柱交接处翻起高度不小于 200 mm，地面应坡向地漏，坡度 ≥1 %。内墙面设 1800 高 涂膜防水 (防水涂料)，≥2mm 厚。
5.10.4 水池防水：
5.10.4.1 水池采用防水混凝土结构防水，并于内壁及池底处设附加防水层，做法详见建施图中的“建筑构造与用料做法表”。
5.10.4.2 位于地下室的水池还应在外部增设一道附加防水层。防水混凝土抗渗等级为_____，附加防水层材料详见各大样图。
5.10.4.3 生活水池的防水材料必须为无毒无污染材料。

5.11 屋面有组织排水要设置防溢水措施。

5.12 无障碍设计：
严格依据《城市道路和建筑物无障碍设计规范》进行无障碍设计，为所有人士提供平等的进入及使用权，避免用户族群歧视。并特别注意以下内容：
5.12.1 建筑入口处室内外高差为0.015m，高差面采用小斜面处理。
5.12.2 供残疾和行动不便人士使用的斜坡均应按规范规定的位置、坡长比设计。
5.12.3 残疾人卫生间、淋浴间、无障碍客房、无障碍住房内设施要按规范设置。
5.12.4 按规范设置残疾人停车位。
5.12.5 无障碍电梯的内部设施要按规范规定设置，详见电梯扶梯选型表。

5.13 其他：
5.13.1 本工程所有装饰材料的材质、颜色、规格，包括墙面、楼地面、油漆等，施工单位均应先做样板，经与设计单位、使用单位商定后，方订货及大面积施工。
5.13.2 凡贴墙、柱、楼地面等之大型石材，磨光花岗石颜色及纹理须经看样，且试铺排确定后方可施工。
5.13.3 砌体要求平整，灰缝均匀饱满，所有墙（柱）、楼（地）面、顶棚等抹面及面层粉刷要求平整、洁净、并应符合有关工程施工及验收规范的要求。
5.13.4 给排水管宜暗敷设置，位置详水施图；不在管井的立管均以侧砖包砌，横管应在吊顶上或楼地面以下安装，不应走在地面处。
5.13.5 暗装在管井、吊顶内的管道，凡阀门及检查口处均应设检修门。如未特别注明者：
1. 墙面检查口处检修门洞口尺寸均采用250mm×250mm；
2. 阀门处检修门洞口尺寸均采用500mm×500mm。
5.13.6 风机盘管水管阀门下方的封闭式天花吊顶均应设置600mm×600mm的检修口。
5.13.7 游泳池及食用水池内壁所用的防水材料必须经检验鉴定认为无毒方可施工，并需经蓄水化验水质符合卫生标准后方能使用。
5.13.8 本工程除特殊注明外，一般商场中货架、橱窗等设施，厨房和备餐的灶台、厨具等非固定设施，以及卫生间内洁具等均由使用单位自理。（另有详图者除外）
5.13.9 建筑物屋面避雷带位置详见电气专业施工图。避雷设施应在全施工过程中按要求实施。
5.13.10 二次装修材料的防火要求符合《建筑内部装修设计防火规范》。
5.13.10 所有需外包设计的专业图纸，如钢结构深化设计、幕墙工程深化设计、人防设计、煤气设计等，均需由专业公司另出详图，并经本院设计人签认后方可施工。
5.13.11 若总图、平立面图与详图不符，以详图为准。

序 号 Rev.	修改日期 Date	修改内容 Description

修 改 记 录

设计单位 | DESIGN INSTITUTE

×××建筑设计研究院
ARCHITECTURAL DESIGN & RESEARCH INST.
××× OF TECHNOLOGY

证 书 | 建筑工程设计证书号:A×××

单位出图专用章 | Stamp of Design Firm(s)

注册建筑师执业专用章 | Stamp of Registered Architect(s)

审 定: APPROVED BY	×××	
设计总负责: PROJECT DIRECTOR	×××	
专业负责: ENGINEER IN CHARGE	×××	
审 核: REVIEWED BY	×××	
校 对: CHECKED BY	×××	
设 计: DESIGNED BY	×××	
	×××	
制 图: DRAFTED BY	×××	

建设单位 CLIENT	×××学校		
工程名称 PROJECT	×××学校 新校区建设项目～一期实训楼		
图纸内容 TITLE	建筑设计总说明 (2)		
业务号 PROJECT NO.	2013-81-01	专业 DISCIPLINE	建 筑
日期 DATE	2013.09	设计阶段 STAGE	施工图
版本号 INDEX	01	图号 DRAWING NO.	建施-01-2

建筑构造用料做法表

类别	编号	用料做法	适用部位
屋面	屋-1（上人屋面）	1. 8～10厚地砖铺平拍实，缝宽5～8，1∶1水泥砂浆填缝。（掺建筑胶） 2. 25厚1:4干硬性水泥砂浆，面上撒素水泥 3. 干铺无纺聚酯纤维布隔离层 4. 50厚硬质聚氨酯泡沫塑料 5. 1.2厚合成高分子防水卷材 6. 1.5厚合成高分子防水涂料 7. 刷基层处理剂一道 8. 20厚1∶2.5水泥砂浆找平层 9. 20厚（最薄处）1∶8水泥憎水膨胀珍珠岩找2%坡 10. 钢筋混凝土屋面板，表面清扫干净 注：找平层应按纵横不大于6米分缝，缝宽5～20mm，并嵌填密封材料（余同）	上人平屋面
屋面	屋-2（不上人屋面）	1. 20厚1∶2.5水泥砂浆，分格面积为1㎡ 2. 满铺0.3厚聚乙烯薄膜一层 3. 50厚硬质聚氨酯泡沫塑料 4. 1.2厚合成高分子防水卷材 5. 1.5厚合成高分子防水涂料 6. 刷基层处理剂一道 7. 20厚1∶2.5水泥砂浆找平层 8. 20厚（最薄处）1∶8水泥憎水膨胀珍珠岩找2%坡 9. 钢筋混凝土屋面板，表面清扫干净	不上人屋面（飘窗顶）楼梯间顶等
屋面	屋-3	1. 1∶2水泥砂浆找纵坡，起坡点深度为20，i=1% 2. 满铺0.3厚聚乙烯薄膜一层 3. 防水层（同屋-1） 4. 附加1.5厚合成高分子防水卷材，空铺200 5. 刷基层处理剂一道 6. 20厚1∶2.5水泥砂浆找平层 7. 20厚（最薄处）1∶8水泥憎水膨胀珍珠岩找2%坡 8. 钢筋混凝土屋面板，表面清扫干净	天面天沟
楼面	楼-1	1. 8～10厚地砖铺实拍平，1∶1水泥砂浆填缝 2. 20厚1∶4干硬性水泥砂浆 3. 素水泥浆结合层一道 4. 现浇混凝土屋面板	各种实训室 办公室 计算机中心教室 休息室 楼梯间等
楼面	楼-2	1. 20厚花岗石板铺实拍平，1∶1水泥砂浆填缝 2. 30厚1∶4干硬性水泥砂浆 3. 素水泥浆结合层一道 4. 现浇混凝土屋面板	内外走廊 公共门厅，过厅
楼面	楼-3	1. 20厚1∶2水泥砂浆抹面压光 2. 素水泥浆结合层一道 3. 现浇混凝土屋面板	管井、设备间

类别	编号	用料做法	适用部位
	楼-4	1. 8～10厚防滑地砖铺实拍平，1∶1水泥砂浆填缝 2. 25厚1∶4干硬性水泥砂浆，面上撒素水泥 3. 1.2厚合成高分子防水涂料，面上撒黄沙，四周沿墙翻起1800 4. 刷基层处理剂一遍（基层必须干净、干燥） 5. 1∶3水泥砂浆找平及找坡0.5%，坡向地漏，最薄处不小于15，随手抹光 6. 钢筋混凝土楼板	公共卫生间 残疾人卫生间 清洁间
地面	地-1	1. 8～10厚地砖铺实拍平，1∶1水泥砂浆填缝 2. 20厚1∶4干硬性水泥砂浆 3. 素水泥浆结合层一道 4. 60厚C15混凝土 5. 素土夯实	各种实训室 办公室 休息室 楼梯间等
地面	地-2	1. 8～10厚防滑地砖铺实拍平，1∶1水泥砂浆填缝 2. 25厚1∶4干硬性水泥砂浆，面上撒素水泥 3. 1.2厚合成高分子防水涂料，面上撒黄沙，四周沿墙翻起1800 4. 刷基层处理剂一遍（基层必须干净、干燥） 5. 1∶3水泥砂浆找平及找坡0.5%，坡向地漏，最薄处不小于15，随手抹光 6. 60厚C15混凝土 7. 素土夯实 注：卫生间蹲位沉斗做法见大样	公共卫生间 残疾人卫生间 清洁间
地面	地-3	1. 40厚C20混凝土，掺水泥用量3%JJ91硅质密实剂，随打随抹平，撒水泥粉，压实赶光 2. 素水泥浆结合层一道 3. 80厚C10混凝土 4. 素土夯实	管井、设备间
内墙面	内墙-1	1. 滚乳胶漆二遍 2. 滚底漆一遍 3. 满刮腻子 4. 5厚1∶2水泥砂浆 5. 15厚2∶1∶8水泥石灰砂浆，分2次抹灰 6. 刷专用界面剂一遍	各种实训室 计算机中心教室 办公室 休息室 走廊、楼梯墙面
内墙面	内墙-2	1. 4～5厚釉面砖，专用填缝料擦缝 2. 3～4厚1∶1水泥砂浆加水重20%108胶镶贴 3. 刷素水泥浆一遍 4. 15厚1∶2.5水泥砂浆 5. 刷建筑胶素水泥浆一遍，配合比为胶:水=1∶4（适用于轻质混凝土墙体）	卫生间 清洁间 公共卫生间

类别	编号	用料做法	适用部位
墙裙	墙裙-1	1. 4～5厚釉面砖，白水泥浆擦缝 2. 3～4厚1∶1水泥砂浆加水重20%建筑胶镶贴 3. 15厚专用抹灰砂浆，分2次抹灰 4. 刷专用界面一遍 注：墙裙一般贴至窗台底（卫生间以内墙-2为准）栏板内墙面贴砖应平齐顶部	各内墙面（不含设备间）
踢脚	踢脚-1	1. 10厚1∶2水泥砂浆抹面压光，120高 2. 15厚1∶3水泥砂浆 3. 刷建筑胶素水泥浆一遍，配合比为胶∶水=1∶4	设备用房
顶棚	顶-1	1. 滚白色乳胶漆两遍 2. 滚底漆一遍 3. 满刮腻子一道，砂纸磨平 4. 钢筋混凝土底面清理干净	各种实训室 办公室 休息室 楼梯间等
顶棚	顶-2	1. 5厚1∶2水泥砂浆 2. 7厚1∶3水泥砂浆 3. 钢筋混凝土底面清理干净	设备机房
顶棚	顶-3	1. 吊顶内部喷黑色涂料 2. 配套金属龙骨 3. 铝合金条型板	走廊、卫生间 四，五层计算机中心教室
外墙	外墙-1	面砖外墙面 1. 250×60湿式外墙砖，水泥砂浆勾缝 2. 甲基纤维素水泥浆粘接层 3. 20厚聚苯颗粒保温砂浆 4. 刷建筑胶素水泥浆一遍，配合比为胶∶水=1∶4（适用于轻质混凝土墙体）	详立面图
外墙	外墙-2	涂料外墙面（总厚20mm） 1. 刷801胶素水泥浆一遍，配合比为801胶∶水=1∶4（适用于轻质混凝土墙体） 2. 35厚无机保温砂浆 3. 挂网层 4. 20厚1∶2.5水泥沙浆木抹槎平 5. 氟碳外墙涂料（包括：底油、骨料、面油、罩光等工序）	详立面图

类别	编号	用料做法	适用部位
地下室	侧壁	1. 20厚1∶2水泥砂浆粉内墙面 2. 自防水钢筋混凝土结构侧壁板，抗渗等级为S6 3. 20厚聚合物水泥砂浆找平层兼刚性防水层 4. 卷材防水层 5. 聚酯无纺布隔离层 6. 40厚聚苯乙烯泡沫板保护层 7. 3∶7灰土分层夯实	
地下室	底板	1. 40厚C20细石混凝土，内配φ3@100点焊钢网，机械原浆磨平整，分格缝间距不大于6000，缝下宽10，上宽15，专用填缝料填缝 2. 20厚1∶2.5水泥砂浆找平层，酌情分仓 3. 自防水钢筋混凝土结构底板，抗渗等级为S6，板面扫素水泥浆一道 4. 20厚聚合物水泥砂浆找平层兼刚性防水层 5. 50厚C20细石混凝土保护层 6. 聚酯无纺布隔离层 7. 卷材防水层 8. 20厚1∶2.5水泥砂浆找平 9. 100厚C15混凝土垫层 10. 素土夯实	

说明

1. 本表构造层次的顺序为从基层开始往外排列。
2. 建筑用料如有更改，均应事先征得业主和设计单位同意后，方可施工。
3. 本表做法如果与大样及详图有差异时请设计人员予以澄清。
4. 有特殊要求的位置详二次装修图纸。

序号 Rev.	修改日期 Date	修改内容 Description

修改记录

设计单位 | DESIGN INSTITUTE

×××建筑设计研究院
ARCHITECTURAL DESIGN & RESEARCH INST.
××× OF TECHNOLOGY

证　书 | 建筑工程设计证书号:A×××

单位出图专用章 | Stamp of Design Firm(s)

注册建筑师执业专用章 | Stamp of Registered Architect(s)

审　定: APPROVED BY	×××
设计总负责: PROJECT DIRECTOR	×××
专业负责: ENGINEER IN CHARGE	×××
审　核: REVIEWED BY	×××
校　对: CHECKED BY	×××
设　计: DESIGNED BY	××× ×××
制　图: DRAFTED BY	×××
建设单位 CLIENT	×××学校
工程名称 PROJECT	×××学校 新校区建设项目～一期实训楼
图纸内容 TITLE	建筑构造用料做法表

业务号 PROJECT NO.	2013-81-01	专业 DISCIPLINE	建　筑
日期 DATE	2013.09	设计阶段 STAGE	施工图
版本号 INDEX	01	图号 DRAWING NO.	建施-02

建筑节能设计说明专篇

一、设计依据

1.《公共建筑节能设计标准》（GB 50189—2005）
2.《民用建筑热工设计规范》（GB 50176—93）
3.《建筑照明设计标准》（GB 50034—2004）
4.《建筑外门窗气密，水密，抗风压性能分级及检测方法》（GB/T 7106—2008）
5.《建筑幕墙》（GB/T 21086—2007）
6. 国家、省市现行的相关建筑节能法律、法规

二、建筑概况

1. 建筑物性质：□ 居住建筑 ☑ 公共建筑
2. 建筑物所处气候分区：夏热冬冷地区
3. 建筑面积 地上 14111 m^2；地下 4524 m^2
4. 建筑层数 地上 5 层，地下 1 层
5. 建筑高度 21.6
6. 架空层：☑有/ □无
7. 屋顶花园：□有/ ☑无
8. 建筑朝向示意图，北向角度139°

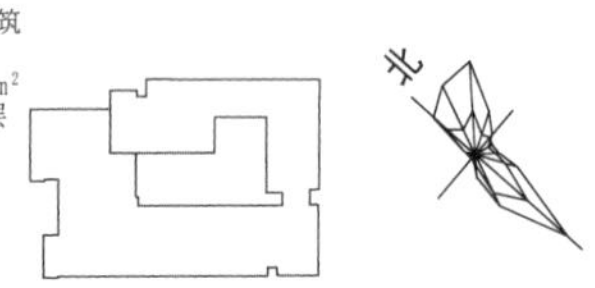

三、计算软件及版本

☑ 清华斯维尔建筑节能计算分析软件TH-BECS2014 □ PKPM建筑节能分析软件PBECA
□ 天正建筑节能设计分析软件TBEC（广东版） □ 其他

四、外窗/天窗面积统计及遮阳系数计算

门窗编号	门窗洞口尺寸 宽×高（mm×mm）	单扇门窗面积（m^2） 门窗洞口面积	可开启面积	材料	传热系数 K	遮阳系数 SC
C10	4400X1500	6.6	2.0	窗：断热铝合金型材 6mm高透光Low-E+12mm空气+6透明	2.700	0.381
C1	2700X2700	7.3	2.2	幕墙：断热铝合金型材 6mm高透光Low-E+12mm空气+6透明	2.600	0.381
C2	5400X2700	14.6	4.4	窗：断热铝合金型材 6mm高透光Low-E+12mm空气+6透明	2.700	0.490
C3	6800X2700	18.4	5.5	窗：断热铝合金型材 6mm高透光Low-E+12mm空气+6透明	2.700	0.503
C5	3400X1450	4.9	1.5	幕墙：断热铝合金型材 6mm高透光Low-E+12mm空气+6透明	2.600	0.454
MC1	3600X3700	13.3	4.0	幕墙：断热铝合金型材 6mm高透光Low-E+12mm空气+6透明	2.600	0.360
GC1	1500X900	1.4	0.4	窗：断热铝合金型材 6mm高透光Low-E+12mm空气+6透明	2.700	0.560
C4	3300X2700	8.9	2.7	窗：断热铝合金型材 6mm高透光Low-E+12mm空气+6透明	2.700	0.452
C11	1600X1500	2.4	0.7	窗：断热铝合金型材 6mm高透光Low-E+12mm空气+6透明	2.700	0.560
MC2	7400X3700	27.4	8.2	幕墙：断热铝合金型材 6mm高透光Low-E+12mm空气+6透明	2.600	0.560
C6	6800X2700	18.4	5.5	窗：断热铝合金型材 6mm高透光Low-E+12mm空气+6透明	2.700	0.420
C6	4310X2700	11.6	3.5	窗：断热铝合金型材 6mm高透光Low-E+12mm空气+6透明	2.700	0.420
C7	5100X2700	13.8	4.1	窗：断热铝合金型材 6mm高透光Low-E+12mm空气+6透明	2.700	0.420
C6	2290X2700	6.2	1.9	窗：断热铝合金型材 6mm高透光Low-E+12mm空气+6透明	2.700	0.420
C11	1600X1500	2.4	0.7	窗：断热铝合金型材 6mm高透光Low-E+12mm空气+6透明	2.700	0.381
C8	3050X2700	8.2	2.5	窗：断热铝合金型材 6mm高透光Low-E+12mm空气+6透明	2.700	0.470
C9	4650X2700	12.6	3.8	窗：断热铝合金型材 6mm高透光Low-E+12mm空气+6透明	2.700	0.498
MQ3	900X3700	3.3	1.0	断热铝合金型材 6mm高透光Low-E+12mm空气+6透明	2.700	0.469
MQ3	900X3700	3.3	1.0	断热铝合金型材 6mm高透光Low-E+12mm空气+6透明	2.700	0.472
MQ1	2600X3700	9.6	2.9	断热铝合金型材 6mm高透光Low-E+12mm空气+6透明	2.700	0.429
MQ1e	2600X3700	9.6	2.9	断热铝合金型材 6mm高透光Low-E+12mm空气+6透明	2.700	0.429
MQ1c	2600X3700	9.6	2.9	断热铝合金型材 6mm高透光Low-E+12mm空气+6透明	2.700	0.428
MQ2	800X3700	3.0	0.9	断热铝合金型材 6mm高透光Low-E+12mm空气+6透明	2.700	0.336
MQ5	800X3700	3.0	0.9	断热铝合金型材 6mm高透光Low-E+12mm空气+6透明	2.700	0.363
MQ2	800X3700	3.0	0.9	断热铝合金型材 6mm高透光Low-E+12mm空气+6透明	2.700	0.347
MQZJC1	2379X3700	8.8	2.6	断热铝合金型材 6mm高透光Low-E+12mm空气+6透明	2.700	0.560
MQ2a	1800X3700	6.7	2.0	断热铝合金型材 6mm高透光Low-E+12mm空气+6透明	2.700	0.395
MQZJC3	21400X3700	79.2	23.8	断热铝合金型材 6mm高透光Low-E+12mm空气+6透明	2.700	0.560
MQZJC3	3600X3700	13.3	4.0	断热铝合金型材 6mm高透光Low-E+12mm空气+6透明	2.700	0.560
MQZJC1	9421X3700	34.9	10.5	断热铝合金型材 6mm高透光Low-E+12mm空气+6透明	2.700	0.560
MQZJC1	3600X3700	13.3	4.0	断热铝合金型材 6mm高透光Low-E+12mm空气+6透明	2.700	0.560
MQZJC1	2200X3700	8.1	2.4	断热铝合金型材 6mm高透光Low-E+12mm空气+6透明	2.700	0.416
MQ3a	900X3700	3.3	1.0	断热铝合金型材 6mm高透光Low-E+12mm空气+6透明	2.700	0.469
MQ3b	900X3700	3.3	1.0	断热铝合金型材 6mm高透光Low-E+12mm空气+6透明	2.700	0.469
MQ5/1	800X3700	3.0	0.9	断热铝合金型材 6mm高透光Low-E+12mm空气+6透明	2.700	0.364
MQ5/2	800X3000	2.4	0.7	断热铝合金型材 6mm高透光Low-E+12mm空气+6透明	2.700	0.364
MQ1e	2200X3700	8.1	2.4	断热铝合金型材 6mm高透光Low-E+12mm空气+6透明	2.700	0.412
MQZJC3	23600X3700	87.3	26.2	断热铝合金型材 6mm高透光Low-E+12mm空气+6透明	2.700	0.560
MQ4a	800X3700	3.0	0.9	断热铝合金型材 6mm高透光Low-E+12mm空气+6透明	2.700	0.560

门窗编号	门窗洞口尺寸 宽×高（mm×mm）	单扇门窗面积（m^2） 门窗洞口面积	可开启面积	材料	传热系数 K	遮阳系数 SC
MQ5/5	800X3700	3.0	0.9	断热铝合金型材 6mm高透光Low-E+12mm空气+6透明	2.700	0.364
MQ5/6	800X3700	3.0	0.9	断热铝合金型材 6mm高透光Low-E+12mm空气+6透明	2.700	0.364
MQZJC1	2370X3700	8.8	2.6	断热铝合金型材 6mm高透光Low-E+12mm空气+6透明	2.700	0.560
MQ4	800X3700	3.0	0.9	断热铝合金型材 6mm高透光Low-E+12mm空气+6透明	2.700	0.560
MQZJC1	9409X3700	34.8	10.4	断热铝合金型材 6mm高透光Low-E+12mm空气+6透明	2.700	0.560
MQ3a	900X1800	1.6	0.5	断热铝合金型材 6mm高透光Low-E+12mm空气+6透明	2.700	0.469
MQ3b	900X2400	2.2	0.6	断热铝合金型材 6mm高透光Low-E+12mm空气+6透明	2.700	0.469
MQ5/2	800X3700	3.0	0.9	断热铝合金型材 6mm高透光Low-E+12mm空气+6透明	2.700	0.364
MQ5/3	800X3700	3.0	0.9	断热铝合金型材 6mm高透光Low-E+12mm空气+6透明	2.700	0.364
MQ5/4	800X3700	3.0	0.9	断热铝合金型材 6mm高透光Low-E+12mm空气+6透明	2.700	0.364
MQ6	900X3700	3.3	1.0	断热铝合金型材 6mm高透光Low-E+12mm空气+6透明	2.700	0.469
MQ7	650X3700	2.4	0.7	断热铝合金型材 6mm高透光Low-E+12mm空气+6透明	2.700	0.440
MQ6	900X3700	3.3	1.0	断热铝合金型材 6mm高透光Low-E+12mm空气+6透明	2.700	0.472
MQ7	650X3700	2.4	0.7	断热铝合金型材 6mm高透光Low-E+12mm空气+6透明	2.700	0.444
MQZJC4	9399X3700	34.8	10.4	断热铝合金型材 6mm高透光Low-E+12mm空气+6透明	2.700	0.560
MQZJC1	2400X3700	8.9	2.7	断热铝合金型材 6mm高透光Low-E+12mm空气+6透明	2.700	0.560
MQZJC4	2400X3700	8.9	2.7	断热铝合金型材 6mm高透光Low-E+12mm空气+6透明	2.700	0.560
MQ6a	850X3700	3.1	0.9	断热铝合金型材 6mm高透光Low-E+12mm空气+6透明	2.700	0.468
MQZJC2	7364X3700	27.2	8.2	断热铝合金型材 6mm高透光Low-E+12mm空气+6透明	2.700	0.560
MQZJC1	9399X3700	34.8	10.4	断热铝合金型材 6mm高透光Low-E+12mm空气+6透明	2.700	0.560
MQZJC1	2200X3700	8.1	2.4	断热铝合金型材 6mm高透光Low-E+12mm空气+6透明	2.700	0.560
MQZJC4	2800X3700	10.4	3.1	断热铝合金型材 6mm高透光Low-E+12mm空气+6透明	2.700	0.560
MQZJC4	13400X3700	49.6	14.9	断热铝合金型材 6mm高透光Low-E+12mm空气+6透明	2.700	0.560
MQZJC4	9405X3700	34.8	10.4	断热铝合金型材 6mm高透光Low-E+12mm空气+6透明	2.700	0.560
MQZJC4	3250X3700	12.0	3.6	断热铝合金型材 6mm高透光Low-E+12mm空气+6透明	2.700	0.560
MQ6	900X3700	3.3	1.0	断热铝合金型材 6mm高透光Low-E+12mm空气+6透明	2.700	0.470
MQZJC2	16036X3700	59.3	17.8	断热铝合金型材 6mm高透光Low-E+12mm空气+6透明	2.700	0.560
MQZJC2	4000X3700	14.8	4.4	断热铝合金型材 6mm高透光Low-E+12mm空气+6透明	2.700	0.560
MQ5a	800X3700	3.0	0.9	断热铝合金型材 6mm高透光Low-E+12mm空气+6透明	2.700	0.560
MQ1b	2600X3700	9.6	2.9	断热铝合金型材 6mm高透光Low-E+12mm空气+6透明	2.700	0.428
C5	3400X1450	4.9	1.5	断热铝合金型材 6mm高透光Low-E+12mm空气+6透明	2.700	0.454
MQZJC2	7395X3700	27.4	8.2	断热铝合金型材 6mm高透光Low-E+12mm空气+6透明	2.700	0.560
MQZJC4	9394X3700	34.8	10.4	断热铝合金型材 6mm高透光Low-E+12mm空气+6透明	2.700	0.560
MQZJC1	2406X3700	8.9	2.7	断热铝合金型材 6mm高透光Low-E+12mm空气+6透明	2.700	0.560
MQZJC1	4200X3700	15.5	4.7	断热铝合金型材 6mm高透光Low-E+12mm空气+6透明	2.700	0.560
MQZJC4	2385X3700	8.8	2.6	断热铝合金型材 6mm高透光Low-E+12mm空气+6透明	2.700	0.560
MQ6	925X3700	3.4	1.0	断热铝合金型材 6mm高透光Low-E+12mm空气+6透明	2.700	0.471
MQZJC1	9394X3700	34.8	10.4	断热铝合金型材 6mm高透光Low-E+12mm空气+6透明	2.700	0.560
MQZJC1	64200X3700	237.5	71.3	断热铝合金型材 6mm高透光Low-E+12mm空气+6透明	2.700	0.560
MQZJC1	2800X3700	10.4	3.1	断热铝合金型材 6mm高透光Low-E+12mm空气+6透明	2.700	0.560
MQZJC4	9421X3700	34.9	10.5	断热铝合金型材 6mm高透光Low-E+12mm空气+6透明	2.700	0.560
MQZJC4	3250X3700	12.0	3.6	断热铝合金型材 6mm高透光Low-E+12mm空气+6透明	2.700	0.532
MQ6	900X3700	3.3	1.0	断热铝合金型材 6mm高透光Low-E+12mm空气+6透明	2.700	0.560
MQZJC2	16005X3700	59.2	17.8	断热铝合金型材 6mm高透光Low-E+12mm空气+6透明	2.700	0.560
MQZJC2	7502X3000	22.5	6.8	断热铝合金型材 6mm高透光Low-E+12mm空气+6透明	2.700	0.560
MQ4	800X3000	2.4	0.7	断热铝合金型材 6mm高透光Low-E+12mm空气+6透明	2.700	0.560
MQZJC2	4000X3000	12.0	3.6	断热铝合金型材 6mm高透光Low-E+12mm空气+6透明	2.700	0.560
MQ5a	800X3000	2.4	0.7	断热铝合金型材 6mm高透光Low-E+12mm空气+6透明	2.700	0.560
MQZJC2	15998X3000	48.0	14.4	断热铝合金型材 6mm高透光Low-E+12mm空气+6透明	2.700	0.560

五、围护结构构造做法及热工性能

1、外墙外表面平均太阳辐射吸收系数：$\rho \leqslant 0.65$

2、外墙热工性能：

外墙平均传热系数Km：1.49 (W/m^2·k) 平均热惰性指标Dm：3.66

表2.1 外墙热工性能计算表

部位	主要构造材料名称	厚度(mm)	λ(W/m·k)	S(W/m^2·k)	R(m^2·k/W)	K(W/m^2·k)	D
梁柱	水泥砂浆	20	0.930	11.370	0.011	2.28	2.86
	无机保温砂浆	35	0.250	2.800	0.117		
	钢筋混凝土	200	1.740	17.200	0.115		
	石灰砂浆	20	0.810	10.070	0.025		
外墙	水泥砂浆	20	0.930	11.370	0.022	1.00	4.15
	无机保温砂浆	35	0.250	2.800	0.117		
	加气混凝土砌块	200	0.220	3.590	0.673		
	石灰砂浆	20	0.810	10.070	0.025		

3、屋面热工性能：

屋面平均传热系数Km：0.62 (W/m^2·K) 平均热惰性指标Dm：2.87

表3.1 不上人屋面热工性能计算表

部位	屋面主要构造材料	厚度(mm)	λ(W/m·k)	S(W/m^2·k)	R(m^2·k/W)	K(W/m^2·k)	D
屋顶	水泥砂浆	25	0.930	11.370	0.027	0.62	2.87
	硬质聚氨酯泡沫塑料	40	0.027	0.280	1.185		
	SBS改性沥青防水卷材	3	0.230	9.370	0.013		
	水泥砂浆	20	0.930	11.370	0.022		
	憎水膨胀珍珠岩制品	20	0.108	1.859	0.123		
	钢筋混凝土	120	1.740	17.200	0.069		
	石灰砂浆	20	0.810	10.070	0.025		

表3.2 上人屋面热工性能计算表

部位	屋面主要构造材料	厚度(mm)	λ(W/m·k)	S(W/m^2·k)	R(m^2·k/W)	K(W/m^2·k)	D
屋顶	地砖	10	1.160	12.459	0.009	0.61	2.974
	水泥砂浆	25	0.930	11.370	0.027		
	硬质聚氨酯泡沫塑料	40	0.027	0.280	1.185		
	SBS改性沥青防水卷材	3	0.230	9.370	0.013		
	水泥砂浆	20	0.930	11.370	0.022		
	憎水膨胀珍珠岩制品	20	0.108	1.859	0.123		
	钢筋混凝土	120	1.740	17.200	0.069		
	石灰砂浆	20	0.810	10.070	0.025		

本工程屋面的保温板的计算厚度为40mm，根据《倒置式屋面工程技术规程》（JGJ230—2010）中5.2.5的要求，实际厚度为40×1.25=50mm，特此说明。

4、外窗及玻璃门热工性能：

表4.1 门窗热工性能

幕墙：断热铝合金型材 6mm高透光Low-E+12mm空气+6透明	2.6	0.5	0.72
幕墙：断热铝合金型材 6mm高透光Low-E+12mm空气+6透明	2.7	0.56	0.72
窗：断热铝合金型材 6mm高透光Low-E+12mm空气+6透明	2.8	0.48	0.72

注：传热系数、遮阳系数为外窗本身热工性能参数，可见光透射比为玻璃材料性能参数。

5、公共建筑架空或外挑楼板热工性能：

表5.1 外挑楼板热工性能

主要构造材料	厚度(mm)	λ(W/m·k)	修正系数	传热系数 K(W/m^2·k)
水泥砂浆	20	0.930	1.00	0.82
钢筋混凝土	100	1.740	1.00	
水泥砂浆	20	0.930	1.00	
硬质聚氨酯泡沫塑料	30	0.027	1.20	
水泥砂浆	20	0.930	1.00	

六、窗墙面积比计算汇总

朝向	窗面积（m^2）	外墙面积（m^2）	窗墙面积比	限值	结论
南	507.35	1576.00	0.32	0.70	满足
北	712.91	1576.00	0.45	0.70	满足
东	1443.71	3176.06	0.45	0.70	满足
西	1142.34	3176.10	0.36	0.70	满足
总计	3806.31	9504.16	平均窗墙面积比：0.395		

七、围护结构热工性能参数汇总表

设计部位		规定性指标		计算数值		保温材料及节能措施			
屋顶	实体部分	K≤0.7		0.62		40 厚硬质聚氨酯泡沫塑料 计算厚度40，实际施工厚度50			
	透明部分	面积≤20%	K≤3.0	面积=	K=—				
			SC≤0.4		SC=—				
外墙		K≤1.0		1.49		200厚加气混凝土砌块，35厚无机保温砂浆			
架空楼板		K≤1.0		0.82		30 厚硬质聚氨酯泡沫塑			
外挑楼板		K≤1.0		0.82		30 厚硬质聚氨酯泡沫塑			
地面		R≥1.2		0.76		200厚加气混凝土碎块			
地下室外墙		R≥1.2		1.64		50厚挤塑聚苯板（ρ=25-32）			
单一朝向外窗（包括透明幕墙部分）	窗墙面积比	K	SC（东西南向／北向）	窗墙面积比		K	SC	可开启面积≥30%	可见光透射比≥0.4
	≤0.2	≤4.7	—						
	>0.2-≤0.3	≤3.5	≤0.55/-	东	0.45	2.71	0.44		
	>0.3-≤0.4	≤3.0	≤0.50/0.60	西	0.36	2.71	0.45		
	>0.4-≤0.5	≤2.8	≤0.45/0.55	南	0.32	2.71	0.48		
	>0.5-≤0.7	≤2.5	≤0.40/0.50	北	0.45	2.72	0.48		
	气密性等级	外窗	≥6级	6		外窗材料	断热金属窗框 6mm透明玻璃		
		透明幕墙	≥3级	3			断热金属窗框 6mm透明+12mm空气+6透明		
权衡判断	能源种类	设计建筑		参照建筑		注：1. 屋面和外墙的热工性能参数为全楼平均值。2. 设计建筑的节能设计满足规定性指标时不用填写综合评价指标或权衡计算指标。			
		能耗	单位面积能耗	能耗	单位面积能耗				
	空调年耗电量		29.62(W/m^2)		33.00(W/m^2)				
	年总耗电量		60.87(kW/m^2)		60.89(kW/m^2)				

八、节能措施及材料送检要求

1. 外墙外表面太阳辐射吸收系数小于0.65应进行现场检验。
2. 外墙构造做法表2.1中的填充墙主材的导热系数，保温材料导热系数须进行抽样送检，其导热系数不应大于设计计算值。
3. 屋面构造做法表3.1、表3.2中的隔热材料的导热系数须进行抽样送检，其导热系数不应大于设计计算值。
4. 门窗热工性能表4.1中各类门窗的传热系数，遮阳系数和可见光透过率须进行抽样送检，其中传热系数和遮阳系数不应大于设计计算值，可见光透过率不应小于设计计算值。

以上项目需进行抽样送检，抽样送检的数量应按国家和广东省的建筑节能工程施工验收规范的规定执行，并应在施工安装前由监理人员督促施工单位抽样送检合格并签字。

九、设备节能

建筑设备节能另见设备施工图节能部分。

序号 Rev.	修改日期 Date	修改内容 Description

修改记录

设计单位 | DESIGN INSTITUTE

×××建筑设计研究院
ARCHITECTURAL DESIGN & RESEARCH INST.
××× OF TECHNOLOGY

证 书 | 建筑工程设计证书号：A×××

单位出图专用章 | Stamp of Design Firm(s)

注册建筑师执业专用章 | Stamp of Registered Architect(s)

审 定：APPROVED BY	×××	
设计总负责：PROJECT DIRECTOR	×××	
专业负责：ENGINEER IN CHARGE	×××	
审 核：REVIEWED BY	×××	
校 对：CHECKED BY	×××	
设 计：DESIGNED BY	×××	
制 图：DRAFTED BY	×××	

建设单位 CLIENT	×××学校		
工程名称 PROJECT	×××学校 新校区建设项目～一期实训楼		
图纸内容 TITLE	建筑节能设计说明		
业务号 PROJECT NO.	2013-81-01	专业 DISCIPLINE	建筑节能
日期 DATE	2013.09	设计阶段 STAGE	施工图
版本号 INDEX	01	图号 DRAWING NO.	建施-03